Langmann

Vernetzte Systeme
für die Automatisierung 4.0

Reinhard Langmann

Vernetzte Systeme für die Automatisierung 4.0

Bussysteme – Industrial Ethernet –
Mobile Kommunikation – Cyber-Physical Systems

Der Autor:
Prof. Dr.-Ing. Reinhard Langmann, Hochschule Düsseldorf

Bibliografische Information der deutschen Nationalbibliothek:
Die Deutsche Nationalbibliothek verzeichnet diese Publikation in der Deutschen Nationalbibliografie; detaillierte bibliografische Daten sind im Internet unter *http://dnb.d-nb.de* abrufbar.

www.hanser-fachbuch.de
Lektorat: Julia Stepp
Herstellung: Der Buchmacher, Arthur Lenner, Windach
Titelmotiv: © shutterstock.com/Kalabi Yau und a-image
Coverkonzept: Marc Müller-Bremer, www.rebranding.de, München
Coverrealisation: Max Kostopoulos
Satz: Eberl & Kœsel Studio GmbH, Krugzell
Druck und Bindung: CPI books GmbH, Leck
Printed in Germany

Print-ISBN: 978-3-446-46939-6
E-Book-ISBN: 978-3-446-46984-6

Inhalt

Vorwort

Das vorliegende Lehrbuch beschäftigt sich mit vernetzten Systemen für die Automatisierung und behandelt diese Thematik in drei Teilen:

- Grundlagen und Bussysteme (Teil A)
- Industrial Ethernet und mobile Kommunikation (Teil B)
- Cyber-Physical Systems und deren Vernetzung (Teil C)

Die Themen Vernetzung und Kommunikation in der Automatisierung sind zwar in verschiedenen Fachbüchern der Automatisierungstechnik bereits in unterschiedlichen Kontexten abgehandelt, aber immer nur in Teilen bzw. bezogen auf spezifische Anwendungen, Branchen oder funktionelle automatisierungstechnische Strukturen. Es handelt sich vielfach um umfangreiche Wissensbücher, die für Lehr- und Lernzwecke nur schwierig verwendet werden können.

Die seit etwa 2012 zu beobachtende rasante Entwicklung bei der Digitalisierung der Produktion und der gesamten Wirtschaft – insbesondere durch Industrie 4.0, Industrial Internet of Things und Cloud-Computing für die Industrie – hat dazu geführt, dass die Vernetzungsthematik eine Schlüsselrolle bei der digitalen Automatisierung technischer Prozesse spielt. Ohne eine allgegenwärtige und permanente Vernetzung der Anlagen, Maschinen und Geräte untereinander und mit anderen Systemen und Diensten sind zukünftige Automatisierungssysteme nicht mehr denkbar.

Das Lehrbuch greift diese Herausforderung auf und bringt die unterschiedlichen Vernetzungsaspekte von Automatisierungskomponenten und -systemen in kompakter und studierbarer Form zusammen. Das Buch behandelt in den drei Teilen alle wesentlichen Aspekte der Vernetzung in übersichtlicher, strukturierter und auf das Wesentliche bezogene Maß, angefangen bei den Grundlagen der kabelgebundenen und drahtlosen Vernetzung über Feldbussysteme bis hin zu Cyber-Physical Systems und deren Vernetzung. Dabei werden die einzelnen Aspekte der Vernetzung in den Gesamtkontext aktueller Automatisierungstrends eingeordnet.

Das Buch ist als Lehr- und Lernbuch bzw. Studienbuch insbesondere für Hochschulen und Universitäten, aber auch für berufliche Bildungseinrichtungen konzipiert. Es beinhaltet deshalb auch zahlreiche Übungsaufgaben (einschließlich Lösungen) zu jedem Kapitel. Durch die Einbeziehung einer Reihe von prägnanten Use Cases aus der Industrie wird der Einsatz in der betrieblichen Praxis veranschaulicht. Über 240 Verweise auf Videos und andere weiterführende Wissensquellen runden den Inhalt ab. Das Lehrbuch wendet sich insbesondere an Studierende der Ingenieurwissenschaften in den Branchen Elektrotechnik, Maschinenbau, Verfahrens- und Umwelttechnik sowie an Auszubildende und Praktiker, die sich mit der Automatisierung technischer Prozesse und mit der Digitalisierung der Produktion befassen. Die übergreifende und integrative Sichtweise kann aber auch denen, die im Management tätig sind, neue Anregungen geben.

An dieser Stelle möchte ich die Gelegenheit nutzen, mich beim Carl Hanser Verlag und dabei insbesondere bei Frau Julia Stepp für die kompetente, hilfreiche und engagierte Unterstützung dieses Buchvorhabens zu bedanken. Außerdem gilt mein Dank allen Studierenden der Automatisierungstechnik an der Hochschule Düsseldorf, die mit ihren Beiträgen in dieser oder jener Weise zum Inhalt des Buches beigetragen haben.

Ich wünsche allen Lesern ein erfolgreiches Studium mit diesem Lehrbuch.

Solingen, im März 2021

Reinhard Langmann

TEIL A

Grundlagen und Bussysteme

Vernetzte und eingebettete Systeme adressieren die enge Verbindung dieser Systeme zur Überwachung und Steuerung physikalischer Vorgänge mittels Sensoren und Aktuatoren über Kommunikationseinrichtungen mit digitalen Netzen. Die Systeme ermöglichen über Wirkketten eine Verbindung zwischen Vorgängen der physischen Realität und den heute verfügbaren digitalen Netzinfrastrukturen. Dies erlaubt vielfältige Applikationen mit hohem wirtschaftlichen Potenzial und mit starker Innovationskraft. Vom Einsatz dieser Systeme in der Automatisierung technischer Prozesse erwartet man einen wesentlichen Schritt zur Digitalisierung der Produktion, der mit einer steigenden Effizienz und Leistung der automatisierten Produktionseinrichtungen verbunden ist.

Es gibt sehr unterschiedliche Ausprägungen vernetzter Systeme, angefangen bei einfachen seriellen Anbindungen bis hin zu globalen Netzwerken mit vielfältig eingebundenen Systemen. Dabei lassen sich die Systeme grob in folgende Kategorien einteilen:

- lokale Systeme, ausgerichtet auf isolierte Kontroll- und Regelfunktionen
- lose vernetzte Systeme
- Netzwerke funktional eng gekoppelter Systeme
- global vernetzte Systeme

Es gibt keinen Zweifel, dass für die Vernetzung dieser Systeme Bussysteme eine sehr wichtige Rolle spielen, weshalb sich jeder, der in der Automatisierungstechnik tätig ist, mit ihnen beschäftigen muss. Betrachtet man vernetzte Systeme mit ihrem Fokus auf Vernetzung und Kommunikation, dann wird schnell klar, dass Bussysteme das Rückgrat vernetzter Systeme bilden.

Die beiden vorherrschenden Trends in der Automatisierungstechnik – Dezentralisierung und Integration – sind ohne Bussysteme nicht denkbar.

Die *Dezentralisierung* betrifft insbesondere die unteren Ebenen der Automatisierungshierarchie (Feldebene, Steuerebene), also die Ebenen, in der die Sensoren, Aktoren und Steuerungen angeordnet sind. Bisherige zentrale Einheiten werden auf kleinere dezentrale Einheiten aufgeteilt und durch z. B. Feldbussysteme verbunden.

Für die *Integration* müssen bisherige separierte und proprietäre Systeme kommunikationstechnisch verbunden werden. Dies betrifft insbesondere die vertikale Integration, bei der Systeme aus den oberen Ebenen der Automatisierungshierarchie (Führungsebene, Leitebene, Planungsebene) mit der Steuer- und Feldebene zusammenarbeiten müssen, damit Planungsvorgaben direkt in diese unteren Automatisierungsebenen gelangen und umgekehrt die Führungs- und Leitebenen aktuelle Rückmeldungen aus dem Produktionsbetrieb erhalten können.

Beide Trends, Dezentralisierung und Integration, benötigen als gemeinsame und unverzichtbare Voraussetzung eine enge Vernetzung mit Bussystemen.

Um fachkompetente Entscheidungen hinsichtlich Einsatz, Bedienung, Wartung, Pflege und Beschaffung vernetzter Systeme treffen zu können, bedarf es zuallererst anwendungsbereiter Kenntnisse zu den Grundlagen vernetzter Systeme sowie zu klassischen Bussystemen der Automatisierungstechnik.

1 Grundlagen vernetzter Systeme

1.1 Verteilte Automatisierung

Automatisierungsaufgaben können prinzipiell mit einer zentralen oder dezentralen Automatisierungsstruktur gelöst werden. Welche Struktur besser geeignet ist, hängt von dem zu automatisierenden technischen Prozess oder Produktionsvorgang ab. Bei komplexen technischen Prozessen zeigt sich aber seit mehreren Jahren ein deutlicher Trend hin zu dezentralen und räumlich verteilt aufgebauten Automatisierungssystemen.

Möglich geworden ist diese Entwicklung durch die Fortschritte auf dem Gebiet der Mikro- und Optoelektronik sowie der Informations- und Kommunikationstechnik. Es entstanden einerseits neuartige und effiziente Strukturen zur seriellen Kommunikation zwischen dezentralen Automatisierungseinheiten, und andererseits wurde die Funktionalität der Automatisierungseinheiten selbst beträchtlich erweitert. Damit werden verteilte Automatisierungssysteme möglich, die sich nicht selten über alle Bereiche einer Anlage oder Fabrik erstrecken.

1.1.1 Organisationsstruktur

Komplexe Automatisierungssysteme sind aufgrund hierarchisch strukturierter technischer Prozesse und Entscheidungsstrukturen meist gleichfalls *hierarchisch* organisiert. Als klassisches Modell einer solchen hierarchischen Automatisierungsstruktur ergibt sich in Analogie zur Auftragshierarchie die in Bild 1.1 dargestellte Pyramide, die in mehrere Ebenen unterteilt ist.

Die Struktur nach Bild 1.1 ermöglicht eine klare Aufteilung der Automatisierungsaufgaben und ihre Lösung durch abgegrenzte und optimal abgestimmte gerätetechnische Einheiten. Die einzelnen Strukturkomponenten innerhalb einer Ebene und die Ebenen untereinander sind informationstechnisch verbunden. Es erfolgt ein *horizontaler* und *vertikaler* Informationsaustausch mit relativ hohem Kommunikationsaufkommen. Zur Beherrschung dieses Informationsaustausches haben sich Grundsätze herausgebildet, die für jede Ebene eingehalten werden sollten:

- Die Informationsgewinnung und -verarbeitung muss auf jeder Ebene so autark wie möglich sein. Jede Ebene sollte ihre eigenen Daten bereits vorverarbeiten und auch eine eigene Datenhaltung besitzen.
- Der Informationsaustausch zwischen den Ebenen soll so gering wie möglich sein. Zeitkritische Entscheidungen sollen bereits vor Ort getroffen werden.
- Alle Schnittstellen müssen physikalisch und inhaltlich genau definiert sein und eine maximale Entkopplung der Ebenen unterstützen.

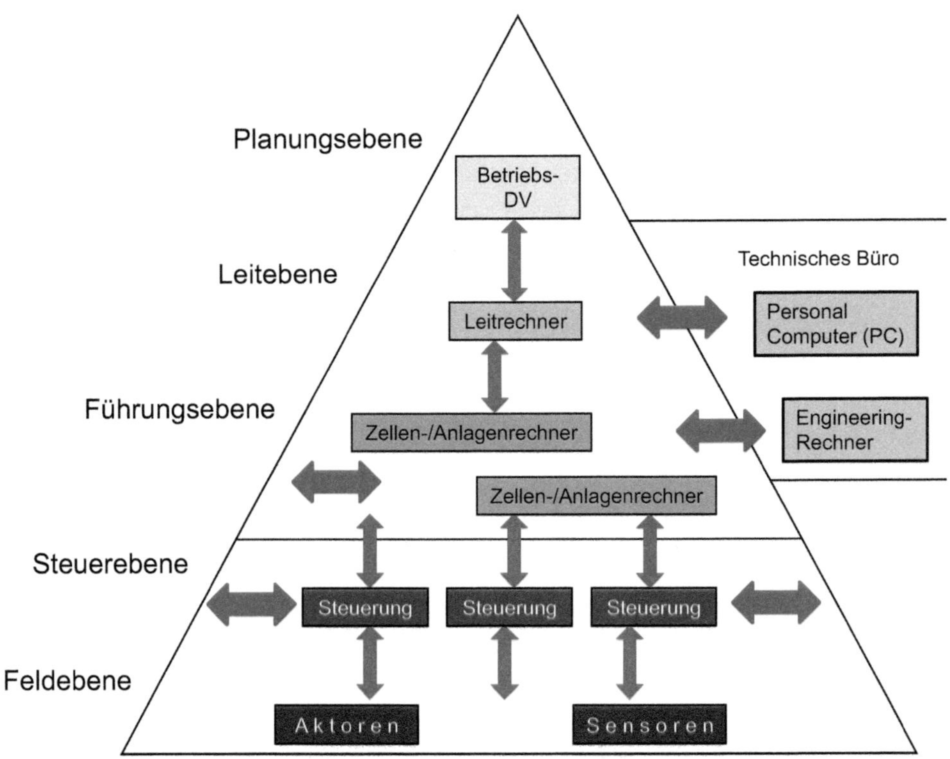

Bild 1.1 Hierarchische Automatisierungsstruktur mit horizontaler und vertikaler Kommunikation

Die Aufgaben, die auf den einzelnen Ebenen gelöst werden müssen, sind z. B. in [1] ausführlich beschrieben. Auf der obersten Ebene geschieht die Aufgabenbeschreibung und die Ermittlung von Führungsgrößen auf sehr abstraktem Niveau. Die Lenkung und Steuerung des technischen Prozesses wird auf den mittleren Ebenen schrittweise präzisiert, und auf der untersten Ebene werden Stellglieder mit Sollwerten beaufschlagt und Messgrößen aufgenommen. Die Prozess- und Betriebsparameter werden von unten nach oben verdichtet und gelangen in zunehmend abstrakter Form zur Korrektur von Steuer- und Regelvorgaben der verschiedenen Ebenen bis zur Spitze der Hierarchie zurück.

Für die zu realisierenden Aufgaben auf den Automatisierungsebenen können zwar einige typische Inhalte angegeben werden, abhängig vom technischen Prozess und dem speziellen produktionstechnischen Umfeld können aber sehr verschiedene Lösungen für eine konkrete Automatisierungshierarchie entstehen. Die Struktur nach Bild 1.1 mit fünf Ebenen findet man z. B. mehr in der Fertigungsautomatisierung, während bei der Automatisierung verfahrenstechnischer Prozesse eher eine drei- bis vierstufige Hierarchie zum Einsatz gelangt.

In Zusammenhang mit der Diskussion zur Vereinfachung von Unternehmensstrukturen und Entscheidungswegen (Lean-Methode) gibt es auch Ansätze zur Verflachung der Organisationsstruktur von Automatisierungssystemen. Die Veränderungen führen dabei zu flachen Strukturen mit gekapselter Verantwortung und zu Teilsystemen mit maximaler Autonomie und minimalem Informationsfluss. Kommunikation erfolgt nicht über vertikale Hierarchie-, sondern über horizontale Leistungsebenen. Die Vorteile einer solchen Organisationsstruktur sind vor allem hohe Flexibilität und Erweiterbarkeit, bessere Handhabbarkeit, Fehlertolerierbarkeit und anderes. Im Bereich der Fertigungsautomatisierung werden die Diskussionen auch mit dem neueren Industrie 4.0-Paradigma verbunden [2].

In Zusammenhang mit der Nutzung von Automatisierungskomponenten als Cyber-Physical Systems (CPS), dem Cloud-Computing und der Einführung des Dienstprinzips für Automatisierungsfunktionen gibt es insbesondere für die Fertigungsautomatisierung die Vorstellung, dass sich die klassische Automatisierungspyramide auflöst (zumindest hardwaremäßig) und die Automatisierungskomponenten als Software vollständig in einer Cloud verteilt werden können. Man spricht dann auch von *CPS-basierter* oder *Cloud-basierter Automatisierung* bzw. Automation [3].

Andere Konzepte in Zusammenhang mit der Prozessautomatisierung und Industrie 4.0, wie z. B. die Namur Open Architecture (NOA), erweitern die klassische Automatisierungspyramide um weitere Komponenten, um schnelllebige IT-Komponenten flexibel integrieren zu können [4].

https://bit.ly/3BlNfXq

1.1.2 Informationsaustausch

Alle Automatisierungsebenen in Bild 1.1 müssen vertikal informationstechnisch miteinander verbunden sein, wobei sich die Menge der zu übertragenden Daten und die notwendige Übertragungszeit in Übereinstimmung mit dem Planungshorizont zwischen einzelnen Ebenen wesentlich unterscheidet (Tabelle 1.1).

Tabelle 1.1 Kommunikationsanforderungen innerhalb einer Automatisierungshierarchie

Ebene	Planungshorizont	Anforderungen an die Kommunikation	
		Datenmenge	Übertragungszeit
Betriebsebene	Monat bis Jahr		
		MByte	min
Leitebene	Woche		
		KByte	s
Führungsebene	Tag		
		Byte	0,1 s
Steuerebene	s bis h		
		Bit	ms
Feldebene	ms		

Auf der unteren Ebene (Feldebene) sind kleine Datenmengen, z. B. Messwerte von hoher Aktualität, zwischen vielen Partnern über kostengünstige und robuste Kommunikationsmedien zu übertragen. Die Informationsübermittlung muss mit hoher Geschwindigkeit in Echtzeit erfolgen, damit z. B. Gefahrenzustände sofort einen Schnellstopp von Antrieben durchführen können.

https://bit.ly/36LRcH1

Gegenwärtig besitzen noch viele klassische Sensoren und Aktoren keine eigene Informationsverarbeitung, sodass sie unmittelbar an die Steuerebene angekoppelt sind und man von Kommunikation im eigentlichen Sinne noch nicht sprechen kann. Durch die Fortschritte in der Mikroelektronik und Mikrosystemtechnik vollzieht sich aber auch hier ein prägnanter Wandel. Komplexere Sensoren, wie z. B. moderne Ultraschallsensoren, besitzen bereits im Sensor eine eigene Verarbeitungsleistung und kommunizieren mit der Steuerungsebene über serielle Schnittstellen. Dadurch gelingt es, die Verarbeitungsleistung auf der Ebene insgesamt zu erhöhen und gleichzeitig den Datenaustausch zwischen der Feldebene und der Steuerebene zu reduzieren, weil nur noch die für die überlagerte Ebene relevanten Daten in verdichteter Form übertragen werden.

Wesentlich ausgeprägter ist die „Intelligenz" der Automatisierungseinheiten auf der Steuerebene. Sie kommunizieren nicht nur mit den Systemen der übergeordneten Führungsebene, sondern auch relativ umfangreich mit Komponenten innerhalb der Ebene.

Mit steigender Hierarchiestufe der Automatisierungsebenen sind die Aufgaben zwangsläufig stärker zentralisiert. Die Anzahl der beteiligten Automatisierungseinheiten nimmt zwar ab, aber die Einheiten selbst werden leistungsfähiger. Die Häufigkeit der Einzelübertragungen zwischen ihnen wird geringer, dagegen steigt die Größe und die Dauer der Aktualität der zu übertragenden Daten (z. B. NC-Programme, Messprotokolle). Die Anforderungen an die Echtzeitfähigkeit nehmen ab. Das Kommunikationsmedium muss eine hohe Datenmenge bewältigen. Tabelle 1.2 listet einige Übertragungszeiten bei unterschiedlichen Datenraten für typische Datenpakete auf den höheren Automatisierungsebenen auf.

Tabelle 1.2 Übertragungszeiten bei unterschiedlichen Datenraten

Datenpaket	Datenmenge	Übertragungszeit			
		bei 1,2 Kbit/s	bei 500 Kbit/s	bei 10 Mbit/s	bei 100 Mbit/s
NC-Programm	8 kB	53,3 s	0,13 s	6 ms	0,06 ms
Konstruktionszeichnung	2,5 MB	4,62 h	40 s	2 s	0,2 s

Jede Ebene arbeitet im Wesentlichen mit den Daten, die ihr zugewiesen sind. Daten, die an höhere Ebenen weitergegeben werden müssen, sind vorher zu reduzieren und zu verdichten. Die damit verbundene Informationskonzentration verhindert, dass eine Ebene mit Informationen anderer Bereiche überlastet wird. Daten, die an eine untergeordnete Ebene übertragen werden sollen, werden häufig vorher um Zusatzinformationen ergänzt. Die Einhaltung der Grundsätze, dass jede Ebene so autark wie möglich und der Informationsfluss zwischen den Ebenen so gering wie möglich ist, bewirkt, dass der horizontale Datenfluss auf jeder Ebene zunimmt.

Grundsätzlich unterscheidet man zwei Arten von Kommunikationsstrukturen in einer Automatisierungshierarchie, die im Folgenden beschrieben werden.

1.1.2.1 Punkt-zu-Punkt-Verbindung

Eine Automatisierungshierarchie mit *Punkt-zu-Punkt-Verbindung* (P2P - Point-to-Point) ist in Bild 1.2 dargestellt.

https://bit.ly/3hRFwlO

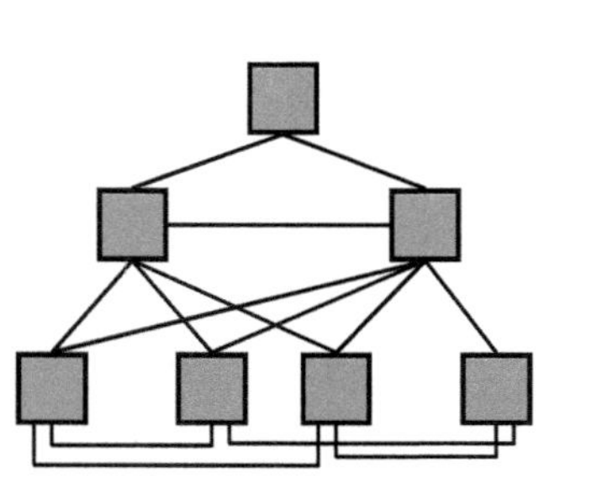

Bild 1.2 Automatisierungshierarchie mit Punkt-zu-Punkt-Verbindungen: a) ohne Querverkehr, b) mit Querverkehr

Bei der Struktur nach Bild 1.2a ist wegen des fehlenden Querverkehrs eine Kommunikation zwischen zwei Komponenten der gleichen Ebene nur auf dem Umweg über die nächsthöhere Ebene möglich. Das bringt lange Informationswege mit sich. Die Information wird bei starker Belastung der übergeordneten Ebene unter Umständen verzögert.

Auf den unteren Ebenen, wo eine schnelle Übertragung besonders wichtig ist, muss man einen Querverkehr einführen, damit die Geräte und Einheiten einer

Ebene untereinander Daten austauschen können. Man verdrahtet also viele Kommunikationspartner miteinander. Es entsteht ein vermaschtes Netz (Bild 1.2b), bei dem sehr leicht die Verkabelungskosten 50 % der Gerätekosten ausmachen können.

Punkt-zu-Punkt-Verbindungen mit zum Teil erheblichen Querverkehr werden heute in Automatisierungssystemen immer noch häufig angetroffen. Neuere Automatisierungssysteme versuchen, diese oft unübersichtlichen Strukturen weitestgehend zu vermeiden. Trotz ihrer Nachteile werden Kommunikationsstrukturen mit Punkt-zu-Punkt-Verbindungen aufgrund ihrer einfachen und weithin bekannten Verschaltungstechnik bei weniger komplexen Systemen und für spezielle Anwendungen (z. B. Anschaltung eines Druckers oder einzelner Messgeräte an einen Prozessrechner) auch weiterhin ihren Einsatz finden.

1.1.2.2 Lokale Netze

Eine andere Art von Kommunikationsstruktur hat sich in der Kommunikationstechnik und Datenverarbeitung Mitte der 1970er Jahre herausgebildet. Es handelt sich dabei um *serielle Bussysteme* und um *lokale Netze* (LAN - Local Area Network). Bei Ausdehnungen im Bereich der Prozessrechnerbaugruppen (bis einige Meter) spricht man meist von seriellen Bussystemen, bei größeren Entfernungen (oberhalb von einigen Metern) dagegen von lokalen Netzen. Bild 1.3 zeigt beispielhaft die Anwendung eines lokalen Netzes in einer Automatisierungshierarchie mit drei Ebenen.

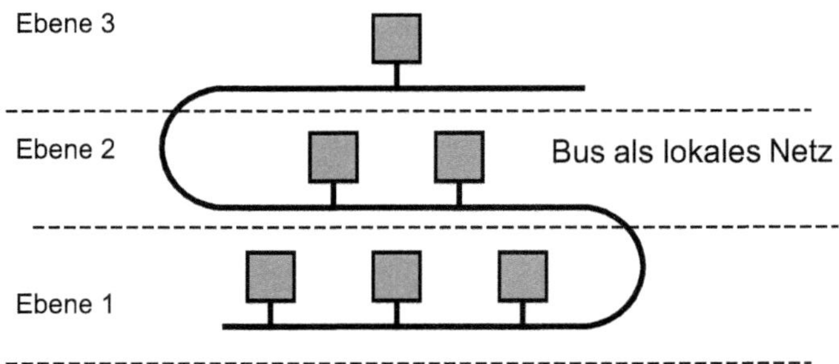

Bild 1.3 Einsatz eines lokalen Netzes in einer Automatisierungshierarchie

Lokale Netze und serielle Bussysteme sind übersichtlich in Struktur und Aufbau und unterstützen insbesondere die *horizontale Kommunikation.* Die Anforderungen der Automatisierungstechnik an diese Kommunikationsstrukturen sind sehr unterschiedlich und beziehen sich z. B. auf die Datenübertragungsgeschwindigkeit, die Anzahl der anzuschließenden Komponenten oder die mögliche räumliche Ausdehnung. In den vergangenen Jahren wurden ca. 50 verschiedene lokale Netze speziell für die Automatisierungstechnik entwickelt, davon allein 31 unterschiedliche Systeme, die auf Ethernet basieren [5].

1.1.2.3 Zentrale/dezentrale Automatisierungsstrukturen

Für verteilte bzw. vernetzte Automatisierungssysteme ist die Automatisierungsstruktur, bezogen auf ihre Zentralität bzw. Dezentralität, von wesentlicher Bedeutung für die Art der erforderlichen Kommunikationsstruktur.

https://bit.ly/2UXCsll

Grundsätzlich lassen sich dabei *drei Arten von Basisstrukturen* eines Automatisierungssystems unterscheiden:

- Struktur des technischen Prozesses
- örtliche Struktur der Automatisierungseinrichtungen
- funktionelle Struktur des Automatisierungssystems

Alle drei Strukturarten können in ihrer Grundstruktur sowohl zentral wie auch dezentral auftreten.

Struktur des technischen Prozesses

Kann der technische Prozess als eine Einheit betrachtet werden, so liegt eine zentrale Prozessstruktur vor. Beispiele dafür sind der Waschvorgang in einer Waschmaschine oder das Fräsen eines Werkstücks.

Besteht der technische Prozess aus Teilprozessen, handelt es sich um eine dezentrale Prozessstruktur. Die meisten technischen Prozesse können aus automatisierungstechnischer Sicht in Teilprozesse zerlegt werden. Dazu gehören z.B. die Fertigung eines Getriebes mit den Teilprozessen Fertigung der Zahnräder, Herstellung des Getriebegehäuses und Montage oder verfahrenstechnische Erzeugerprozesse mit den Teilprozessen Reaktionsvorgang, Stofftrennung und Reinigung.

Örtliche Struktur der Automatisierungseinrichtungen

Bei der örtlich zentralen Anordnung werden die Automatisierungseinrichtungen bzw. -geräte in einem vom technischen Prozess abgetrennten Raum (häufig als Leitwarte oder Leitstand bezeichnet) untergebracht. Beispiele sind die Steuerung eines chemischen Reaktors oder einer Farbspritzanlage. Der Vorteil der zentralen Anordnung besteht darin, dass die Geräte den unter Umständen schädlichen Umgebungsbedingungen des technischen Prozesses nicht ausgesetzt werden müssen. Es ergibt sich als Nachteil allerdings ein erheblicher Verkabelungsaufwand.

Die Automatisierungseinrichtungen sind bei der örtlich dezentralen Struktur in nächster Nähe des ablaufenden technischen Prozesses (der technischen Anlage, Maschine) am unmittelbaren Ort ihres Einwirkens angeordnet. Dadurch entsteht eine Verteilung der Geräte auf der prozessnahen Ebene. Häufig ergeben sich als Vorteile bei dieser Anordnung geringere Verkabelungskosten und eine bessere Wartbarkeit. Erforderlich sind hier aber Verkabelungssysteme auf der Feldebene (Feldbussysteme), die einen Informationsaustausch zwischen den örtlich dezentralen Komponenten ermöglichen.

Funktionelle Struktur des Automatisierungssystems

Unter der funktionellen Struktur versteht man die Struktur des Automatisierungssystems bezüglich der Verteilung der Automatisierungsfunktionen auf die verschiedenen Automatisierungseinrichtungen.

Bild 1.4 zeigt eine funktionell zentrale Struktur mit einem universellen Prozessrechner als Kernsystem, der in serieller Informationsverarbeitung alle Automatisierungsfunktionen erledigt. Beispiele für funktionell zentrale Strukturen finden sich häufig bei der Automatisierung von Elektrolyseanlagen, Galvanikanlagen oder Industrieöfen.

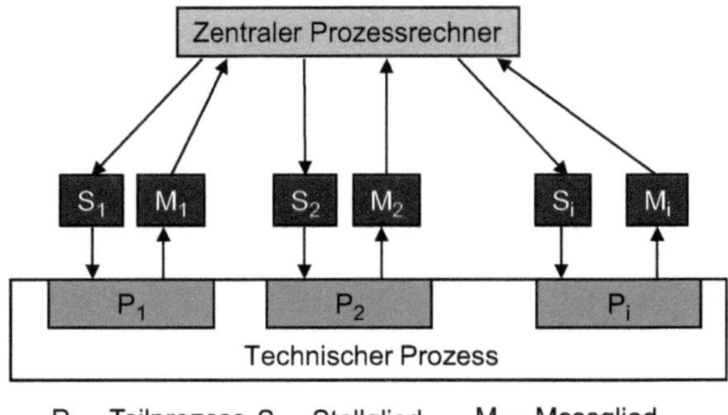

Bild 1.4 Funktionell zentrale Automatisierungsstruktur

Im Gegensatz dazu werden bei der in Bild 1.5 dargestellten funktionell dezentralen Struktur einzelne Prozessrechensysteme eingesetzt, die parallel zueinander und – bei einer streng dezentralen Struktur – auch ohne Verkopplung untereinander die erforderlichen Funktionen realisieren. Ein Beispiel dafür ist die vollständig dezentrale Führung und Überwachung haustechnischer Prozesse in einem Hochhaus (Heizung, Lüftung, Klima, Beleuchtung usw.).

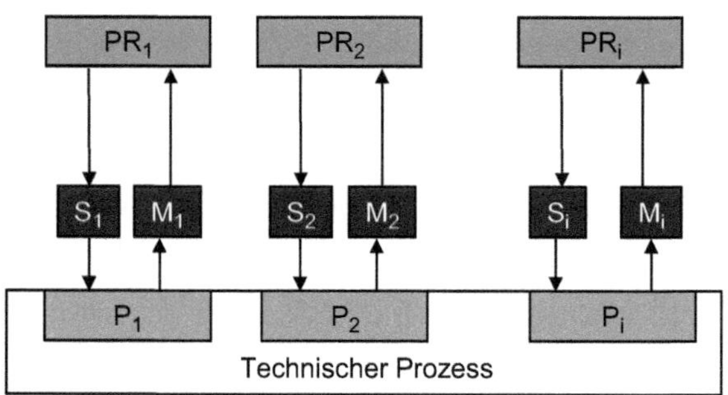

Bild 1.5 Funktionell dezentrale Automatisierungsstruktur

Die funktionelle Struktur bestimmt wesentlich den Aufwand, die Zuverlässigkeit, die Flexibilität und die Bedienbarkeit eines Automatisierungssystems.

In Beispiel 1.1 wird eine ZDD-Struktur dargestellt (markiert in Tabelle 1.3). Bei der ZDD-Struktur wird eine zentrale Struktur des technischen Prozesses mit einer dezentralen örtlichen und funktionellen Struktur des Automatisierungssystems kombiniert.

Beispiel 1.1: Drehen einer Welle

Das Drehen einer Welle ist ein zentraler technischer Prozess ohne Aufteilung in Teilprozesse. Die Realisierung erfolgt im Beispiel über drei örtlich verteilte bzw. dezentrale Automatisierungseinrichtungen (Werkzeugmaschine, Messrechner und Bedienkonsole). Die Automatisierungsfunktionen sind gleichfalls dezentralisiert und befinden sich in den drei Automatisierungseinrichtungen bzw. sind in diesen nochmals separiert (Werkzeugmaschine mit Antriebssteuerung und separater SPS). Damit ergibt sich das in Bild 1.6 dargestellte Strukturbild.

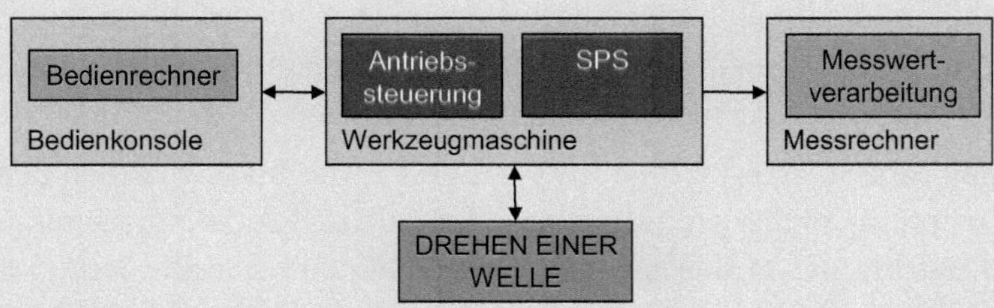

Bild 1.6 Automatisierungssystem zum Drehen einer Welle nach einer ZDD-Struktur

Unter Berücksichtigung der vorangehend genannten Struktureinteilung ergeben sich insgesamt acht verschiedene Kombinationen von Automatisierungsstrukturen, die die jeweilige spezifische Kommunikationsstruktur bestimmen (Tabelle 1.3).

Tabelle 1.3 Mögliche Kombinationen von Automatisierungsstrukturen
(Z – zentrale Struktur, D – dezentrale Struktur)

Struktur des technischen Prozesses	Z	Z	Z	**Z**	D	D	D	D
Örtliche Struktur der Automatisierungseinrichtungen	Z	Z	D	**D**	Z	Z	D	D
Funktionelle Struktur des Automatisierungssystems	Z	D	Z	**D**	Z	D	Z	D

Für die optimale Wahl einer Automatisierungsstruktur und damit auch für die Kommunikationsstruktur sollte nach folgendem Grundsatz verfahren werden:

So dezentral wie möglich, so zentral wie nötig.

1.2 Lokale Netze

https://bit.ly/3isM1kr

Lokale Netze (LAN) werden nach IEEE 802 [6] durch folgende Merkmale definiert:

- Ein LAN ist ein Datenkommunikationssystem, das mehreren unabhängigen Geräten die Möglichkeit bietet, miteinander zu kommunizieren.
- Im Gegensatz zu anderen Datennetzwerken ist die Kommunikation auf ein in der Ausdehnung begrenztes geografisches Gebiet beschränkt.
- Es wird ein Kommunikationsmedium mit mittlerer bis hoher Datenübertragungsrate sowie einer niedrigen Fehlerrate benutzt.
- Ein LAN ermöglicht pro Verbindung eine bitserielle Übertragung (in Abgrenzung zu Rechnerbussen).
- Ein LAN wird durch eine einzelne Organisation kontrolliert. Die Netze werden deshalb auch als private Netze bezeichnet.

Betrachtet man die Kommunikationsstrukturen bezogen auf ihre räumlichen Ausdehnungen und ihre Datenübertragungsgeschwindigkeiten, so gelangt man zu der in Bild 1.7 dargestellten Einordnung der lokalen Netze.

Die lokalen Netze sind etwa im mittleren Bereich von Bild 1.7, neben den systemnahen Kommunikationsstrukturen (z. B. parallele und serielle Rechnerbusse), angesiedelt. Rechts neben den lokalen Netzen befinden sich die *Weitverkehrsnetze* (WAN - Wide Area Network), die auch als öffentliche Netze bezeichnet werden (siehe Abschnitt 4.3). Dazu gehören z. B. analoge und digitale Telefon- oder Fernsehübertragungsnetze, Internet sowie die Datenfernübertragung mit ISDN und ihren Diensten.

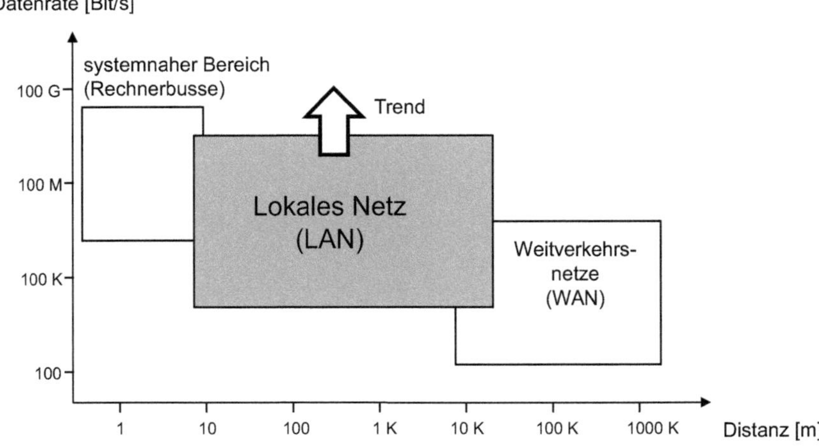

Bild 1.7 Einordnung der lokalen Netze

Durch die rasante Entwicklung von Ethernet in den letzten Jahren und dessen verstärkten Einsatz für lokale Netze, auch für die Automatisierung ist zu erwarten, dass die Datenrate für lokale Netze weiter beträchtlich ansteigen wird.

Die verschiedenen lokalen Netze unterscheiden sich nach der Form des Netzes (Topologie), dem eingesetzten Übertragungsmedium und dem Übertragungs- und Zugriffsverfahren.

1.2.1 Netztopologien

Lokale Netze können außer nach der in Bild 1.3 bereits dargestellten Linienstruktur nach einer Stern-, Ring- oder Baumstruktur aufgebaut sein (Bild 1.8).

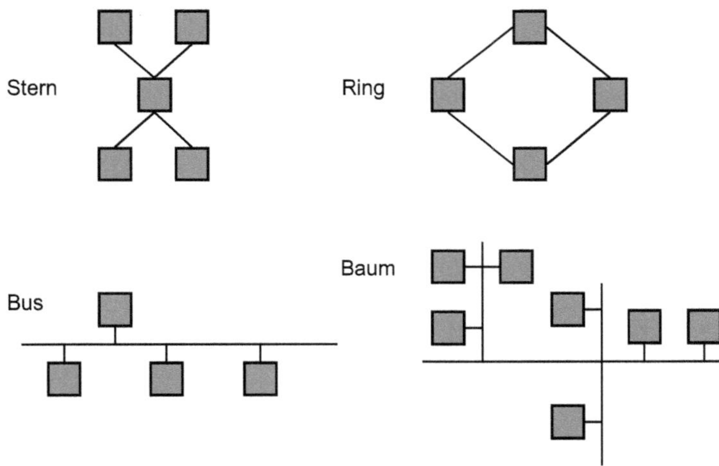

Bild 1.8 Aufbau lokaler Netze (Netztopologien)

Bei der *sternförmigen Struktur* wird jeder Datenaustausch über die Zentrale abgewickelt. Die Funktion des gesamten Netzes ist von der Zentrale abhängig. Das Netz ist nicht flexibel, da die Zentrale für jeden Teilnehmer eine Schnittstelle benötigt. Die Zentrale entwickelt sich darüber hinaus schnell zu einem „Flaschenhals" für die Informationsübertragung. Sternstrukturen werden bevorzugt für den Aufbau lokaler Netze mit Lichtwellenleiter eingesetzt (z. B. PROFIBUS mit Lichtwellenleiter).

Bei der *ringförmigen Struktur* wird mittels mehrerer Zweipunktverbindungen ein physikalischer Ring aufgebaut. Die Steuerung und Überwachung des Netzes sind meist auf alle Teilnehmer verteilt. Die Netzknoten (Kommunikationspartner, Teilnehmer) sind ständig aktiv und regenerieren die durchlaufenden Informationen. Durch diese Signalverstärkung können Ringnetze über größere Entfernungen geführt werden. Problematisch ist die Ringtopologie bei Ausfall eines Teilnehmers

https://bit.ly/3kDrOpW

bzw. bei Leitungsbruch oder Kurzschluss. Ohne geeignete Gegenmaßnahmen würde dies bedeuten, dass das gesamte lokale Netz ausfällt. Als Gegenmaßnahme kann der Ring redundant ausgelegt werden. Als typische Ringtopologie ist z. B. auf der Feldebene der INTERBUS ausgelegt.

Bei der *Linienstruktur* (auch als Busstruktur bezeichnet) kommunizieren alle Teilnehmer über eine gemeinsame Leitung. Die Linie ist die kostengünstigste Art der Verkabelung. Gegenüber dem Ring ist nur etwa die Hälfte der Kabellänge zu installieren. Die Anbindung der Teilnehmer an das Linien(Bus)kabel erfolgt über kurze Stichleitungen. Jeder Teilnehmer benötigt hier nur noch eine Schnittstelle, um mit einem beliebigen anderen kommunizieren zu können. Ein Problem bei der Linie stellt die Verfälschung der zu übertragenden Signale bei größeren Entfernungen durch hohe Widerstands- und Kapazitätswerte der Leitung dar. In der Praxis hat dies zur Folge, dass bei Linienstrukturen die maximale Übertragungsrate stark von der Leitungslänge abhängt. Die meisten der in Automatisierungssystemen eingesetzten lokalen Netze besitzen eine Linien- bzw. Busstruktur.

Die *Baumstruktur* stellt eine Erweiterung der Linie dar. Mehrere Äste sind durch einen Stamm verbunden. Erweiterungen sind durch Anbinden weiterer Äste möglich. So entstehen lokale Netze, die auch größere Flächen abdecken. Nur wenige lokale Netze stellen die Fähigkeit zum Aufbau von Baumstrukturen in Automatisierungssystemen zur Verfügung. Dazu gehört z. B. das Feldbussystem LON.

1.2.2 Übertragungsmedien

Zu den Übertragungsmedien gehören die *Kabel und Leitungen*, aus denen die lokalen Netze aufgebaut sind. Im Wesentlichen haben sich drei Übertragungsmedien durchgesetzt:

- verdrillte Zweidrahtleitung (Twisted Pair)
- Koaxialleitung
- Lichtwellenleiter

Neben der eigentlichen Leitung muss man auch die Schnittstellen zu den Automatisierungskomponenten, die Anschaltungen sowie andere Netzelemente berücksichtigen. Besonders wichtig sind hierbei Repeater und Gateways. *Repeater* dienen als Verstärkerstationen innerhalb von Netzen, und *Gateways* schaffen Verbindungen zwischen lokalen Netzen mit unterschiedlicher Architektur.

https://bit.ly/3zl67Uv

1.2.2.1 Zweidrahtleitung

Für lokale Netze in der Automatisierungstechnik verwendet man meist die in Bild 1.9 dargestellte verdrillte, abgeschirmte Zweidrahtleitung, für kurze Entfernungen auch ungeschirmte, verdrillte Leitungen.

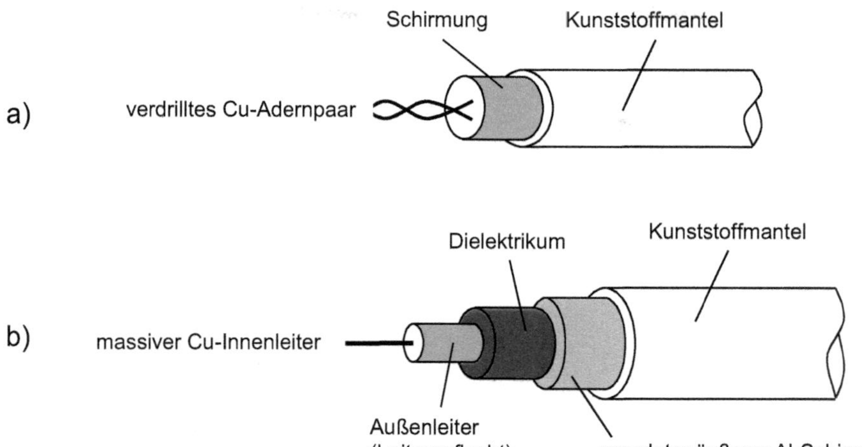

Bild 1.9 Physikalischer Aufbau einer Zweidraht- und einer Koaxialleitung: a) geschirmte Zweidrahtleitung, b) doppelt geschirmte Koaxialleitung

Die möglichen *Übertragungsraten* lassen sich bei Verwendung einer RS 485- oder RS 232-Schnittstelle aus Bild 1.10 ermitteln.

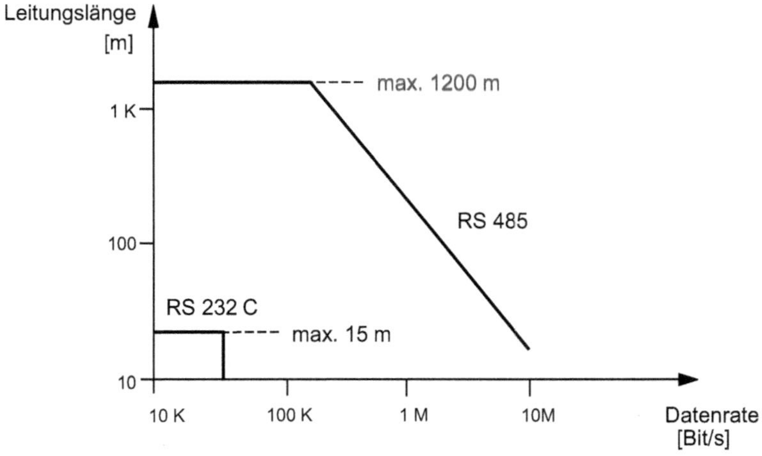

Bild 1.10 Leitungslänge und Übertragungsrate

Bei einer Leitungslänge von 1200 m ergibt sich bei der RS 485 noch eine Übertragungsrate von 100 Kbit/s. Diese relativ geringe Leistung ist vielfach ausreichend, da der Einsatz dieser Leitungen bevorzugt auf der Feldebene mit ihrem relativ geringen Datenaufkommen erfolgt.

Die Kostenvorteile der Zweidrahtleitung werden dadurch relativiert, dass sie in störspannungsverseuchter Umgebung häufig noch zusätzlich in besonders abgeschirmte Kabelkanäle verlegt werden muss.

1.2.2.2 Koaxialleitung

Der physikalische Aufbau dieses vor allem bei lokalen Netzen mit hoher Übertragungsrate verwendeten Mediums ist in Bild 1.9b gezeigt. Die Leitungen sind ähnlich wie Fernsehkabel aufgebaut, nur besser geschirmt. Es ergeben sich hohe Übertragungsleistungen von 10 Mbit/s bei mehreren Kilometern Leitungslänge.

Der Anschluss an eine Koaxialleitung ist technisch aufwendiger als bei einer Zweidrahtleitung. Der Abgriff wird über einen Transceiver hergestellt, der in einer industriellen Umgebung fest mit der Leitung verschraubt wird und natürlich zusätzliche Kosten verursacht.

1.2.2.3 Lichtwellenleiter

https://bit.ly/3kDAlhG

Ein Übertragungsmedium für höchste Ansprüche an die Übertragungsleistung ist der Lichtwellenleiter (LWL), auch als Glasfaserkabel (Fiber Optic Cable) bekannt (Bild 1.11).

a)

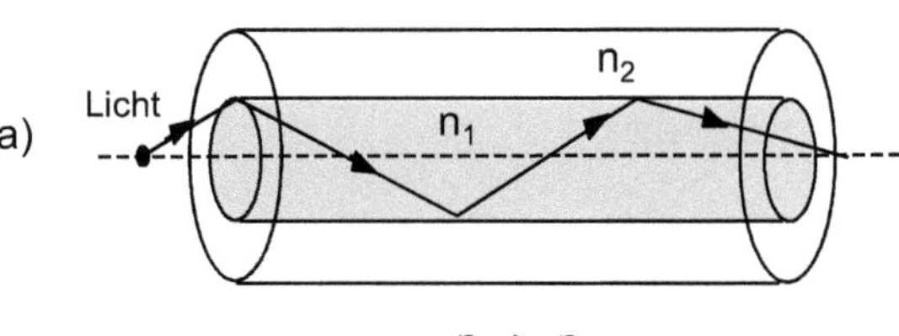

$n_1 > n_2$

b)

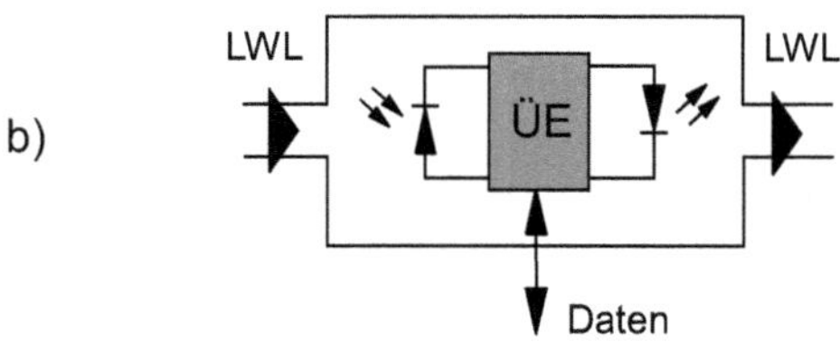

ÜE – elektronische Übertragungseinheit (Empfänger, Sender, Verstärker, Modulator)

Bild 1.11 Lichtwellenleiter: a) prinzipieller Aufbau, b) aktiver Abgriff

Das Grundprinzip besteht darin, dass eine totale Reflektion eintritt, wenn der Lichtstrahl L auf die Grenzfläche zwischen den beiden Gläsern mit verschiedenen Brechungsindizes n_1 und n_2 auftrifft (Bild 1.11a). Der Lichtstrahl ist damit in den beiden Gläsern, die als dünner Lichtwellenleiter ausgeführt sind, „gefangen" und kann geführt werden. Abhängig vom Durchmesser der beiden Lichtwellenleiter und dem Verlauf von n_1 und n_2 ergeben sich Übertragungsraten bis zu vielen Gbit/s.

LWL werden vorteilhaft für Stern- und Ringstrukturen verwendet. Zur Übertragung der Daten erfolgt in den Teilnehmern eine Signalauffrischung. Dazu wird der ankommende Lichtwellenleiter in jedem Teilnehmer aufgetrennt, die Lichtsignale werden in elektrische Ströme umgewandelt, verstärkt und in das nächste Leitungssegment eingespeist. Solche, in Bild 1.11b dargestellten, aktiven Abgriffe sind relativ aufwendig und teuer.

Neben den erwähnten drei Übertragungsmedien werden für spezifische Anwendungen auch alternative Medien, wie z.B. Funkwellen (Wireless LAN), Eindrahtleitungen (Stromschleife mit Rückkopplung über die Masse), Stromnetze in der Gebäudeautomatisierung oder Infrarotlicht für die Nahbereichskommunikation, genutzt.

1.2.3 Datenübertragung

Für die Übertragung von Informationen (Nachrichten) auf den vorgenannten Medien eignen sich unterschiedliche Übertragungsverfahren. Zu den wichtigsten Übertragungsverfahren gehören Basisband-, Trägerband- und Breitbandverfahren.

1.2.3.1 Basisband

Dies ist die einfachste und für lokale Netze bzw. serielle Busse auf den unteren Automatisierungsebenen allgemein angewandte Übertragungsart. Sie wird auch als *bitserielle Übertragung* oder *Bitübertragung* bezeichnet.

https://bit.ly/3kz3wCt

Die digitalen Signale werden als eine Folge von Bits unmoduliert übertragen. Dabei können die einzelnen Bits, wie in Bild 1.12 gezeigt, verschieden dargestellt werden.

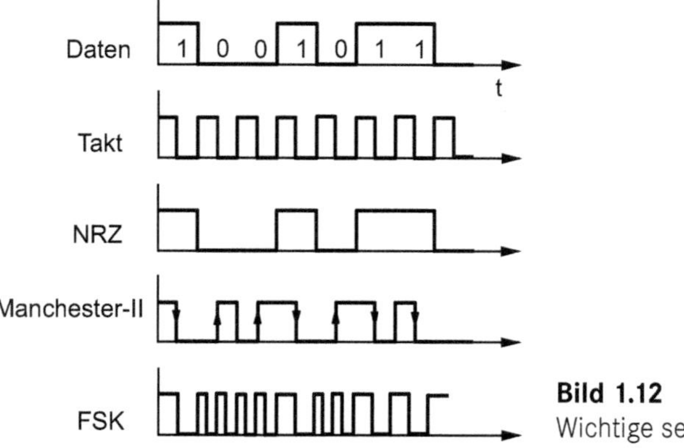

Bild 1.12
Wichtige serielle Übertragungsformate

Beim *NRZ-Format* (Non-Return-to-Zero) wird ein Rechteckimpuls mit einer Breite gleich der Bitdauer benutzt. Im *Manchester-II-Format* wird das zu übertragende Bit durch die Richtung eines Pegelwechsels in Bitmitte dargestellt, und das Verfahren zur *Frequenzumtastung* (FSK - Frequency Shift Keying) ordnet im Basisband dem logischen Pegel „1" die einfache Bittaktfrequenz und dem Pegel „0" die zweifache zu. FSK und Manchester-II-Formate besitzen den Vorteil, dass sie die Bildung eines gleichspannungsfreien Signals ermöglichen, aus dem auch die Taktinformation abgeleitet werden kann.

Im Basisbandverfahren steht ein Übertragungskanal zur Verfügung, der im Zeitmultiplex von allen sendewilligen Teilnehmern genutzt werden kann.

Beispiele für lokale Netze mit Basisbandübertragung sind Basisband-Ethernet und die meisten Feldbussysteme.

1.2.3.2 Trägerband

https://bit.ly/3BqpzkD

Bei diesem Verfahren handelt es sich um ein analoges Übertragungsverfahren. Die digitalen Informationen werden auf eine Trägerfrequenz aufmoduliert. Man spricht auch von einer *binären Modulation* oder *Umtastung*. Man unterscheidet wie bei der klassischen Modulation drei Verfahren:

- binäre Amplitudenmodulation
- binäre Frequenzmodulation
- binäre Phasenmodulation

Bild 1.13 veranschaulicht die binären Modulationsverfahren.

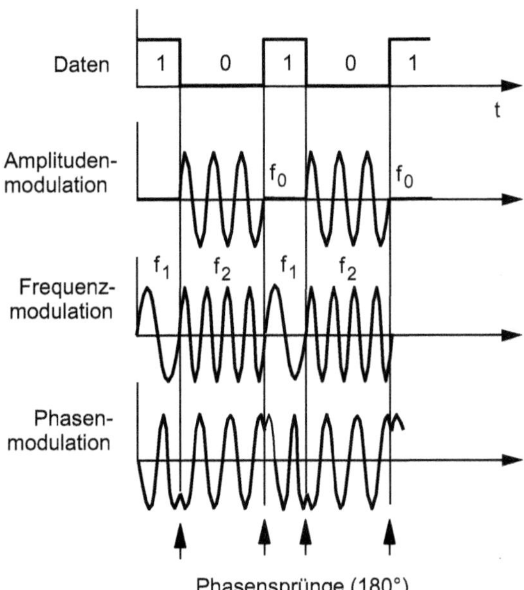

Bild 1.13
Binäre Modulationsverfahren

Üblich ist auch die Verwendung gemischter Modulationsverfahren, z. B. eine Verknüpfung von Amplituden- und Phasenmodulation.

Das Trägerbandverfahren kommt für lokale Netze in Automatisierungssystemen meist in Verbindung mit dem Breitbandverfahren zum Einsatz (geträgertes Breitbandverfahren).

1.2.3.3 Breitband

Die *Breitbandtechnik* (Broadband) hat ihren Ursprung in der Kabelfernsehtechnik. Sie gestattet die Übertragung vieler Kanäle auf einem Übertragungsmedium, inklusive Video, Daten und Sprache. Anwendung findet dieses aufwendige Übertragungsverfahren zum Teil auf der oberen Automatisierungsebene als *Backbone-Netz*.

https://bit.ly/3zvSh23

Sende- und Empfangskanal werden getrennt, da ein Breitband nur unidirektionale Kanäle zulässt. Das insgesamt verfügbare Frequenzband von 5 bis 400 MHz wird in der Mitte geteilt. Im unteren Bereich werden die Sendefrequenzen und im oberen die Empfangsfrequenzen untergebracht (abhängig von der konkreten Umsetzung auch umgekehrt). Um mit dem Breitbandverfahren ein lokales Netz zu realisieren, schließt man einen *Remodulator* (Frequenzumsetzer) an das Kabel an, der die Sendefrequenzen auf die Empfangsfrequenzen umsetzt (Bild 1.14).

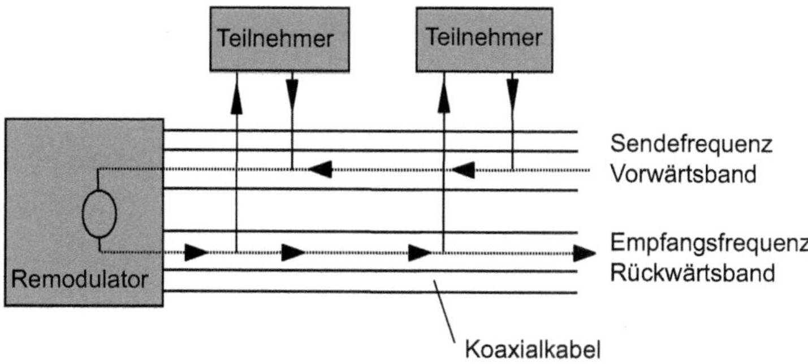

Bild 1.14 Breitbandübertragung mit Einkabeltechnik

Üblicherweise können mit dem Breitbandverfahren ca. 30 Kanäle gleichzeitig betrieben werden (Bandbreite pro Kanal 6 MHz). Breitbandnetze sind grundsätzlich schwierig zu installieren und zu erweitern. Die Gegenleistung ist jedoch eine sehr gute Mediennutzung durch die Mehrkanaltechnik.

Durch die rasant gestiegenen Geschwindigkeiten von Basisbandnetzen und der Verwendung von LWL wird die Breitbandtechnik im Bereich kabelgebundener lokaler Netze kaum noch eingesetzt. Mit dem Aufkommen schneller Internetverbindungen wird der Begriff Breitband inzwischen sinnentfremdet für alle schnellen Datenverbindungen genutzt.

Bekannte lokale Netze mit Breitbandübertragung sind die Breitbandversion von Ethernet als allgemeines Rechnernetz sowie MAP (Manufacturing Automation Protocol) als Automatisierungsnetz (z. B. SINEC H2B von Siemens).

1.2.4 Zugriffsverfahren

https://bit.ly/3BwZJvF

In einem lokalen Netz benutzen mehrere Teilnehmer die gleiche Übertragungsleitung für den Informationsaustausch. Bei einer Übertragung im Basisband darf z. B. zu einem bestimmten Zeitpunkt immer nur ein Teilnehmer Daten senden. Dies bedeutet, dass mittels eines *Zugriffsverfahrens* festgelegt werden muss, welcher Teilnehmer wann seine Daten über das Netz übertragen darf. Es gibt dazu zwei prinzipielle Möglichkeiten:

- *Master-Slave-Verfahren:* Die Zugriffsberechtigung wird durch einen festgelegten Teilnehmer, den Master, zentral gesteuert.
- *Multimaster-Prinzip:* Alle Teilnehmer im lokalen Netz sind gleichberechtigt, der Zugriff wird selbstständig gehandhabt oder zwischen den jeweiligen Partnern ausgehandelt und damit dezentral gesteuert.

1.2.4.1 Master-Slave-Verfahren

Im lokalen Netz existiert genau ein Teilnehmer, der als Master fungiert. Dieser Master fragt in einer bestimmten Reihenfolge alle übrigen Teilnehmer im Netz (Slaves), ob sie Daten senden wollen. Ist dies der Fall, hinterlegt der betreffende Slave seine Daten in einem Ausgangsregister zusammen mit der Empfangsadresse. Der Master überprüft die Vollständigkeit der Sendung und veranlasst anschließend den Transport der Daten über das Netz zum Empfänger. Das Übertragungsprinzip wird durch Bild 1.15 verdeutlicht.

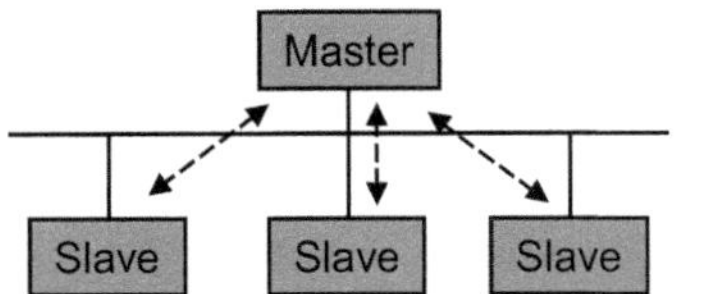

Bild 1.15
Master-Slave-Verfahren

In der Regel werden die Slaves zyklisch abgefragt, damit im Master zu jeder Zeit ein aktuelles Prozessabbild zur Verfügung steht.

Eine Abwandlung des Master-Slave-Verfahrens stellt das *TDMA-Verfahren* dar (TDMA – Time Division Multiple Access), bei dem die Gesamtbandbreite gleichmäßig auf alle Teilnehmer aufgeteilt wird. Jeder Teilnehmer erhält eine definierte Zeitscheibe, und der Master kommuniziert in einem Zyklus mit allen Teilnehmern.

Die Vorteile dieses Verfahrens bestehen insbesondere in einem garantierten Systemzeitverhalten und dem sehr einfachen Protokoll mit wenig Overhead. Ein typisches Beispiel ist dazu der Feldbus INTERBUS.

Die Zeit, die der Master benötigt, um alle Slaves einmal vollständig abzuarbeiten, wird *Buszykluszeit* genannt. Sie hängt mehr oder weniger von der Anzahl der Teilnehmer und vom Umfang der zu versendenden Daten ab und liegt in der Regel im Millisekundenbereich. Für den PROFIBUS DP ergeben sich z. B. bei einer Übertragungsgeschwindigkeit von 1,5 Mbit/s und je 2 Byte Eingabe- und 2 Byte Ausgabedaten pro Slave folgende Buszykluszeiten:

- 5 Slaves: 0,8 ms
- 30 Slaves: 6,0 ms

Für den Aufbau von Feldbussystemen ist das Master-Slave-Verfahren in seinen spezifischen Ausprägungen das wichtigste Zugriffsverfahren. Etwa 50 % der bekannten Feldbusse nutzen dieses Verfahren (zumindest teilweise), darunter solche bekannten wie PROFIBUS und ASi.

1.2.4.2 Multimaster-Prinzip

In einem Multimaster-System sind alle Teilnehmer gleichberechtigt und handeln die Sendeberechtigung untereinander aus. Dadurch wird eine höhere Intelligenz der einzelnen Geräte am lokalen Netz notwendig. Bei Ausfall eines Masters kann prinzipiell ein anderer Teilnehmer dessen Aufgaben übernehmen.

Für den Zugriff in Multimaster-Systemen haben sich die folgenden beiden Prinzipien durchgesetzt:

- CSMA/CD (Carrier Sense Multiple Access with Collision Detection)
- Token Passing

Beim *CSMA/CD-Verfahren* hat jeder Master die gleiche Zugriffsberechtigung und belegt bei freier Leitung den Übertragungsweg. Er sendet dann seine Daten, versehen mit Ziel- und Quelladresse. Ist die Leitung bereits belegt, versucht dieser Master (zufällig oder prioritätsgesteuert) zu einem späteren Zeitpunkt zu senden.

https://bit.ly/3kDEy54

Es kann vorkommen, dass zwei Master gleichzeitig senden, wenn sie beide vorher die Übertragungsleitung frei vorgefunden haben. In diesem Fall überlagern sich die Signale, und die Informationen gehen verloren. Um diese *Kollisionssituation* zu erkennen, hört der Master auch dann die Leitung ab, wenn er selbst sendet. Erkennt er seine eigenen Informationen nicht mehr, liegt eine Kollision vor. Der Master bricht seine Sendung ab und versucht es später erneut.

Der prinzipielle Ablauf für das CSMA/CD-Verfahren ist in Bild 1.16 dargestellt.

Die Zeit, nach der ein Master Zugriff zum lokalen Netz erhält, lässt sich aufgrund der jederzeit möglichen Kollision bei CSMA/CD nur statistisch ermitteln und kann nicht garantiert werden. Es handelt sich damit um ein *nicht deterministisches Zugriffsverfahren.* Bei geringer Netzauslastung ergibt sich jedoch der Vorteil, dass die Teilnehmer ihre Sendungen sofort absetzen können, falls die Leitung frei ist.

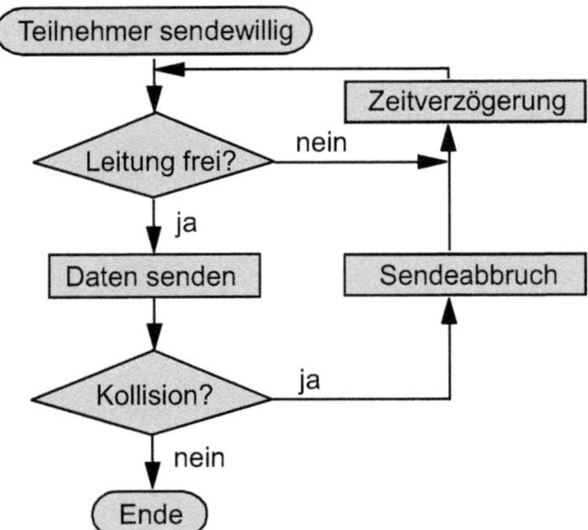

Bild 1.16
Ablauf für das CSMA/CD-Verfahren

Ein bekanntes lokales Netz mit CSMA/CD-Zugriff ist Ethernet, das unter anderem auch zur Kopplung von Rechnern auf den höheren Automatisierungsebenen genutzt wird.

Eine Variante vom CSMA-Verfahren, das *CSMA/CA* (CA – Collision Avoidance), versucht, über eine Prioritätssteuerung die Kollision zu vermeiden. Eingesetzt wird das CSMA/CA mit Erfolg auf der Feldebene durch z. B. den CAN-Bus.

https://bit.ly/3wUHmNk

Beim *Token-Passing-Verfahren* werden alle Master im lokalen Netz in einem logischen Ring angeordnet, unabhängig davon, ob es sich physikalisch um z. B. eine Ringstruktur (*Token Ring*) oder eine Linienstruktur (*Token Bus*) handelt. Die Zugriffsberechtigung wird hier durch ein festes Bitmuster, den *Token* (= Kennzeichen), gesteuert.

Das Verfahren ist in Bild 1.17 für einen Token Bus dargestellt und wird in dieser Ausführung auch als *Token-Bus-Verfahren* bezeichnet. Ein aktiver Master, z. B. Master 2, gibt den Token nach einer bestimmten Zeit an den nächsten Master (hier Master 5) im logischen Ring weiter. Wer den Token hat, darf senden. Zugriffskonflikte können nicht auftreten. Wenn Master 2 im Besitz des Tokens ist, kann er auch mit den Slaves 3, 4 und 6, die selbst nicht aktiv über den Bus kommunizieren, Daten austauschen. Diese Kombination aus Token-Passing-Verfahren und Master-Slave-Verfahren wird auch als *hybrides Zugriffsverfahren* bezeichnet und z. B. im PROFIBUS und in P-Net eingesetzt.

Beim Token Passing kann die maximale Zugriffszeit garantiert werden, die direkt proportional zu der Teilnehmerzahl und der zu übertragenden Datenmenge ist. Es handelt sich deshalb wie beim Master-Slave-Verfahren um ein *deterministisches* Zugriffsverfahren.

Jeder Teilnehmer muss aufgrund der Token-Umlaufzeit bei Sendewilligkeit mit einer Wartezeit rechnen. Dies bedeutet im Gegensatz zum CSMA/CD-Verfahren eine relativ lange mittlere Wartezeit selbst bei geringem Datenverkehr im Netz.

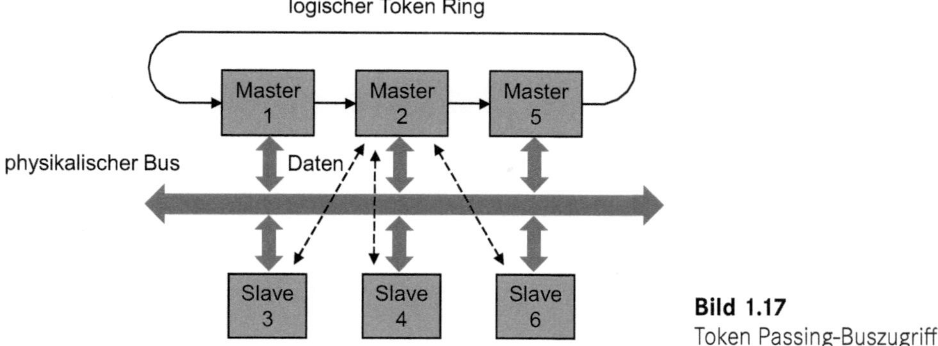

Bild 1.17
Token Passing-Buszugriff

Bild 1.18 vergleicht prinzipiell das zentrale Master-Slave-Verfahren mit den beiden dezentralen Verfahren CSMA/CD und Token Passing.

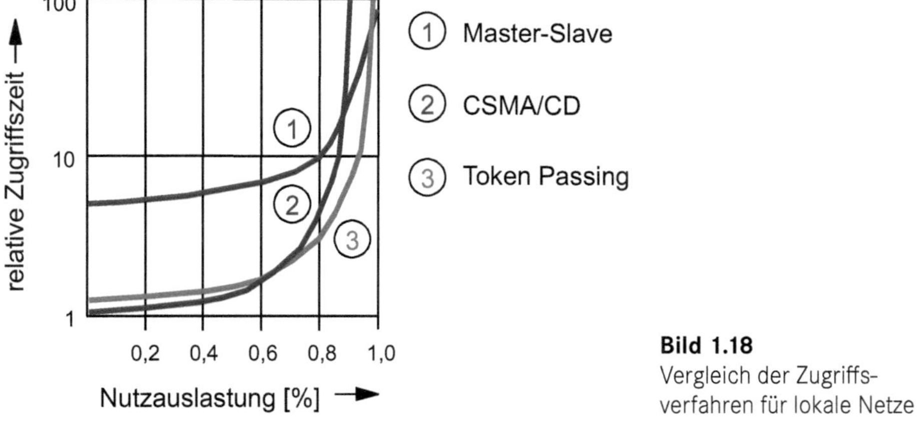

Bild 1.18
Vergleich der Zugriffsverfahren für lokale Netze

Abhängig von der Netzauslastung liegen die Vorteile der Verfahren bezüglich der Zugriffszeit in unterschiedlichen Bereichen. Eine kleinere Zugriffszeit ergibt sich bei CSMA/CD bei niedriger Auslastung und bei Token Passing bei hoher Netzauslastung.

Das Master-Slave-Verfahren ergibt im Vergleich generell ein ungünstiges Zugriffszeitverhalten. Dieser Vergleich lässt sich jedoch nur bedingt für die Auswahl eines lokalen Netzes heranziehen, da die Netzauslastung im realen Betrieb zum Teil großen Schwankungen unterworfen ist und ferner die Reaktionszeit eines Automatisierungssystems häufig durch andere Komponenten (Laufzeiten der Software,

Verzögerungen von Prozesssignalen und Ähnliches) als von der Übertragungsgeschwindigkeit auf dem Netz abhängt.

Tabelle 1.4 listet die Buszugriffsverfahren für einige bekannte lokale Netze (Feldbussysteme) im Automatisierungsbereich auf [7].

Tabelle 1.4 Lokale Netze der Automatisierung und ihre Buszugriffsverfahren

Lokales Netz	Buszugriffsverfahren
PROFIBUS	Token Passing in Kombination mit Master-Slave
P-Net	Token Passing in Kombination mit Master-Slave
CAN	CSMA/CA
LON	modifiziertes CSMA/CD-Verfahren
INTERBUS	modifiziertes Master-Slave-Verfahren
ASi	Master-Slave
Modbus RTU	Master-Slave
Ethernet	CSMA/CD

1.3 Kommunikationsmodelle

1.3.1 Protokollmodelle

Durch die Vernetzung in einem verteilten Automatisierungssystem werden die in unterschiedlichen Automatisierungseinheiten lokalisierten Anwendungsprozesse (Automatisierungsfunktionen) physisch und logisch miteinander verbunden. Alle an dieser Kommunikation beteiligten Einzelkomponenten müssen sich untereinander verstehen. Dies bedeutet, dass die beteiligten Komponenten nicht nur die gleiche Sprache (Syntax) sprechen, sondern auch die Begriffsinhalte (Semantik) verstanden werden müssen. Zur Realisierung der Kommunikationsverbindungen sind deshalb zu folgenden Punkten Vereinbarungen erforderlich:

- Form des Kommunikationsnetzes
- Zugang zum Netz
- Aufbereitung der Information
- Regeln zum Austausch von Daten
- Syntax und Semantik der Nachrichten

Diese Vereinbarungen werden auch als *Protokolle* bezeichnet. Protokolle legen fest, wie die Kommunikation abzulaufen hat und in welcher Reihenfolge Informationen übermittelt werden. Damit nun Automatisierungsgeräte unterschiedlicher Hersteller am gleichen Kommunikationsnetz arbeiten können, müssen diese Protokolle offengelegt sein. Man umreißt diese Problematik auch mit dem Begriff der *offenen Kommunikation*. Aufgrund ihrer Bedeutung für das reibungslose und effiziente Zusammenspiel in einem komplexen Automatisierungssystem hat sich die offene Kommunikation zu einem Kernproblem moderner Automatisierungslösungen entwickelt.

Ausgehend von der immer stärker wachsenden Bedeutung der Kommunikation in der Weltwirtschaft hat sich die Internationale Standardisierungsorganisation ISO bereits frühzeitig der Problematik der offenen Kommunikation angenommen. 1983 entstand dazu als allgemeiner Leitfaden für die Standardisierung von Kommunikationssystemen ein Referenzmodell für die offene Kommunikation (OSI Reference Model, DIN ISO 7498), das im Bereich automatisierungstechnischer Kommunikationsnetze als Vorbild genutzt wird [8].

1.3.1.1 OSI-Referenzmodell

Das *OSI-Referenzmodell* (OSI – Open Systems Interconnection) teilt die Kommunikation abstrakt in sieben Ebenen (Schichten) mit festgelegter Funktionalität. Das Modell wird deshalb auch als OSI-7-Schichtenmodell bezeichnet. Jeder Schicht kommt die Übernahme einer speziellen, klar definierten Gruppe von Teilaufgaben in der Kommunikation zu.

https://bit.ly/3hRJ7Xk

Das Referenzmodell geht davon aus, dass in jedem der beteiligten Kommunikationspartner alle sieben Schichten enthalten sind. Die Schichten kommunizieren untereinander über genau definierte Schnittstellen, was den Austausch einzelner Schichten (oder auch die in Automatisierungsnetzen praktizierte Methode der „leeren“ Schichten) ohne Eingriff in die Funktionalität des Gesamtsystems erleichtert. An den Schnittstellen stellt die Schicht *Dienste* bereit, die von Nachbarschichten in Anspruch genommen werden können.

Das OSI-Referenzmodell beschreibt die Kommunikation von Teilnehmerprozessen auf einer abstrakten Ebene. Als Teilnehmer wird hierbei eine Instanz (Gerät und/oder Softwareprogramm) verstanden, die an der Kommunikation beteiligt ist. Es sind keine Angaben darüber enthalten, wie die einzelnen Schichten letztendlich implementiert werden. Definiert sind nur die Inhalte der einzelnen Schichten und ihre Schnittstellen. Damit ist die Basis für ein offenes System geschaffen.

Für die Übermittlung einer Nutzinformation von Kommunikationsteilnehmer 1 (Sender) zum Kommunikationsteilnehmer 2 (Empfänger) durchläuft diese Information in jedem Kommunikationsteilnehmer alle sieben Schichten, im Sender von Schicht 7 nach Schicht 1 und im Empfänger von Schicht 1 nach Schicht 7. In jeder Schicht wird der Nutzinformation eine Steuerinformation entsprechend dem für diese Schicht gültigen Protokoll hinzugefügt (Bild 1.19).

Die Kommunikation erfolgt immer zwischen zwei Schichten der gleichen Ebene. Jede Schicht beim Teilnehmer 1 hat damit eine scheinbare (virtuelle) Verbindung zur entsprechenden Schicht beim Teilnehmer 2.

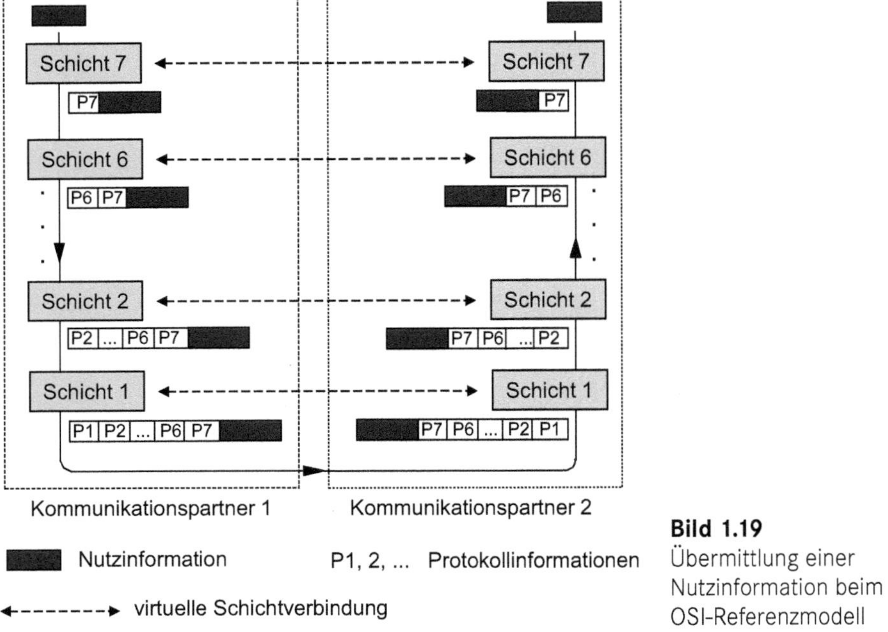

Bild 1.19 Übermittlung einer Nutzinformation beim OSI-Referenzmodell

Die sieben Schichten des OSI-Referenzmodells sind in Tabelle 1.5 dargestellt.

Tabelle 1.5 Die sieben Schichten des OSI-Referenzmodells

	Bezeichnung	Funktion	
7	**Verarbeitungsschicht (Application Layer)**	**Informationsverarbeitung**	Anwendungs-schichten
6	Darstellungsschicht (Presentation Layer)	abstrakte Datendarstellung, Codierung	
5	Sitzungsschicht (Session Layer)	Dialogsteuerung, Wiederaufsetzverfahren	
4	Transportschicht (Transport Layer)	Datenübertragung unabhängig vom Netztyp	Übertragungs-schichten
3	Vermittlungsschicht (Network Layer)	Aufbau des Übertragungsweges, optimale Wegewahl	
2	**Sicherungsschicht (Data Link Layer)**	**gesicherte Übertragung zwischen Netzknoten**	
1	**Bitübertragungsschicht (Physical Layer)**	**physikalische Verbindung**	

Die Schichten 1 – 4 sind für die Datenübertragung zwischen den Endgeräten zuständig, während die Schichten 5 – 7 das Zusammenwirken mit dem Anwenderprogramm und dem Betriebssystem der beteiligten Rechner koordinieren. Die oberen Schichten werden deshalb als *Anwendungsschichten* und die unteren als *Übertragungsschichten* bzw. auch als *Transportsystem* bezeichnet.

Schicht 1: Bitübertragungsschicht

Die Bitübertragungs- oder physikalische Schicht regelt die reine ungesicherte Übertragung einer Information als Bitstrom über das Übertragungsmedium. In Schicht 1 wird vereinbart, wie die Übertragung der einzelnen Bits vonstattengeht. Dazu gehören z. B. die verwendeten Spannungspegel oder Stromstärken, die Leitungslänge, die Übertragungsgeschwindigkeit, die Endsystemankopplung und anderes. Die Bitübertragungsschicht ist wie jede andere Schicht im OSI-Referenzmodell austauschbar, ohne dass die anderen Schichten davon betroffen sind. Schicht 1 kann also z. B. eine LWL-Strecke betreiben, genauso wie eine elektrische Übertragungsstrecke nach RS 232-, RS 422- oder RS 485-Norm.

Schicht 2: Sicherungsschicht

Die Sicherungsschicht legt fest, mit welchen Mitteln dafür gesorgt wird, dass alle Bits einer Nutzinformation sicher über das Netz übertragen werden. Hier wird auch der Auf- und Abbau der Verbindung und damit das Zugriffsverfahren (z. B. CSMA/CD, Token Passing) festgelegt. Weitere Aufgaben der Sicherungsschicht sind die Fehlererkennung und -behebung, die Überwachung der physikalischen Verbindung und die Verpackung der zu übertragenden Daten in Datenpakete (Framing).

Schicht 3: Vermittlungsschicht

In dieser Schicht wird für die Nutzinformation der Übertragungsweg im Einzelnen festgelegt. Dabei realisiert diese Schicht das *Routing* der Daten von der Quelle bis zum Ziel, d. h., sie legt den optimalen Weg der Daten im Netz fest und realisiert die zugehörige Wegesteuerung.

Schicht 4: Transportschicht

Die Transportschicht beschreibt die Kommunikation zwischen Rechenprozessen, wie z. B. Programmen in Rechner 1 und Rechner 2, die Daten miteinander austauschen. Sie realisiert dazu unter anderem folgende Einzelaufgaben:

https://bit.ly/3hPkzhS

- Namensgebung der am Netz angeschlossenen Teilnehmer
- Adressierung der Teilnehmer
- Aufbau und Abbau der Verbindung bezüglich des Transports
- Multiplexen mehrerer Netzverbindungen auf eine Transportverbindung
- Fehlererkennung und Korrektur

Schicht 5: Sitzungsschicht

Unter einer Sitzung versteht man die Benutzung des Transportsystems. Dazu stellt die Schicht Dienste zum Aufbau und Abbau von Sitzungen bereit, sodass einer oder mehrere Rechenprozesse des Teilnehmers auf das Transportsystem zugreifen können. Die Sitzungsschicht ist normalerweise mit dem Betriebssystem des Teilnehmerrechners verbunden und synchronisiert, falls erforderlich, die kommunizierenden Teilnehmerrechenprozesse. Auch Prozeduraufrufe auf einem fernen Rechner werden von der Sitzungsschicht gesteuert.

Schicht 6: Darstellungsschicht

Die Darstellungsschicht stellt Dienste zur Verfügung, die den Anwendungsprozessen der Kommunikationsteilnehmer die Möglichkeit geben, Begriffe eindeutig zu verstehen und zu benennen. Dies beinhaltet:

- Funktionen zum verwendeten Zeichensatz
- Funktionen zur Codierung der Daten
- Funktionen zur Darstellung der Daten auf Ein- und Ausgabegeräten wie Terminal, Bildschirm und Drucker

Auch die Komprimierung der Daten zwecks Verkleinerung der Datenmenge zur Zeit- und Kostenersparnis wird von Schicht 6 geleistet.

Schicht 7: Anwendungsschicht

Die oberste Schicht im OSI-Referenzprotokoll ist die Anwendungsschicht. Sie muss in jedem Fall ausgefüllt (vorhanden) sein, da sie festlegt, wie die Anwendungsprogramme in verschiedenen Kommunikationsteilnehmern zur Lösung einer Aufgabe zusammenarbeiten. Aufgrund der Vielfalt der Aufgabenbereiche in der industriellen Kommunikation existiert hier auch eine Vielzahl an verschiedenen Anwendungsprotokollen.

https://bit.ly/3wUl5y2

Jede Schicht im OSI-Referenzmodell entspricht einer genau definierten Teilfunktion des Kommunikationsvorgangs. Man spricht von einer *Instanz* auf jeder Schicht. Jede Instanz bietet der darüberliegenden Schicht ihre Dienste an. Beim Datenaustausch zwischen der Schicht N und der Schicht N + 1 stellt die Schicht N die erforderlichen Dienste als *Diensterbringer* (Service Provider) zur Verfügung. Schicht N + 1 nutzt diese Dienste und ist damit der *Dienstnutzer* (Service User). Die Dienste sind an ausgezeichneten *Zugangspunkten* (Service Access Points – SAP) verfügbar. Jeder SAP hat eine eindeutige Adresse. Für den Dialog zwischen Dienstnutzer und Diensterbringer werden *Dienstprimitive* verwendet. Es stehen vier Dienstprimitive zur Verfügung:

- Anforderung eines Dienstes (`request`)
- Meldung einer Nutzeranforderung an den Erbringer (`indication`)

- Antwort auf einen angeforderten Dienst (`response`)
- Quittung des angeforderten Dienstes (`confirmation`)

Bei bestätigten Diensten existieren für jeden Dienstaufruf alle vier Dienstprimitive, bei unbestätigten nur `request` und `indication`.

Das Prinzip der Kommunikationsdienste nach dem OSI-Referenzmodell bildet eine wesentliche Säule für die leistungsfähige Kommunikation in modernen Feldbussystemen der Automatisierungstechnik.

In Analogie zur Kommunikation zwischen zwei Schichten des OSI-Referenzmodells zeigt Bild 1.20 die Anwendung der Dienstprimitiven für den Aufbau einer Kommunikationsverbindung zwischen den beiden Automatisierungsgeräten A und B. Das Automatisierungsgerät A löst hierbei als aktive Station die Kommunikation mit einer `request`-Dienstprimitive aus (z. B. `CONNECT.request` - Aufforderung zum Verbindungsaufbau). Der `CONNECT`-Dienst ist ein typischer bestätigter Dienst.

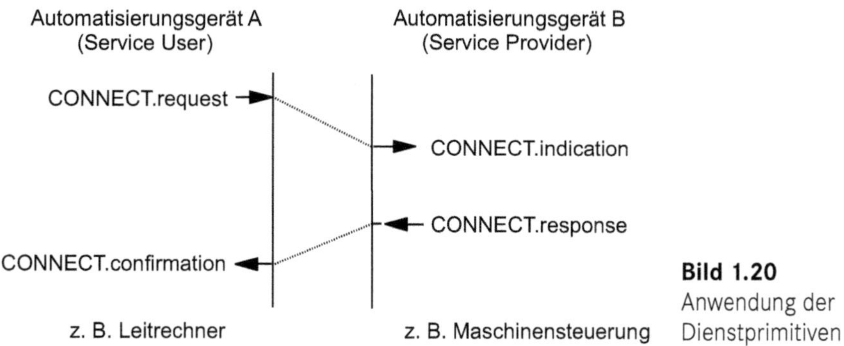

Bild 1.20
Anwendung der Dienstprimitiven

Das OSI-Referenzmodell ist kein Normungsmodell, sondern ein grobes Ordnungsschema, das einen Rahmen für das „Einklinken“ von Normen für die einzelnen Schichten bildet. Das Modell regelt den Sprachgebrauch und die Einordnung der Bestandteile einer Kommunikation und ist deshalb bereits ein großer Fortschritt auf dem Weg zur offenen Kommunikation.

Für spezifische Anwendungsbereiche wird eine Auswahl passender Standards vorgenommen und zu einer konkreten Realisierung eines auf dem OSI-Referenzmodell basierenden Kommunikationsprotokolls zusammengefügt.

Bei vielen Kommunikationsprotokollen für lokale Netze auf den unteren Automatisierungsebenen (Feld- und Prozessbusse) sind nur die Schichten 1, 2 und 7 ausgefüllt (siehe markierte Schichten in Tabelle 1.5), da die relativ einfache Struktur der Netze und deren logische Verbindungen die Schichten 3 bis 6 nicht unbedingt erfordert. Außerdem wird damit ein zeitverzögernder Protokoll-Overhead vermieden.

1.3.1.2 TCP/IP-Protokoll

Für heterogene Rechnernetze der allgemeinen IT-Anwendung hat sich seit den 1970er Jahren das *TCP/IP-Protokoll* als Standard für den Datenaustausch etabliert (TCP - Transmission Control Protocol, IP - Internet Protocol) [6].

Das TCP/IP-Protokoll ist älter als das OSI-Referenzmodell und daher nur unvollständig über das Modell abbildbar. Betrachtet man das Protokoll dennoch in der Denkweise des OSI-Modells, so ergeben sich die in Bild 1.21 dargestellten Zuordnungen.

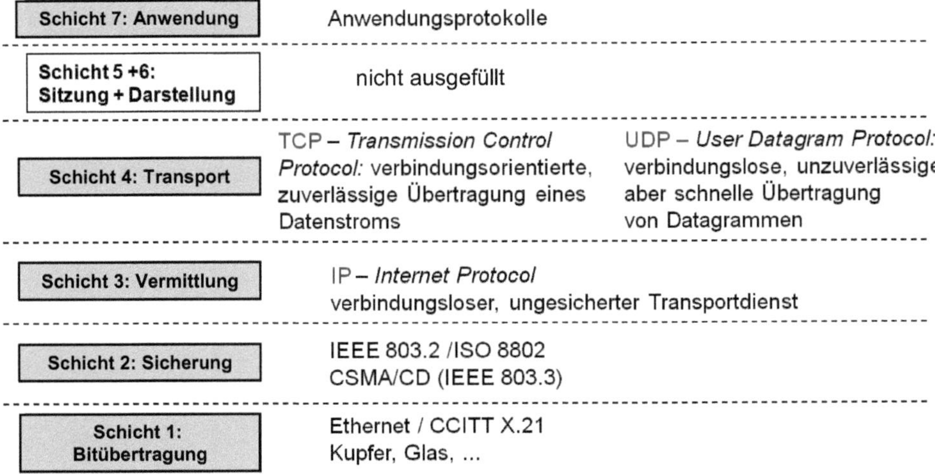

Bild 1.21 Einordnung von TCP/IP in das OSI-7-Schichtenmodell

Wichtige standardisierte Anwendungsprotokolle für den allgemeinen Datenaustausch sind z. B. in TCP/IP:

- **TELNET (Telnet Protocol):** Ein Anwender kann sich in einer interaktiven Sitzung in einen entfernten Rechner einloggen („Urvater“ der TCP/IP-Protokolle).
- **FTP (File Transfer Protocol):** Mit FTP ist eine Übertragung von Dateien möglich. FTP ist ein einfaches und robustes Protokoll, das auch schlechte Verbindungen für den Dateiaustausch nutzen kann.
- **SMTP (Simple Mail Transfer Protocol):** Mit SMTP ist eine Übertragung von E-Mails mit einem ASCII-basierten Protokoll möglich.
- **HTTP (Hypertext Transport Protocol):** Mit HTTP ist eine Übertragung von HTML-Seiten im Web möglich. HTTP ist damit das wichtigste Anwenderprotokoll im Internet.

TCP/IP wird im Regelfall auf Ethernet (OSI-Schicht 1) mit verbindungsorientierten (TCP) oder seltener mit verbindungslosen (UDP - User Datagram Protocol) Diensten betrieben. Es ist heutzutage praktisch für alle Rechner (Workstation, PC, Echtzeitrechner) problemlos verfügbar. Das Protokoll schafft außerdem sehr einfach den Zugang zum weltweiten Internet, da dieses auf der TCP/IP-Protokollfamilie basiert.

Durch das Eindringen der PC-Technik und von Ethernet als offener Standard in die mittleren und unteren Automatisierungsebenen entwickelt sich TCP/IP zunehmend zur wichtigsten Kommunikationsschnittstelle zwischen allen Ebenen der Automatisierungshierarchie.

1.3.2 Verbindungsmodelle

Bei den Verbindungsmodellen unterscheidet man zwischen verbindungorientierten und verbindungslosen Übertragungsverfahren. Leistungsfähige lokale Netze für die Produktionsautomatisierung bieten abhängig vom konkreten Einsatzfall beide Möglichkeiten der Kommunikation (z. B. PROFIBUS, INTERBUS).

1.3.2.1 Verbindungsorientierte Übertragungsverfahren

Verbindungsorientierte oder *nachrichtenorientierte* Übertragungsverfahren dienen der Übermittlung von Datenblöcken in einer logischen Punkt-zu-Punkt-Verbindung. Die Datenblöcke werden als *Nachrichten* oder *Telegramme* bezeichnet und zur Datenübertragung in einen *Rahmen* (Frame) mit variabler Länge verpackt. Bild 1.22 zeigt den prinzipiellen Aufbau eines solchen Telegramms.

Start	Adresse	Steuerdaten	Nutzdaten	CRC	Ende

Bild 1.22 Prinzipieller Telegrammaufbau bei verbindungsorientierten Übertragungsverfahren

Mithilfe der Rahmeninformationen kann jeder Teilnehmer erkennen,

- wann ein Telegramm beginnt und endet (Start/Stopp-Kennung),
- ob das Telegramm für ihn selbst bestimmt ist (Adresse),
- welche Bedeutung die Nutzdaten haben (Steuerdaten) und
- ob das Telegramm korrekt übertragen wurde (CRC-Daten).

Bei einer verbindungsorientierten Datenübertragung werden zwischen den kommunizierenden Teilnehmern *logische Kommunikationskanäle* aufgebaut. Die Teilnehmer müssen während der Nutzdatenübertragung nicht explizit adressiert werden. Als Teilnehmeradresse reicht die Angabe einer kurzen Verbindungsnummer (Kommunikationsreferenz) als Referenz auf den geöffneten Kommunikationskanal aus.

Verbindungsorientierte Übertragungsverfahren kommen insbesondere in den lokalen Netzen der mittleren und oberen Automatisierungsebenen zur Übertragung zeitunkritischer, größerer Datenmengen zum Einsatz (z. B. zur Übertragung von Parametersätzen oder Steuerprogrammen).

1.3.2.2 Verbindungslose Übertragungsverfahren

https://bit.ly/3zcz98M

Beim *verbindungslosen Übertragungsverfahren* (auch als *E/A-orientiertes Übertragungsverfahren* oder *Datagrammdienst* bezeichnet) werden die Telegramme (hier Datagramme) über das lokale Netz verschickt, ohne dass vorher eine Verbindung zwischen Sender und Empfänger aufgebaut wurde. Der sendende Teilnehmer muss dazu über z. B. Adresslisten die Adresse des Empfängers kennen. Damit enthält üblicherweise jedes Telegramm die volle Adresse des Empfängers. Dies erfordert bei kleinen Telegrammrahmen einen merklichen Anteil an der Übertragungsbandbreite.

Über einen *Summenrahmen* für die Nutzdaten, wie z. B. bei INTERBUS oder EtherCAT, lässt sich die nachteilige explizite Adressierung mit vollständiger Adressangabe jedoch vollständig beseitigen: Die Nutzdaten aller am Netz angeschlossenen Teilnehmer werden in *einen* Telegrammrahmen eingebettet. Die Adressierung der Teilnehmer erfolgt implizit durch die bekannte physikalische Lage der Teilnehmer im Summenrahmen. Bild 1.23 verdeutlicht dieses Summenrahmenverfahren.

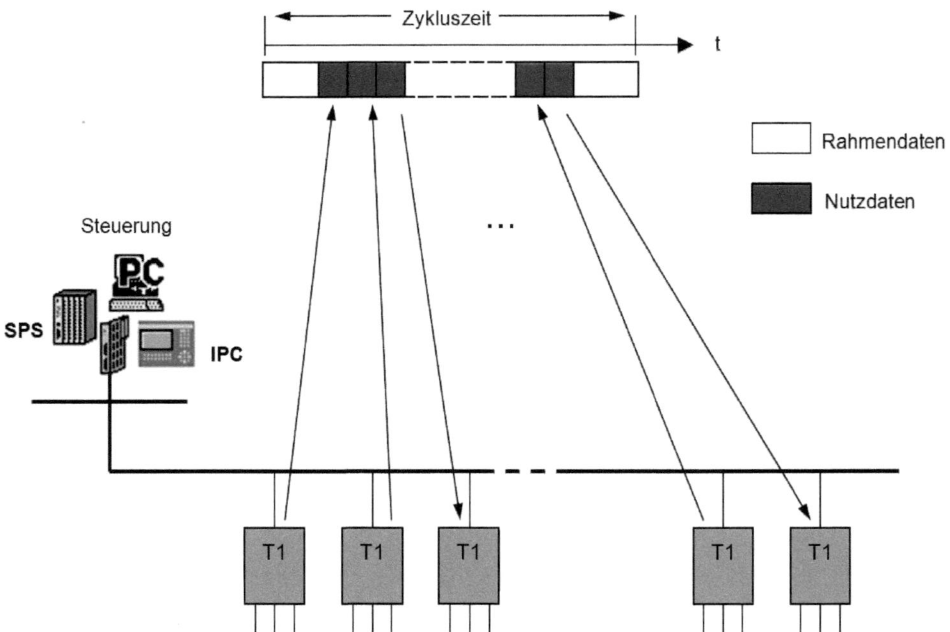

Bild 1.23 Verbindungsloses Übertragungsverfahren mit Summenrahmen

Verbindungslose Übertragungsverfahren besitzen den Vorteil einer schnellen Datenübertragung, da kein Telegrammverkehr für den Aufbau einer Kommunikationsverbindung erforderlich ist. Außerdem lässt sich bei fester Nutzdatenlänge der Teilnehmer eine zeitäquidistante Abtastung aller Teilnehmer garantieren. Die Übertragungsverfahren sind deshalb für die Übertragung zeitkritischer Daten im Sensor-/Aktor-Bereich geeignet.

1.3.3 Client-Server-Modell versus Pub-/Sub-Modell

Das *Client-Server-Modell* liefert beim verbindungsorientierten Übertragungsverfahren das Gedankenmodell zum Datenaustausch zwischen zwei Teilnehmern. In einem Kommunikationsnetz sind die Teilnehmer *Clients* (Dienstanforderer), die andere Teilnehmer auffordern, bestimmte Funktionen auszuführen, z. B. ein Steuerprogramm zu starten. Als *Server* (Diensterbringer) bezeichnet man die Teilnehmer, die die Servicefunktionen zur Verfügung stellen. Teilnehmer können häufig wahlweise oder auch gleichzeitig als Client oder/und Server fungieren. Der Datenaustausch zwischen zwei Teilnehmern erfolgt im Client-Server-Modell über *Dienste*. In Bild 1.24 ist am Beispiel eines Programm-Start-Dienstes das Client-Server-Modell veranschaulicht.

https://bit.ly/2VRarMT

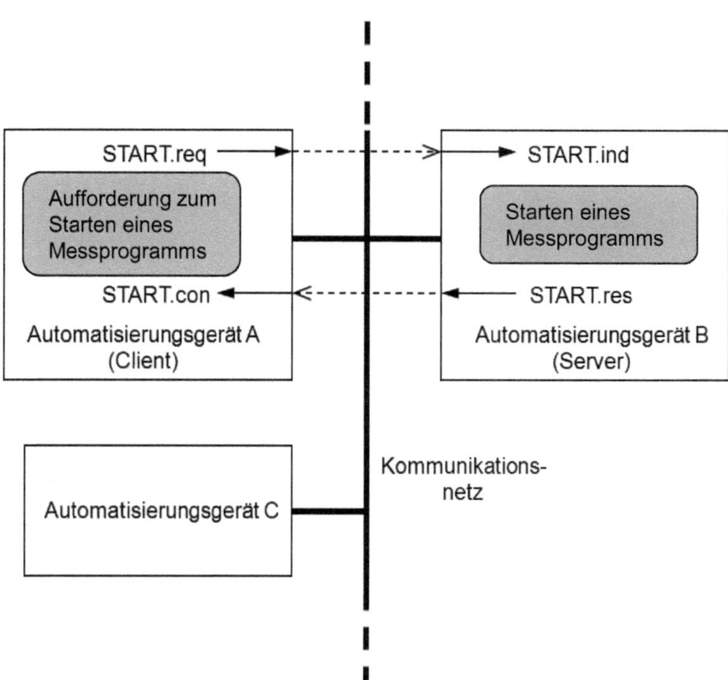

Bild 1.24 Client-Server-Modell am Beispiel eines Programm-Start-Dienstes (START)

Der Dialog zwischen Client und Server erfolgt über Dienstprimitive entsprechend dem bereits in Abschnitt 1.3.1.1 (siehe Bild 1.20) beschriebenen Verfahren.

Das Client-Server-Modell arbeitet mit einer bestätigten 1:1-Verbindung und verspricht eine hohe Verbindungssicherheit. Für die Übertragung mit diesem Modell benötigt man aber relativ viel Zeit.

https://bit.ly/3rlyHCJ

Beim verbindungslosen *Publisher-Subscriber-Modell* agieren Publisher und Subscriber unabhängig voneinander. Der *Publisher* (Veröffentlicher) versendet eigenständig Nachrichten, die von einem oder mehreren *Subscribern* (Abonnenten) empfangen werden können. Das Senden der Nachrichten durch den Publisher erfolgt unabhängig davon, ob Subscriber für den Empfang der Nachrichten existieren.

Die Verbindung zwischen Publishern und Subscribern wird über eine nachrichtenorientierte Zwischenschicht (Event-System, auch als Broker bezeichnet) hergestellt. Der *Broker* ist dabei eine Software- oder Hardwareinfrastruktur, mit der Nachrichten in einem verteilten System empfangen und gesendet werden können Ein Subcriber kann eine Nachricht abonnieren (subscribe) oder auch wieder abbestellen (unsubscribe). Bild 1.25 veranschaulicht das Prinzip des Publisher-Subscriber-Kommunikationsmodells.

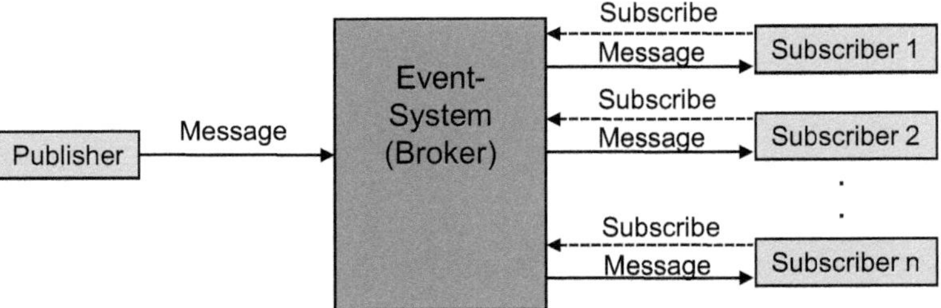

Bild 1.25 Publisher-Subscriber-Modell

Mit dem Publisher-Subscriber-Modell lassen sich insbesondere 1:n-, n:1- oder n:n-Verbindungen zwischen den Teilnehmern in einem Kommunikationssystem aufbauen. Es wird erwartet, dass dieses Kommunikationsprinzip in der Automatisierung technischer Prozesse in Verbindung mit IIoT-Implementierungen (IIoT – Industrial Internet of Things) wesentlich an Bedeutung gewinnen wird [9].

https://bit.ly/3hP5uwC

Das Publisher-Subscriber-Modell wird häufig mit dem *Producer-Consumer-Kommunikationsprinzip* gleichgesetzt. Dies stimmt aber so nicht unbedingt. Das Publisher-Subscriber-Modell beschreibt eher eine Architektur, mit der die Producer-Consumer-Methode realisiert werden kann. Die Producer-Consumer-Methode selbst wird bereits seit vielen Jahren im produktionsnahen Bereich, z. B. im Feldbus CAN, als Kommunikationsprinzip eingesetzt.

1.3.4 Objektorientierte Kommunikation

Objekte im Sinne der Anwendungsschicht des OSI-Protokolls existieren innerhalb von Rechenprozessen und stellen im Rechner als Prozessobjekte ein abstraktes Modell der Wirklichkeit dar. Alle Objekte eines Geräts zusammen nennt man *Virtual Device* (Bild 1.26).

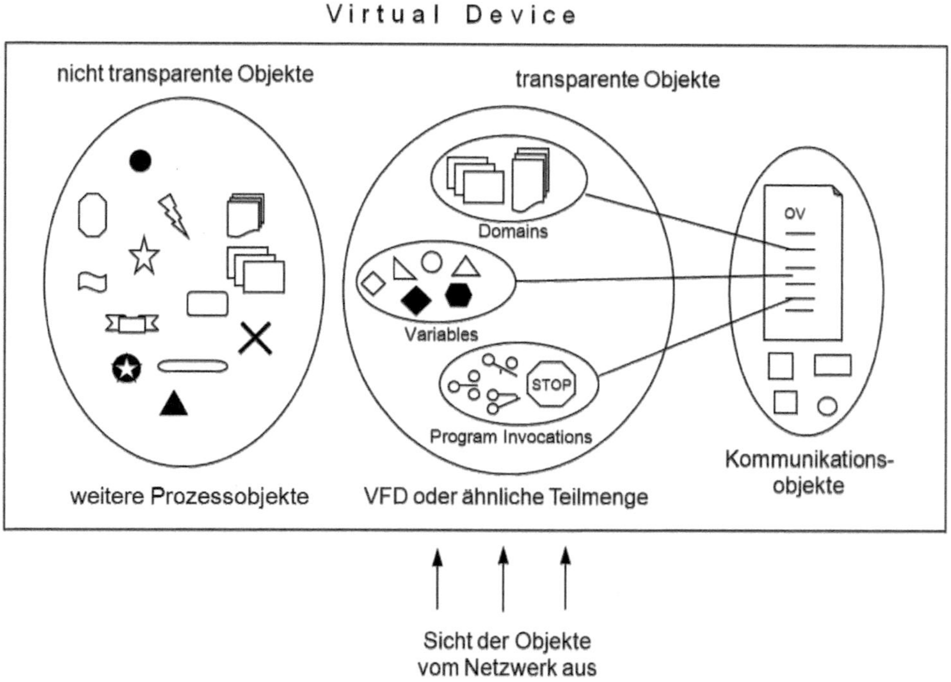

Bild 1.26 Schematische Darstellung eines Virtual Devices

Für die Anwendungsschicht zugängliche Objekte müssen zur Laufzeit existieren und für das Kommunikationsnetz sichtbar sein. Diese Objekte heißen *transparent* und man kann auf sie über das Kommunikationsnetz als Dienste anwenden. Die im Netz transparenten Prozessobjekte werden unter anderem in folgende wichtige Gruppen eingeteilt:

- *Domain:* Programm- oder Datenbereiche
- *Program Invocation:* Objekte zum Manipulieren von Programmen und ihren Datenbereichen (z.B. Starten und Stoppen von Programmen)
- *Variable:* Verschiedene Arten von Variablenobjekten

Unter den transparenten Objekten befinden sich auch solche, die nur für das Kommunikationsmanagement vorhanden sind und keine Beziehung zur Prozessrealität besitzen. Diese Objekte werden als *Kommunikationsobjekte* bezeichnet. Dazu gehören z.B. Objektverzeichnisse (OV), in denen die Prozessobjekte (z.B. eine Variable Temperatur) mit ihren Adressen und weiteren Eigenschaften eingetragen sind.

https://bit.ly/2UnM89e

Vom lokalen Netz aus betrachtet, sind nur diejenigen Prozessobjekte sichtbar, die im Objektverzeichnis des Teilnehmers eingetragen sind. Diese sichtbare Teilmenge ist abhängig von der Protokollspezifikation des jeweiligen Kommunikationsnetzes und wird unterschiedlich bezeichnet, z.B. als VFD (Virtual Field Device) bei INTERBUS und PROFIBUS.

In Beispiel 1.2 wird ein Sensorobjekt dargestellt.

Beispiel 1.2: Lichtschrankensensor als Objekt [10]

Der klassische Lichtschrankensensor gibt nur ein binäres Schaltsignal ON/OFF ab. Das Objektmodell erlaubt intelligente Sensoren, z.B. einen Lichtschrankensensor entsprechend Bild 1.27. Dieser Sensor hat nicht nur die übliche Schaltschwelle, sondern verfolgt den Lichtverlauf. Der Sensor kennt den korrekten Lichtverlauf und kann Abweichungen davon (z.B. infolge von Verschmutzungen) selbstständig erkennen und diese einer Steuerung melden.

Der Sensor ist nach Bild 1.27 als Objekt mit fünf Diensten modelliert. Diese Dienste können über ein geeignetes objektorientiertes Kommunikationsprotokoll verwendet werden.

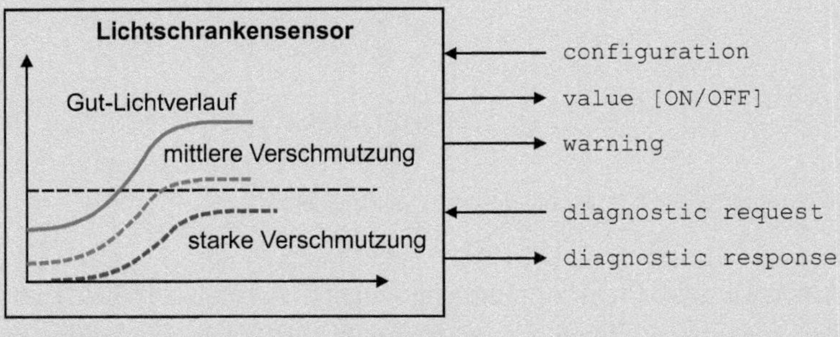

Bild 1.27 Objekt „Lichtschrankensensor“ mit Diensten

Objektorientierte Kommunikation und ein unterlagertes Client-Server-Modell bilden gemeinsam ein leistungsfähiges Kommunikationsmodell, das auf der Basis offener Protokollnormen die Voraussetzung für eine einheitliche und herstellerübergreifende Darstellung und Übertragung von Daten in der Produktionsautomatisierung schafft.

1.3.5 Prüftechniken und Verifikation

Prüfung, Testung und Verifikation von lokalen Netzwerken sind zum Teil durch Normen und Industriespezifikationen geregelt. Dabei spielen insbesondere Rechnernetze auf Basis von Ethernet eine wichtige Rolle.

In Deutschland ist z.B. die strukturierte Verkabelung durch die DIN EN 50173-1 standardisiert. Die *strukturierte Verkabelung*, auch universelle Gebäudeverkabelung genannt, definiert den physischen Aufbau der Verkabelung sowie die an Kabel und Steckverbinder gestellten Spezifikationen. Bild 1.28 zeigt eine strukturierte Verkabelung.

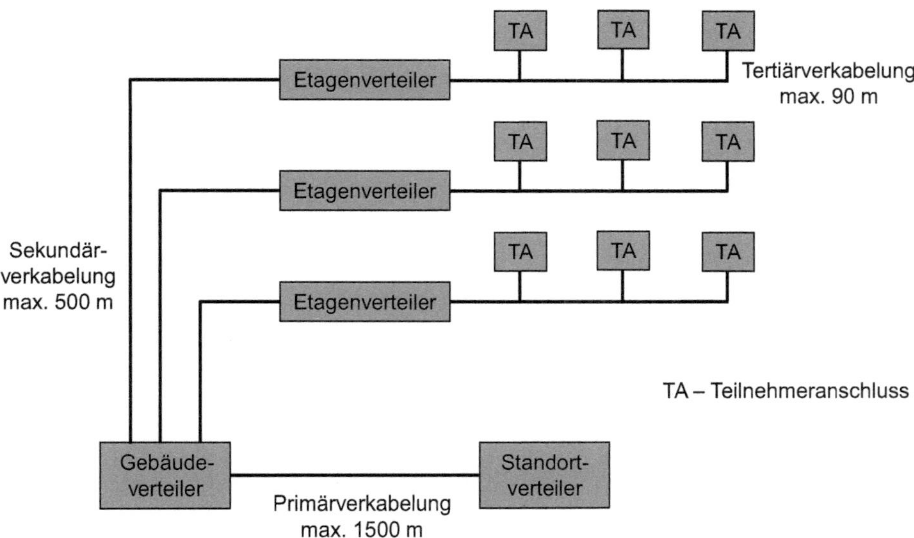

Bild 1.28 Strukturierte Verkabelung in einem LAN

Die strukturierte Verkabelung trifft auch auf LAN in Fabrikgebäuden zu. Für Produktionshallen werden dabei die Etagenverteiler durch Maschinenverteiler ersetzt.

Für die Prüfung einer solchen Verkabelung sind *Datentransmissionstests* spezifiziert, die gewährleisten sollen, dass eine gegebene Verkabelung in einem bestimmten Frequenzbereich jede nur denkbare Anwendung unterstützt. Dazu ist eine Reihe von Messungen spezifiziert, um die elektrischen Eigenschaften von LAN-Kabeln zu überprüfen. Prüf- und Verifikationstechniken für LAN sind insbesondere für die Fehlerdiagnose und die Wartung von LAN von besonderer Bedeutung. Man kann hier allgemein folgende Problemfälle unterscheiden:

https://bit.ly/3kzf48R

- **Physikalische Fehler in der Netzwerkverkabelung:** Die häufigsten Netzwerkfehler liegen auf der physikalischen Ebene. Dabei handelt es sich zumeist um Probleme mit der Kupfer- oder Glasfaserverkabelung.

- **Tests im Endpunktmodus:** Das betreffende Prüfgerät ist am Netzwerk als Endgerät angeschlossen. Es kann so das Netz überwachen und Störungen erkennen. Im Endpunktmodus kann ein Prüfgerät den uneingeschränkten Zugang zu allen Ressourcen des Netzwerkes vom überprüften Anschluss aus nachweisen.
- **Tests im Inline-Modus:** Ein geeignetes Prüfgerät kann zwischen beliebigen Punkten im Netzwerk eingefügt werden. So können alle Daten, die zwischen diesen Punkten übertragen werden, überwacht werden.
- **Prüfung des Netzwerkplans:** Ein Netzwerkplan gibt Aufschluss über alle im LAN angeschlossenen Geräte. Zur Fehlerdiagnose kann dieser Netzwerkplan über entsprechende Softwarewerkzeuge angezeigt, abgespeichert und später wieder geladen werden, wenn im Netzwerk Veränderungen vorgenommen wurden.

Für Feldbussysteme im Produktionsbereich gibt es von den jeweiligen Herstellern bzw. Nutzerorganisationen meist entsprechende Spezifikationen, wie das jeweilige Feldbussystem installiert, geprüft und gewartet werden soll. Dies beinhaltet sowohl die entsprechende Kabelüberprüfung wie auch die jeweilige Funktionsweise des Feldbussystems. So beinhaltet z. B. die Inbetriebnahme des Echtzeit-Ethernet-Systems PROFINET die Prüfung der passiven und aktiven Netzwerkkomponenten sowie die Verifikation sowie Funktionsüberprüfung des kompletten Netzwerkes.

In Beispiel 1.3 wird die Prüfung eines PROFINET-Systems dargestellt.

Beispiel 1.3: Prüfung der Netzlast in einem PROFINET-System [11]

Für die Abnahme eines PROFINET-Systems soll die Netzlast geprüft werden. Die Netzlast ist dazu an wichtigen Punkten des Netzwerkes zu bestimmen. Als wichtig gelten Kommunikationsknotenpunkte, bei denen eine Konzentration der Datenströme zu erwarten ist. Üblicherweise ist dies die Netzwerkverbindung zum PROFINET-Controller (Bild 1.29).

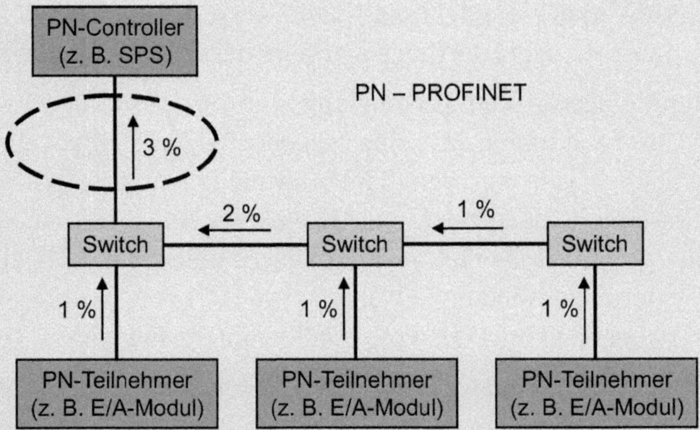

Bild 1.29 Wichtige Punkte zur Bestimmung der Netzlast bei einem PROFINET-Netzwerk

Bei Multi-Controller Anwendungen sollte vor jedem PROFINET-Controller gemessen werden. Folgende Grenzwerte für die Netzlast bei zyklischer Echtzeitkommunikation entsprechen den Vorgaben in der PROFINET-Planungsrichtlinie:

< 20 %	keine Handlung erforderlich
(20 ... 50) %	Überprüfung der geplanten Netzlast empfohlen
> 50 %	Maßnahmen zur Verminderung der Netzlast notwendig

1.4 Eingebettete Systeme und Vernetzung

Über 90 % aller Mikroprozessoren arbeiten nicht in einem PC, sondern im Verborgenen als *eingebettete Systeme* (Embedded Systems), wie etwa in Antiblockiersystemen im Auto, in Maschinensteuerungen, in Telefonanlagen und medizinischen Geräten. Eingebettete Systeme sind entscheidend für die Konkurrenzfähigkeit von Produkten.

https://bit.ly/3BlgnOt

Der Einbau eingebetteter Systeme in viele Alltagsgegenstände stellt eine Verbindung von realer (physikalischer) und virtueller (Cyber-)Welt her. Mit Cyber-Physical Systems (CPS) wird diese Vernetzung zukünftig zum allgegenwärtigen Standard. Diese Vernetzung von CPS per Internet mit beliebigen anderen Rechnern wird als das *Internet der Dinge* (Internet of Things – IoT) bezeichnet. Damit lassen sich in der Produktion einerseits verbesserte Feinsteuerung und Optimierung ebenso realisieren wie andererseits völlig neue Produktionsmethoden und Geschäftsmodelle.

1.4.1 Charakterisierung

1.4.1.1 Eingebettete Systeme

Durch fortschreitende Miniaturisierung, bei gleichzeitiger Leistungssteigerung und fortwährendem Preisverfall in der Informations- und Kommunikationstechnik (IKT) entstand in den letzten Jahren das weite Gebiet der Anwendungen eingebetteter Systeme. Diese Systeme bestehen oftmals aus Rechnern, die in ihrer Leistungsfähigkeit eingeschränkt und über Sensoren und Aktoren mit der physikalischen Umwelt verbunden sind. Durch Messfühler nehmen die Systeme Informationen aus ihrer Umwelt auf, werten diese aus und steuern über Aktoren ihrerseits unmittelbar physikalische Vorgänge. Solche Systeme sind zunächst für kleine Geräte einsetzbar und anwendbar. Die Verbilligung der digitalen Hardware, die

Fortschritte im Bereich Sensorik und Aktorik machen ihren Einsatz aber in immer neuen Anwendungsgebieten möglich. Aufwendigere Systeme verfügen über spezielle bis hin zu sehr allgemeinen Nutzerschnittstellen, in denen der Nutzer gezielt und bewusst Informationen in diese Systeme eingeben, bestimmte Funktionen abrufen, aber auch auf Informationen aus den Systemen zugreifen kann.

Damit können eingebettete Systeme wie folgt definiert werden:

Eingebettete Systeme sind informationsverarbeitende Systeme, bestehend aus Hardware- und Softwarekomponenten, die als integraler Bestandteil komplexer mikroelektronischer bzw. mechatronischer Systeme diese steuern bzw. regeln und/oder überwachen. ■

Eingebettete Systeme sind in der Regel in größere, häufig heterogene Umgebungen eingefügt. Damit ist sowohl die Hardware als auch die Software für spezielle Anwendungsfelder zu entwerfen, um geforderte dedizierte Funktionen innerhalb des Gesamtsystems auszuführen. Im Rahmen *reaktiver Systeme* müssen eingebettete Systeme darüber hinaus zeitgerecht auf Ereignisse aus der Umgebung reagieren.

Um die Kosten bei eingebetteten Systemen gering zu halten, wird die Hardware auf die Hauptaufgabe ausgerichtet und die Software darauf optimiert. Gerade bei mobilen Geräten, die etwa über Batterien mit Strom versorgt werden, ist eine geringe Leistungsaufnahme bei optimaler Ressourcenausnutzung essenziell. Meist werden daher andere Hardwarekomponenten verwendet als in Vielzweckrechnern.

Zunehmend sind eingebettete Systeme über Kommunikationsmechanismen mit lokalen, aber auch mit globalen Netzen verbunden. Dies eröffnet Möglichkeiten, das nahezu unbegrenzte Potenzial globaler Netzanwendungen mit den ihrerseits wieder vielfältigen Möglichkeiten eingebetteter Systeme zu kombinieren und immer weiter greifende Wirkketten aufzubauen.

Während der logische Aufbau eingebetteter Systeme oftmals sehr ähnlich ist, hängt die tatsächliche Realisierung insbesondere der Hardware stark von den Gegebenheiten am Einsatzort ab. Hier können viele Störfaktoren herrschen, zudem muss das eingebettete System Sorge dafür tragen, nicht selbst zum Störfaktor zu werden.

Einige *Störfaktoren* sind: Wärme/Kälte, Staub, Feuchtigkeit, Spritzwasser, mechanische Belastung (Schwingungen, Stöße), Fremdkörper, elektromagnetische Störungen und Elementarteilchen (z. B. Höhenstrahlung). Allgemeine und herstellerspezifische Vorschriften enthalten teilweise genaue Angaben zur Vermeidung des passiven und aktiven Einflusses, insbesondere im EMV-Umfeld (EMV – elektromagnetische Verträglichkeit).

Der *strukturelle Aufbau* der eingebetteten Systeme ist im Wesentlichen einheitlich. Es können fünf strukturelle Bestandteile identifiziert werden [12]:

- eine Kontrolleinheit bzw. ein Steuergerät, d. h. das eingebettete Hardware-/Softwaresystem
- eine Regel- oder Steuerstrecke mit Aktoren und Sensoren, d. h. das gesteuerte/geregelte physikalische System
- eine Benutzerschnittstelle
- eine Umgebung
- Benutzer

Mit stark zunehmender Tendenz werden diese Systeme noch vernetzt, sodass sich neben der lokalen Ebene noch eine globale Vernetzungsebene mit physikalischem Zugang zur Kontrolleinheit und logischem Zugang zu allen Komponenten des Systems ergibt. Bild 1.30 veranschaulicht diese Referenzarchitektur.

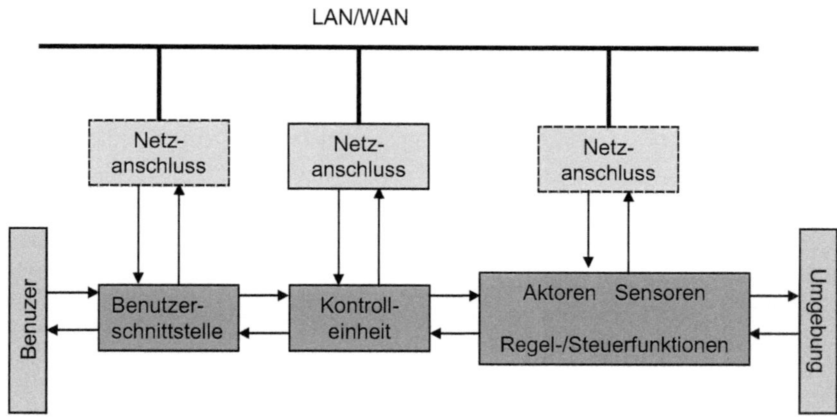

Bild 1.30 Referenzarchitektur eines eingebetteten Systems

1.4.1.2 Cyber-Physical Systems

Im Prinzip könnte man Cyber-Physical Systems als Evolutionsergebnis eingebetteter Systeme mit folgenden Entwicklungsstufen bezeichnen:

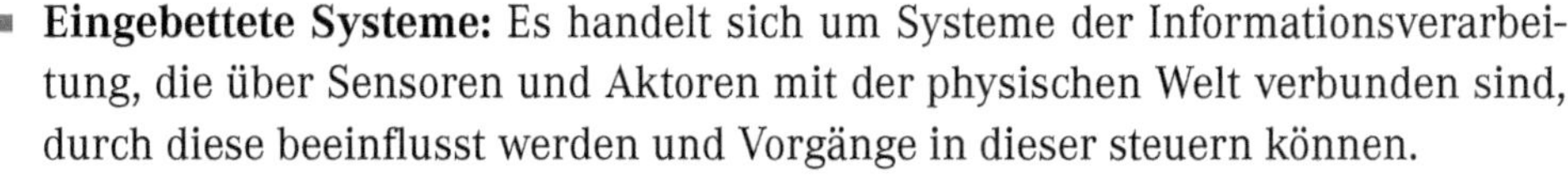

- **Eingebettete Systeme:** Es handelt sich um Systeme der Informationsverarbeitung, die über Sensoren und Aktoren mit der physischen Welt verbunden sind, durch diese beeinflusst werden und Vorgänge in dieser steuern können.
- **Echtzeitfähige eingebettete Systeme:** Die Systeme sind echtzeitfähig, d. h., sie können schritthaltend auf Vorgänge in technischen Prozessen der physikalischen Welt reagieren.
- **Intelligente eingebettete Systeme:** Die Systeme erfassen autonom und zuverlässig über Sensoren ihre Umgebung, beeinflussen und steuern ihre Umgebung durch Aktoren und erfüllen automatisch der Lage entsprechend ihre Aufgaben auch in extremen Situationen.

- **Vernetzte eingebettete Systeme:** Die Systeme sind mit einem Netzwerk verbunden und können im Verbund mit anderen eingebetteten Systemen reagieren und gemeinsame Aufgaben lösen.
- **Cyber-Physical Systems:** Systeme besitzen eine hohe Komplexität (System of Systems), sind mit dem globalen Netz (Internet) verbunden und können Dienste aus dem Cyberspace (Web, Cloud, Big Data, ...) zu ihrer Funktionserfüllung nutzen. Sie kooperieren direkt oder indirekt mit dem Internet of Things bzw. dem Internet of Things and Services.

In Beispiel 1.4 wird eine CPS-Komponente dargestellt.

Beispiel 1.4: CPS-Stop-Gate von Festo Didactic [13]

Das CPS-Stop-Gate (Bild 1.31) ist ein intelligentes Modul zur Kommunikation der Prozessdaten und fungiert als elementares Modul zur Steuerung der Prozesse innerhalb der Arbeitsstationen einer Fabrik. Das Gate nimmt über eine NFC-Antenne, eine RFID-Antenne und eine OPC-UA-Schnittstelle Daten vom Werkstück, dem Fertigungsmanagementsystem und weiteren IT-Systemen auf und kommuniziert sie an die Anwendungen der Arbeitsstation.

Das CPS-Stop-Gate integriert auf einer Größe von ca. $(11 \times 14 \times 3)$ cm^3 einen hochleistungsfähigen Rechner, eine IEC 61131-3-basierte Steuerung, einen 3-Port-Switch, diverse Sensoren und Schnittstellen und eine Leiterplatte, die einen Großteil der herkömmlichen Verkabelung und Konfigurierung in einem Anlagenmodul ersetzt.

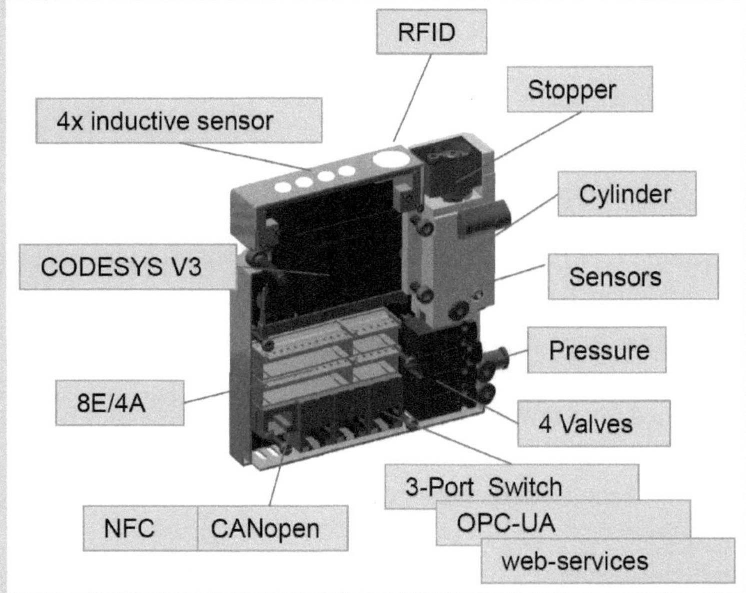

Bild 1.31 Komponenten des CPS Stop Gates von Festo Didactic (© Festo Didactic SE, alle Rechte vorbehalten)

Vormals statische, passive Objekte wie Motoren und Sensoren werden zu intelligenten Bestandteilen eines vernetzten Systems, die untereinander Informationen austauschen, Informationen über die Umgebung sammeln und weitergeben können. In einem vollständig integrierten Wertschöpfungsprozess geschieht dies ohne Unterbrechung über die Grenzen der an der Entwicklung, Herstellung und dem Vertrieb der Produkte beteiligten Unternehmen hinweg.

Die Fähigkeiten der CPS können in Form von Diensten über Internetplattformen abgebildet werden, gleichzeitig sind die CPS über diese Dienste ansprech- und steuerbar. Die Möglichkeiten, vormals geschlossene, autarke Systeme über Internettechnologien zu verbinden, wird als *Internet der Dinge* beschrieben. Die Nutzung der Fähigkeiten, also die jeweilige Intelligenz dieser Systeme über Internetplattformen als Dienste zu nutzen, wird als *Internet der Dienste* beschrieben. Mit dem neuen Dienstparadigma ergeben sich für die Automatisierung technischer Prozesse völlig neue Möglichkeiten. CPS stellen damit den Kern der automatisierungstechnischen Veränderungen in Industrie 4.0 bzw. der Digitalisierung der Produktion dar.

Bislang gibt es noch kein allgemeingültiges Verständnis über die Definition von CPS. In Anlehnung an [14] lassen sich Cyber-Physical Systems wie folgt definieren:

Cyber-Physical Systems (CPS) stellen Systeme mit eingebetteter Software dar, die mittels Sensoren Daten über den Zustand ihrer Umgebung erfassen und mittels Aktoren auf physikalische Vorgänge einwirken. Die erfassten Daten können von diesen Systemen gespeichert und verarbeitet werden. Das System kann aktiv oder reaktiv im Rahmen seiner vorweg programmtechnisch und physikalisch/motorisch definierten Möglichkeiten mit seiner Umwelt sowohl physisch als auch über Vernetzung digital über Datennetze interagieren. Für die Interaktion werden über das Internet erreichbare Daten und Dienste sowie die im System vorhandenen Schnittstellen zur Umgebung genutzt. ▪

Weitere ausführliche Informationen zu CPS sind in Kapitel 5 zu finden.

1.4.2 Hard- und Softwarekomponenten

1.4.2.1 Hardware

Das Architekturkonzept eines eingebetteten Systems [15] wird wesentlich durch die in Bild 1.32 dargestellte Kontrolleinheit bestimmt. Dabei unterscheidet man zwischen zwei grundsätzlichen Konzepten:

- Die Kontrolleinheit besteht aus *Standardmikroprozessoren* (General Purpose Processor – GPP), die neben dem Standardprozessorkern weitere unabhängig arbeitende Einheiten für spezielle Aufgaben auf dem Chip integrieren.

- Die Kontrolleinheit beinhaltet spezielle programmierbare Logikhardwarekomponenten, auch als *Programmierbare Logikbausteine* (PLD – Programmable Logic Device) bezeichnet.

https://bit.ly/3kDzPjy

Bild 1.32 zeigt die klassische Komponentenstruktur eines Standardmikroprozessors nach dem Von-Neumann-Modell. Das Von-Neumann-Modell enthält die Dreiteilung aus Speicher (für Code und Daten), der Central Processing Unit (CPU) mit den Teilen Control Unit CU und Arithmetical Logical Unit ALU und dem Ein-/Ausgabebereich, oft auch als Peripherie bezeichnet. Zusammen mit dem verbindenden Bussystem ergibt dies ein minimales Rechnersystem.

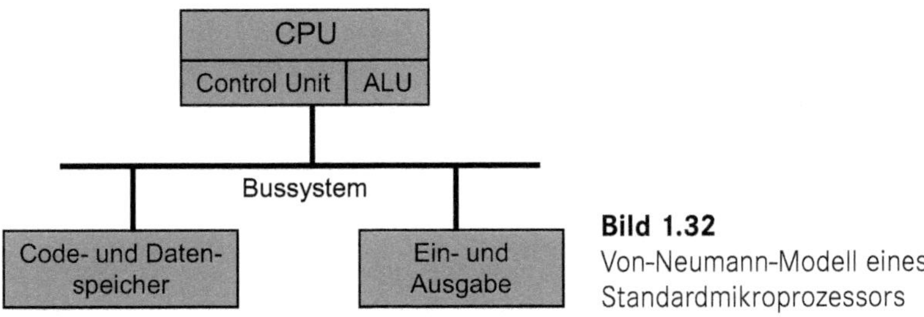

Bild 1.32 Von-Neumann-Modell eines Standardmikroprozessors

In Modifikation des GPP kann man weiterhin einen Single Purpose Processor (SPP) sowie einen Application Specific Processor (ASIP) unterscheiden. Mit einem SPP als Kontrolleinheit ist ein eingebettetes System für die Ausführung nur eines Programms ausgelegt. Eine typische Anwendung ist eine Digitalkamera. Bei einem ASIP ist das eingebettete System für eine Klasse bestimmter Anwendungen ausgelegt, die sich durch gleiche Eigenschaften darstellen lassen, z. B. ein eingebettetes System für die Telekommunikation oder für die Signalverarbeitung.

Eingebettete Systeme mit GPP werden häufig auch als *Single Board Computer* (kurz Board) bezeichnet. Aktuell (März 2021) listet die Datenbank für Single Board Computer (*https://hackerboards.com*) die Verfügbarkeit von 338 Boards weltweit auf.

Bild 1.33 zeigt die Struktur für *programmierbare Logikbausteine.*

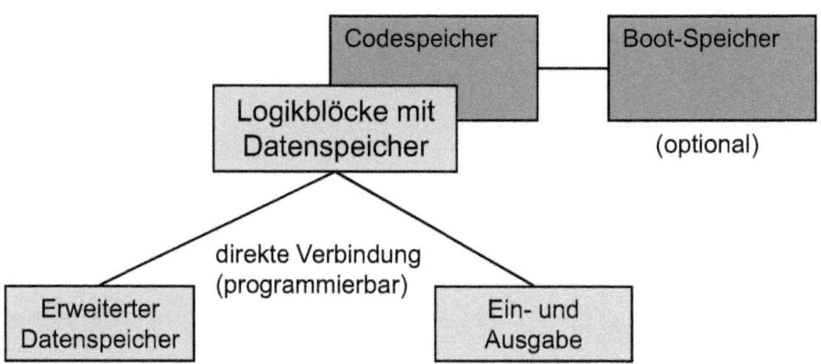

Bild 1.33 Strukturmodell für programmierbare Logikbausteine

Die Bestandteile sind ähnlich wie beim Standardmikroprozessor, allerdings anders verteilt: Die ALU ist nicht mehr konzentriert, die Berechnungen finden in den (verteilten) Logikblöcken statt, die zugleich die Daten speichern.

Der Codespeicher, der die Arbeitsinformationen für die Logikblöcke aufnimmt, ist dementsprechend auch verteilt und wird durch einen optionalen Boot-Speicher unterstützt. Der erweiterte Datenspeicher hingegen ist meist konzentriert und entspricht auch in seinem Zugriff dem (Daten-)Speicher im Von-Neumann-Modell.

https://bit.ly/2UmKzlD

In Beispiel 1.5 wird der Einsatz eines FPGA als programmierbarer Logikbaustein dargestellt.

Beispiel 1.5: Realisierung komplexer Regler [16]

Zur Entlastung einer SPS für schnelle Bitverarbeitung oder zur Realisierung komplexer Regler setzt man bei ATR ein FPGA (siehe Tabelle 1.6) für die Verarbeitung digitaler Daten in Kombination mit einem digitalen Signalprozessor (DSP) für die analoge Signalverarbeitung ein. Standardbussysteme sorgen für den Anschluss an die SPS-Welt.

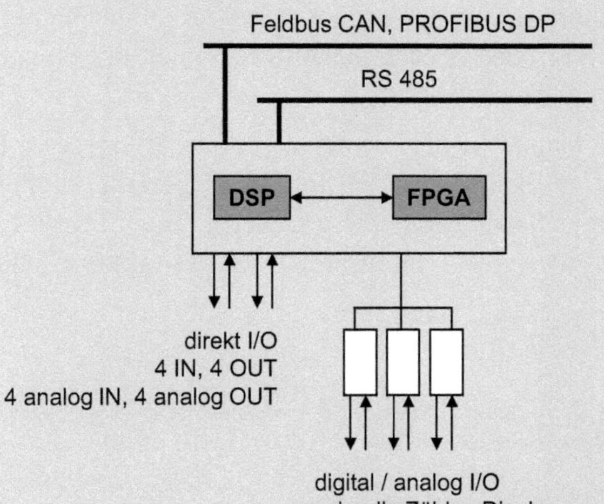

Bild 1.34 DSP/FPGA-Modul zur Entlastung einer SPS

Die Rechenleistung eines DSP erreicht dabei über 100 Millionen Instruktionen pro Sekunde. Das FPGA arbeitet Hand in Hand mit dem DSP. Zähler, Frequenznormierungen oder Verknüpfungen erledigt das FPGA in idealer Weise. Beide Bausteine zusammen bilden den Kern eines Regelungs- und Steuerungssystems, bei dem eine Geschwindigkeitssteigerung um den Faktor 100 gegenüber bisherigen Lösungen erreicht werden kann. ■

https://bit.ly/3rlAtDT

PLDs für eingebettete Systeme kann man, bezogen auf ihre Komplexität, in drei Klassen entsprechend Tabelle 1.6 einteilen.

Tabelle 1.6 Einteilung von programmierbaren Logikbausteinen

Bezeichnung	Anzahl der Gatter	Charakteristik	Beispiele
Simple PLD (SPLD)	100 - 500	Intern finden sich Verknüpfungsglieder wie AND, OR, NAND und NOR. Ein- und Ausgänge werden als Anschlüsse nach außen geführt.	EPROM/EEPROM
Complex PLD (CPLD)	500 -5000	Es existiert eine interne Kopplung mehrerer SPLDs. Die Ausgänge der Blöcke sind nicht mehr als physikalische Anschlüsse verfügbar.	MACH-Bausteine von AMD, MAX-Serie von Altera
Field-Programmable Gate Arrays (FPGA)	> 100 000	FPGA beinhalten Blockstrukturen. Zwischen Gattern sind dezentrale Verbindungen programmierbar.	Spartan-Familie von Xilinx

1.4.2.2 Software

Beim Einsatz von Standardmikroprozessoren (GPP) in einem eingebetteten System ist die Softwareumgebung mit der eines PCs vergleichbar: Es steht meist ein Betriebssystem zur Verfügung bzw. kann auf dem eingebetteten System installiert werden, und die Programmierung von Anwendungen erfolgt in üblichen Programmiersprachen, wie z.B. C, C++ oder je nach Leistungsfähigkeit des eingebetteten Systems auch in Java, Python oder JavaScript.

Als Betriebssystem werden häufig Modifizierungen von Linux eingesetzt. Für verschiedene eingebettete Systeme stehen zum Teil aber auch spezielle, auf den jeweiligen Prozessor abgestimmte Betriebssysteme zur Verfügung. Tabelle 1.7 listet dazu ausgewählte eingebettete Systeme mit ihrer Softwarecharakteristik auf.

Tabelle 1.7 Softwarecharakteristik eingebetteter Systeme mit GPP

Bezeichnung	Hersteller	Prozessor	Betriebssystem	Programmiersprachen
Arduino Uno	Arduino AG	Atmega 328	ohne OS, Programmierung direkt über die PC-basierte Entwicklungsumgebung Arduino-IDE	C (Arduino-C)
Raspberry Pi 4	Raspberry Pi Foundation	ARM Cortex-A72	große Auswahl an Open Source-OS (Raspbian, FreeBSD, Debian ...)	C/C++, Python
Beagle-Board	Beagle-Board .org Foundation	ARM-Cortex-A8	verschiedene Linux-Distributionen, Windows CE	C, Python, Java, Ruby, JavaScript
Ethernut 3&5	Open Source-Projekt	32-bit-ARM	Nut/OS (modulares Echtzeitbetriebssystem)	C/C++, Lua-Script
DB240	Beck IPC	32-bit-Free-scale	RTOS (Echtzeitbetriebssystem)	C/C++

Die Softwareentwicklung erfolgt je nach eingebettetem System entweder über eine spezielle Entwicklungsumgebung auf einem angeschlossenen PC (z.B. für Arduino) oder über eine Entwicklungsumgebung direkt auf dem jeweiligen Board, an dem dann nur ein Monitor einschließlich Tastatur und Maus angeschlossen sind (z. B. Raspberry Pi).

Softwareumgebungen für eingebettete Systeme auf Basis programmierbarer Logikbausteine (PLD) unterscheiden sich grundsätzlich von denen für Standardprozessoren. PLDs sind programmierbare Hardwarebausteine. Betrachtet man einen PLD entsprechend Bild 1.35, so werden Softwarewerkzeuge benötigt, über die man die Verbindungen zwischen dem E/A-Bereich und den Rechenblöcken oder zwischen verschiedenen Rechenblöcken für den Baustein geeignet programmieren und dann in Hardware fixieren kann. Man bezeichnet diesen Prozess auch als *Hardware-Software-Co-Design* [15].

https://bit.ly/2VTulXA

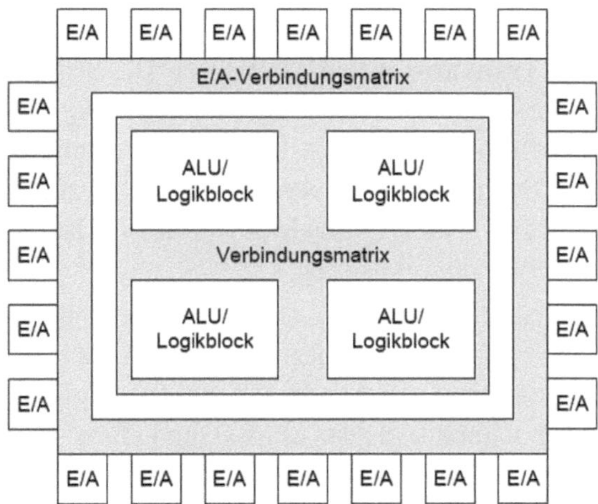

Bild 1.35
Struktur eines programmierbaren Logikbausteins

Für unterschiedliche Typen von PLDs gibt es unterschiedliche Verfahren zum Co-Design. Alle Verfahren sind hinreichend komplex, da beim Co-Design von PLDs wegen ihrer parallelen Arbeitsweise (im Gegensatz zur sequenziellen Arbeitsweise von Standardprozessoren) das zeitliche Verhalten der Teilaufgaben betrachtet werden muss, um eine sinnvolle Konfiguration/Programmierung des Bausteins vornehmen zu können.

1.4.2.3 Vernetzung

Praktisch alle als Single Board Computer aufgebauten eingebetteten Systeme ermöglichen eine Vernetzung mittels Ethernet und TCP/IP, meist als 10/100 Mbit-Ethernet. Darüber hinaus steht vielfach auch eine kabellose LAN-Verbindung zur Verfügung.

In der Vergangenheit war die Integration von WLAN in kleine, auch funktional reduzierte eingebettete Systeme oft ein viel zu großer Aufwand seitens Hardware,

Software, Stromverbrauch und nicht zuletzt aufgrund der Kosten. Speziell auf den eingebetteten Bereich zugeschnitten wurden aber in den letzten Jahren WLAN-Module vorgestellt, die z. B. über die universelle SPI-Anbindung einfach in ein eingebettetes System integriert werden können.

Viele der als integrierte Boards ausgelegten eingebetteten Systeme beinhalten zusätzliche serielle Kommunikationsschnittstellen, mit denen auf der Sensor-Aktor-Ebene (Low Level Peripherie) eine Vernetzung realisiert werden kann. Dazu gehören folgende Schnittstellen:

https://bit.ly/2UY6G8b

- **Inter Integrated Circuit (I2C):** Der I2C-Bus ist ein bidirektionaler Zweidrahtbus in Master-Slave-Architektur mit integriertem Übertragungsprotokoll und Softwareadressierung, der nur zwei Verbindungen zwischen den Teilnehmern erfordert: die Taktleitung und die Datenleitung. Er besitzt eine einfache Implementierung, niedrige Kosten und eine Übertragungsrate bis zu 3,4 Mbit/s.
- **Universal Asynchronous Receiver Transmitter (UART):** Eine UART-Schnittstelle dient dem Senden und Empfangen von Daten über eine Datenleitung und bildet den Standard der seriellen Schnittstellen an PCs und Mikrocontrollern. Auch im industriellen Bereich ist die Schnittstelle mit verschiedenen Interfaces (z. B. RS-232 oder RS-485) sehr verbreitet. Mittels dieser Schnittstelle lassen sich auch Feldbusse für eingebettete Systeme realisieren.

https://bit.ly/2V2oyOX

- **Serial Peripheral Interface (SPI):** Beim SPI handelt es sich um einen seriellen Bus, der für den Master-Slave-Betrieb zwischen Mikroprozessoren und digitalen Schaltungen entwickelt wurde. Der synchron arbeitende SPI-Bus ist vergleichbar mit dem I2C-Bus, er ist allerdings schneller als der I2C-Bus und eignet sich besonders für Anwendungen mit unregelmäßigem Zugriff, so beispielsweise für die Kommunikation zwischen Mikroprozessoren und Chips für die Signalverarbeitung.

Je nach Ausführung der Single Board Computer sind auch weitere Funkschnittstellen möglich, die sich für eine Vernetzung vieler verteilter eingebetteter Systeme im Sinne eines Internet of Things eignen. Dazu gehören insbesondere:

- **Bluetooth:** Bluetooth ist ein Industriestandard gemäß IEEE 802.15.1 für die Datenübertragung zwischen Geräten über kurze Distanz per Funktechnik. Dabei sind verbindungslose sowie verbindungsorientierte Übertragungen von Punkt zu Punkt und Ad-hoc- oder Piconetze möglich (Funkfrequenz zwischen 2,402 GHz und 2,480 GHz). Die Reichweite beträgt je nach Leistung und Klasse zwischen 1 – 100 m, meist jedoch um die 10 m.
- **ZigBee:** ZigBee ist eine Spezifikation für drahtlose Netzwerke mit geringem Datenaufkommen, wie beispielsweise Hausautomation, Sensornetzwerke, Lichttechnik. Der Schwerpunkt von ZigBee liegt in Netzwerken mit kurzer Reichweite (bis 100 m). Es sind via vermaschtem Netz aber auch Reichweiten von mehreren Kilometern möglich. ZigBee wurde zur Übertragung von geringen

Datenmengen und im Hinblick auf einen minimalen Energieverbrauch entwickelt.

Für praktisch alle der in Tabelle 1.7 aufgeführten Single Board Computer stehen über entsprechende Aufsteck- oder Ergänzungsmodule auch die Schnittstellen Bluetooth und ZigBee zur Verfügung. Teilweise sind die Schnittstellen auch bereits schon auf dem Board integriert (z. B. Bluetooth beim Raspberry Pi).

Weitere Ausführungen zur Vernetzung von eingebetteten Systemen mittels drahtloser Netze finden sich in Abschnitt 4.2.

1.4.3 Anwendungsbeispiel: Raspberry Pi

Das folgende Anwendungsbeispiel [17] beschreibt ein Gateway (Kurzbezeichnung CloudIO), über das digitale sowie analoge Ein- und Ausgänge einer beliebigen SPS in einer öffentlichen oder privaten Cloud verfügbar gemacht werden können.

Die prototypische Implementierung des CloudIO erfolgte auf Basis des PiXtend PIXTEND V1.3 ARTC der Firma qube solution. Das Gerät beinhaltet einen Raspberry Pi und erweitert diesen über einen Shield (Zusatzmodul) mit verschiedenen analogen und digitalen Anschlüssen. Von den verfügbaren digitalen und analogen Ein- und Ausgängen werden für den Prototyp je 8 × digitale Ein-/Ausgänge sowie je zwei analoge Ein-/Ausgänge genutzt. Auf dem Gerät läuft ein Linux-Betriebssystem. Auf Basis der mitgelieferten C-Library können eigene Anwendungsprogramme implementiert werden. Bild 1.36 zeigt den Aufbau des PiXtend ohne Gehäuse.

https://bit.ly/3iKRKm7

Bild 1.36 Aufbau des PIXTEND V1.3 ARTC (© reichelt elektronik GmbH & Co. KG)

Für die Verbindung der Prozessein- und -ausgänge mit dem Internet wurden im Prototyp drei Varianten implementiert und getestet:

- **Variante 1:** Die Prozessdatenkommunikation erfolgt unter Nutzung eines auf dem Raspberry Pi vorinstallierten Node-RED (= grafisches Entwicklungswerkzeug für das IoT) und vorhandenen Linux-Testprogrammen.
- **Variante 2:** Über ein C-Programm erfolgt die Aufbereitung der Prozessdaten zur Übermittlung per MQTT-Webprotokoll an einen MQTT-Broker. Als MQTT-Broker kommt ein Open Source-Broker zum Einsatz, der gleichfalls auf dem CloudIO im Raspberry Pi implementiert ist. Damit können z. B. virtuelle Technologiemodelle oder räumlich entfernte reale Anlagen/Maschinen mittels MQTT-Protokoll an das CloudIO angebunden werden (Bild 1.37a).
- **Variante 3:** Als dritte Variante wurde statt MQTT eine C++-Bibliothek für eine WebSocket-Verbindung genutzt, mit der die Prozessdaten des PiXtend über ein schlankes Anwendungsprotokoll mit Technologiemodellen, IoT-Diensten oder auch anderen realen Anlagen kommunizieren können (Bild 1.37b).

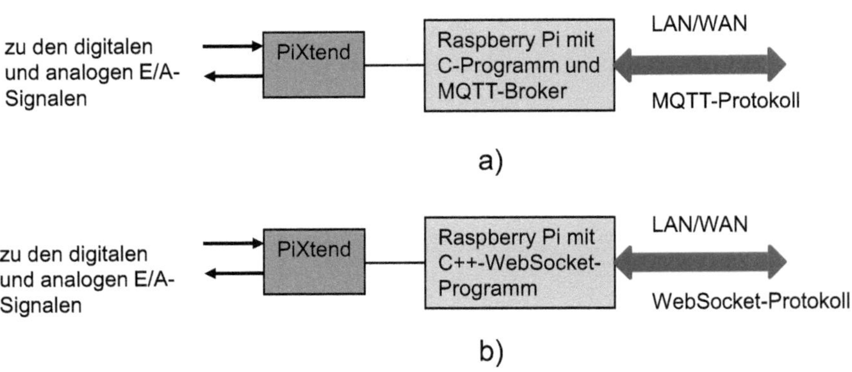

Bild 1.37 Prinzipieller Aufbau des CloudIO-Gateways für die MQTT-Variante (a) und WebSocket-Variante (b)

Das CloudIO ist auf einem DIN-A4-Didaktik-Board aufgebaut. Die Verbindung zu den externen Prozesssignalen erfolgt über zwei 24-polige D-SUB-Kabel.

Aktuell erfolgt der Einsatz des CloudIO für die SPS-Ausbildung, um virtuelle 2D-/3D-Technologiemodelle an eine Ausbildungs-SPS vor Ort anzuschließen. Mit dem CloudIO können aber auch analoge und digitale Prozesssignale, die an beliebigen Maschinen bzw. Anlagen abgegriffen werden, mit einer Latenzzeit von ca. 25 ms in eine Cloud gebracht werden. Damit lassen sich dann z. B. ältere Maschinen bzw. Anlagen mit IoT-basierten Lösungen wie vorbeugender Wartung durch Big-Data-Analysen aufrüsten.

1.5 Übungsaufgaben

1.1: In Bild 1.1 ist die auf den einzelnen Ebenen der Automatisierungshierarchie eingesetzte Gerätetechnik nur abstrahiert dargestellt. Welcher Ebene würden Sie ein Prozessleitsystem, z. B. PCS 7 (Siemens), und ein Prozessvisualisierungs- und -bediensystem, z. B. WinCC (Siemens), zuordnen?

1.2: Entwickeln Sie eine mehrstufige Automatisierungshierarchie für ein automatisiertes Montagesystem, das aus einem Montageroboter, einer Teilezuführeinrichtung, einer Teileabführeinrichtung und einer Messstation besteht.

1.3: Geben Sie für den Einsatz einer Punkt-zu-Punkt-Verbindung und für ein lokales Netz in einem Automatisierungssystem jeweils einen Vor- und einen Nachteil an.

1.4: Entwickeln Sie für das Beispiel 1.1 eine ZDZ-Automatisierungsstruktur mit einem dezentralen Aufbau der Automatisierungsgeräte und einem zentralen funktionellen Aufbau.

1.5: Gegeben sind zwei lokale Netze. Netz 1 ist nach einer Linienstruktur und Netz 2 nach einer Ringstruktur aufgebaut. Erläutern Sie die wesentlichen Auswirkungen auf das Netz, wenn im Netz ein Leitungsbruch auftritt.

1.6: Welche maximale Datenrate ist in einem lokalen Netz mit einer Ausdehnung von 100 m möglich, wenn als Übertragungsmedium eine verdrillte Zweidrahtleitung und als Schnittstelle RS 485 genutzt wird?

1.7: Recherchieren Sie im Internet, und ermitteln Sie einen Feldbus für die Automatisierungstechnik, der als Modulationsverfahren NRZ nutzt.

1.8: Versuchen Sie die Frage zu beantworten, wieso bei niedriger Nutzauslastung eines lokalen Netzes der Buszugriff mit CSMA/CD grundsätzlich kleiner als beim Zugriff über das Master-Slave-Verfahren ist.

1.9: Zur einheitlichen Beschreibung von Kommunikationsprotokollen gibt es das OSI-Referenzmodell mit sieben Kommunikationsschichten. In welcher Schicht sind der Buszugriff bzw. die Verbindungssicherung angeordnet?

1.10: Recherchieren Sie im Internet, und geben Sie mindestens drei weitere Anwendungsprotokolle an, die TCP/IP nutzen und sich gemäß dem OSI-Referenzmodell in der Schicht 7 befinden.

1.11: Erläutern Sie den Unterschied zwischen einer verbindungsorientierten und einer verbindungslosen Kommunikation, und geben Sie jeweils ein praktisches Beispiel dazu an.

1.12: Was verstehen Sie unter einem Virtual Device in einem Kommunikationsnetz?

1.13: In der Gebäudeverkabelung für LAN verwendet man Primär-, Sekundär- und Tertiärverkabelung für die Verkabelung der unterschiedlichen Gebäudeteile. Welche Entfernungen können mit Tertiärkabeln überbrückt werden?

1.14: Geben Sie drei Anwendungsbeispiele für den Einsatz eines eingebetteten Systems an.

1.15: Wie stehen eingebettete Systeme im Verhältnis zu Cyber-physikalischen Systemen (CPS)?

1.16: Erläutern Sie den Unterschied zwischen einem Single Purpose Prozessor (SPP) und einem General Purpose Processor (GPP).

1.17: Was versteht man unter einem FPGA?

1.18: Geben Sie mindestens drei Kommunikationsschnittstellen eines eingebetteten Systems an, über die die Systeme vernetzt werden können.

Literaturverzeichnis

[1] *Heimbold, T.:* Einführung in die Automatisierungstechnik. Carl Hanser Verlag, München, 2015, S. 11 - 39

[2] *VDMA*: Leitfaden Industrie 4.0 trifft Lean. VDMA Verlag, Frankfurt am Main, 2018

[3] *VDI/VDE-GMA*: Cyber-Physical Systems: Chancen und Nutzen aus Sicht der Automation. VDI/VDE-GMA, Düsseldorf, 2013

[4] *Klettner, C. et al.:* NAMUR Open Architecture. atp edition, Bd. 59, Nr. 01/02, 2017, S. 20 - 37

[5] *Schwager, J.:* Informationsportal für Echtzeit-Ethernet in der Industrieautomation. *http://www.realtime-ethernet.de* (Zugriff am 26.06.2019)

[6] *Stein, E.:* Taschenbuch Rechnernetze und Internet. Carl Hanser Verlag, München Wien, 2004

[7] *Reissenweber, B.:* Feldbussysteme zur industriellen Kommunikation. Oldenbourg Industrieverlag, München, 2002

[8] *Schnell, G.; Wiedemann, B. (Hrsg.):* Bussysteme in der Automatisierungs- und Prozesstechnik. Springer Vieweg, Wiesbaden, 2019

[9] *Rummel, T.:* Reibungsloser Datenaustausch. A&D, Ausgabe 1+2/2018, S. 64 - 66

[10] *Furrer, F.J.:* Industrieautomation mit Ethernet-TCP/IP und Web-Technologie. Hüthig Verlag, Heidelberg, 2003

[11] *PNO*: PROFINET - Inbetriebnahmerichtlinie. PROFIBUS Nutzerorganisation e. V., Karlsruhe, 2014

[12] *Scholz, P.:* Softwareentwicklung eingebetteter Systeme. Springer Verlag, Berlin, Heidelberg, New York, 2005

[13] *Schietinger, M.:* Industry 4.0 implementation and qualification at Festo. Präsentation, 2016. *https://industry40.ee/wp-content/uploads/2016/06/pdf-Mathias-Schietinger_Final.pdf* (Zugriff am 10.03.2021)

[14] *Geisberger, E.; Broy M.:* agendaCPS. Springer Verlag, Berlin, Heidelberg, 2012

[15] *Siemers, C.:* Handbuch Embedded Systems Engineering. TU Clausthal, FH Nordhausen: *https://www.elektronikpraxis.vogel.de/handbuch-embedded-systems-engineering-v-19020-842* (Zugriff am 04.07.2019)

[16] *Krpec, P.:* Mikroelektronisches Jobsharing. iee 45. Jahrgang 2000, Nr. 1, S. 42 - 44

[17] *Coppenrath. M.:* Entwicklung eines Gateway-Moduls zur Anbindung von digitalen und analogen Prozesssignalen an eine Cloud (CloudIO). Dokumentation zum wissenschaftlichen Projekt, HS Düsseldorf, Düsseldorf, 2017

2 Bussysteme

2.1 Kommunikationsschnittstellen

Ein Prozessrechner bzw. Automatisierungsrechner enthält neben dem internen Prozessorbus weitere, häufig standardisierte Schnittstellen, die das Anwendungssystem mit dem Prozessrechner koppeln (Bild 2.1).

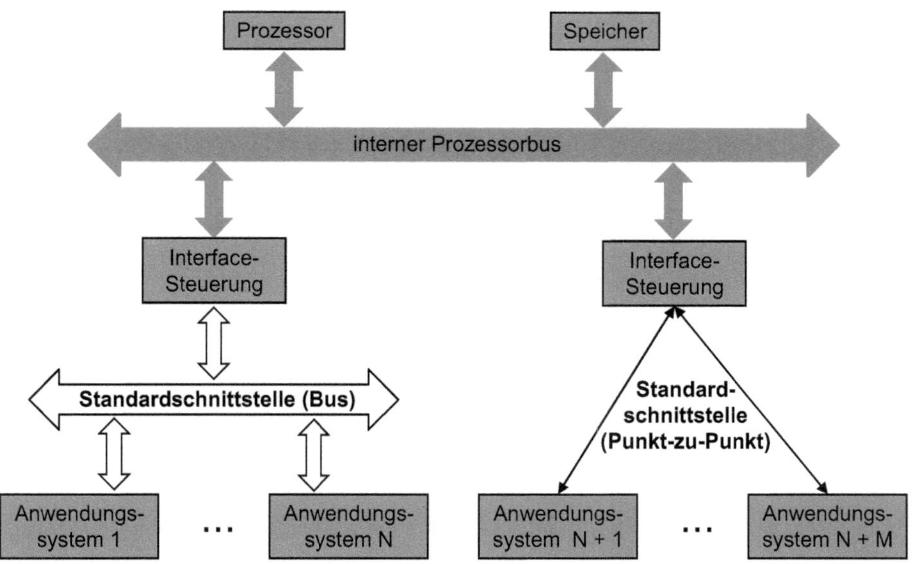

Bild 2.1 Schnittstellen eines Prozessrechensystems

Die Schnittstellen können als *Punkt-zu-Punkt-Verbindung* oder als *Busschnittstelle* ausgelegt sein. Beiden gemeinsam ist aber, dass die angeschlossenen Teilnehmer nach genau definierten, meist sogar standardisierten Regeln Informationen austauschen.

Diese Regeln geben Folgendes vor:

- mechanische Randbedingungen (physikalische Abmessungen, Steckerbelegungen)
- Spezifikation der elektrischen Signale (Spannung/Strom, Flankensteilheit usw.)
- Übertragungsprotokoll, d. h. die zeitliche Abfolge von aufeinanderfolgenden Übertragungssignalen

Beide Schnittstellentypen können für parallele oder auch serielle Datenübertragung ausgelegt sein.

2.1.1 Punkt-zu-Punkt-Verbindungen

2.1.1.1 Parallele Schnittstellen

Punkt-zu-Punkt-Schnittstellen verbinden den Prozessrechner mit jeweils nur einem Peripheriegerät. Diese Art von Schnittstellen ist typisch für Peripheriegeräte der allgemeinen Datentechnik (Drucker, Terminal, Messgerät usw.). Sie findet aber auch bei Prozessperipheriegeräten eine Anwendung.

Bei den *parallelen Schnittstellen* erfolgt eine gleichzeitige Übertragung mehrerer Bits, meist ganze Wörter oder Bytes. Bild 2.2 zeigt die Datenübertragung auf einer parallelen Schnittstelle.

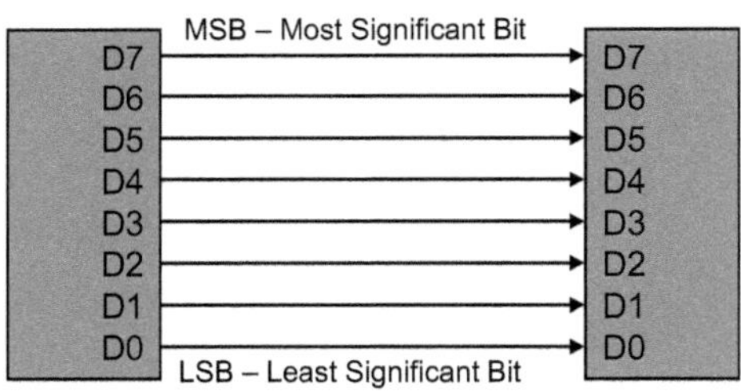

Bild 2.2
Datenübertragung auf einer parallelen Schnittstelle

https://bit.ly/2Up7N0K

Eine ältere, aber nach wie vor genutzte parallele Punkt-zu-Punkt-Verbindung ist die *Schnittstelle nach IEEE 1284*, auch als *Centronics-Schnittstelle* bekannt. Der Standard definiert eine parallele Schnittstelle mit 36 *Twisted-Pair*-Leitungen zur bidirektionalen Übertragung von Daten zwischen PCs und unterschiedlichen Peripheriegeräten. Die Datenübertragung nutzt einen Hardware-Handshake, d. h., elektrische Signale zwischen den Geräten steuern den Datenfluss.

Die Schnittstelle ist nur für wenige Meter Kabellänge vorgesehen (3 ... 10 m) und ermöglicht eine Datenrate von bis zu 2 Mbit/s pro Richtung. Bild 2.3 zeigt ein Druckerkabel mit Centronics-Schnittstelle (25-polig Sub-D/Centronics).

Bild 2.3 Druckerkabel mit Centronics-Schnittstelle (© C2G)

Aktuell werden Centronics-Schnittstellen meist durch USB (siehe Abschnitt 2.1.2.2) ersetzt.

2.1.1.2 Serielle Schnittstellen

Die *seriellen Schnittstellen* nutzen eine bitweise Übertragung, d.h., die einzelnen Bits werden nacheinander übertragen.

Bild 2.4 zeigt die Datenübertragung auf einer seriellen Schnittstelle. In Beispiel 2.1 wird der Anschluss eines Sensors über eine serielle 4...20 mA-Schnittstelle dargestellt.

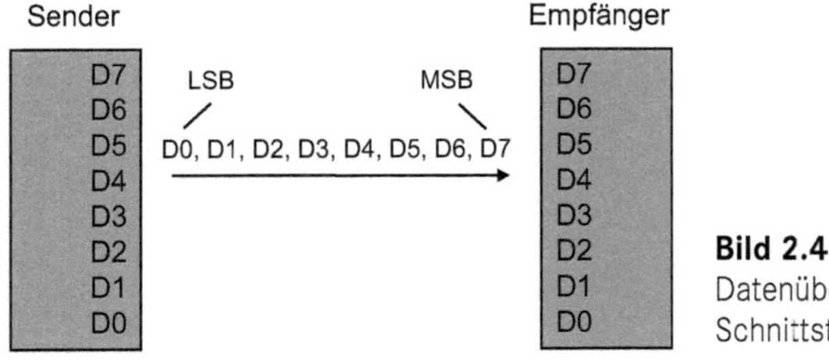

Bild 2.4 Datenübertragung auf einer seriellen Schnittstelle

Beispiel 2.1: Ein Zweidrahtdrucktransmitter für 4...20 mA [1]

Für analoge Signalübertragungssysteme werden z. B. für große Distanzen und in gestörten Umgebungen häufig Stromschnittstellen eingesetzt. Bei einem stationären Drucktransmitter handelt es sich um ein elektrisches Messsystem, das von außen versorgt wird. Es besteht aus einer Messzelle, der Verstärkerelektronik, einem Analog-digital-Wandler für das Messsignal, Speicher (EEPROM), Prozessor und einer Ausgangsstufe. Im Fall des analogen AMS 4712 kommt noch ein DA-Wandler hinzu. Alle elektronischen Funktionseinheiten sind in einem einzigen ASIC realisiert. Bild 2.5 zeigt die praktische Anwendung.

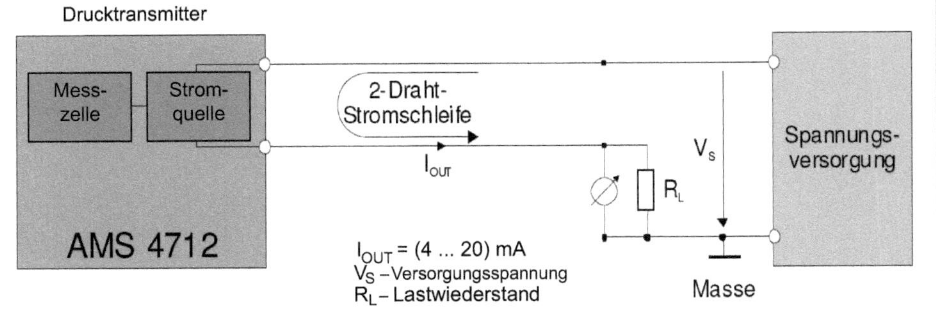

Bild 2.5 Praktische Anwendung einer Stromschleifenschaltung mit AMS 4712

Wie in Bild 2.5 dargestellt, muss der Anwender für einen Zweidrahtbetrieb des Drucktransmitters AMS 4712 nur die Spannungsversorgung und einen Lastwiderstand R_L anschließen. Dabei muss die Versorgung einen Strom ≥ 20 mA bereitstellen. ■

https://bit.ly/3wN9C4A

Die einfachste, aber nach wie vor weit verbreitete Prozessschnittstelle ist die *Stromschleife* (TTY-Schnittstelle oder 4...20 mA-Schnittstelle). Die Schnittstelle ist in DIN 66258 beschrieben. Der Wert eines Bits wird dabei durch das Ein- oder Ausschalten eines konstanten Stroms dargestellt. Es gelten folgende Werte:

Logisch 0: 0 mA ≤ Strom ≤ 3 mA

Logisch 1: 14 mA ≤ Strom ≤ 20 mA

Der Bitpegel am Empfänger wird dadurch unabhängig vom elektrischen Widerstand der Übertragungsleitung. Übliche Übertragungsraten sind 600...9600 Bit/s bis zu einer Leitungslänge von 1000 m.

In der Praxis wird meist die Schnittstelle mit 4...20 mA in der *Live-Zero-Übertragungsart* („Lebender Nullpunkt") eingesetzt. Dabei gibt es den Vorteil, dass der entsprechende Sensor ohne externe Zuführung mit Energie versorgt werden kann und dass eine interne Überwachung auf z. B. Leitungsbruch möglich ist.

Der besondere Vorteil der Stromschleife liegt in ihrer hohen Störsicherheit unter industriellen Bedingungen.

Praktisch jeder Rechner und die meisten peripheren Geräte der PC-Technik verfügen über eine V.24-Schnittstelle. V.24 beschreibt die Funktionsweise der Schnittstelle (DIN 66020) und V.28 die elektrischen Signale dazu (DIN 66259). Der USA-Industriestandard RS-232 beschreibt die *V.24/V.28-Schnittstelle* in einer Norm.

https://bit.ly/3zeufID

Die RS-232-Schnittstelle ist eine erdunsymmetrische Schnittstelle für die Punkt-zu-Punkt-Verbindung zwischen zwei Teilnehmern. Die Signalpegel sind wie folgt definiert:

Logisch 0: 3 V ≤ Spannung ≤ 15 V

Logisch 1: −15 V < Spannung < −3 V

Aufgrund der vielfältigen Möglichkeiten der Beschaltung der V.24/V.28 bzw. RS-232 kann sie universell für alle Übertragungsprozeduren – ob asynchron oder synchron – verwendet werden. Da die Signalqualität mit zunehmender Leitungslänge abnimmt, ist die Leitungslänge begrenzt. Ein üblicher Wert für die Datenrate ist 19,2 Kbit/s für eine Leitungslänge von 15 m. Aktuell werden nur noch wenige Geräte produziert, die eine RS-232-Schnittstelle aufweisen.

Falls größere Entfernungen zwischen Rechnern und Peripheriegeräten zu überbrücken sind, kommt die *Schnittstelle RS-422* oder *RS-485* zum Einsatz. Die elektrische Spezifikation der RS485 ist mit der der RS-422 identisch. Die RS-485 ist aber gegenüber der RS-422 für eine Mehrpunktverbindung, d. h. für eine Beschaltung mit mehreren Treibern, geeignet. Die RS485 wird in der Norm TIA/EIA-485-A und in der ISO 8482 beschrieben. Beide Normen unterscheiden sich in einigen Punkten voneinander.

https://bit.ly/3eDTwEe

In Beispiel 2.2 wird ein Schnittstellenumsetzer RS-232 auf RS-422/485 dargestellt.

Beispiel 2.2: Schnittstellenumsetzer RS-232 auf RS-422/485

Die meisten PCs besitzen eine RS-232-Schnitttstelle (COM-Port). Um ein Feldgerät mit einer RS-422/485-Schnittstelle an den PC anzuschließen (z. B. für eine Parametrierung) kann man einen Schnittstellenumsetzer für die Pegelanpassung nutzen. Bild 2.6 zeigt dazu das Prinzip eines Schnittstellenumsetzers mit einem Wandler der Firma Spectra. Es können wahlweise Feldgeräte mit RS-422- oder RS-485-Schnittstellen angeschlossen werden. Am Schnittstellenumsetzer müssen keine Einstellungen vorgenommen werden.

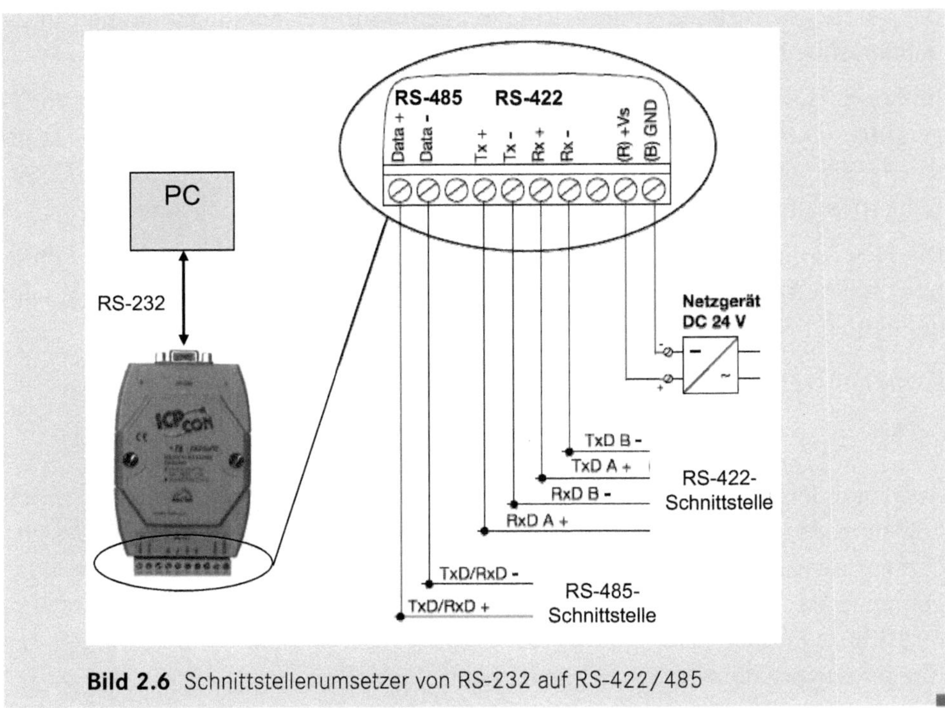

Bild 2.6 Schnittstellenumsetzer von RS-232 auf RS-422/485

Bei den Festlegungen der Spannungspegel wird entsprechend Tabelle 2.1 zwischen den Sender- und Empfängerspezifikationen unterschieden.

Tabelle 2.1 Spannungspegel der RS-485-Schnittstelle (U_{AB} – Differenzspannung)

	Sender	Empfänger	
		EIA 485	ISO 8482
Logisch 0	$1{,}5\ V \le U_{AB} \le 5\ V$	$U_{AB} > 0{,}2\ V$	$U_{AB} > 0{,}3\ V$
Logisch 1	$-5\ V \le U_{AB} \le -1{,}5\ V$	$U_{AB} < -0{,}2\ V$	$U_{AB} < -0{,}3\ V$

Während die RS-422 lediglich den unidirektionalen Anschluss von bis zu zehn Empfängern an einen Sender zulässt, ist die RS485 als *bidirektionale Schnittstelle* mit bis zu 32 Teilnehmern konzipiert. Mit modernen Transceiver-Bausteinen sind durch Reduzierung der Belastung der Anschlüsse bis zu 256 Teilnehmer an einer RS-485 möglich. Die RS-485 bildet deshalb auch häufig das Basiskommunikationssystem für Feldbusse (z. B. PROFIBUS).

https://bit.ly/2UyJUDL

Eine RS-485-Schnittstelle kann prinzipiell mit Zweidraht- oder mit Vierdrahttechnik aufgebaut werden.

Zweidrahttechnik

Gemäß Bild 2.7 werden die Teilnehmer an die Zweidrahtleitung über eine maximal 5 m lange Stichleitung angeschlossen. Der Vorteil der Zweidrahttechnik liegt im

Wesentlichen in der *Multimaster-Fähigkeit*, wobei jeder Teilnehmer prinzipiell mit jedem anderen Teilnehmer Daten austauschen kann. Das Zweidrahtsystem ist grundsätzlich *nur halbduplexfähig*. Da nur ein Übertragungsweg zur Verfügung steht, kann immer nur ein Teilnehmer Daten senden. Erst nach Beendigung der Sendung können z.B. Antworten anderer Teilnehmer erfolgen. Die wohl bekannteste auf der Zweidrahttechnik basierende Anwendung ist der PROFIBUS.

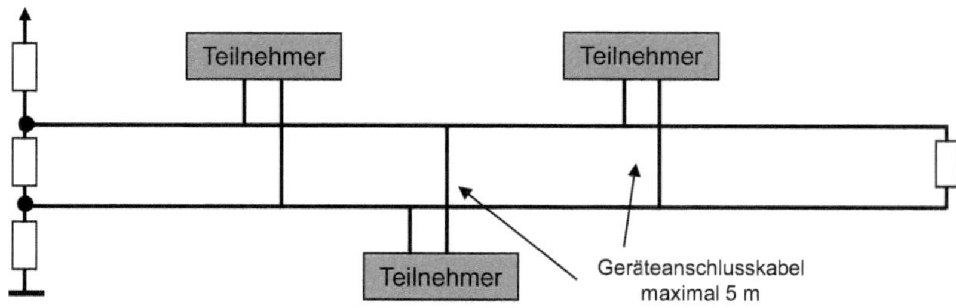

Bild 2.7 RS-485-Schnittstelle in Zweidrahttechnik

Vierdrahttechnik

Die Vierdrahttechnik kann nur von *Master-Slave-Anwendungen* verwendet werden. Entsprechend Bild 2.8 wird hierbei der Datenausgang des Masters auf die Dateneingänge aller Slaves verdrahtet. Die Datenausgänge der Slaves sind zusammen auf den Dateneingang des Masters geführt. Mit Vierdrahttechnik lässt sich auch ein *Vollduplexbetrieb* realisieren. Ein Beispiel für eine Anwendung der Vierdrahttechnik ist der DIN-Messbus (DIN 66348).

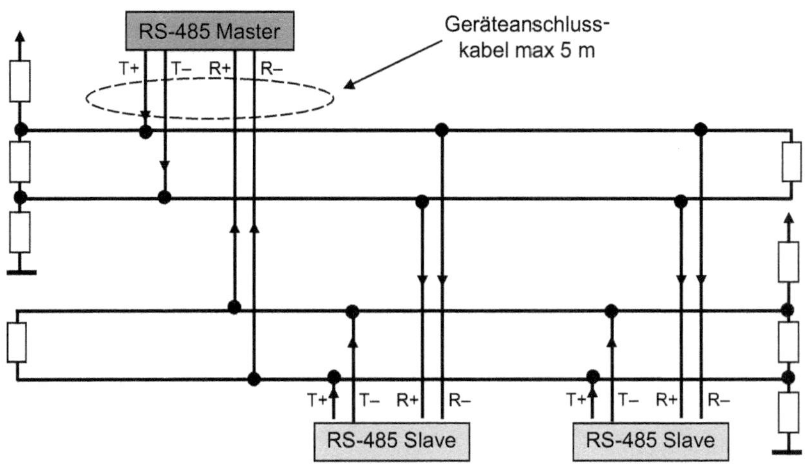

Bild 2.8 RS-485-Schnittstelle in Vierdrahttechnik

Durch die Verwendung eines symmetrischen Übertragungsverfahrens in Kombination mit kapazitäts- und dämpfungsarmen Twisted-Pair-Kabeln (TP-Kabel) lassen sich extrem zuverlässige Verbindungen bei gleichzeitig hohen Übertragungsraten realisieren. Der Einsatz von hochwertigen TP-Kabeln vermeidet auf der einen Seite das Übersprechen zwischen den übertragenen Signalen und mindert auf der anderen Seite, zusätzlich zur Wirkung der Abschirmung, die Empfindlichkeit der Übertragungseinrichtung gegen eingestreute Störsignale. Es können Kabellängen von bis zu 1.200 m und Übertragungsraten von bis zu 12 Mbit/s realisiert werden, wobei die maximale Übertragungsrate nur bei Leitungslängen von bis zu 12 m erreicht wird (siehe dazu auch Bild 1.10 in Abschnitt 1.2.2.1).

Ein Abschluss des Kabels mit Terminierungsnetzwerken ist bei RS-485-Verbindungen grundsätzlich erforderlich, um in den Zeiten, in denen kein Datensender aktiv ist, auf dem Bussystem den Ruhepegel zu erzwingen.

Tabelle 2.2 zeigt zusammengefasst die wichtigsten Eigenschaften der vorangehend vorgestellten vier Schnittstellen.

Tabelle 2.2 Wesentliche Eigenschaften der Schnittstellen 4...20 mA, RS-232, RS-422 und RS-485

	Übertragungsart	Zahl der Sender	Zahl der Empfänger	Leitungslänge [m]	Übertragungsrate [Kbit/s]
4...20 mA	unsymmetrisch	1	1	mehrere 100	0,3...9,6
RS-232	unsymmetrisch	1	1	max. 15	max. 20
RS-422	symmetrisch	1	10	max. 1.200	max. 10 000
RS-485	symmetrisch	max. 32 Teilnehmer (bis zu 256 Teilnehmer bei reduzierter Last)		max. 1200	max. 12 000

2.1.2 Busschnittstellen

2.1.2.1 Eigenschaften einer Busleitung

https://bit.ly/3xV5Szt

Als *Bus* wird eine Sammelleitung bezeichnet, an der mehrere Teilnehmer eingangs- oder ausgangsseitig gleichzeitig angeschlossen sind. Die Teilnehmer können nach genau definierten Regeln über den Bus Informationen austauschen.

Die Busleitungen lassen sich in Daten-, Adress- und Steuerleitungen einteilen. Die Datenleitungen müssen für einen bidirektionalen Informationsaustausch entsprechend ausgelegt sein.

Bild 2.9 zeigt eine *bidirektionale Busleitung*, die den Informationsaustausch in alle Richtungen ermöglicht. Jeweils ein Teilnehmer darf seine Information auf die Busleitung geben (senden), alle anderen können diese Informationen mithören (empfangen).

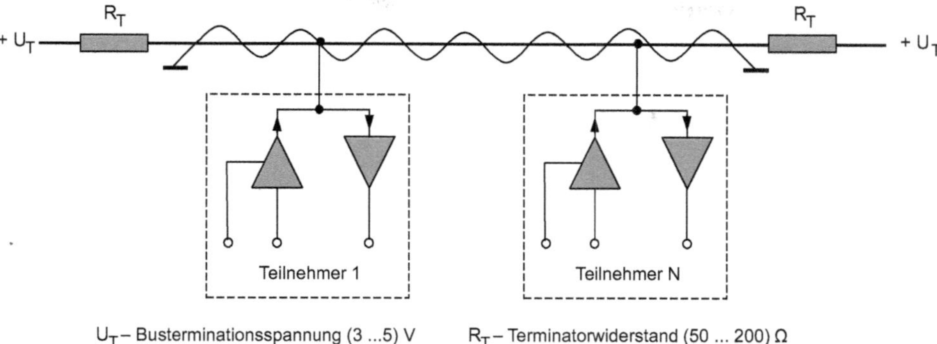

Bild 2.9 Bidirektionale Busleitung

An die Busleitung werden folgende Anforderungen gestellt:

- Die Busleitung selbst soll einen möglichst konstanten Wellenwiderstand haben, damit keine Signalreflexionen entstehen. Dazu dient unter anderem der in Bild 2.9 eingezeichnete Terminatorwiderstand RT, dessen Größe dem des Wellenwiderstandes entspricht (50...200 Ω). Die Busleitungen werden bei parallelen Bussystemen in der Regel über Leiterbahnen auf gedruckten Schaltungen oder über Flachbandkabel realisiert.
- Die Empfänger in den einzelnen Teilnehmern sollen eine möglichst hohe Eingangsimpedanz besitzen, um das Signal möglichst wenig zu beeinflussen. Je hochohmiger der Eingang ist, desto mehr Empfänger lassen sich an einen Bus anschalten (> 100). Meist verfügen die Empfänger über eine Hysterese-Eingangscharakteristik (Schmitt-Trigger) zur Störunterdrückung, da viele in der Nähe liegende Busleitungen gleichzeitig schalten können (kapazitive und induktive Beeinflussung).
- Während das Signal auf der Busleitung von mehreren oder allen Empfängern gleichzeitig empfangen werden kann, darf von den Sendern (auch als Treiber bezeichnet) immer nur ein einziger aktiviert sein und Signale an die Busleitung geben. Bustreiberausgänge müssen deshalb (um sich nicht gegenseitig zu beeinflussen) parallelschaltbar, d. h. im nicht aktivierten Zustand hochohmig sein. Als Eigenschaften sind bei Bustreibern vor allem ein hoher Treiberstrom, kurze Schaltzeiten und niedrige Pegel für den 0-Zustand interessant.

Für die Anschaltung von Teilnehmern als *Sender an eine Busleitung* sind zwei Techniken gebräuchlich (Bild 2.10):

- **Offener Kollektor (Open Collector):** Ein Schalter (bipolarer Transistor mit offenem Kollektor) ist in der Lage, die durch die Terminatorwiderstände auf +UT angehobene Busleitung auf Masse zu ziehen. Da die Zuordnung der Busspannungen zu den Logikpegeln meist invertiert ist, können über die Busleitung bei mehreren Sendern mit Open-Collector-Ausgängen ODER-Verknüpfungen (wired

https://bit.ly/2W4gQob

OR) realisiert werden. Nachteil einer Open-Collector-Anordung ist, dass die Schaltzeiten in beiden Signalrichtungen verschieden sind (siehe Zeitdiagramm in Bild 2.10a).

- **Dreizustandsausgang (Tristate):** Diese Technik arbeitet mit zwei Schaltern. Sind beide Schalter aus, befindet sich der Ausgang im hochohmigen Zustand (disabled). Ist jeweils nur ein Schalter eingeschaltet, dann sind die Logikzustände 0 oder 1 aktiviert (enabled). Wären beide Schalter gleichzeitig eingeschaltet, ergäbe sich ein Kurzschluss auf dem Bus. Bei Tristate-Ausgängen sorgen kleine Impedanzen in beiden Schaltrichtungen für kurze Schaltzeiten (siehe Zeitdiagramm in Bild 2.10b).

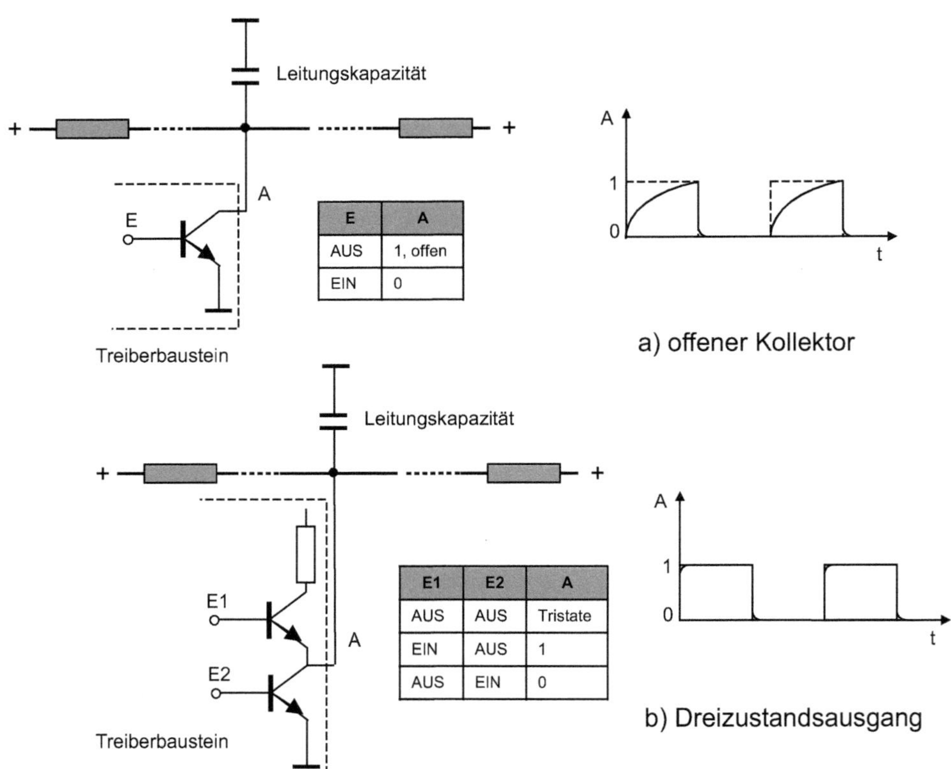

E	A
AUS	1, offen
EIN	0

E1	E2	A
AUS	AUS	Tristate
EIN	AUS	1
AUS	EIN	0

Bild 2.10 Bustreibertechniken

Die Kombination von Sender und Empfänger wird oft für 4, 8 oder 16 Busleitungen gemeinsam in einem integrierten Baustein (Transceiver) zusammengefasst.

2.1.2.2 System- und Peripheriebusse

Bei den Busschnittstellen in einem Automatisierungsrechner unterscheidet man üblicherweise zwischen System-, Peripherie- sowie Prozess- und Feldbussen.

Alle modernen Mikroprozessoren stellen zum Anschluss der Arbeitsspeicher und Ein-/Ausgabeperipherie einen internen *Systembus* zur Verfügung (Bild 2.11).

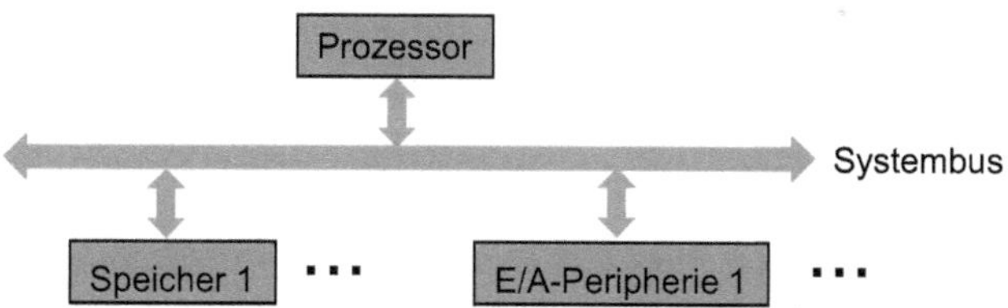

Bild 2.11 Rechnerinterne Systembusschnittstelle

Es werden praktisch ausnahmslos parallele Bussysteme mit einer großen Anzahl von Busleitungen verwendet (> 50). Die Teilnehmer am Bus kommunizieren über festgelegte Busprotokolle. Es gibt immer eine Buskomponente (meist die CPU), die als Master den Bus kontrolliert.

Die Systembusse koppeln Systemkomponenten wie Prozessoren, Speicher, Peripheriesteuerungen usw.

In Tabelle 2.3 sind typische Systembusse von Personal Computern (PC) mit ihren Eigenschaften aufgeführt. PC-basierte Prozessrechner erlauben die Zusammenstellung beliebiger Hardwarekonfigurationen auf der Basis dieser Bussysteme.

Tabelle 2.3 Typische Systembusse im Vergleich

Bussystem	Datenbreite [Bit]	Adressbreite [Bit]	Datenrate [MB/s]	Taktfrequenz [MHz]	Bemerkungen
ISA	8/16	20	8	8	klassischer PC-Bus
EISA	32	32	33	8	auf 32 Bit erweiterter ISA-Bus
Vesa-Local-Bus (VLB)	32	32	bis 100	40	Ergänzung von ISA/EISA um einen schnellen Bus für Grafikkarten
AGP	32	32+8	bis 2 GB/s	66	klassische Verbindung zu Grafikkarten
PCI/PCI-X	32/64	32	bis 4 GB/s	8...133	schneller 32/64-Bit-Systembus für moderne PCs
VME-Bus	32/64	32	34	bis 1,5 GHz	für leistungsfähige Industrieanwendungen

Statt paralleler Bussysteme werden aktuell für PCs auch serielle Punkt-zu-Punkt-Verbindungen verwendet (z.B. PCI Express – PCIe). Die Gründe für den Umstieg von der bewährten parallelen Busstruktur zu seriellen Punkt-zu-Punkt-Verbindungen liegen in der riesigen Anzahl von Adress- und Signalleitungen. Die steigende Anzahl an Signalleitungen auf dem Motherboard benötigt sehr viel Platz, verbunden mit einem hohen Stromverbrauch. Auch die Übertragungsgeschwindigkeit lässt sich nicht beliebig steigern, weil sich die parallel liegenden Leitungen gegenseitig beeinflussen (übersprechen).

https://bit.ly/3iw3Yi1

Für Echtzeitanwendungen in Prozessrechensystemen und Industrierechnern ist als leistungsfähiger Parallelbus der *VME-Bus* (auch als VMEbus bezeichnet) ein weit verbreiteter Industriestandard (ANSI/IEEE 1014). Ursprünglich vorzugsweise für den Anschluss von Motorola-Prozessoren der Familie 68xxx entwickelt, stehen heute für dieses Bussystem auch Prozessorbaugruppen auf der Basis der Intel-Familie 86xxx und RISC-Prozessoren zur Verfügung. Bild 2.12 zeigt als Beispiel einen VME-Bus-Rechner mit Einsteckkarten im Format 3U.

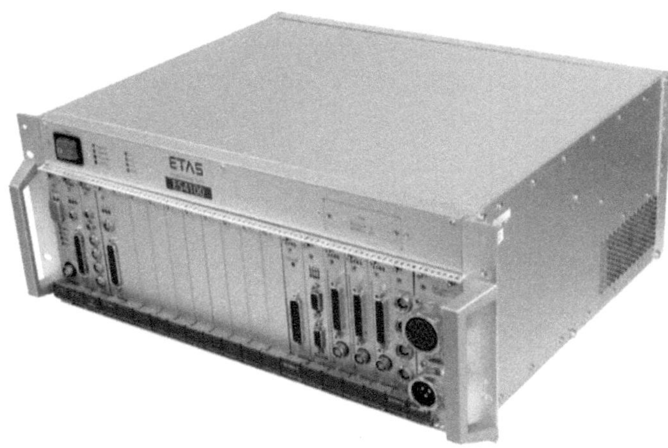

Bild 2.12 VME-Bus-Rechner mit Einsteckkarten im Europaformat 3U (© ETAS GmbH)

In Beispiel 2.3 wird die Anwendung für ein VME-Bus-System dargestellt.

https://bit.ly/3rnoJjY

Der VME-Bus ist ein *Backplanebus* (Rückwandbus ohne eigene elektronische Bauteile) mit einem Steckersystem und kennt Trägerbaugruppen (Boards) in den beiden Formaten Europakarte (3U) und Europakarten-Doppelformat (6U). Verwendet wird der VME-Bus unter anderem in der Luft- und Raumfahrt und in komplexen Industrieanlagen.

Bei den *Peripheriebussen* handelt es sich um Bussysteme, die den Anschluss von Datenendgeräten an Rechner unterstützen. Bekannte Peripheriebusse im PC-Bereich sind [3]:

- **SATA (Serial-ATA):** SATA ist eine serielle Schnittstelle zum Anschluss von Massenspeichern wie Festplatten und Wechselspeicher-Laufwerken. Für moderne Speichermedien reicht die Transferrate von SATA nicht aus. Es gibt mit SATA Express (SATAe) deshalb Erweiterungen mit bis zu 12 Gbit/s.
- **SCSI (Small Computer System Interface):** SCSI ist ein einfaches Bussystem, ursprünglich als Parallelbus konzipiert, für den Anschluss von Peripheriegeräten wie Massenspeicher an einen PC. Als Hardware spielt SCSI heute praktisch keine Rolle mehr, aber das SCSI-Protokoll wird immer noch vielfach genutzt.

- **Firewire:** Firewire ist ein nach IEEE 1394 standardisierter serieller Peripheriebus mit speziellen Steckern und Kabeln. Er dient insbesondere dem Anschluss von Audio- und Videogeräten an einen PC. Firewire konnte sich gegenüber USB (USB 3.0) in der breiten Anwendung nicht durchsetzen.
- **USB (Universal Serial Bus):** USB ist eine universelle, serielle Schnittstelle für alle Peripheriegeräte, die an einen PC angeschlossen werden, egal, ob Tastatur, Maus, Modem, Drucker, Mikrofon, Lautsprecher, Kamera oder Scanner. Die Schnittstelle lässt sich durch Steckkarten oder USB-Hubs fast beliebig erweitern. Die Identifikation der Geräte wird von einem USB-Hostadapter im PC durchgeführt, der auch das Laden der Treiber und die Grundkonfiguration vornimmt.

Beispiel 2.3: Bühnensteuerung

In den verschiedenen Einsatzgebieten des VME-Busses werden hohe Anforderungen, z. B. durch die Umweltbedingungen, an Betriebssicherheit, Zuverlässigkeit und Langlebigkeit der Systeme und Baugruppen gestellt. Bild 2.13 zeigt als Anwendungsbeispiel den prinzipiellen Aufbau einer Bühnensteuerung im Schauspielhaus Hannover, die mit VME-Bus-Rechnern aufgebaut ist [2].

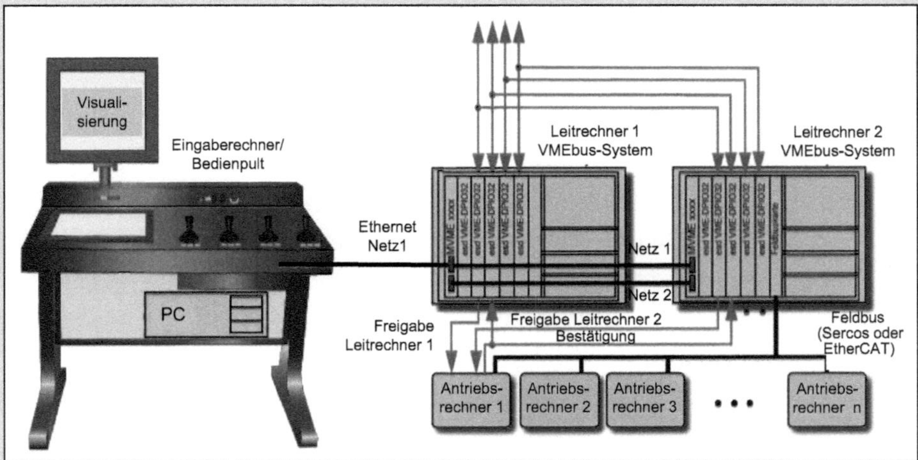

Bild 2.13 Bühnensteuerung mit VME-Bus-Rechner

Das Steuerungskonzept basiert auf einem gedoppelten VME-Bus-Leitrechner und daran angeschlossenen Achsrechnern, die die Antriebe steuern. Die Rechner tauschen ihre Daten über Ethernet aus. Die nachgeschalteten Achsrechner sind mit einem der Leitrechner über Signalleitungen direkt verbunden und mit dem anderen über einen Feldbus. Dadurch entsteht neben der Geräte- auch eine Kabelredundanz. Als Feldbus hat sich SERCOS in Verbindung mit LWL-Leitungen und in neueren Systemen EtherCAT auf Ethernet-Leitungen bewährt. ■

https://bit.ly/2Tnn6Gy

USB ist kein typisches Bussystem, sondern nach einer mehrstufigen Sterntopologie aufgebaut. Bild 2.14 zeigt den Aufbau eines mehrstufigen Peripheriegerätesystems mit USB.

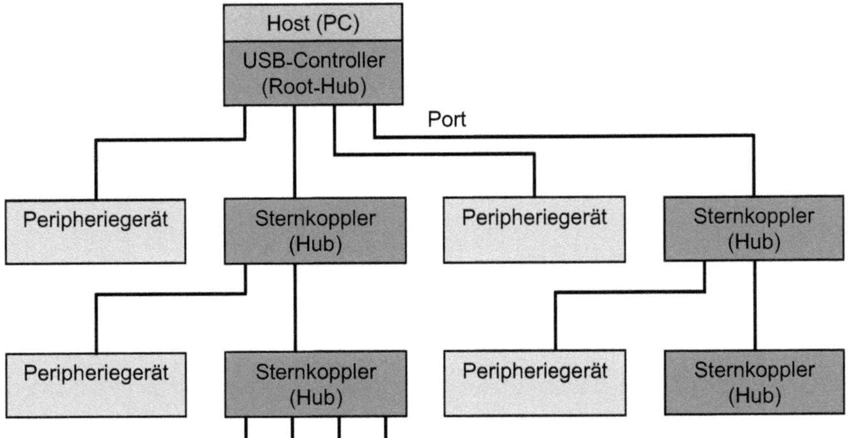

Bild 2.14 Aufbau eines mehrstufigen Peripheriegerätesystems mit USB

Der Ausgangspunkt des USB ist der Host-Controller (Root Hub) auf dem Motherboard des Computers. Der Host-Controller steuert den gesamten Datenverkehr des USB. Am Host-Controller können bis zu 127 Geräte angeschlossen werden. Das können einzelne Geräte oder Hubs sein, an denen wiederum Geräte angeschlossen sind.

Prinzipiell kann USB eine Reihe anderer Peripherieschnittstellen im PC ersetzen. Für den Einsatz in einem Industrie-PC gibt es aber folgende Nachteile:

- Die Standard-USB-Stecker sind nicht industrietauglich. Sie lassen sich nicht gegen Herausziehen sichern. Außerdem sind sie nicht vibrationsfest. Die Auswahl industriekompatibler USB-Stecker ist gering und teuer.
- Für USB gibt es kein Übertragungsprotokoll auf der Anwendungsebene. Entsprechende Treiber müssen deshalb immer extra entwickelt werden.
- Kabel mit USB 3.x können durch Abstrahlung WLAN und Bluetooth-Verbindungen stören, da diese im gleichen Basisfrequenzbereich (2,4 ... 2,5 GHz) liegen.

Die meisten PCs nutzen aktuell USB 2.0. Es gibt aber zunehmend Peripheriegeräte mit hohem Datenaufkommen, die bereits USB 3.x einsetzen.

In Tabelle 2.4 sind ausgewählte Peripheriebusse mit ihrer wesentlichen Charakteristik aufgelistet. Für *eingebettete Systeme* gibt es zwei weitere bekannte serielle Bussysteme, die für den Anschluss von Peripheriebausteinen an Mikrocontroller als Gerätebus eingesetzt werden. Dazu gehören die bereits in Abschnitt 1.4.2.3

aufgeführten Schnittstellen *Inter Integrated Circuit I2C* und *Serial Peripheral Interface SPI.* In Tabelle 2.5 sind wichtige Eigenschaften der beiden Gerätebussysteme I2C und SPI aufgeführt.

Tabelle 2.4 Ausgewählte Peripheriebusse im Vergleich

Bussystem	Maximale Transferrate [Mbit/s]	Maximale Buslänge [m]	Maximale Geräteanzahl	Bemerkungen
SATA	6.000	1	16	mit SATA Express (SATAe) bis zu 32 Gbit/s
SCSI	320	12	15	SCSI in der Version als Ultra-320-SCSI
Firewire	100/200/400	4,5 (pro Gerät)	63	mit Erweiterung Datenrate bis zu 3,2 Gbit/s
USB 2.0	480	5 (pro Gerät)	127	universelle Schnittstelle für alle Geräte am PC
USB 3.2	40000	1	127	verfügbar seit 2017

Tabelle 2.5 Wichtige Eigenschaften von I2C und SPI

Bussystem	Maximale Transferrate [Mbit/s]	Maximale Buslänge [m]	Maximale Geräteanzahl	Bemerkungen
I2C	3,4	einige Meter	127	Multi-Master-System, hohe Störanfälligkeit
SPI	5	Zentimeterbereich (innerhalb eines Boards)	abhängig vom SPI-Master	vollduplexfähig, Protokoll nicht standardisiert, hohe Störanfälligkeit

2.1.2.3 Prozess- und Feldbusse

Prozessbusse sind vor allem auf den Anschluss von automatisierungstechnischen Prozessperipherie-Komponenten ausgelegt. Als Schnittstellen werden teilweise für kurze Entfernungen (Gerätebusse) auch die in Abschnitt 2.1.2.2 behandelten Peripheriebusse genutzt. Daneben gibt es aber auch spezialisierte Prozessbusse:

- **IEC-Bus:** Der IEC-Bus zur Kopplung von Messgeräten, Laborrechnern und Ausgabegeräten (Drucker, Plotter) wurde ursprünglich von Hewlett Packard definiert und schließlich standardisiert (IEEE 488). Der aus acht Daten- und acht Steuerleitungen bestehende parallele Bus erlaubt Übertragungsleistungen von ca. 1 MB/s bei einer Leitungslänge von < 20 m. An den Bus können bis zu 15 Geräte angeschlossen werden. Die meisten Geräte mit IEC-Bus nutzen als Steckverbinder den Centronics-Stecker (siehe Bild 2.3).

  https://bit.ly/3kDeXZH

  Der Bus ist auch unter dem Namen GBIP (General Purpose Interface Bus) bekannt und wird insbesondere in Laboratorien für die Steuerung und Kontrolle von Messgeräten genutzt. Für den Messgerätebereich stellt der Bus einen Industriestandard dar.

- **DIN-Messbus:** Der DIN-Messbus wurde in Deutschland 1989 als universeller standardisierter Prozessbus mit einer Übertragungsrate von ca. 1 MB/s für prozessnahe Anwendungen entwickelt und in DIN 66348 standardisiert [4]. Er eignet sich besonders für die Prozessautomation, die Versorgungs- und Entsorgungstechnik, die Umweltmesstechnik sowie für Kommunikationsaufgaben in der Messtechnik und Qualitätssicherung.

  Der Bus ist als serieller Vierdrahtbus ausgelegt und basiert auf der RS-485-Schnittstelle. Das Buszugriffsverfahren funktioniert auf Basis eines Master-Slave-Systems. Für eine Übertragungsrate von 1 MB/s sind 500 m Leitungslänge möglich. Mit dem DIN-Messbus lassen sich auch lokale Netze für die verteilte Automatisierung realisieren. Der DIN-Messbus wird in Neuentwicklungen praktisch nicht mehr eingesetzt, da er sich gegenüber den Feldbussystemen wie PROFIBUS, CAN usw. nicht durchsetzen konnte.

Feldbusse setzt man meist auf den unteren Hierarchieebenen eines Automatisierungssystems ein. Sie dienen dazu, kleine Anschlusseinheiten mit in der Regel wenigen Prozesssignalen mit Prozessrechnern zu verbinden. Im Rahmen der steigenden Kommunikationsanforderungen in Automatisierungssystemen entwickelten sich Feldbussysteme als maßgebliches Kommunikationssystem bei der Prozessinstrumentierung. In Abschnitt 2.2 werden Feldbussysteme deshalb ausführlich behandelt.

2.2 Feldbussysteme

2.2.1 Technische Ausprägung lokaler Netze

Die klassische Einteilung lokaler Netze bezogen auf die Automatisierungsebenen wird entsprechend Bild 2.15 nach verschiedenen Kategorien vorgenommen [5]:

- **Fernbus:** Kommunikationsverbindungen in den Automatisierungsebenen oberhalb der Leitebene, die im DV-Bereich übliche Standardnetze nutzen (z. B. TCP/IP, Internet)
- **Fabrikbus:** Hierbei handelt es sich um anwendungsspezifische Netzwerke in den oberen Automatisierungsebenen, zum Teil firmenspezifische Netzwerke oder auch auf TCP/IP-basierte Netzwerke. Ein Beispiel ist das Anwendungsprotokoll MAP (Manufacturing Automation Protocol) basierend auf TCP/IP.
- **Prozessbus:** Hierbei handelt es sich um lokale Netze, die von der Steuerebene bis hin zur Leitebene reichen können und verschiedene Steuerungen mit Zellen-, Koordinations- und Leitrechnern verbinden. Beispiele sind PROFIBUS-FMS und FIP

- **Feldbus:** Hierbei handelt es sich um Kommunikationssysteme auf den unteren Automatisierungsebenen, die insbesondere einfache Geräte und Steuerungen (z. B. Steller, Positioniersteuerungen, Antriebsmodule) sowie im technischen Prozess verteilte Sensoren und Aktoren mit übergeordneten Prozessrechnern verbinden. Beispiele sind INTERBUS, CAN oder LON.

https://bit.ly/3ivE3XV

- **Sensor-Aktor-Bus:** Hierbei handelt es sich um eine spezielle Variante eines Feldbusses mit besonders einfachem Aufbau und geringen Anschaltkosten zum Anschluss einfacher Sensoren/Aktoren (Temperaturfühler, Schütze, Ventile und Ähnliches). Ein Vertreter ist hier z. B. der Feldbus ASi.

Im Zuge der steigenden Komplexität der Automatisierungssysteme und der dabei zunehmenden Integration von Kommunikationssystemen bewegen sich die Leistungsmerkmale der automatisierungstechnischen lokalen Netze aufeinander zu, sodass fließende Grenzen zwischen den in Bild 2.15 aufgeführten Kategorien entstehen.

https://bit.ly/3wXLMmB

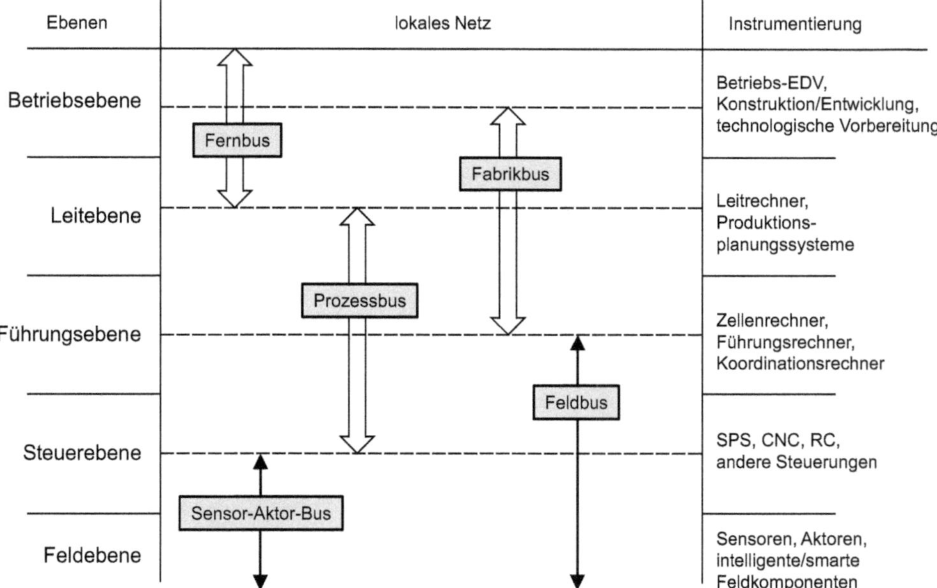

Bild 2.15 Einteilung lokaler Netze in der Automatisierungstechnik

Darüber hinaus kommt ein weiterer Trend hinzu: Die Bedeutung von Ethernet-basierten lokalen Netzen (Industrial Ethernet) hat seit den 1990er Jahren beständig zugenommen. Dies betrifft im Prinzip alle Ebenen der Automatisierungshierarchie. Es ist zu erwarten, dass diese industriellen Ethernet-Netze in unterschiedlicher Ausprägung zukünftig die nahezu komplette horizontale und vertikale Kommunikation in der Automatisierungshierarchie übernehmen. Weitere Informationen dazu finden Sie in Kapitel 3.

Nach dem ZVEI (Zentralverband der Deutschen Elektroindustrie) hatte der Weltmarkt für Automatisierungstechnik im Jahr 2020 ein Volumen von 558 Milliarden EUR. Eine zentrale Rolle spielen dabei auch die *Feldbussysteme*. Hier besitzen nicht nur die technischen Kriterien, sondern vor allem industriepolitische Erwägungen eine prägende Bedeutung. Die Festlegung auf einen (oder mehrere) international einheitliche Feldbusnormen hätte eine ähnliche Bedeutung wie die Normung der elektrischen Energieversorgung auf 220 V und 50 Hz. Alle Hersteller von Sensoren und Aktoren könnten den Feldbusanschluss bereits in ihre Geräte integrieren.

Verschiedentlich wird die Frage aufgeworfen, ob eine internationale Standardisierung für die *Schaffung eines „Einheitsfeldbusses"* überhaupt geeignet ist. Vielmehr scheint es so, dass sich bereits eingeführte Feldbusse sehr dynamisch entwickeln, sodass diese letztendlich über ihre Marktdominanz Standards erzwingen. Erfolgreich sind dabei solche Feldbussysteme, bei denen

- die Spezifikation schon längere Zeit stabil ist,
- Lösungen mit vernünftigem Aufwand realisierbar sind,
- ein frühzeitiger und dauerhafter Konsens zwischen vielen beteiligten Herstellern und Anwendern vorhanden ist und
- vielfältige Produkte verfügbar sind.

Nach einer Studie von HMS [6] ergab sich 2020 für die klassischen Feldbussysteme (nicht auf Ethernet basierend) noch weltweit ein Gesamtmarktanteil von 30%, der sich, wie in Tabelle 2.6 dargestellt, aufteilt.

Tabelle 2.6 Marktanteile der klassischen Feldbusse 2020 am Weltmarkt für Industrienetze

Bezeichnung	PROFIBUS-DP	Modbus-RTU	CC-Link	CANopen	DeviceNet	Sonstige
Marktanteil [%]	8	5	4	3	3	7

Es wird erwartet, dass sich die Anzahl der neu installierten Knoten mit klassischen Feldbussystemen weiter verringert und der Anteil der Ethernet-basierten Feldbussysteme zunimmt. Die Marktanteile sind regional sehr unterschiedlich verteilt.

https://bit.ly/2UzzZhc

Nach einer Befragung im deutschen Maschinenbau durch *marktstudien.org* waren 2013 die wichtigsten im Einsatz befindlichen klassischen Feldbussysteme *PROFIBUS*, *CAN*, *ASi*, *INTERBUS* und *SERCOS*. Auch andere Studien/Befragungen ergeben ein ähnliches Bild für Deutschland. Die genannten Bussysteme sollen deshalb in Abschnitt 2.2.3 näher betrachtet werden. Zuerst soll aber in Abschnitt 2.2.2 auf den „Urvater" aller nachrichtenorientierten industriellen Kommunikationssysteme etwas näher eingegangen werden.

2.2.2 Der Fabrikbus MAP/MMS

https://bit.ly/2V1FSnv

Die Realisierung eines einheitlichen industriellen Kommunikationsnetzes für die Fabrikautomatisierung hat General Motors mit dem Projekt *Manufacturing Automation Protocol* (MAP) ab Mitte der 1980er Jahre verfolgt. Mit diesem Projekt wurde ein Kommunikationsstandard geschaffen, der weltweit eine über die Fertigungsautomatisierung hinausgehende Bedeutung besitzt.

MAP basiert auf dem OSI-7-Schichtenmodell und enthält in allen sieben Schichten international gültige Protokollnormen. MAP erreicht sein offenes und weitgehend anwendungsneutrales Verhalten durch Einführung der *Manufacturing Message Specification* (MMS) als internationale Norm auf der Anwendungsschicht (Schicht 7) [7]. Die MMS-Norm ISO/IEC 9506 unterstützt eine objektbezogene, auf das Anwendungsfeld Automatisierung technischer Prozesse zielende Basiskommunikation und enthält darauf aufbauende *Begleitstandards* (Companion Standards) für die folgenden Anwendungsgebiete:

- numerische Steuerungen (NC Companion Standard)
- Robotersteuerungen (RC Companion Standard)
- speicherprogrammierbare Steuerungen (PC Companion Standard PCMS – Progammable Controller Message Specification)
- Leittechnik (PI Companion Standard PIMS – Process Industry Message Specification)

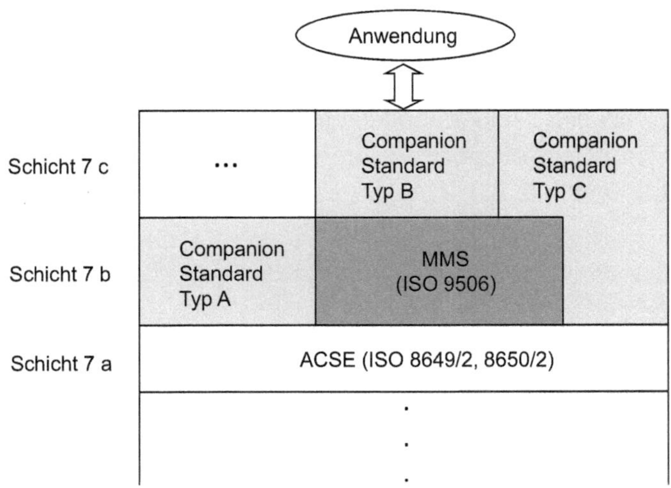

Bild 2.16 Einordnung MMS und Begleitstandards in das OSI-Referenzmodell

Alle Companion-Standards sowie auch MMS basieren auf der Teilschicht ACSE (Association Control Service Element). Diese Schicht (Bild 2.16) beinhaltet Dienste für den Aufbau, die Nutzung und den Abbau von Anwendungsverbindungen, die von allen anwendungsspezifischen Instanzen gleichermaßen benötigt werden. Prinzipiell können die in Bild 2.16 gezeigten drei Typen von Begleitstandards unterschieden werden. Der Begleitstandard für die SPS (PCMS) ist z.B. vom Typ C und nutzt sowohl auf MMS aufsetzende wie auch eigene Dienste.

MAP selbst konnte aufgrund hoher Anwendungskosten sowie der Vernachlässigung tangierender Entwicklungen bei Rechnernetzen (TCP/IP-Netze) keine nennenswerte Marktrelevanz erreichen. Die von MAP initiierte, davon aber unabhängige, Anwendungsschicht mit MMS besitzt jedoch eine grundlegende Bedeutung als offener Standard für dezentrale bzw. verteilte Automatisierungssysteme. So nutzen z.B. die Feldbussysteme wie INTERBUS, PROFIBUS und CAN wesentliche Kommunikationsprinzipien nach MMS für den Aufbau eigener Protokolle; zum Teil werden sogar Untermengen der MMS-Dienste direkt implementiert. Ursache für diese weit verbreitete Vorbildwirkung von MMS ist das herstellerneutrale und zukunftsorientierte technische Konzept, das die Grundlage für MMS bildet.

2.2.3 Ausgewählte Feldbussysteme

https://bit.ly/3zhOMMf

Aufgrund seiner Marktdurchdringung in der Gebäudeautomatisierung wird neben den vorangehend genannten dominierenden Feldbussen im Maschinenbau und der Fertigungsindustrie im Folgenden auch das System LON betrachtet. Zur ausführlichen Beschäftigung mit den ausgewählten Feldbussystemen wird auf die entsprechende Literatur im jeweiligen Abschnitt verwiesen. Tabelle 2.7 zeigt eine Übersicht zu den ausgewählten Feldbussystemen.

https://bit.ly/3iy9Il6

ASi gehört genau genommen zu den Sensor-Aktor-Bussystemen (siehe Bild 2.15), wird aber hier bei den Feldbussystemen mit behandelt. Auch andere Feldbussysteme können in entsprechenden Ausprägungen durchaus zu den Sensor-Aktor-Bussen gezählt werden (z.B. INTERBUS, CAN).

Tabelle 2.7 Ausgewählte Feldbussysteme im Vergleich (MS – Master-Slave, TP – Token Passing)

Feldbus	Medium	Leitungslänge [m]	Maximale Datenrate [Kbit/s]	Teilnehmer	Zugriff	Bemerkungen
ASi	Zweileiterkabel für Daten und Energie	100	167	31	MS	Sensor-Aktor-Bus, geringe Anschaltkosten, robuste Datenübertragung, verschiedene Netztopologien
CAN	TP, LWL, Powerline	40 1000	1000 50	64 128	CSMA/CA	Fahrzeugbus, Textilmaschinen, verschiedene Schicht-7-Protokolle (DeviceNet, SDS)

Feld-bus	Medium	Leitungs-länge [m]	Maximale Datenrate [Kbit/s]	Teil-nehmer	Zugriff	Bemerkungen
INTER-BUS	RS-485, LWL	10 (Lokalbus) 400 (Fernbus)	500/ 2000 500	256	MS	Fertigungsautomatisierung, Automobilindustrie
LON	TP, LWL, Powerline, Funk	2000 500	78 1250	64 64	CSMA/ CD	Gebäudeautomatisierung, Tankstellen, verschiedene Netztopologien
PROFI-BUS-DP	RS-485, LWL	1200 1000 400 200 100	9,6; 19,2; 93,75 187,5 500 1500 12 000	126 (32 pro Segment)	MS/TP	allgemeine Automatisierungs-technik, Prozessleitebene, PROFIBUS-DP als zyklische, schnelle Version
PROFI-BUS-PA		1900	31,25			PROFIBUS-PA für Prozess-automation, eigensicherer Feldbus
SERCOS I/II	LWL	< 30	bis 16 000	254	MS	Feldbus für schnelle Antriebe mit kurzen Zykluszeiten

2.2.3.1 PROFIBUS

https://bit.ly/3hUum6q

In MAP-Netzen liegt die Datenübertragungszeit einer Nachricht aufgrund des hohen Protokollaufwands im Bereich von ca. 1 s. Neben dieser für viele Einsatzfälle unbefriedigenden Kommunikationseffizienz behindern auch die hohen Anschaltkosten eines Teilnehmers den direkten Anschluss von Automatisierungsgeräten an ein MAP-Netz. Vor diesem Hintergrund entstand zwischen 1987 und 1990 im Rahmen eines Verbundprojekts mit 19 Teilnehmern in Deutschland der *Process Field Bus* (PROFIBUS) [8, 9]. Der zuerst entwickelte *PROFIBUS-FMS* orientiert sich in seiner Anwendungsschicht an MMS und stellt alle für die Datenkommunikation zwischen Automatisierungskomponenten im Bereich der Leit- und Führungsebene erforderlichen Leistungsmerkmale zur Verfügung.

PROFIBUS ermöglicht über spezifische Kommunikationsdienste und die ab 1996 verfügbare schnelle Version *PROFIBUS-DP* (DP - dezentrale Peripherie) auch den Anschluss einfacher Peripheriegeräte (Sensoren, Aktoren). Die Protokollvariante FMS (PROFIBUS-FMS, basierend auf MMS) konnte sich aufgrund ihrer Komplexität in der Industrie nicht durchsetzen und wurde durch das einfachere DP-Protokoll abgelöst. PROFIBUS-FMS ist deshalb auch nicht mehr Bestandteil der Norm.

Aufgrund der Anforderungen als Prozess- bzw. Feldbus sind beim PROFIBUS-Kommunikationsprotokoll nur die Schichten 1, 2 und 7 des OSI-Referenzmodells ausgefüllt. (Dies trifft aus Effizienzgründen auch für praktisch alle anderen Feldbussysteme zu.) Bild 2.17 zeigt die allgemeine Protokollarchitektur von PROFIBUS.

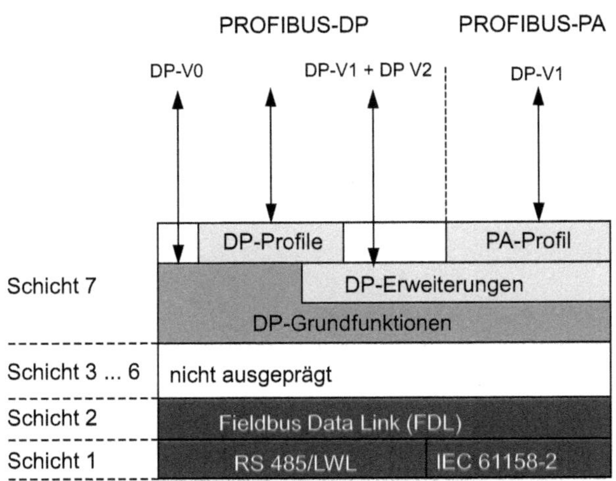

Bild 2.17 Allgemeine PROFIBUS-Protokollarchitektur

https://bit.ly/3kBUPam

In der Anwendungsschicht unterscheidet PROFIBUS drei Protokollvarianten:

- **DP-V0:** Dies ist das ursprüngliche DP-Protokoll für den zyklischen Austausch von Daten und stellt die Grundfunktionen des Kommunikationsprotokolls sowie Diagnosefunktionen zur Verfügung.
- **DP-V1:** In der Version DP-V1 wird DP-V0 um Funktionalitäten zur azyklischen Kommunikation ergänzt, d. h. für Funktionen wie Parametrierung, Bedienung, Beobachtung und zur Behandlung von Alarmen. Diese Protokollvariante entspricht im Wesentlichen dem bisherigen PROFIBUS-PA (PA – Process Automation).
- **DP-V2:** Behandelt den isochronen Datenaustausch, den Slave-Querverkehr und die Zeitsynchronisation. Damit werden Anforderungen aus der Antriebstechnik und von Robotersteuerungen berücksichtigt.

Die wichtigsten elektrischen Eigenschaften (Schicht 1) können Tabelle 2.7 entnommen werden.

In Beispiel 2.4 wird die Ankopplung von PA-Feldgeräten an ein PROFIBUS-DP-System dargestellt.

Die *PROFIBUS-FDL* (Field Data Link, Schicht 2) realisiert neben der Steuerung des Buszugriffs auch die Steuerung der Datenübertragung. PROFIBUS verwendet ein hybrides Buszugriffsverfahren entsprechend Bild 1.17 in Abschnitt 1.2.4.2. Bei den aktiven Teilnehmern (Master) erfolgt der Buszugriff nach dem Token-Passing-

Verfahren, während passive Teilnehmer kein Buszugriffsrecht besitzen und im Master-Slave-Verfahren bedient werden.

Beispiel 2.4: Ankopplung von PROFIBUS-PA-Geräten an ein PROFIBUS-DP-System [10]

Die Signalübertragung im explosionsgefährdeten Bereich erfolgt mit Manchester-Codierung (Codierung von Binärinformationen durch Spannungswechsel innerhalb der Bitzeit) und mit einer Datenrate von 31,25 Kbit/s auf einer beidseitig mit 100 Ω und einem Kondensator abgeschlossenen verdrillten Zweidrahtleitung, auf der auch die Versorgungsspannung angeschlossen ist (Bild 2.18).

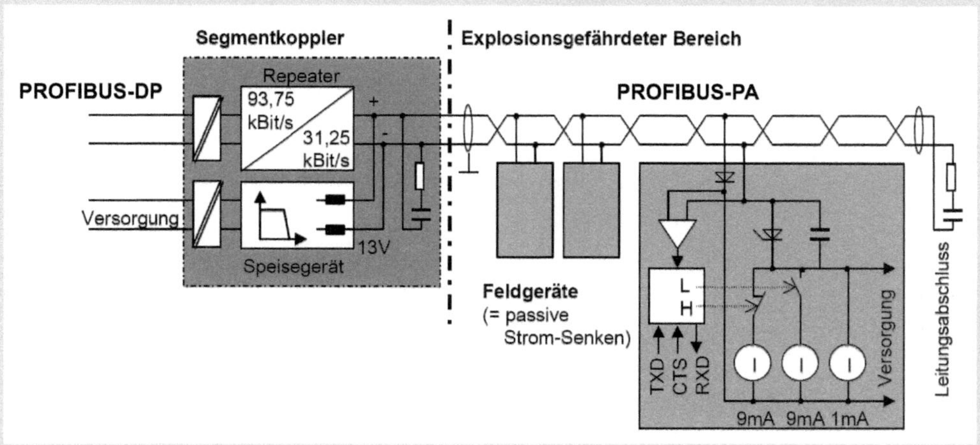

Bild 2.18 Ankopplung PROFIBUS-PA an PROFIBUS-DP im Ex-Bereich (© Erich Kleiner)

Zur Datenübertragung verringert bzw. erhöht ein Teilnehmer seine Stromaufnahme um je 9 mA. Da die Drossel im Speisegerät dieser schnellen Stromänderung nicht folgen kann, fließt der Strom über die Kondensatoren der Leitungsabschlüsse und erzeugt an deren Widerständen Spannungsabfälle von 450 mV, die von den Teilnehmern als Übertragungssignal ausgewertet werden.

Für die Übertragung von überwiegend kurzen, häufigen und zeitkritischen Nachrichten ist der PROFIBUS in der *Protokollvariante DP-V0* (kurz PROFIBUS-DP) vorgesehen. Bild 2.19 zeigt an einem Beispiel die Reaktionszeit einer PROFIBUS-DP-Konfiguration. Jeder Teilnehmer empfängt und sendet dabei jeweils 4 Byte.

https://bit.ly/36O6SJB

Mit der *Protokollvariante DP-V1* verbindet der Bus insbesondere intelligente Endgeräte, wie beispielsweise Steuerungssysteme und/oder Prozessrechner in der Verfahrenstechnik. Dies kann sowohl in normalen Bereichen wie auch mit Eigensicherheit und Busspeisung für explosionsgefährdete Bereiche (Ex-Bereiche) erfolgen.

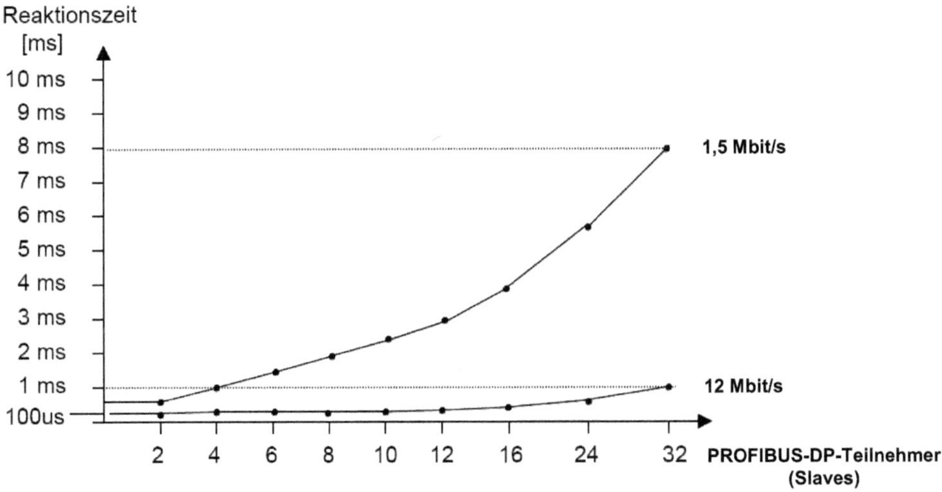

Bild 2.19 Reaktionszeiten eines PROFIBUS-DP-Systems bei verschiedenen Übertragungsgeschwindigkeiten und Teilnehmerzahlen [9]

https://bit.ly/3rs9PsP

Die hohe Funktionalität des PROFIBUS ist verbunden mit einem umfangreichen Protokoll- und Implementierungsaufwand. Die Vielfalt der in den zugehörigen Normen für PROFIBUS (DIN EN 61158/61784) definierten Funktionen und Dienste wird deshalb entsprechend den einsatz- oder gerätespezifischen Anforderungen in *Profilen* eingeschränkt. In den Profilen werden in Bezug auf herstellerübergreifende Austauschbarkeit von Geräten (Interchangeability und Interoperability) vor allem gerätespezifische Abgrenzungen getroffen. Aktuell (2019) existieren 22 PROFIBUS-Profile. Alle PROFIBUS-Profile liegen oberhalb der Schicht 7 (vergleichbar mit den MMS Companion Standards) und schaffen die Verbindung zwischen PROFIBUS-DP und Anwenderprozess. Tabelle 2.8 listet ausgewählte Anwendungsprofile für den PROFIBUS auf.

PROFIBUS-Geräte werden nach ihrer Funktionalität in drei Klassen eingeteilt:

- **PROFIBUS-DP-Master (Klasse 1):** Bei einem PROFIBUS-DP-Master Klasse 1 (DPM1) handelt es sich um einen Master, der mit zugehörigen Slaves Prozessdaten über zyklische Kommunikation austauscht. Geräte dieses Typs sind häufig in einer SPS oder in eine Automatisierungsstation des Prozessleitsystems integriert.
- **PROFIBUS-DP-Master (Klasse 2):** Unter einem PROFIBUS-DP-Master der Klasse 2 (DPM2) im ursprünglichen Sinne wird ein Master verstanden, der als Werkzeug zur Inbetriebnahme von PROFIBUS-Systemen verwendet wird. Im Zuge der Funktionserweiterungen DP-V1 und DP-V2 hat sich das Verständnis eines DPM2 jedoch dahingehend präzisiert, dass mit seiner Hilfe Geräteparameter über die azyklische Kommunikation eingestellt werden können. Geräte

dieses Typs sind häufig Teil einer Engineeringstation. Ein DPM2 kann, muss aber nicht permanent am Bussystem angeschlossen sein.

- **PROFIBUS-Slave:** Ein PROFIBUS-Slave ist ein passiver Kommunikationsteilnehmer, der auf masterseitige Aufforderung durch ein Antworttelegramm reagiert. Geräte dieser Klasse sind typischerweise Feldgeräte (Antrieb, Ventil, Messumformer, Analysegerät), die Prozessgrößen erfassen oder in den Prozess über Stellgrößen einwirken.

Tabelle 2.8 Ausgewählte Anwendungsprofile

Profilbezeichnung	Profilinhalt
Spezifische Anwendungsprofile	
Encoder	Das Profil beschreibt die Ankopplung von Dreh-, Winkel- und Linear-Encodern mit Singleturn- und Multiturn-Auflösung.
LabDevices	Das Profil beschreibt die Eigenschaften von Laborgeräten bei der Laborautomatisierung am PROFIBUS.
PA Devices	Das Profil beschreibt die Eigenschaften von Geräten der Prozesstechnik in der Prozessautomatisierung an PROFIBUS.
PROFIdrive	Das Profil beschreibt das Geräteverhalten und die Zugriffsverfahren auf Daten für drehzahlveränderbare elektrische Antriebe an PROFIBUS.
Allgemeine Anwendungsprofile	
PROFIsafe	Das Profil beschreibt die sichere Kommunikation sicherheitsgerichteter Geräte (Not-Aus-Schalter, Lichtgitter und Ähnliches) mit Sicherheitssteuerungen über PROFIBUS.
Redundancy	Das Profil beschreibt den Mechanismus für Feldgeräte mit redundantem Kommunikationsverhalten.

2.2.3.2 INTERBUS

https://bit.ly/3eGFHVo

Der *INTERBUS* wurde von Phoenix Contact (Deutschland) entwickelt und als Kommunikationsprotokoll 1987 offengelegt [11]. In der Folgezeit hat sich dieses Bussystem in verschiedenen Einsatzbereichen, insbesondere aber für die schnelle Echtzeitkommunikation unterhalb der Steuerebene, weltweit bewährt. Abgrenzend zu anderen Feldbussystemen wird der INTERBUS häufig auch zu den *Sensor-Aktor-Bussen* gerechnet (siehe Bild 2.15). Seine wichtigsten elektrischen Eigenschaften können Tabelle 2.7 entnommen werden.

Der INTERBUS arbeitet mit einem reinen Master-Slave-Verfahren, wobei der Master gleichzeitig die Kopplung an das übergeordnete Steuerungssystem realisiert. Topologisch ist der Bus in Form eines Ringsystems nach Bild 2.20 aufgebaut.

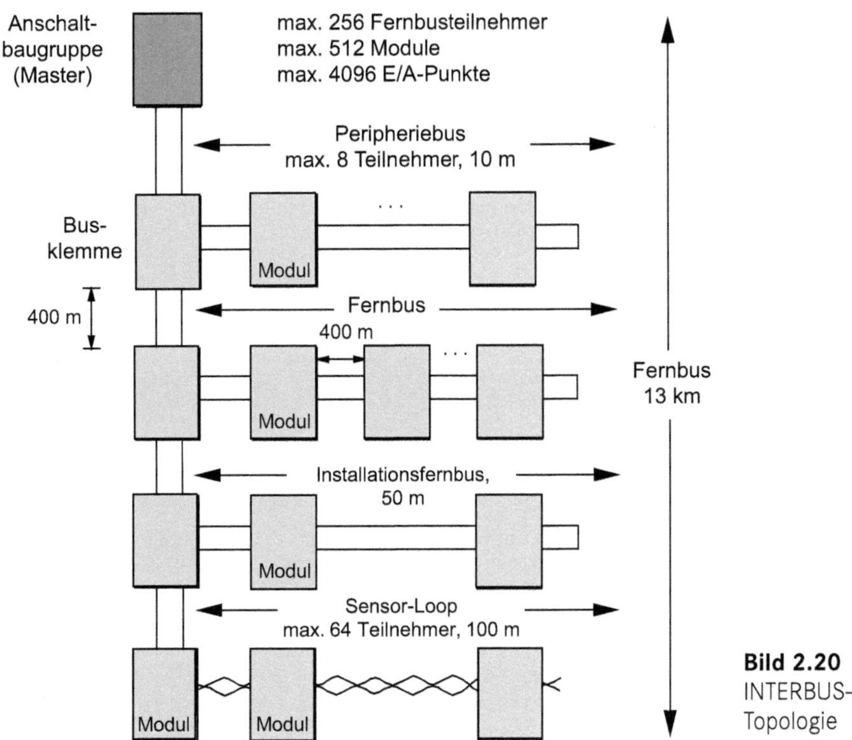

Bild 2.20 INTERBUS-Topologie

An dem vom Master ausgehenden Hauptring können zur Strukturierung des Gesamtsystems Subringsysteme über Busklemmen angeschlossen werden. Ein solches Subringsystem kann verschiedene Ausprägungen besitzen:

- **Peripheriebus (oder Lokalbus):** lokale Ein-/Ausgabe-Cluster mit maximal acht Teilnehmern (z. B. innerhalb eines Schaltschrankes)
- **Fernbus:** Subringsystem mit einer Ausdehnung von maximal 400 m
- **Installationsfernbus:** Subringsystem, bei dem über das Buskabel neben den Daten auch die Energieversorgung geführt wird (maximal 4,5 A)
- **Sensor-Loop:** sehr einfache und kostengünstige Anschaltung von Sensoren und Aktoren über ein zweiadriges Kabel (einschließlich Hilfsenergie)

Als Besonderheit gegenüber anderen Ringsystemen werden beim INTERBUS sowohl die Datenhin- als auch die Datenrückleitung, die durch sämtliche Teilnehmer laufen, innerhalb eines Kabels geführt. Damit lässt sich der prinzipielle Nachteil einer Ringstruktur, dass bei einem Defekt in der Ringleitung der gesamte Ring ausfällt, vermeiden.

Der INTERBUS-Protokollstack nutzt entsprechend dem OSI-Referenzmodell die Schichten 1, 2 und 7. Der Protokollstack ist wie PROFIBUS in den Normen DIN EN 61158/61784 standardisiert. Zur optimalen Unterstützung der beiden im Sensor-

Aktor-Bereich vorkommenden Datenklassen - der *zyklischen Prozessdaten* (z.B. Temperaturwert, Schaltzustand) und der *azyklischen Parameterdaten* (z.B. Initialisierungs- und Projektierungsdaten) - ist eine hybride Protokollstruktur vorgesehen.

Die Basis für die Übertragung beider Datenklassen bildet beim INTERBUS das *Summenrahmenprotokoll* in Schicht 2. Dabei handelt es sich um ein E/A-orientiertes Übertragungsverfahren, bei dem alle angeschlossenen Teilnehmer zyklisch mit *einem* Telegrammrahmen (Summenrahmen) angesprochen werden (siehe dazu auch Bild 1.23 in Abschnitt 1.3.2.2). Man erreicht damit eine sehr hohe Effizienz des Nutzdatentransfers. In Bild 2.21 ist ein Beispiel für den Telegrammaufbau im Summenrahmenprotokoll bei Anschluss von vier Teilnehmern am INTERBUS dargestellt.

https://bit.ly/3xXFips

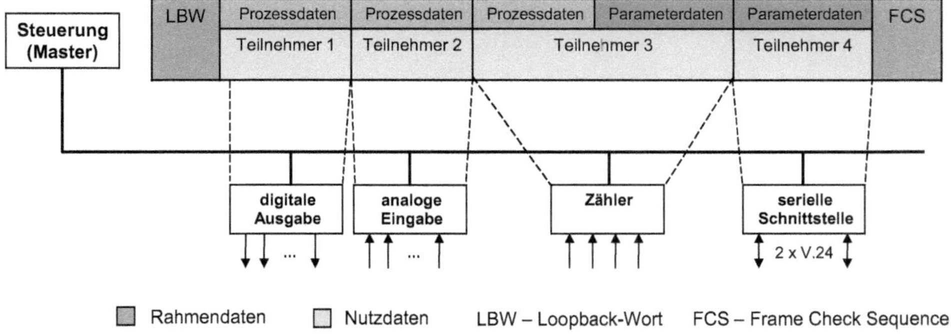

Bild 2.21 Beispiel für den Telegrammaufbau im Summenrahmenprotokoll

Die Daten innerhalb des Summenrahmenprotokolls sind durch ihre Lage im Protokoll eindeutig einem Teilnehmer zugeordnet. Der INTERBUS kommt deshalb ohne explizite Adressierung der Teilnehmer aus.

Das bei INTERBUS eingesetzte Summenrahmenverfahren gehört zur Klasse der kollisionsfreien *TDMA-Übertragungsverfahren* (TDMA - Time Division Multiple Access). Über das Ein- bzw. Auslesen eines Schieberegisters in den Teilnehmern wird quasi jedem Teilnehmer im Summenrahmen ein seiner Funktion angepasster Zeitschlitz zugeordnet. Die Übertragungszeit ist als Summe aller Zeitschlitze einfach berechenbar und für die jeweilige INTERBUS-Konfiguration garantiert. Durch das Summenrahmenverfahren wird darüber hinaus sichergestellt, dass das Prozessabbild aller Teilnehmer zueinander konsistent ist, da alle Eingangsdaten vom gleichen Abtastzeitpunkt stammen und alle Ausgangsdaten von den Teilnehmern zeitgleich übernommen werden.

Die einzelnen Teilnehmer haben im Summenrahmenprotokoll auch immer eine feste Datenlänge, sodass sich für ein einmal projektiertes Bussystem konstante Übertragungszeiten ergeben und eine zeitäquidistante Abtastung aller Teilnehmer garantiert ist. Bild 2.22 zeigt als Beispiel die Zykluszeit für ein INTERBUS-System mit zehn Fernbusteilnehmern.

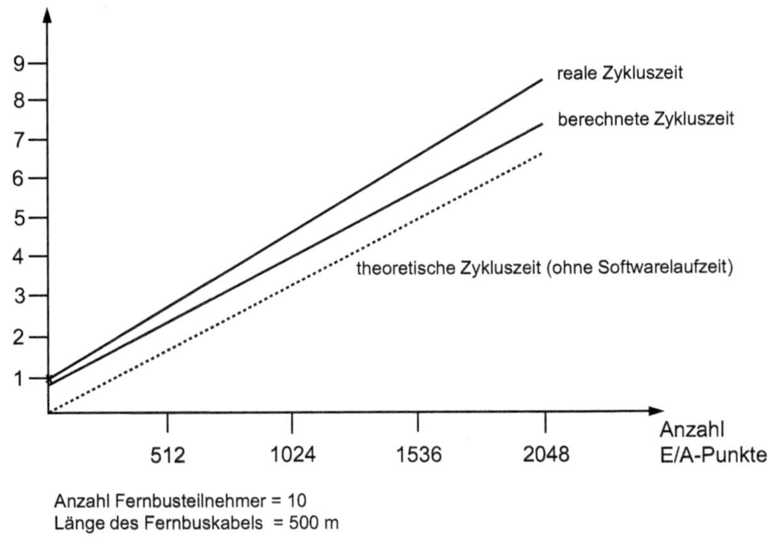

Bild 2.22 Zykluszeit eines INTERBUS-Systems mit zehn Fernbusteilnehmern [11]

Die *Übertragung der azyklischen Parameterdaten* erfolgt dadurch, dass für Teilnehmer, die mit Parametern versorgt werden sollen (in Bild 2.21 Teilnehmer 3 und 4), im Telegrammrahmen „Lücken" gelassen werden, in die bei Bedarf Parameterdaten blockweise eingefügt und sequenziell übertragen werden. Die Zerlegung der Parameterdaten in 16-Bit-Blöcke und das Zusammenfügen erfolgt durch eine spezielle Protokollsoftware, das *Peripheral Communication Protocol* (PCP).

Bezogen auf die Anwenderschnittstelle realisiert der INTERBUS die zweigeteilte, hybride Protokollstruktur nach folgenden Prinzipien:

1. Für die einfachen und transparenten Prozessdaten erfolgt eine prozessabbildende Darstellung. Dem Anwender werden im Master die zyklisch aktualisierten Prozessdaten als Prozessabbild in einem Übergabespeicher permanent zur Verfügung gestellt. Zeitaufwendige Dienstzugangsprozeduren werden nicht benötigt.
2. Für die Parameterkommunikation realisiert der INTERBUS eine Untermenge von Diensten, wie sie in der MMS-Norm ISO/IEC 9506 festgelegt sind. Die zugehörige Spezifikation wird als *Peripheral Message Specification* (PMS) bezeichnet werden. Die insgesamt 14 PMS-Dienste erlauben eine relativ einfache Kommunikation mit intelligenten Prozessgeräten.

2.2.3.3 CAN

CAN (*Controller Area Network*) wurde Ende der 1980er Jahre von Bosch und Intel für die Vernetzung im Kraftfahrzeug entwickelt [12]. Aufgrund der für hohe und störsichere Übertragungsraten bei kurzen Entfernungen optimierten Architektur finden CAN-Netze aber inzwischen auch in industriellen Bereichen für die Maschinenautomatisierung (Textil- und Verpackungsmaschinen, Werkzeugmaschinen und Ähnliches) als Feldbussystem einen umfangreichen Einsatz. Seit 1995 wird CAN von der Organisation *CAN in Automation* (CiA) gepflegt und weiterentwickelt.

https://bit.ly/3isskJL

CAN besitzt eine Linienstruktur, wobei als Übertragungsmedium hauptsächlich verdrillte Zweidrahtleitungen eingesetzt werden. Weitere wesentliche Eigenschaften von CAN sind Tabelle 2.7 aufgelistet.

Im Gegensatz zu fast allen anderen lokalen Netzen in der Automatisierungstechnik verwendet CAN eine paket- bzw. objektorientierte Adressierung. Das System kennt keine Stationen oder Teilnehmer, sondern nur *Nachrichtenobjekte*, die neben Steuerdaten aus den Nutzdaten (Messwert, Stellwert usw.) und einem Namen (Identifier) zur Identifizierung (Adressierung) bestehen. Abhängig von der Implementierung kann der Identifier 11 Bit (Standardformat) oder 29 Bit (Extended Format) lang sein. Die Nachrichtenobjekte können Daten von maximal 8 Byte Länge enthalten.

Eine weitere Besonderheit von CAN besteht in der Verwendung des Buszugriffsverfahrens CSMA/CA, das unter anderem einen Betrieb mehrerer Master am Bus gestattet. Dieses Verfahren löst Zugriffskonflikte dadurch, dass sich Nachrichtenobjekte mit hoher Priorität aufgrund eines *Dominant-Rezessiv-Verhaltens* des Übertragungssystems durchsetzen (d.h. ein „0"-Pegel auf der Busleitung setzt sich als dominant beim Senden unterschiedlicher Pegel durch). Bild 2.23 zeigt dazu die bitweise Auflösung eines Zugriffskonflikts (Arbitration = Schlichtung, Schiedsspruch) beim gleichzeitigen Senden zweier Teilnehmer.

https://bit.ly/3ittSDk

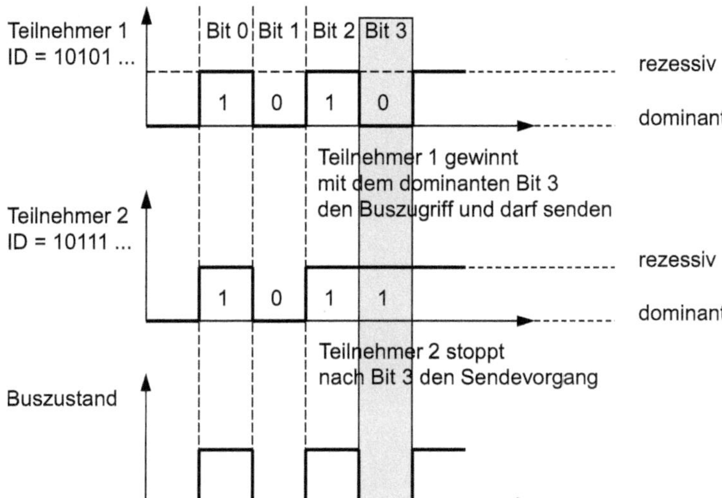

Bild 2.23 Bitweise Busarbitration beim CAN

Nach Bild 2.23 gewinnt der Teilnehmer 1 den Buszugriff wegen des vierten dominanten Bits im Identifier-Feld. Aus dieser Arbitration wird auch deutlich, dass der Identifier eines Objekts gleichzeitig seine Priorität darstellt, wobei bei einer „0“-Dominanz niedrigere Identifier-Zahlen einer höheren Priorität entsprechen.

Wegen des eingesetzten Buszugriffsverfahrens CSMA/CA in Verbindung mit dem Producer-Consumer-Kommunikationsprinzip lassen sich bei CAN Latenzzeiten bzw. Reaktionszeiten des Feldbusses nicht generell angeben. Es müssen immer die jeweiligen Umstände (Nachrichtenobjekte, Anzahl der Teilnehmer, Nachrichtenprioritäten usw.) bekannt sein, um eine Zeitanalyse durchzuführen. CAN ist wegen seiner Nicht-Deterministik (zumindest in wesentlichen Teilen) auch nur bedingt echtzeitfähig.

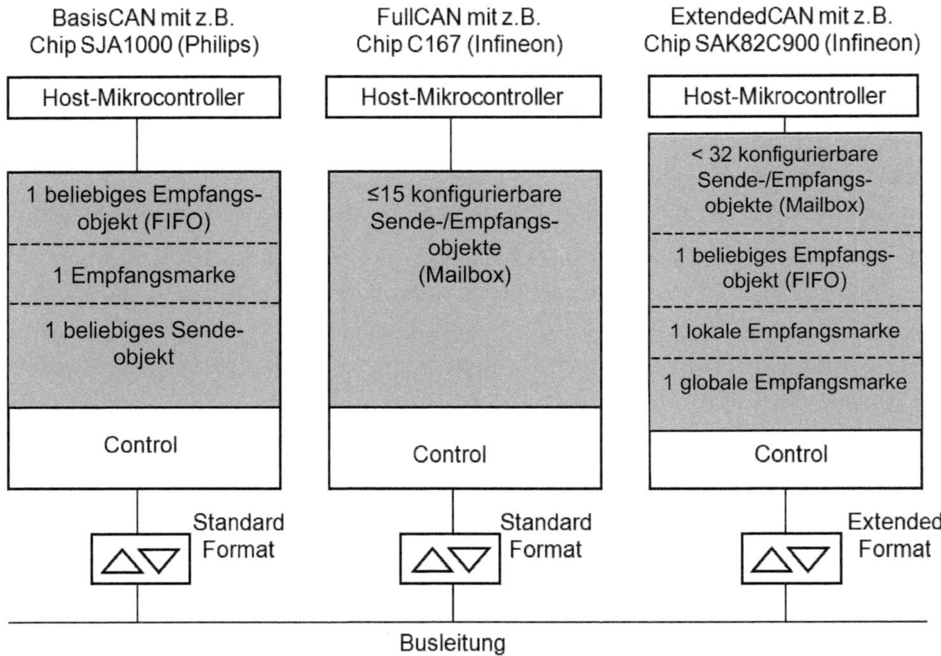

Bild 2.24 Unterschiedliche CAN-Implementierungen

Das international standardisierte CAN-Protokoll (ISO 11898), das hardwareseitig in den CAN-Controllerchips implementiert ist, deckt die Schichten 1 und 2 des OSI-Referenzmodells ab.

Abhängig von den eingesetzten Mikrocontrollern unterscheidet man in der Praxis häufig drei unterschiedliche CAN-Implementierungen (Bild 2.24):

- **FullCAN:** Abhängig von einem Mailboxspeicher auf dem Chip wird eine begrenzte Anzahl projektierbarer Sende- und Empfangsobjekte (typisch < 15) direkt auf dem Chip gepuffert und verarbeitet. Der Identifier nutzt das Standardformat und lässt eine Adressierung von 2032 Nachrichtenobjekten im Bussystem zu. Der Hostcontroller benötigt bei FullCAN nur einen sehr geringen Aufwand für die Nachrichtenverwaltung.

- **BasicCAN:** Es gibt nur einen als FIFO (first in first out) ausgelegten Pufferspeicher für jeweils ein beliebiges Sende- und Empfangsobjekt. Darüber hinaus enthält der Empfangsteil von BasicCAN eine Identifier-Maske, mit der ein interessierendes Nachrichtenobjekt aus dem Empfangsstrom herausgefiltert werden kann. Der Identifier nutzt wie FullCAN das Standardformat. BasicCAN bietet einen universellen Ansatz, insbesondere, wenn sehr viele verschiedene Nachrichtenobjekte behandelt werden müssen. Die Verwaltungsaufgaben muss hier aber der Hostcontroller voll übernehmen.
- **ExtendedCAN:** Es erfolgt eine Überlagerung der Basic- und FullCAN-Eigenschaften. Der Identifier verwendet das Extended Format, sodass ca. 500 Millionen Nachrichtenobjekte im System identifiziert werden können.

Für CAN gibt es (ähnlich wie bei INTERBUS und PROFIBUS) eine Anwendungsschicht (Schicht 7) im OSI-Referenzmodell, den *CAN Application Layer* (CAL), die sich auf die MMS-Norm stützt. Die entsprechende Protokollspezifikation ist die *CAN Message Specification* (CMS) und beschreibt CMS-Dienste auf Variable, Ereignisse und Domain-Objekte.

Aufbauend auf CAL wurden durch die Nutzerorganisation CiA Richtlinien für Kommunikations- und Geräteprofile als europäische Lösung *CANopen* offengelegt. Geräteprofile sind z.B. für E/A-Module, Antriebe, Regler, SPS und Encoder definiert.

Ein Problem der Nutzer von CAN stellen unterschiedliche Protokollimplementierungen, insbesondere in der Anwendungsschicht, dar. So existieren neben CANopen noch die US-amerikanischen OSI-Schicht-7-Protokolle *DeviceNet* und *Smart Distributed System* (SDS).

In einer Weiterentwicklung des Bussystems als *CAN FD* (Flexible Data Rate) wird durch eine Verkürzung der Bitzeiten in der Datenphase und Vergrößerung des Datenfeldes auf bis zu 64 Bit eine Datenrate von bis zu 8 Mbit/s erreicht.

https://bit.ly/3zhcxUL

2.2.3.4 ASi

Das *AS-Interface* (ASi = Aktor-Sensor-Interface) ist ein Standard für die Feldbus-Kommunikation, der Anfang der 1990er Jahre zum Anschluss von Aktoren und Sensoren von elf Firmen aus den Bereichen binäre Aktoren und Sensoren entwickelt wurde [13].

https://bit.ly/3kzTJfr

ASi wurde auf die schnelle Übertragung weniger binärer I/O-Signale optimiert. Es nutzt deshalb auch ein sehr einfaches Master-Slave-Protokoll. Die Nutzdatenlänge eines Telegramms beträgt lediglich 4 Bit. Dies führt zu einer kurzen und konstanten Buszykluszeit. Wesentliche Eigenschaften von ASi sind in Tabelle 2.7 aufgeführt.

AS-Interface ist seit 1999 internationaler Standard nach IEC 62026-2 (entspricht DIN EN 62026-2). Die Zertifizierung von ASi-Produkten übernimmt die International Association (AS). Tests bzw. Zertifizierungen stellen sicher, dass Geräte unterschiedlicher Hersteller zusammenarbeiten.

AS-Interface wurde als Alternative zur herkömmlichen Parallelverkabelung von Sensoren und Aktoren entwickelt und ersetzt den aufwendigen Kabelbaum durch eine einfache, für alle Sensoren und Aktoren gemeinsame ungeschirmte Zweidrahtleitung. Durch die robuste Aufbautechnik in Schutzart IP65 oder IP67 ist das AS-Interface auch den, gerade im untersten Feldbereich üblichen, harten Einsatzbedingungen gewachsen.

Zusammengefasst besitzt ASi folgende Hauptmerkmale:

- AS-Interface ist optimiert für den Anschluss binärer und analoger Sensoren und Aktoren. Über die ASi-Leitung erfolgt sowohl der Datenaustausch zwischen Sensoren/Aktoren (ASi-Slaves) und dem ASi-Master als auch die Stromversorgung der Sensoren/Aktoren.
- einfache und kostengünstige Verdrahtung; einfache Montage mit Durchdringungstechnik
- hohe Flexibilität durch baumartige Verdrahtung
- schnelle Reaktionszeiten: Der ASi-Master benötigt für den zyklischen Datenaustausch mit bis zu 31 Teilnehmern maximal 5 ms (bei 62 Teilnehmern 10 ms).
- Teilnehmer (ASi-Slaves) an der ASi-Leitung können entweder Sensoren/Aktoren mit integriertem ASi-Anschluss oder ASi-Module sein, an die jeweils bis zu acht konventionelle binäre Sensoren/Aktoren anschließbar sind.
- Mit Standard-ASi-Modulen lassen sich bis zu 124 Aktoren und 124 Sensoren an der ASi-Leitung betreiben.
- Werden ASi-Module mit erweitertem Adressbereich verwendet, lassen sich bis zu 248 Aktoren und 248 Sensoren an einem erweiterten Master betreiben.

In Tabelle 2.9 sind die wesentlichen Merkmale von ASi für die *Spezifikationen V2.0 und V2.1* aufgeführt. Seit 2004 gibt es die Spezifikation V3.0 mit erweiterten Eigenschaften hinsichtlich Synchronisation, Kommunikationstypen und Ähnlichem.

https://bit.ly/3rm518v

Das AS-Interface ist ein Single-Master-System und arbeitet nach dem *Master-Slave-Prinzip*, d.h., ein Master fragt zyklisch alle projektierten Slaves ab (Polling) und tauscht mit ihnen die Ein- und Ausgangsdaten aus. Als ASi-Master fungieren z.B. eine SPS oder auch ein Industrie-PC. Zur Datenübertragung des sehr kurzen Datenrahmens wird eine Datenrate von 167 Kbit/s genutzt.

Tabelle 2.9 Wesentliche Merkmale des AS-Interface

Eigenschaft	Version 2.0	Version 2.1
Anzahl Slaves	maximal 31	maximal 62
Anzahl E/A	124 E + 124 A	248 E + 186 A
Signale	Daten und Versorgung bis 8 A (abhängig vom Netzteil)	Daten und Versorgung bis 8 A (abhängig vom Netzteil)
Medium	ungeschirmtes, unverdrilltes Kabel 2 x 1,2 mm^2	ungeschirmtes, unverdrilltes Kabel 2 x 1,2 mm^2
Maximale Zykluszeit	5 ms	10 ms
Analogwertübertragung	über Funktionsblock	im Master integriert
Anzahl Analogwerte	16 Byte für Binär- und Analogwerte	124 Analogwerte
Zugriffsverfahren	Master/Slave	Master/Slave
Kabellänge	100 m, Verlängerung über Repeater auf maximal 300 m	100 m, Verlängerung über Repeater auf maximal 300 m

Als *Übertragungsmedium* kommt ein ungeschirmtes zweiadriges und verpolungssicheres Flachbandkabel zum Einsatz, das gleichzeitig der Spannungsversorgung (24 V, maximal 8 A) für die Busteilnehmer bzw. auch Aktoren und Sensoren dient. Verbraucher mit einem höheren Energiebedarf, wie z. B. Ventilinseln, erhalten ein separates Flachbandkabel zur Energieversorgung. Per *Schneidklemmtechnik* sind ASi-Geräte dabei einfach und vollständig flexibel entlang des gesamten Flachkabels positionierbar (Bild 2.25).

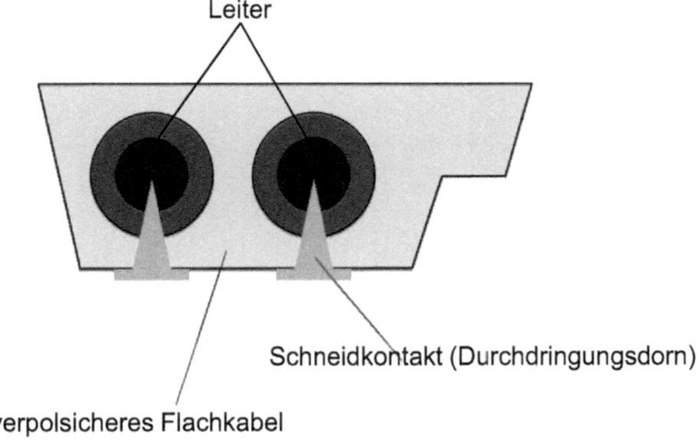

Bild 2.25 Schneidklemmtechnik zum Anschluss von Geräten an den ASi-Bus

In Beispiel 2.5 wird eine ASi-Konfiguration dargestellt.

Beispiel 2.5: ASi-Beispielkonfiguration mit aktiven und passiven ASi-Modulen

Im ASi-System sind die ASi-Module vergleichbar mit Ein- oder Ausgabebaugruppen. Sie bilden zusammen mit den Aktoren oder Sensoren die ASi-Slaves und verbinden diese mit dem ASi-Master. Im ASi-System werden unterschieden:

- *Aktive ASi-Module* mit integriertem ASi-Chip (Bild 2.26a): Mit diesen Koppelmodulen sind konventionelle Sensoren und Aktoren anschließbar. Jeder übliche Aktor oder Sensor kann damit über das AS-Interface vernetzt werden.
- *Passive ASi-Module* (Bild 2.26b) enthalten keine eigene Elektronik und ermöglichen den Anschluss für ASi-Sensoren und Aktoren mit integriertem ASi-Chip.

Die Module sind so konzipiert, dass eine einheitliche elektromechanische Schnittstelle zur ASi-Leitung hergestellt werden kann.

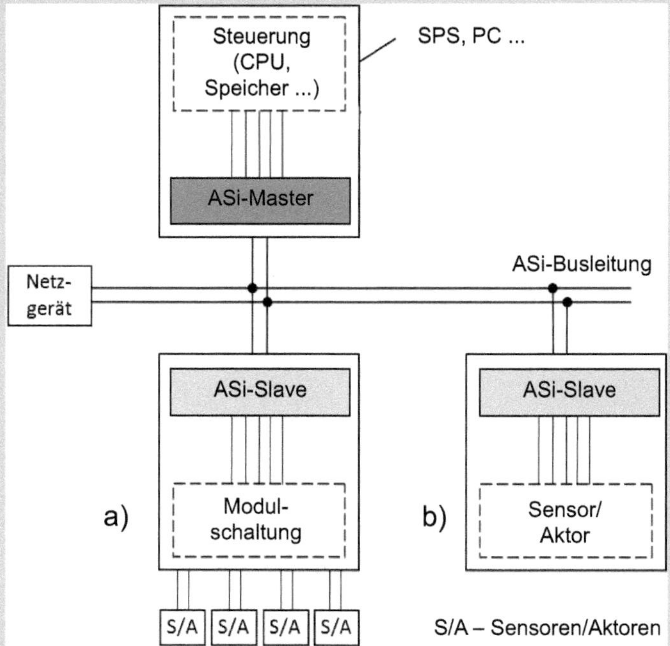

Bild 2.26 ASi-Beispielkonfiguration mit aktivem (a) und passivem (b) ASi-Modul

Die *Topologie des AS-Interface* ist beliebig, ohne Repeater oder Extender darf die Leitungslänge 100 m jedoch nicht überschreiten.

Für eine zukünftige *Weiterentwicklung von ASi* arbeitet ein Zusammenschluss aus Unternehmen an einer neuen AS-Interface-Generation, bezeichnet als ASi-5 [14]. Damit sollen folgende Eigenschaften erreicht werden:

- Mit einer vierfach höheren Datenbandbreite pro Zyklus stehen bei ASi-5 bis zu 16 Bit pro Slave zur Verfügung.
- Es können bis zu 96 Slaves angeschlossen werden.
- Die Zykluszeit ist von 5 ms auf 1,2 ms verkürzt.
- Das ASi-5-Netzwerk unterstützt die Integration anderer Technologien, wie z. B. IO-Link (IO-Link = Kommunikationssystem zum Anschluss intelligenter Sensoren und Aktoren).
- Ein zusätzlicher Diagnosekanal erlaubt parallel zu zyklischen Prozessdaten die Abfrage von azyklische Zustandsdaten.

2.2.3.5 SERCOS

SERCOS (*Serial Real-time Communication System*) wurde 1995 als internationale Norm (IEC 61491) und 1998 als europäische Norm (EN 61491) für Antriebe an Industriemaschinen anerkannt. Die digitale Antriebsschnittstelle SERCOS hat sich seit Beginn der 1990er Jahre zu einem weltweit akzeptierten Echtzeit-Kommunikationsstandard für digital geregelte Antriebe mit Lage-, Geschwindigkeits- und Drehmomentregelung entwickelt [15].

https://bit.ly/2V3Djkw

Basiseigenschaften von SERCOS sind in Tabelle 2.7 und ausgewählte Eigenschaften im Vergleich der drei SERCOS-Generationen sind in Tabelle 2.10 aufgeführt.

Tabelle 2.10 Wesentliche Eigenschaften der drei SERCOS-Generationen

Eigenschaften	SERCOS I	SERCOS II	SERCOS III
Einführung	1987	1999	2005
Physikalisches Medium	LWL	LWL	Ethernet (TP oder LWL)
Topologie	Ring	Ring	Ring oder Linie
Datenrate	2/4 Mbit/s	2/4/8/16 Mbit/s	100 Mbit/s
Zykluszeit	min. 62,5 µs	min. 62,5 µs	min. 31,25 µs
Übertragungsprotokoll	High-Level Data Link Control (HDLC)		Ethernet
Anwendungsprotokoll	SERCOS		
Anzahl Master	1 pro Ring	1 pro Ring	1 pro Ring/Linie
Teilnehmerzahl	254 pro Ring	254 pro Ring	511 pro Ring/Linie

SERCOS ist ein Master-Slave-System und nutzt eine zyklische Datenübertragung. Durch die hardwarebasierte Synchronisation können auch anspruchsvolle Bewegungsaufgaben, beispielsweise elektronische Wellen in Zeitungsdruckmaschinen, Verpackungsmaschinen oder mehrachsigen Werkzeugmaschinen, realisiert werden.

https://bit.ly/3BnvZku

Da bei SERCOS die Übertragungstelegramme unabhängig von der Topologie immer in zwei Laufrichtungen bearbeitet werden, kann ein direkter Datenaustausch zwischen beliebigen Slaves innerhalb eines Kommunikationszyklus erfolgen (Querverkehr). Dies hat den Vorteil, dass die Daten immer innerhalb eines einzelnen Kommunikationszyklus mit einer minimalen Verzögerungszeit zwischen Slaves übertragen werden können. Darüber hinaus stehen alle Daten synchron, d.h. bezogen auf einen gemeinsamen Kommunikationszyklus, an jeder Position des Bussystems zur Verfügung.

Mittlerweile wird praktisch nur noch das Ethernet-basierte SERCOS III eingesetzt. Eine nähere Beschreibung dazu ist in Kapitel 3 zu finden.

2.2.3.6 LON

https://bit.ly/3klnHhc

Local Operating Network (LON) versteht sich als Technologie für die Verwirklichung von Automatisierungskonzepten mit dezentraler Intelligenz. Träger dieser Intelligenz sind kompakte Netzknoten, die bei unterschiedlicher Netztopologie in einem lokalen Netz mit bis zu 32385 Teilnehmern zusammenarbeiten können. Das Konzept wurde 1989 von der US-Firma Echelon entwickelt und ist mittlerweile z.B. in der Gebäudeautomatisierung stark vertreten [16]. Seit 2007 ist LON in Deutschland in der Normenreihe DIN EN 14908-x standardisiert. Zu dieser Zeit waren weltweit ca. 100 Millionen LON-Geräte installiert. Wesentliche Eigenschaften von LON sind in Tabelle 2.7 aufgeführt.

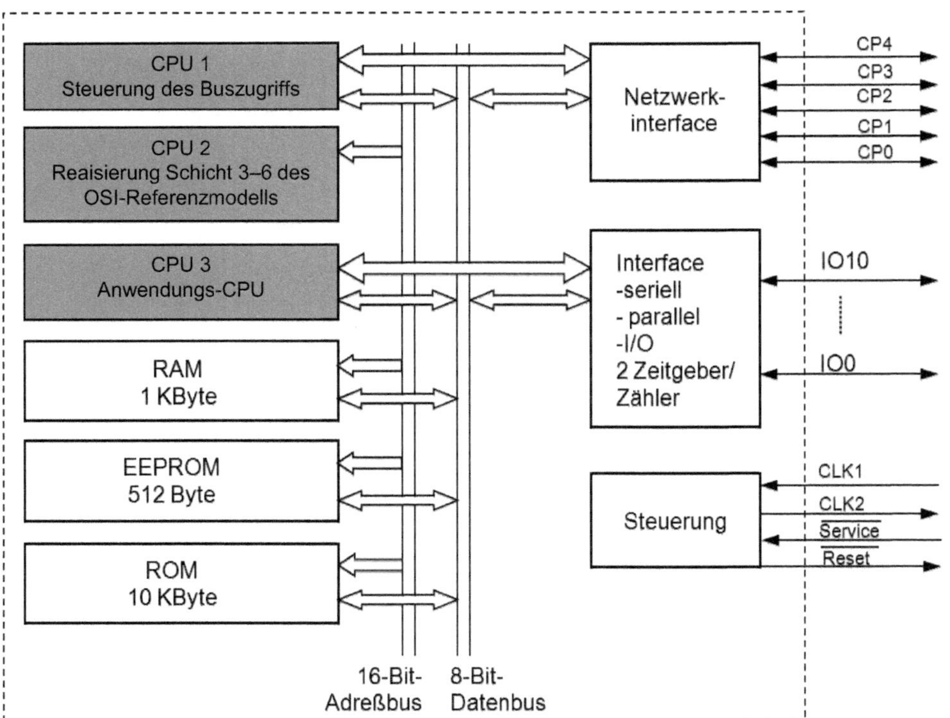

Bild 2.27 NEURON-Chip 3120 mit On-Board-Programmspeicher (Hersteller: Cypress, Toshiba)

Die Interoperabilität von LON-Geräten kann durch die LONMark Interoperability Association zertifiziert werden.

Kernstück eines LON-Knotens ist der NEURON-Chip (Bild 2.27), auf dem alle Funktionseinheiten für Steuerungs- und Automatisierungsaufgaben integriert sind. Dazu gehören:

- drei 8-Bit-Prozessoren für Kommunikations- und Anwendungsaufgaben
- eine Kommunikationsschnittstelle zum Netzwerk
- umfangreiche Hardware für die Prozessperipherie
- verschiedene Speicher für Programme und Daten

Die NEURON-Chips werden in NEURON-C programmiert, einer von ANSI-C abgeleiteten Sprache mit einigen speziellen Erweiterungen. Auch ein grafisches Programmiersystem ist verfügbar. Jeder NEURON-Chip enthält eine weltweit einmalige 48 Bit lange ID-Nummer (NEURON-ID), mit deren Hilfe jeder Busknoten im Netz eindeutig identifizierbar ist.

Die LON-Knoten kommunizieren untereinander über LONTALK, einem OSI-konformen Protokoll, das alle sieben Schichten des OSI-Referenzmodells abdeckt. Das Protokoll ist in der Firmware jedes NEURON-Chips implementiert. LONTALK nutzt eine dezentrale Buszuteilung nach einem optimierten CSMA-Verfahren mit vielseitig strukturierten Adressierverfahren.

https://bit.ly/3kLtp1M

Aus logischer Sicht kommunizieren die Knoten über Kommunikationsobjekte miteinander (Network Variables - NV). Damit Knoten verschiedener Hersteller miteinander kommunizieren können, werden *Standard Network Variable Types* (SNVT) definiert. Das sind Datentypen aus Anwendersicht, z.B. der Typ SNVT_temp_p, der eine Temperatur verkörpert.

Für LON stehen verschiedene Übertragungsmedien zur Verfügung, wie z.B. verdrillte Zweidrahtleitungen, LWL, Infrarot, Funkübertragung, Stromnetz. Der Anschluss der Netzknoten an die Übertragungsmedien erfolgt über geeignete Transceiver. In Tabelle 2.11 sind einige Merkmale für verschiedene Transceiver-Typen einander gegenübergestellt.

Die Erstellung eines LONs erfolgt in folgenden Schritten:

1. Definition der erforderlichen Netzknoten
2. Festlegung der logischen Verknüpfungen der Knoten untereinander
3. Erstellung des Programmcodes (mit NEURON-C) für jeden Netzknoten

Für die Realisierung steht der LONBUILDER, ein integriertes Programmier-, Projektier- und Diagnosesystem, zur Verfügung.

Nachteilig im Vergleich zu anderen Feldbussystemen sind die relativ aufwendige Entwicklung und Projektierung eines LONs sowie die hohen Einstiegskosten für die Entwicklungsumgebung. Ein Problem für Projektierer, Service und Wartungspersonal, die in der Regel den klassischen Erfahrungshintergrund der zentralen SPS-Technik mitbringen, ist sicher auch die LON zugrunde liegende Philosophie der konsequent dezentralisierten Steuerungsintelligenz.

Tabelle 2.11 Merkmale verschiedener Transceiver-Typen für den Anschluss von LON-Knoten

Transceiver	Medium	Datenrate [Kbit/s]	Abstand [m]	Knoten-anzahl
78 Kbit/s	verdrillter Zweidraht	78	2000	64
1250 Kbit/s	verdrillter Zweidraht	1250	500	64
freie Netztopologie	verdrillter Zweidraht	78	320	64
RS-485	verdrillter Zweidraht	4,9...625	1200 (bei 39 Kbit/s)	32
Versorgungsnetz	Stromnetz	10	installationsabhängig	32 385
Funk	Frequenzband 49 MHz	4,9	100	32 385

2.3 Offene Kommunikation

2.3.1 Offene Steuerungen und Systeme

In der feldorientierten Automatisierungsstruktur nach Bild 2.28 kann zwischen Management-/Engineering-Ebene als Office bzw. Back-Office-Bereich und dem Feld- bzw. Produktionsbereich unterschieden werden. Zum Office-/Back-Office-Bereich können auch die Planungs-/Betriebsebene und die Leitebene hinzugezählt werden.

Unter *Office-/Back-Office-Software* werden verschiedene Softwarekomponenten unterschiedlicher Hersteller verstanden, die über standardisierte Schnittstellen problemlos miteinander kommunizieren können. Dazu gehören Textverarbeitungs-, Datenbank- und Tabellenkalkulationsprogramme genauso wie anwendungsorientierte Software für produktionstechnische oder Engineering-Aufgaben (z. B. Prozessleitsysteme). Im PC- und Industrie-PC-Bereich haben sich hier die Windows-Betriebssystemfamilie und die verschiedenen Microsoft-Anwendungen zu einem De-facto-Standard entwickelt.

Der kritische Punkt in einer dezentralisierten und feldorientierten Automatisierungsstruktur liegt in der durchgängigen und transparenten Kommunikation zwischen dem automatisierungstechnischen Leistungsbereich (Feldebene nach Bild 2.28) und dem übergeordneten Office-Bereich. Die Lösung dieser Problematik kann in zwei Richtungen erfolgen:

1. Die standardisierten und weit verbreiteten Office-Schnittstellen werden um automatisierungstechnisch relevante Komponenten ergänzt. Hierzu gehören z. B. die Erweiterung der OLE-Festlegungen (OLE – Object Linking and Embedding) zum Datenaustausch unter Windows-Programmen zur OPC-Spezifikation (OPC – Open Platform Communication) für das Automatisierungsumfeld. Auch die Erweiterung verschiedener Windows-Versionen (z. B. Windows CE) um Funktionen für einen zumindest „weichen" Echtzeitbetrieb gehen in diese Richtung.
2. Die Anwendungsschnittstellen in der Feldebene werden ergänzt, modifiziert oder neu spezifiziert, um eine Kompatibilität zur Office-Software herzustellen.

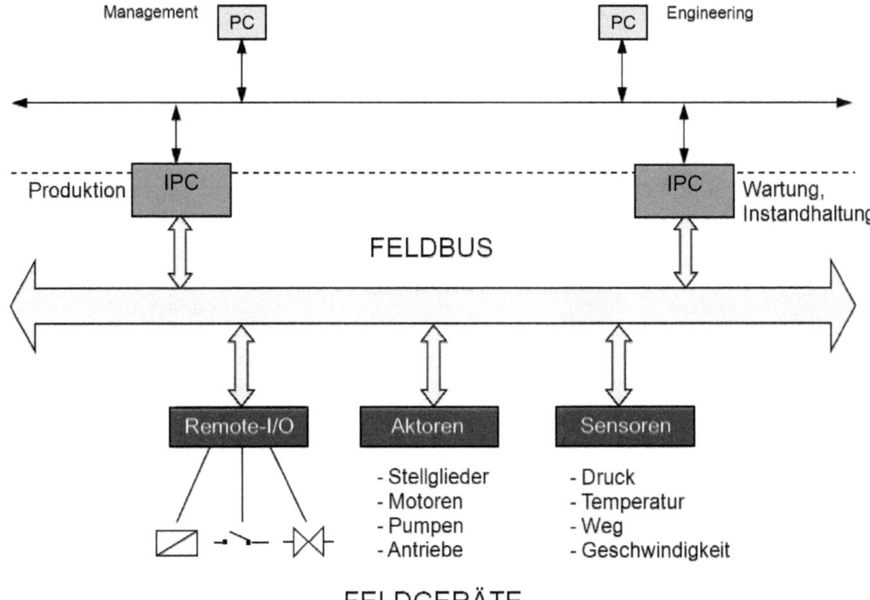

Bild 2.28 Feldorientierte Automatisierungsstruktur (Feldbereich hervorgehoben)

Beide Entwicklungen treffen in den Produktionsrechnern der Leit- und Steuerungsebene, aber auch in den Rechnersystemen für die Diagnose, Wartung und Instanthaltung zusammen (siehe gestrichelte Linie in Bild 2.28) und stellen hohe Anforderungen an die unterlagerten automatisierungstechnischen Komponenten.

Die genannte Problematik wird in der industriellen Automation seit einigen Jahren unter dem Begriff der *offenen Steuerungen* bzw. *offenen Systeme* diskutiert und zunehmend verstärkt bearbeitet. Zwischen den Ankündigungen eines offenen Systems in den Prospekten und der automatisierungstechnischen Praxis klafft häufig aber noch eine große Lücke. Dies liegt nicht zuletzt daran, dass der Begriff „offen" nicht eindeutig definiert ist.

https://bit.ly/3wUfYPu

Aus *Herstellersicht* beschränkt sich Offenheit zumeist auf das Vorhandensein von Schnittstellen, mit deren Hilfe Interoperabilität zwar hergestellt werden kann, jedoch oftmals nur mit erheblichem Zusatzaufwand. Offenheit eines Systems aus *Anwendersicht* verlangt eine Interoperabilität mit systemfremder Hardware und/oder Software unterschiedlicher Hersteller, die entweder an das System angeschlossen oder in das System integriert wird. Im Folgenden wird Offenheit im Sinne der Anwendersicht verstanden.

Zur Realisierung offener Steuerungen bzw. offener Systeme unter Berücksichtigung der Feldbustechnologie wurden in der Vergangenheit unterschiedliche Ansätze verfolgt. Dazu gehörten z. B. die Schaffung einer für verschiedene Feldbussysteme einheitlichen Programmierschnittstelle (Projekt RACKS) oder auch die Entwicklung einer einheitlichen, plattformunabhängigen Schnittstellenfamilie (Projekt CALL).

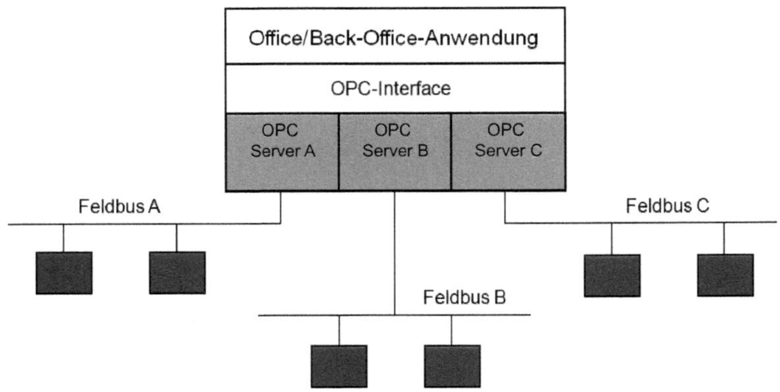

Bild 2.29 OPC in einer Feldbusumgebung

Durchgesetzt hat sich letztendlich aber die auf Basis von Microsoft und Windows basierende *OPC-Schnittstelle* für einen einheitlichen Zugriff vom Office-/Back-Office-Bereich auf Programme und Daten der Automatisierungsebenen. Bild 2.29 veranschaulicht das Grundprinzip von OPC für die Feldebene.

OPC als Grundlage einer offenen Kommunikation für verteilte bzw. vernetzte Automatisierungssysteme soll deshalb im Folgenden näher betrachtet werden.

2.3.2 Grundlagen von OPC

https://bit.ly/3wNR7gx

OPC wurde von der OPC Task Force, einem Zusammenschluss verschiedener großer Firmen der Automatisierungsindustrie (z. B. Fisher-Rosemount, Intellution, Siemens) entwickelt. Seit 1996 laufen die Arbeiten zu OPC in der OPC Foundation, einem Zusammenschluss von weltweit 800 Herstellern von Automatisierungs- und Visualisierungskomponenten (Stand: Dezember 2020).

Ursprünglich stand das Akronym OPC für OLE for Process Control. OLE ist ein durch Microsoft geprägtes Datenaustauschverfahren innerhalb von Windows-Systemen [17]. Durch die fortschreitende Weiterentwicklung von OPC und die damit einhergehende Abnahme der Relevanz des OLE-Objektsystems wurde OPC im November 2011 in *Open Platform Communications* umbenannt.

https://bit.ly/2UpOrlS

Für die Kommunikation zwischen den Anwendungen benutzt das klassische OPC hauptsächlich Microsofts *DCOM-Technologie* (Distributed Component Object Model). Dank DCOM ist es für OPC-Anwendungen transparent, ob die über OPC ausgetauschten Daten von einer Anwendung im eigenen Adressraum, von einem fremden, lokalen Prozess oder auch von einem entfernt über TCP/IP angebundenen Rechner kommen. Bild 2.30 zeigt die Komponentenstruktur eines Beispiel-OPC-Systems.

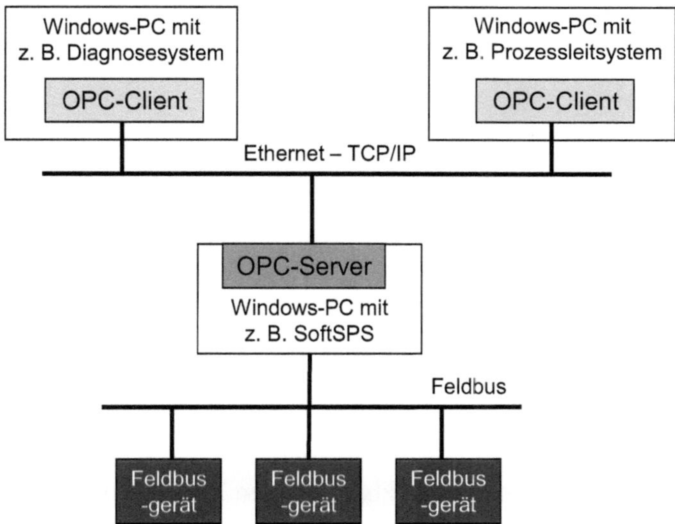

Bild 2.30 Komponentenstruktur eines OPC-Systems

Der OPC-Client greift auf die vom OPC-Server bereitgestellten Daten zu und stellt sie z. B. dem Prozessleitsystem zur Visualisierung zur Verfügung. Der OPC-Server holt sich die Prozessdaten vom jeweiligen Feldbus über dessen zugehörigen Treiber und stellt sie im OPC-Server als OPC-Objekte zur Verfügung. Die OPC-Server werden in der Regel durch die jeweiligen Hersteller der Feldbussysteme bereitgestellt.

OPC kennt zum Informationsaustausch verschiedene Spezifikationen (Tabelle 2.12). Die Spezifikationen betreffen unterschiedliche Einsatzgebiete und sind weitgehend unabhängig voneinander.

Nach Einschätzungen von ARC belief sich die Anzahl der Automatisierungsgeräte mit OPC-Schnittstellen in 2018 auf > 47 Millionen weltweit [18]. Als wichtigste Spezifikation (> 90 % aller OPC-Installationen) wird dabei die *Data Access Specification OPC DA* genutzt.

Tabelle 2.12 Wichtige OPC-Spezifikationen

Name der Spezifikation	Inhalt
OPC Data Access Specification (OPC DA)	Definition einer Schnittstelle zum Lesen und Schreiben von Echtzeitdaten; aktuelle Version 3.0
OPC Alarm and Events Specification (OPC AE)	Definition einer Schnittstelle zur Überwachung von Ereignissen
OPC Historical Data Access Specification (OPC HAD)	Definition einer Schnittstelle für den Zugriff auf historische Daten
OPC Batch Specification	Definition einer Schnittstelle für den Zugriff auf Daten, die bei der Batch-Verarbeitung benötigt werden; Erweiterung von OPC DA
OPC Security Specification	Definition einer Schnittstelle für das Einstellen und die Nutzung von Sicherheitsaspekten
OPC XML Specification	Definition einer Schnittstelle zur Übertragung von OPC-Daten über Webschnittstellen; Erweiterung von OPC DA

https://bit.ly/3j4nFhj

OPC DA definiert die Kommunikationsschnittstelle zwischen Client- und Serversoftware beim Prozessdatenzugriff. Die Prozessdaten selbst enthalten neben dem Prozessgrößenwert auch einen Zeitstempel und Statusinformationen.

Die Spezifikation teilt die Schnittstellen und deren Methoden in drei hierarchische Klassen ein. Diese Struktur wird als *Klassenmodell* bezeichnet. Eine Klasse definiert die Menge der Methoden und Eigenschaften, die ein Objekt haben muss, um als Vertreter dieser Klasse zu gelten. In Bild 2.31 ist das vereinfachte Klassenmodell von OPC DA dargestellt.

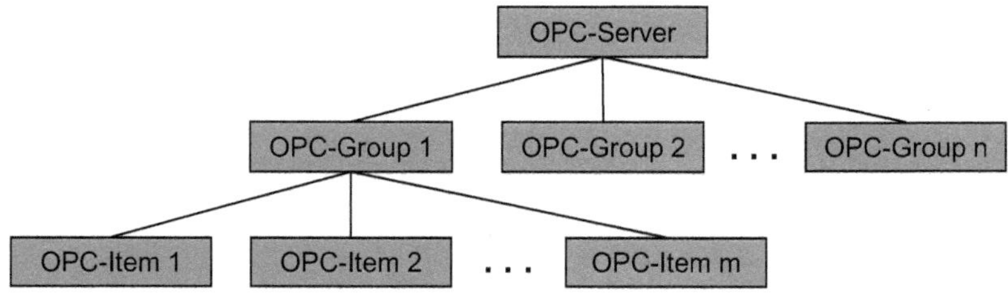

Bild 2.31 Klassenmodell der OPC Data Access Specification (OPC DA)

Die drei Klassen aus Bild 2.31 können wie folgt gekennzeichnet werden:

- **OPC-Server:** Diese Klasse besitzt verschiedene Attribute und Methoden, die Informationen über den Status, die Version und (optional) den Adressraum der verfügbaren Prozessvariablen eines OPC-Server-Objekts liefern. Weiterhin verwaltet ein OPC-Server die Instanzen der untergeordneten Klasse *OPC-Group*. Ein Objekt der Klasse OPC-Server repräsentiert einen herstellerspezifischen *OPC-Server*.
- **OPC-Group:** Die Klasse strukturiert die vom OPC-Server genutzten Prozessvariablen. Mit Hilfe der Objekte *OPC-Group* kann ein OPC-Client sinnvolle Einheiten von Prozessvariablen bilden und mit diesen Operationen ausführen.
- **OPC-Item:** Ein Objekt dieser Klasse repräsentiert eine Verbindung zu einer Prozessvariablen. Ein *OPC-Item* wird durch seine Item-ID identifiziert. Die Item-ID ist ein vom Hersteller des OPC-Servers festgelegter Name, der innerhalb des Adressraumes des OPC-Servers eindeutig sein muss. So erfolgt z. B. der Zugriff auf die Temperatur eines Heizkessels in einer Phoenix Contact-Steuerung über einen OPC-Client für ein HMI-Panel mit

```
PhoenixContact.AX-Server.HMI.input_temp
```

Im OPC-Server existieren zwei Ausprägungen von Anwendungsschnittstellen (API – Application Programming Interface), die von einem OPC-Client angesprochen werden können (Bild 2.32):

- COM Custom Interface
- OLE Automation Interface

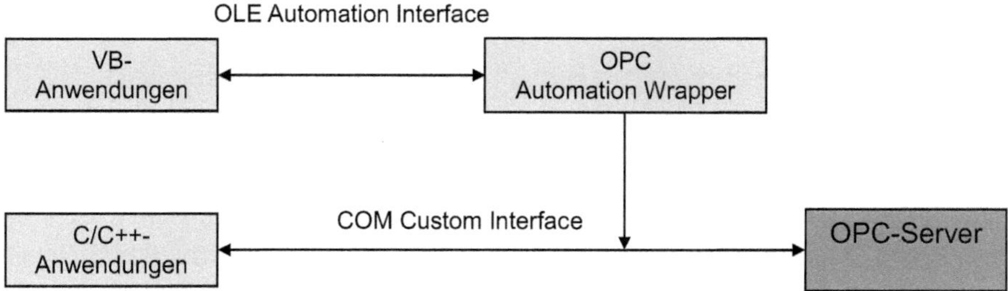

Bild 2.32 Anwendungsschnittstellen zum OPC-Server

Das COM Interface wird von klassischen Programmierhochsprachen wie C/C++ genutzt. Über das Automation Interface kann mit Skriptsprachen, wie z. B. Visual Basic oder auch VBScript, kommuniziert werden. Hierbei ist aber zu bedenken, dass einige Hersteller bei ihren OPC-Servern nur das COM Interface vollständig realisiert haben.

In Beispiel 2.6 wird OPC-Zugriff mittels OLE Automation Interface dargestellt.

Beispiel 2.6: Lesen einer Temperatur mittels OPC DA

Ein Heizkessel wird durch eine SPS gesteuert. Die Temperatur im Kessel soll auf einer HTML-Seite im Webbrowser angezeigt werden. Zur Anzeige wird eine im Webserver ausführbare HTML-Seite genutzt, in der mittels VBScript auf den OPC-Server zugegriffen wird. Bild 2.33 zeigt dazu das erforderliche VBScript.

Die Webanwendung arbeitet im Ausführungsfall als OPC-Client, liest den Wert des Prozessdatums ein und sendet diesen Wert an den anfordernden Webbrowser zurück. Auch das Schreiben eines Prozessdatums ist ähnlich einfach zu realisieren.

```
<%
   'Festlegung der Variablen
   DIM temperature,aOPCServer,aOPCGroup,aItemCollection,aOPCItem

   'Aufbau der Verbindung zum OPC-Server und zum Prozessdatum
   SET aOPCServer = Server.CreateObject("OPC.Automation.1")
   aOPCServer.Connect("PhoenixContact.AX-Server")
   SET aOPCGroup = aOPCServer.OPCGroups.Add("HMI")
   SET aItemCollection = aOPCGroup.OPCItems
   SET aOPCItem = aItemCollection.AddItem("input_temp",0)

   'Lesen eines Prozessdatums
   aOPCItem.Read 2,temperature
%>
<!--Ausgabe des Temperaturwertes auf einer HTML-Seite->
<P>TEMPERATURE = <%=temperature%></P>
<%
   'Disconnect und Freigabe der Ressourcen
   aOPCServer.OPCGroups.RemoveAll
   aOPCServer.Disconnect
   SET aOPCServer = Nothing
%>
```

Bild 2.33 Auszug aus einer Webanwendung zur Anzeige eines Temperaturwertes per VBScript und OPC DA

Das klassische OPC besitzt einige Nachteile, die auch durch Weiterentwicklungen, wie z. B. OPC XML DA (Nutzung von Webservices zur Übertragung der Prozessdaten), nicht wirklich beseitigt werden konnten. Dazu gehören folgende Nachteile:

- OPC-Clients und OPC-Server müssen PC-basierte Systeme sein, auf denen Microsoft Windows (MS Windows) als Betriebssystem läuft.
- Da OPC auf Microsofts DCOM basiert, kann keine Verbindung zwischen MS-Windows und Nicht-MS-Windows-Systemen hergestellt werden.
- OPC-Anwendungen können auf Nicht-MS-Systemen, z. B. unter UNIX, nicht ausgeführt werden (es sei denn mit speziellen Adapterprogrammen).
- OPC-Interaktionen über das Internet (durch Firewalls) sind nicht möglich.
- Ab 2002 stoppte Microsoft die DCOM-Entwicklung und stellte .NET vor.

Ende der 1990er Jahre wurde deshalb bereits mit einer grundlegenden Überarbeitung des klassischen OPC gestartet.

2.3.3 Kommunikation mit OPC Unified Architecture

Die Spezifikation der neuen OPC-Architektur – *OPC Unified Architecture OPC UA* – wurde durch die OPC Foundation beginnend ab 2006 veröffentlicht. OPC UA ist als Standard in der Normenreihe IEC 62541 niedergelegt. Bisher gibt es dazu 15 Teile in dieser Norm.

https://bit.ly/2V4w24k

Der größte Unterschied zum klassischen OPC liegt darin, dass Prozessdaten nicht nur transportiert, sondern auch semantisch beschrieben werden können. Darüber hinaus ist OPC UA nicht mehr an das MS-Betriebssystem gebunden und ermöglicht verschiedene Kommunikationswege zwischen Server und Client.

Bild 2.34 zeigt die prinzipielle Architektur von OPC UA.

https://bit.ly/3kI7yZd

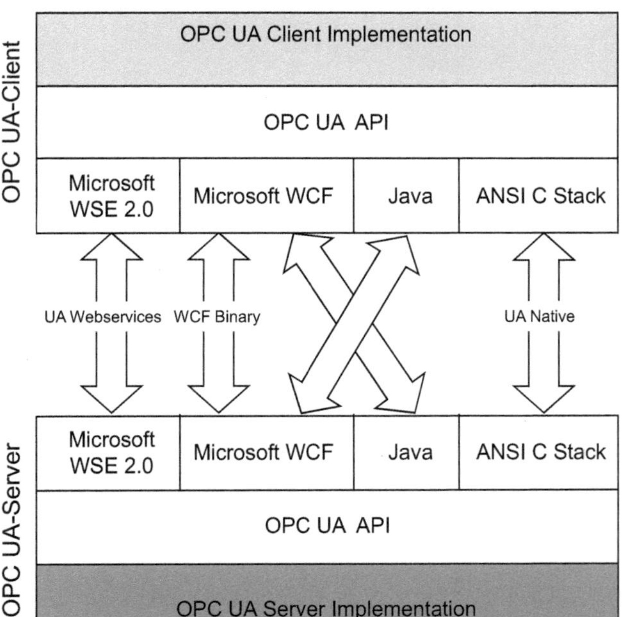

Bild 2.34
OPC-UA-Architektur

OPC UA definiert zwei grundsätzliche Kommunikationsmethoden:

- **UA Web Services:** Diese Methode nutzt die Webservices von Microsoft mit SOAP und den verschiedenen WS*-Spezifikationen. Dies bedeutet, dass wie bei dem klassischen OPC auch hier eine Microsoft-Betriebsumgebung zur Verfügung stehen muss.

- **UA Native:** Diese Methode nutzt ein einfaches binäres Netzwerkprotokoll mit integrierten Sicherheitsmechanismen.

Prinzipiell kann die Datencodierung für beide Methoden mit XML oder auch als Byte-Strings (UA Binary) erfolgen. Üblicherweise nutzt man aber für UA Webservices die XML-Codierung und für UA Native die UA Binary-Codierung. Damit ergeben sich die in Bild 2.35 dargestellten Kommunikationswege für eine übliche OPC-UA-Implementierung.

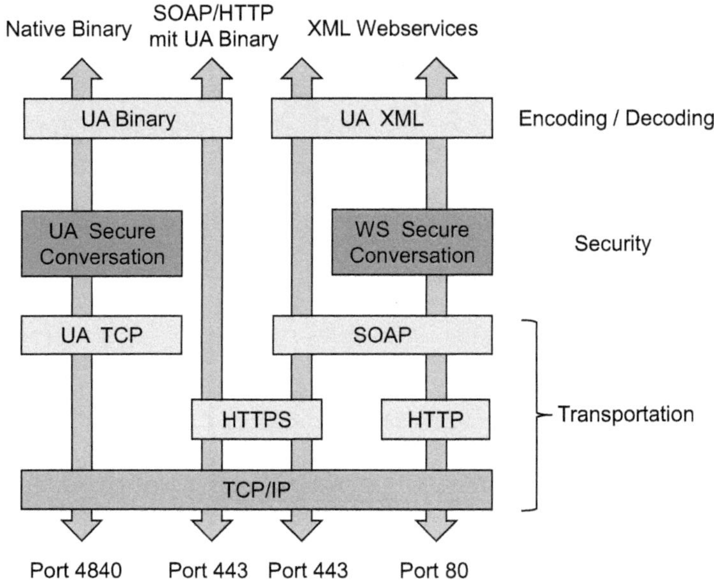

Bild 2.35 Kommunikationswege einer üblichen OPC-UA-Implementierung

Die beiden OPC-UA-Transportprotokolle UA Binary und UA XML wurden betriebssystemunabhängig spezifiziert. Während UA Binary auf Geschwindigkeit und Durchsatz optimiert ist, erweist sich das auf HTTP/HTTPS und SOAP basierende UA XML als Firewall-freundlich.

Eine UA-Nachricht könnte aber auch mit einem anderen Protokoll übertragen werden. So könnte z. B. auch ein WCF-Protokoll (WCF – Windows Communication Foundation) genutzt werden mit einer Binary-Codierung (WCF Binary, siehe Bild 2.34). Auch eine Implementierung mit Java und Kommunikation mit einem WCF-Kommunikations-Stack (Cross-Kommunikation) wäre realisierbar.

Die verschiedenen Kommunikationsprotokolle nutzen für die Zugriffssicherheit die Standardmechanismen aus der IT-Welt, also SSL in HTTPS sowie x.509-Zertifikate in der UA/WS Secure Conversation. Die Kommunikationsprotokolle in der Transportschicht von OPC UA basieren alle auf dem Internet Protocol (IP). OPC UA benötigt daher eine Netzwerkinfrastruktur, die IP-Kommunikation ermöglicht. OPC UA bietet entsprechend Bild 2.36 die beiden Kommunikationsmodelle Client-Server und Publisher-Subscriber an (siehe Abschnitt 1.3.3).

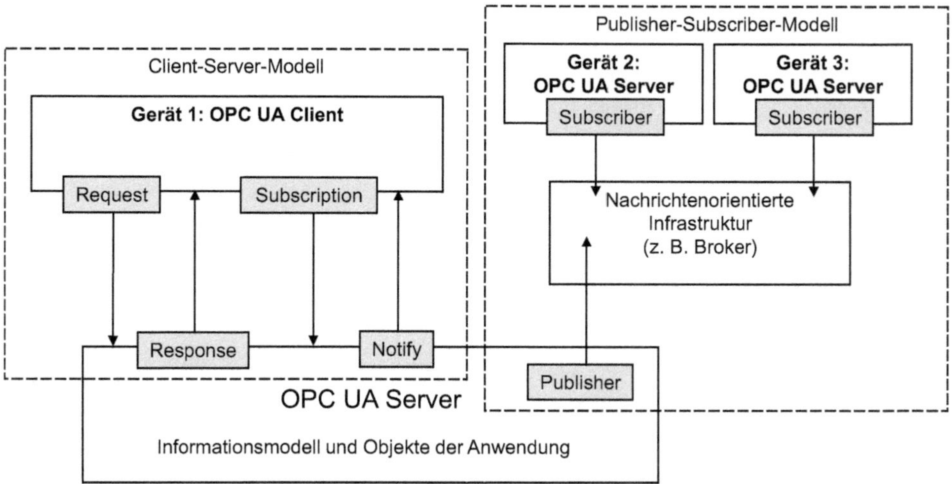

Bild 2.36 Client-Server- und Publisher-Subscriber-Kommunikationsmodell mit OPC UA

Beide Kommunikationsmodelle können parallel verwendet werden. Eine OPC-UA-Anwendung kann zugleich Server, Client, Publisher und Subscriber sein. Eine Discovery-Funktionalität ermöglicht es, OPC-UA-Server mit ihren Funktionalitäten zu finden.

Die *Client-Server-Kommunikation* realisiert einen direkten Datenaustausch zwischen Client und Server, bei dem der Empfang einer Nachricht dem Sender der Nachricht bestätigt wird.

Die *Kommunikationsart Publish-Subscribe* eignet sich für den indirekten Datenaustausch, bei dem sich Sender und Empfänger nicht kennen müssen und auch nicht zur gleichen Zeit aktiv sein müssen. Publish-Subscribe ist geeignet für Szenarien, bei denen entweder viele Sender mit einem Empfänger (z. B. Condition-Monitoring und Optimierungsdienste) oder ein Sender mit vielen Empfängern kommunizieren. In letzterem Szenario könnte z. B. eine Spritzgießmaschine Materialdurchsatz und Energiemessungen zur Verfügung stellen, die von unterschiedlichen Bereichen im Unternehmen verwendet werden können (z. B. Visualisierung oder Energiebilanzierung).

OPC-UA-Implementierungen unterscheiden sich teilweise stark in ihrer Funktionalität. Der Anwender kann eine Implementierung am einfachsten anhand der veröffentlichten Implementierungsprofile und der jeweilig unterstützten Funktionalitäten einordnen. Tabelle 2.13 listet dazu einige ausgewählte OPC UA-Implementierungsprofile auf.

https://bit.ly/2UvbXnl

Tabelle 2.13 Ausgewählte Implementierungsprofile von OPC UA

Implementierungs-profile	Eigenschaften
Nano Embedded Device 2017 Server	stark eingeschränkte Funktionalität, nur für kleinste Geräte, wie z. B. Sensoren und Aktoren, zulässig; nur eine Verbindung; ohne UA-Security; keine Subscriptions und keine Methodenaufrufe möglich
Micro Embedded Device 2017 Server	eingeschränkte Funktionalität; mindestens zwei parallele Verbindungen; zusätzlich Subscriptions/Datenmonitoring, aber keine UA-Security und keine Methodenaufrufe
Embedded 2017 UA Server	Basisfunktionalitäten von OPC UA sind vorhanden; zusätzlich UA-Security und Methodenaufrufe
Standard 2017 UA Server	Beinhaltet alle Funktionalitäten für den sicheren Informationszugriff inklusive UA-Security; keine Alarme und keine Historie; PC-basierte Server sollten mindestens dieses Profil unterstützen

Entsprechende OPC-UA-Server (z.B. Embedded UA-Server) können direkt auf der SPS laufen und sich dort die Ressourcen, wie Prozessor und Speicher, mit der Steuerungsapplikation teilen. Der OPC-UA-Server kann natürlich auch weiterhin auf dem PC installiert werden und sich die Daten über ein effektiveres proprietäres Protokoll von der SPS holen. Selbst OPC-UA-Server für Sensoren als Nano- oder Micro-Implementierung sind bekannt (z.B. vom Institut Industrial IT mit 15 kB RAM und 10 kB ROM).

Im Unterschied zum klassischen OPC (siehe Abschnitt 2.3.2) bietet OPC UA in Anlehnung an MMS die Möglichkeit, Geräte- und Fähigkeitsbeschreibungen in Form von Informationsmodellen zu erstellen. Branchenspezifische Informationsmodelle können standardisiert werden und werden dann als *Companion Specification* bezeichnet. Bisher wurde bereits eine Reihe von Companion Specifications verabschiedet. Einige ausgewählte Companion Specifications sind in Tabelle 2.14 aufgeführt.

https://bit.ly/3rryLRs

Tabelle 2.14 Ausgewählte Companion Specifications für OPC UA

Companion Specification	Beschreibung
Automatische Identifikationssysteme (AutoID)	AutoID ist ein Informationsmodell für automatische Identifikationssysteme, wie z. B. Barcode, RFID, NFC Lese- und Schreibgeräte.
Robotik	standardisierte Schnittstelle zwischen einem Roboter und dessen Produktionsumgebung
EUROMAP77	standardisierte Schnittstelle zwischen Spritzgießmaschinen und Leitrechner/MES
Integrated Assembly Solution	standardisierte Schnittstelle zwischen einem Handhabungsgerät und dessen Produktionsumgebung

OPC UA bietet umfangreiche Möglichkeiten zur Informationsmodellierung. Ein OPC-UA-Server stellt ein Informationsmodell für die jeweilige Anwendung bereit, das dann vom Client genutzt werden kann. In Bild 2.37 ist das Basiskonzept für das OPC-UA-Informationsmodell dargestellt.

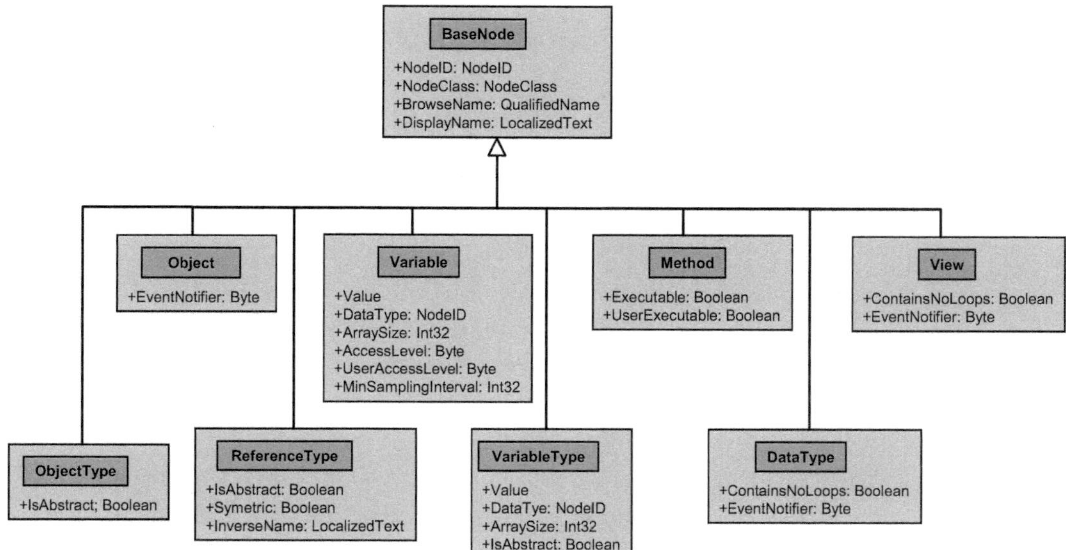

Bild 2.37 Basiskonzept für das OPC-UA-Informationsmodell

Ein OPC-UA-Informationsmodell ist ein Netz aus Knoten und Beziehungen zwischen diesen Knoten. Die Knoten können unterschiedlich komplexe Objekte mit unterschiedlichen Eigenschaften repräsentieren, wie z. B. Geräte, Maschinen und Anlagen. Objekte können Variablen, Methoden und Ereignisse beinhalten.

Im Informationsmodell können beliebige Hierarchien abgebildet werden. Darüber hinaus gibt es Typen und Instanzen von Knoten. Knoten können mit Typen standardisiert werden. Dies ermöglicht einen Informationszugriff unabhängig von speziellen Knoteninstanzen.

OPC UA ist kompatibel zu IPv4 und IPv6. Zukünftig soll OPC UA auch echtzeitkritische Kommunikation mittels des neuen Ethernet-Verfahrens Time-Sensitive Networking (TSN) realisieren können. Vor diesem Hintergrund zielt OPC UA auf die Schaffung eines umfassenden Standards für die industrielle Kommunikation der Produktion der Zukunft.

https://bit.ly/2UTMkg9

Weitere praxisorientierte Informationen zu OPC UA finden Sie in [19].

2.4 Übungsaufgaben

https://bit.ly/3wNosrS

2.1: Erläutern Sie den Unterschied zwischen der Datenübertragung auf einer parallelen und seriellen Schnittstelle, und geben Sie jeweils zwei standardisierte Industrieschnittstellen dazu an.

2.2: Was verstehen Sie unter einer Busschnittstelle?

2.3: Welche Methoden kennen Sie, um einen Teilnehmer an eine Busleitung anzuschließen? Erläutern Sie die Vor- und Nachteile dieser Methoden.

2.4: Die USB-Schnittstelle ist eine universelle Schnittstelle für nahezu alle PCs. Könnte USB auch als Prozessbus oder Feldbusschnittstelle genutzt werden? Erläutern Sie Ihre Auffassung dazu.

2.5: Der I2C-Bus ist ein bidirektionaler Zweidrahtbus in Master-Slave-Architektur. Er besitzt eine einfache Implementierung, niedrige Kosten und eine Übertragungsrate bis zu 3,4 Mbit/s. Wieso wird dieses Bussystem nicht als Prozessbus oder Feldbus für die Automatisierung eingesetzt? Recherchieren Sie dazu, falls erforderlich, im Internet.

2.6: Welche Zykluszeiten lassen sich mit einem Feldbus erzielen, wenn zehn Geräte angeschlossen sind, die Übertragungsrate 1 Mbit/s und die Länge einer Nachricht 64 Bytes beträgt? Hierbei wird angenommen, dass der Busmaster alle Geräte individuell abfragt.

2.7: Welche Protokollvarianten in der Anwendungsschicht kennt PROFIBUS und wie unterscheiden sich diese?

2.8: Was verstehen Sie bei einem Feldbus unter einem Anwendungsprofil? Ermitteln Sie für den PROFIBUS-DP und CAN jeweils zwei Anwendungsprofile. Recherchieren Sie dazu, falls notwendig, im Internet.

2.9: Verschiedene Feldbussysteme (z. B. INTERBUS) nutzen ein Summenrahmenprotokoll zur Übertragung von Prozess- und Parameterdaten. Erläutern Sie, wie bei diesem Verfahren die Adressierung der Busteilnehmer erfolgt.

2.10: Für eine Rotationsdruckmaschine sind fünf Antriebe hinsichtlich ihrer Geschwindigkeit synchronisiert zu steuern. Die Antriebsmotoren arbeiten mit einer Drehzahl von 120 U/min. Die jeweiligen Geschwindigkeitsdrehgeber besitzen eine Auflösung von 10 mV bei 10 V/Umdrehung. Für die Steuerung der Antriebe soll ein Feldbussystem eingesetzt werden. Welchen Feldbus könnten Sie einsetzen? Begründen Sie Ihr Vorgehen.

2.11: Was verstehen Sie als Anwender unter einer offenen Steuerung bzw. einem offenen System in der Automatisierungstechnik?

2.12: Was ist der wesentliche Nachteil der OPC-Spezifikationen bis 2001 (klassisches OPC)?

2.13: Recherchieren Sie im Internet, und ermitteln Sie für drei unterschiedliche Programmiersprachen OPC-UA-Implementierungen.

2.14: Welchen Kommunikationsweg müssten Sie nutzen, um zwischen einem OPC-UA-Server und einem OPC-UA-Client möglichst schnell Prozessdaten zu übertragen?

Literaturverzeichnis

[1] *AMSYS Produktinformation und Datenblatt AMS 4712. AMSYS, Mainz, 2019*

[2] *Klebe-Klingemann, R.:* SIL-konforme Bühnensteuerung mit bewährter Technik. esd electronic system design, Hannover, 2014

[3] *Elektronik-Kompendium:* Computertechnik – Bus-Systeme und Schnittstellen. Elektronik-Kompendium, Ludwigsburg, 2019. *https://www.elektronik-kompendium.de/sites/com/index.htm#a4* (Zugriff am 13.07.2019)

[4] *Rose, M.:* Prozeßautomatisierung mit DIN-Meßbus und INTERBUS-S. Hüthig Verlag, Heidelberg, 1992

[5] *Schnell, G.; Wiedemann, B. (Hrsg.):* Bussysteme in der Automatisierungs- und Prozesstechnik. Springer Vieweg, Wiesbaden, 2012

[6] *Wirth, D.:* Ethernet legt nochmals zu, Feldbusse weiter rückläufig, Wireless stabil. allelectronics.de, 22.06.2020, Hüthig Verlag, Heidelberg. *https://www.all-electronics.de/ethernet-legt-nochmals-zu-feldbusse-weiter-ruecklaeufig-wireless-stabil* (Zugriff am 11.03.2021)

[7] *ESPRIT Consortium CCE-CNMA (Hrsg.):* MMS: A Communication Language for Manufacturing. Springer Verlag, Berlin, Heidelberg, New York, 1995

[8] *Bender, K.:* PROFIBUS. Hanser Fachbuchverlag, München, Wien, 2000

[9] *PNO*: PROFIBUS Systembeschreibung. PROFIBUS Nutzerorganisation e.V., Karlsruhe, 2016

[10] *Kleiner, E.:* Automatisierungssysteme – System-Kommunikation. DHBW, Mannheim, 2017. *http://www.kleiner-ma.de/download/ASA_Syst_Komm.pdf* (Zugriff am 18.07.2019)

[11] *Langmann, R.:* INTERBUS – Technologie zur Automation. Carl Hanser Verlag, München, Wien, 1999

[12] *Etschberger, K.:* Controller-Area-Network. Carl Hanser Verlag, München, 2002

[13] *Siemens:* SIMATIC NET AS-Interface – Einführung und Grundlagen. Siemens AG, Nürnberg, 2006

[14] *Pepperl & Fuchs*: ASi-5 – Die nächste Generation von AS-Interface. 2019. *https://www.pepperl-fuchs.com/germany/de/ASi-5.htm* (Zugriff am 18.07.2019)

[15] *Schwarz, A.:* SERCOS interface: Der weltweite Kommunikationsstandard für Motion Control. CHIP Communications, München, 2004

[16] *Dietrich, D. et al. (Hrsg.):* LON-Technologie. Hüthig Buchverlag, Heidelberg, 1998

[17] *Iwanitz, F., Lange, J.:* OLE for Process Control: Grundlagen, Implementierung und Anwendung. Hüthig Verlag, Heidelberg, 2000

[18] *Resnick, C.; Clayton, D. (2018):* OPC Technology Well-positioned for Future Growth in Tomorrow's Connected World. ARC Advisory Group, Dedham, 2018. *https://opcfoundation.org/wp-content/uploads/2018/02/ARC-Report-OPC-Installed-Base-Insights.pdf* (Zugriff am 20.07.2019)

[19] *Schleipen, M. (Hrsg.):* Praxishandbuch OPC UA. Vogel Business Media, Würzburg, 2018

TEIL B

Industrial Ethernet und mobile Kommunikation

Ethernet hat sich fest in der Automatisierungstechnik etabliert. Möglich wurde dies durch die enormen technischen Fortschritte in den letzten Jahren. Mit dem konsequenten Einsatz von Switches, Full-Duplex-Übertragung und Nachrichtenpriorisierung war ein kollisionsfreies Übertragungsverfahren gefunden, das mit einer Geschwindigkeit von 100 Mbit/s die wesentlichen Anforderungen an die Echtzeitübertragung in der Automatisierungstechnik erfüllt.

Industrial Ethernet ist der Oberbegriff für alle Bestrebungen, den Ethernet-Standard gemäß der internationalen Normenreihe IEE 802.x für die Vernetzung von Geräten in der Automatisierungstechnik nutzbar zu machen. In diesem Zusammenhang spricht man auch von *Ethernet-basierten Echtzeit-Bussystemen* bzw. von *Echtzeit-Ethernet*.

Ethernet-basierte Echtzeit-Bussysteme haben in den letzten 15 Jahren einen wahren Siegeszug in der Automatisierungstechnik angetreten. 2020 betrug ihr Marktanteil bezogen auf alle installierten Feldbussysteme nach einer Studie von HMS 64 % (bei einem stetigen Wachstum).

Kommunikation ist insbesondere bei Industrie 4.0 von zentraler Bedeutung. Die Realisierung von Big Data, Cloud Services und Machine Learning ist ohne eine leistungsfähige Kommunikationsinfrastruktur nicht möglich. Ein zentrales Element zur praktischen Umsetzung von Industrie 4.0 ist dabei die durchgängige Kommunikation aller beteiligten Maschinen und Anlagenteile sowie deren nahtlose Integration in die überlagerten Leit- und Managementsysteme. Industrielle Kommunikation ist damit das Fundament von Industrie 4.0.

Drahtlose und mobile Kommunikationssysteme finden bei zunehmender Produktvielfalt eine immer größere Verbreitung. Die Funkanbindung von stationären wie mobilen Endgeräten an das Telefonnetz, das Internet oder das lokale Netz in einem Unternehmen bietet neue Freiheiten bei der Nutzung der Netze und deren Dienste. Mit heutzutage verfügbarer drahtloser Technik sind viele Mobilitätsansprüche der Nutzer von IT-Technik in Industrie und Wirtschaft realisierbar.

Die Nutzung öffentlicher Mobilfunknetze gehört für die meisten Menschen mittlerweile zum Alltag. Mobilfunkgeräte werden aber auch bereits seit Jahren vielfach in der Industrie für Fernservice und diagnose sowie für Fernwirk- und Fernsteuerungslösungen eingesetzt.

Die Einführung von 5G beim Mobilfunk mit hohen Datenraten und gesicherten niedrigen Latenzzeiten hat erstmals das Potenzial, die unterschiedlichen drahtlosen Bussysteme abzulösen und so einen einheitlichen Standard bereitzustellen, der die vielschichtigen Produktlösungen zukünftig weitgehend ersetzen könnte.

Um fachkompetente Entscheidungen hinsichtlich Beschaffung, Einsatz, Bedienung, Wartung und Pflege von mit Ethernet vernetzten Systemen sowie von drahtlosen und mobilen Systemen treffen zu können, bedarf es anwendungsbereiter Kenntnisse zu den Grundlagen von Ethernet und dessen Anwendung in der Industrie sowie zu Aufbau und Funktion drahtloser und mobiler Kommunikationsnetze.

3 Industrial Ethernet

3.1 Netzwerktechnik mit Ethernet

Ethernet wurde nach dem Lichtäther benannt, von dem einmal angenommen wurde, dass dort, wo Lichtwellen sind, auch etwas sein müsse, das schwingt. Diesem schwingenden Etwas gab man den Namen Äther. Erst später wurde durch Experimente bewiesen, dass sich Wellen relativ zum bewegten Körper nach allen Richtungen gleich schnell fortpflanzen und es einen Äther nicht gibt.

Am 22.05.1973 wurde durch Robert Metcalfe im Xerox-Entwicklungszentrum Palo Alto Research Center vorgeschlagen, eine Netzanbindung für Drucker mittels Koaxialkabel auf Basis des in den Kopiersystemen integrierten Bussystems Ethernet vorzunehmen. Dies war die Geburtsstunde der Ethernet-Technologie. Bild 3.1 zeigt die historische Skizze von Robert Metcalfe auf einer Konferenz 1976 zum Aufbau eines lokalen Netzes mit Ethernet.

https://bit.ly/2UZBBkv

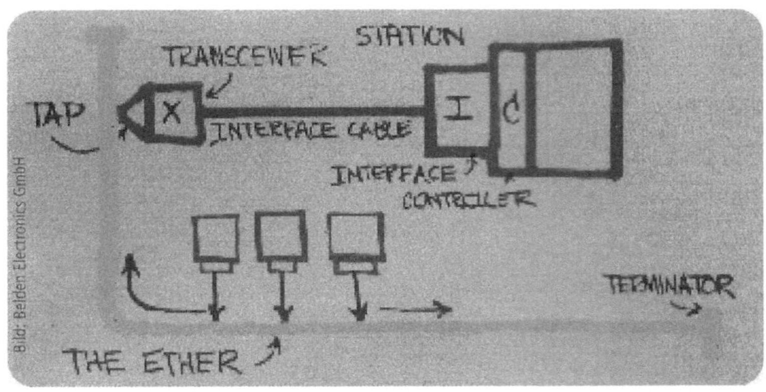

Bild 3.1 Historische Skizze von Robert Melcalfe zu Ethernet (© Robert Metcalfe)

Nach einer ersten firmenspezifischen Spezifikation wurde 1983 Ethernet durch das Institute of Electrical and Electronics Engineers (IEEE) als *IEEE 802.3 mit 10 Mbit/s über Koaxialkabel* (dickes gelbes Kabel - Yellow Cable) standardisiert.

Aufgrund der geringen Lizenzgebühr fand die erste Spezifikation von Ethernet schnell eine rasche Verbreitung und ebnete damit den Weg für die weitere Standardisierung und Erweiterung dieser Netzwerktechnik. Der Erfolg von Ethernet ist auch eng mit der seit 35 Jahren offenen und neutralen Standardisierung im IEEE verbunden.

In den 1990er Jahren hat sich Ethernet gegenüber anderen Netztechniken wie Token Ring (auf Basis von Koaxialkabeln), FDDI (auf Basis von Glasfaserkabeln) und ATM durchgesetzt. Insbesondere der einfache und kostengünstige Aufbau eines Ethernet-Netzwerks sorgte für die rasche Verbreitung auf der ganzen Welt. Im Prinzip werden heute fast alle Vernetzungen weltweit im LAN und zunehmend auch im WAN mit Ethernet-Technik realisiert.

3.1.1 Grundlagen von Ethernet

https://bit.ly/2W9gAo5

Für Ethernet gibt es eine Vielzahl an Standards, für die die IEEE verantwortlich ist. Seit der Einrichtung einer Arbeitsgruppe für den Standard eines lokalen Netzwerkes ist der Begriff „Ethernet" das Synonym für alle unter der Arbeitsgruppe 802.3 vorgeschlagenen und standardisierten Spezifikationen. Tabelle 3.1 zeigt eine Übersicht der IEEE 802.x-Spezifikationen.

Tabelle 3.1 Übersicht der IEEE 802.x-Spezifikationen bezogen auf das OSI-Referenzmodell

OSI-Schicht 2	802.2 Logical Link Control (LLC)			
	802.1 Media Access Control (MAC)			
OSI-Schicht 1	**802.3 Ethernet (CSMA/CD)**	802.4 Token Bus	802.5 Token Ring	802.11 Wireless LAN

Ethernet ist eine paketvermittelnde Netzwerktechnik, deren Standards auf den Schichten 1 und 2 des OSI-Referenzmodells (OSI-7-Schichtenmodell) die Adressierung und die Zugriffskontrolle auf unterschiedliche Übertragungsmedien (Kabel, LWL, Funk) definieren.

Die Ethernet-Standards auf der OSI-Schicht 2 sind die LLC- und MAC-Teilschichten (IEEE 802.2 und 802.1). Sie sind unabhängig von Ethernet und werden auch für andere Übertragungstechniken, wie z. B. Bluetooth oder WLAN, verwendet.

https://bit.ly/2UoT4mx

3.1.1.1 Physikalische Realisierungsvarianten

Es gibt mittlerweile eine Vielzahl unterschiedlicher Realisierungsvarianten von Ethernet in der Schicht 1 des OSI-Referenzmodells (physikalische Verbindungsschicht), die sich insbesondere durch das Übertragungsmedium sowie die Datenrate signifikant unterscheiden [1]. Üblicherweise verwendet die IEEE 802 dazu das folgende Bezeichnungsschema:

```
<Datenrate><Übertragungsverfahren><Segmentlänge> bzw. Übertragungsmedium>
```

Zum Beispiel 10Base5: Basisbandübertragung mit 10 Mbit/s, Segmentlänge 500 m

In Tabelle 3.2 sind ausgewählte Ethernet-Varianten aufgelistet.

Tabelle 3.2 Ausgewählte Ethernet-Varianten

Bezeichnung	IEEE-Standard	Datenrate [Mbit/s]	Übertragungsmedium
10Base5 (Thick Ethernet)	802.3	10	Koaxialkabel, Segmentlänge 500 m
10Base2 (Thin Ethernet)	802.3a	10	Koaxialkabel, Segmentlänge 200 m
10Base-T	802.3i	10	2 x Twisted Pair
10Base-FB	802.3j	10	Lichtwellenleiter (LWL)
10Broad36	802.3b	10	Koaxialkabel, Breitbandübertragung
100Base-TX (Fast Ethernet)	802.3u	100	2 x Twisted Pair
1000Base-T	802.3ab	1000	4 x Twisted Pair
1000Base-SX	802.3z	1000	LWL (Multimode)
10Gbase-LR	802.3ae	10000	LWL (Single Mode bis 10 km)

Mittlerweile steht auch 40-Gbit- und 100-Gbit-Ethernet zur Verfügung. Der Einsatz erfolgt insbesondere für optische Weitverkehrsnetze (WAN) sowie zur schnellen Verbindung von Rechenclustern, zum Vernetzen von Massenspeichern oder für den Internet-Backbone. Auch die steigenden Anforderungen an Videoübertragungen und Cloud-Computing können damit befriedigt werden.

Im Folgenden werden die wichtigsten Ethernet-Realisierungsvarianten der letzten Jahre kurz beschrieben.

Thick Ethernet: Die *erste Realisierung des Ethernets* (Thick Ethernet oder 10Base5) verwendete ein dickes gelbes Koaxialkabel (Durchmesser 10 mm).

Merkmale des ursprünglichen Ethernets:

- 10 Mbit/s
- Basisbandübertragung
- maximal 5...100 = 500 m
- maximal 100 Transceiver pro Segment

Bild 3.2 zeigt den Aufbau einer Thick-Ethernet-Bustopologie.

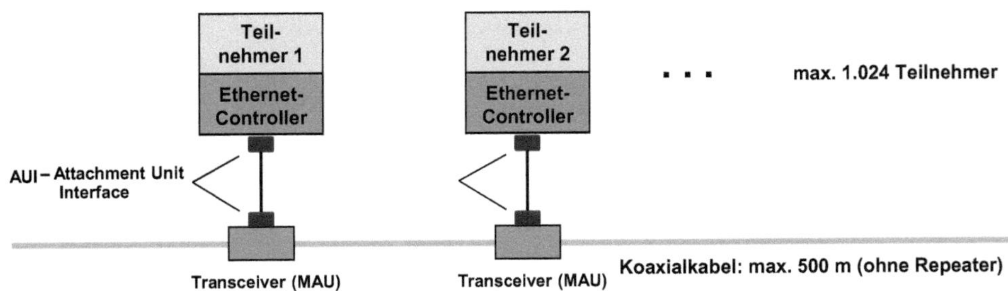

Bild 3.2 Aufbau einer Thick-Ethernet-Bustopologie

Koaxialkabel für das Thick Ethernet weisen alle 2,5 m eine Markierung auf, um die korrekte Positionierung der 10Base5-Transceiver (MAU - Medium Attachment Unit) sicherzustellen. Diese Transceiver werden benötigt, um Stationen an das Netzwerk anzuschließen. Sie dürfen nur alle 2,5 m angebracht werden, um Signalreflexionen zu verhindern, die zu einer Verschlechterung der Übertragungsqualität führen.

Thin Ethernet: Thick Ethernet war schnell überholt. Nach kurzer Zeit wurde das starre und dicke gelbe Koaxialkabel durch ein schwarzes, flexibleres mit 6 mm Durchmesser ersetzt, was zur Realisierung des *Thin Ethernets* (10Base2) führte. Der Anschluss der verschiedenen Stationen geschieht durch T-förmige BNC-Anschlussstücke, wodurch eine maximale Segmentlänge von etwa 200 m möglich wird.

https://bit.ly/3wYRAfM

Ethernet über Twisted-Pair-Kabel: Das große Problem bei Koaxialkabeln ist, dass die Kommunikation nur im Halbduplexverfahren möglich ist. Auch die verwendete Bustopologie ist nicht ideal, wenn bestimmte Probleme auftreten. Um die Beschränkung der Bustopologie zu durchbrechen, ist Ethernet zu einer Topologie übergegangen, bei der auch verdrillte Zweidrahtleitungen (TP - Twisted-Pair-Kabel) verwendet werden können. Dabei werden alle Stationen separat bzw. direkt mit einem oder mehreren zentralen Hubs verbunden. Auf diese Weise kann eine Sterntopologie erstellt werden. Das Netzwerk kann so leichter erweitert und kontrolliert werden, auch die Fehlersuche wird erleichtert. Die maximale Segmentlänge zwischen Teilnehmer und Hub beträgt 100 m.

Die Twisted-Pair-Varianten sind von 10Base-T (10 Mbit/s) über 100Base-T (100 Mbit/s) bis 1000Base-T (1000 Mbit/s) weiterentwickelt worden.

Fast Ethernet: Ungeschirmte Zweidrahtleitung (UTP - Unshielded Twisted Pair), z. B. CAT5-UTP (CAT - Category) unterstützt Übertragungsgeschwindigkeiten bis 100 Mbit/s (Bild 3.3).

Bild 3.3
Ethernet-Kabel CAT5-UTP (© Adrian Malec, *https://pixabay.com/de/users/doctor-a-5155982*)

Das *Kabel besteht aus acht Leitern*, die zu vier Paaren geordnet sind. Die vier Paare können daran erkannt werden, dass der eine Leiter stets vollständig gefärbt ist, während der andere Leiter des Paares dieselbe Farbe mit weißen Unterbrechungen aufweist. Von den vier Paaren werden bei 10/100Base-T lediglich zwei verwendet (Paar 2: Orange/Weiß und Orange sowie Paar 3: Grün/Weiß und Grün). Tabelle 3.3 zeigt die Pinbelegung für Fast Ethernet.

Tabelle 3.3 Pinbelegung für Fast Ethernet

Nummer des Steckerpins	Farbe	Funktion
1	Grün/Weiß	+TD (Transmitted Data)
2	Grün	-TD
3	Orange/Weiß	+RD (Received Data)
4	Blau	ungenutzt
5	Blau/Weiß	ungenutzt
6	Orange	-RD
7	Braun/Weiß	ungenutzt
8	Braun	ungenutzt

Merkmale von Fast Ethernet sind:

- Datenübertragung mit einer Geschwindigkeit von 100 Mbit/s
- Vollduplexbetrieb
- Switched Ethernet

Fast Ethernet verfügt über einen *Autonegotiation-Mechanismus*. Dieser macht Ethernet-Schnittstellen möglich, die automatisch zwischen 10 und 100 Mbit/s umschalten. Die verwendete Taktfrequenz beträgt 125 MHz. CAT5-Kabel sind für Übertragungsfrequenzen von bis zu 125 MHz zugelassen.

Gigabit Ethernet: Gigabit-Ethernet strebt eine Datenrate von 1 Gbit/s an. Falls hierfür z. B. CAT5-Ethernet-Kabel verwendet werden sollen, gibt es ein Problem, da diese nur eine Taktfrequenz von bis 125 MHz unterstützen. Deshalb muss die Technologie angepasst werden. Zunächst werden bei 1000Base-T 2 Bits pro Taktimpuls codiert, wozu vier Spannungspegel verwendet werden. Außerdem werden alle vier Datenleitungspaare des Ethernet-Kabels verwendet. Die vier Paare werden dabei bidirektional verwendet, d. h., auf allen vier Paaren werden Daten gesendet und empfangen.

Gigabit-Ethernet verwendet immer noch die 100Base-T/CAT5-Taktrate von 125 MHz. Da bei jedem Taktsignal über jedes der vier Datenleitungspaare 2 Bits verarbeitet werden, wird insgesamt eine Datenübertragungsrate von 1 Gbit/s erreicht.

https://bit.ly/2VYYuEV

Ethernet über Glasfaserkabel: Um längere Segmentabstände zu ermöglichen, wurde Glasfaserkabel als mögliche Schnittstelle integriert. Die ersten Glasfaservarianten sind unter den Namen 10Base-F und 100Base-F bekannt. Bei beiden werden für das Senden und Empfangen von Daten getrennte Lichtwellenleiter (LWL) verwendet.

Gigabit Ethernet über Glasfaser wurde für den Vollduplexbetrieb mit einer Datenübertragungsrate von 1 Gbit/s entwickelt. Es gibt zwei verschiedene Varianten des Gigabit-Ethernets:

- **1000Base-SX:** 1000Base-SX verwendet Lichtpulse mit einer kleinen Wellenlänge, die über eine Multimode-Glasfaser übertragen werden.
- **1000Base-LX:** Bei 1000Base-LX werden Lichtpulse mit einer großen Wellenlänge über eine Multi- oder Monomode-Glasfaser übertragen.

Mittlerweile gibt es auch 10-Gigabit-Ethernet über Glasfaser in verschiedenen Varianten. Es gibt auch Ethernet über Wireless LAN (WLAN). Diese Realisierungsvariante wird in Kapitel 4 behandelt.

3.1.1.2 Datenübertragung und Zugriffsverfahren

Betrachtet man Ethernet unter dem Blickwinkel des OSI-Referenzmodells (siehe Abschnitt 1.3.1.1), so nutzt die eigentliche Ethernet-Übertragung die untersten zwei Schichten, die Bitübertragungsschicht (Schicht 1 – Physical Layer) und die Sicherungsschicht (Schicht 2 – Data Link Layer). Während in Schicht 1 nur die physikalischen Parameter von Ethernet definiert sind, erfolgt in Schicht 2 die Bildung der Datentelegramme für die Bitübertragung und die Realisierung des Zugriffsverfahrens.

Die Umsetzung der Schichten 1 und 2 des OSI-Referenzmodells durch den Ethernet-Standard IEEE 802 sind in Tabelle 3.1 dargestellt. Als Zugriffsverfahren sind im industriellen LAN heute im Wesentlichen nur noch die Standards IEEE 802.3 (CSMA/CD) und IEEE 802.5 (Wireless LAN) von Bedeutung.

Die in der Schicht 1 auf dem Übertragungsmedium ausgetauschten Telegramme werden *Ethernet-Paket* oder *Ethernet-Frame* genannt [2]. Es gibt bei Ethernet unterschiedliche Frame-Formate. Das in der Industrie übliche Frame-Format für Echtzeit-Ethernet ist Ethernet II (modifizierte Version von Ethernet nach IEEE 802.3). Der Aufbau eines Ethernet II-Frames ist in Bild 3.4 dargestellt und besteht aus den in Tabelle 3.4 aufgeführten Teilen.

	PRE	SFD	DA	SA	TYPE	Data	PAD	FCS
						Nutzinformation		
Länge in Bytes	7	1	6	6	2	46–1.500	0–46	4

Bild 3.4 Aufbau eines Ethernet-Frames (Ethernet II-Frame)

Bei einem Ethernet-Frame nach IEEE 803.2 kann im TYPE-Feld auch die Länge der Daten stehen, die im Datenfeld übertragen werden.

Tabelle 3.4 Bedeutung der Bestandteile eines Ethernet-Frames

Kurzzeichen	Bezeichnung	Länge [Byte]	Beschreibung
PRE	Präambel (Preamble)	7	Die Präambel dient der Startsynchronisation der Empfänger.
SFD	Startzeichen (Starting Frame Delimiter)	1	Kennzeichnet den Beginn des eigentlichen Ethernet-Frames
DA	Empfängeradresse (Destination Address)	6	Die Empfängeradresse wird vom Adressfilter im Ethernet-Controller ausgewertet, und nur die gewünschten Pakete gelangen an die Kommunikationssoftware.
SA	Absenderadresse (Source Address)	6	Adresse des Absenders
TYPE	Typfeld (Ethertype)	2	Gibt Auskunft über das verwendete Schicht-3-Protokoll bzw. über die Art der Daten Bei Ethernet nach IEEE 803.2: Länge des Datenfeldes in Byte
Data	Daten (= Nutzdaten)	46 - 1500	Falls die minimale Frame-Länge von 64 Byte nicht erreicht wird, werden hier Füllzeichen (Padding) eingetragen.
PAD	Ergänzungszeichen (Padding)	0 - 46	Ergänzen bei Bedarf die Nutzdaten
FCS	Prüfzeichen (Frame Check Sequence)	4	CRC-Prüfwort über die Felder Adressen, Länge und Daten

Auf dem gemeinsamen Übertragungsmedium eines LANs benötigt jede Station eine eindeutige Adresse. Diese Adresse wird je nach Sprachgebrauch als *Ethernet-Adresse* oder *MAC-Adresse* (MAC – Medium Access Control) bezeichnet. Die MAC-Adresse ist vom Hersteller eines Ethernet-Moduls in fester Form dem physikalischen Netzwerk-Interface zugewiesen und wird meist in einem ROM auf der Interface-Karte nicht flüchtig gespeichert.

Die MAC-Adresse hat eine feste Länge von 48 Bit (= 6 Byte). Die letzten beiden Bits kennzeichnen die Art der Adresse. Ist Bit 47 = 1, dann handelt es sich z. B. um eine Gruppe von Rechnern (Multicast). Bit 45 bis Bit 24 bilden eine Herstellernummer, die von der IEEE vergeben und auch als Organization Unique Identifier (OUI) bezeichnet wird (Herstelleradresse). Da bei universellen Individualadressen die letzten beiden Bits auf „0“ stehen, werden sie häufig in die OUI einbezogen. Damit gibt es 4.194.302 mögliche Herstellernummern. Die niederwertigsten 24 Bits bilden eine Seriennummer, die jeder Hersteller selbst vergeben kann (Geräteadresse).

Bild 3.5 zeigt als Beispiel die herstellerspezifische MAC-Adresse 00.A0.45.XX.XX.XX, wobei der Teil 00.A0.45 die Herstelleradresse der Firma Phoenix Contact repräsentiert. Die Geräteadresse XX.XX.XX wird vom Hersteller aufeinanderfolgend für die produzierten Ethernet-Module vergeben.

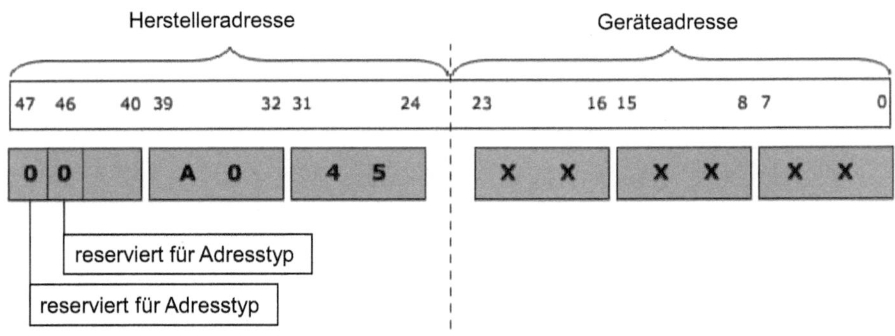

Bild 3.5 Aufbau der MAC-Adresse 00.A0.45.XX.XX.XX

Es existieren noch wichtige Spezialadressen, so unter anderem die *Broadcast-Adresse*, bei der alle 48 Bits auf „1“ gesetzt sind. Die Broadcast-Adresse kann nur als Zieladresse verwendet werden. Mit dieser Adresse werden alle Netzwerk-Interfaces eines Netzwerkes adressiert.

Aktuell geht man davon aus, dass die 48-Bit-MAC-Adresse bis ins Jahr 2100 reichen wird.

https://bit.ly/3rpYmu3

Ethernet verwendet in der Schicht 2 als *Zugriffsverfahren CSMA/CD* (Carrier Sense Multiple Access/Collision Detection). Mit CSMA/CD können zwei oder mehr Stationen ein gemeinsames Übertragungsmedium nutzen. Bild 3.6 zeigt den vereinfachten Ablauf des CSMA/CD-Verfahrens (siehe Abschnitt 1.2.4.2).

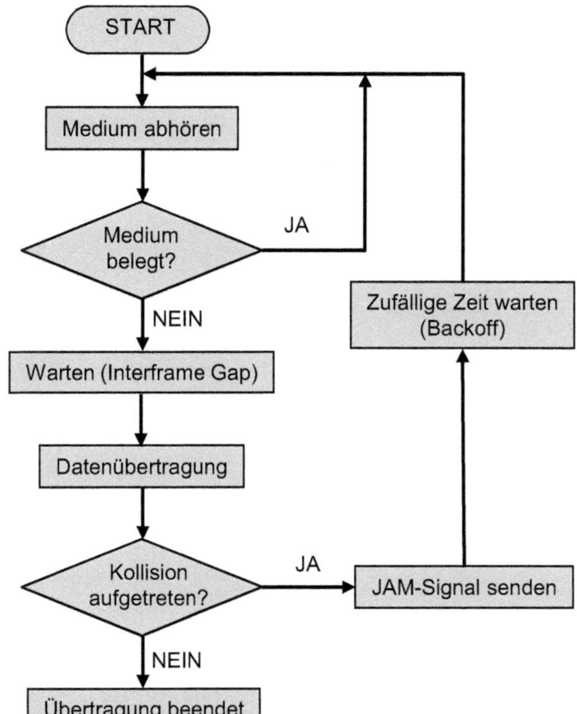

Bild 3.6
Vereinfachter Ablauf des CSMA/CD-Verfahrens

Ein sendebereiter Teilnehmer hört das Medium ab (Carrier Sense). Falls es belegt ist, muss der Teilnehmer warten, bis das Medium frei und eine bestimmte Wartezeit (Interframe Gap) vergangen ist. Dann kann der Teilnehmer senden. Wenn gleichzeitig ein anderer Teilnehmer mit dem Senden beginnt, tritt eine *Kollision* auf. Da sendende Teilnehmer das Medium weiterhin abhören, können diese das Auftreten einer Kollision erkennen. Nach einer Kollision stellen die sendenden Teilnehmer ihre Sendung ein und senden ein 32 Bit langes JAM-Signal (Jamming = Stören). Anschließend wartet jeder Teilnehmer für eine bestimmte Zeit (Backoff), die er selbst als Zufallswert ermittelt. Dies soll verhindern, dass die an der Kollision beteiligten Teilnehmer zur gleichen Zeit mit der nächsten Sendung beginnen und dadurch wieder kollidieren.

Ethernet ist ein ideales System, wenn keine Kollisionen stattfinden. In diesem Fall kann jeder Teilnehmer das volle Telegramm ungestört und sofort übertragen. Es wird keine Netzwerkbandbreite für Koordinierungsfunktionen (wie z. B. beim Master-Slave-Verfahren) benötigt. Lässt man mehrere Teilnehmer jedoch gleichzeitig unkoordiniert senden, so sind Kollisionen statistisch gesehen unvermeidlich. Damit kann ohne zusätzliche Maßnahmen bei Ethernet auch nicht garantiert werden, dass eine Telegrammübertragung innerhalb einer definierten Zeitspanne stattfindet. Ethernet ist deshalb ein *nichtdeterministisches Netzwerk*. Das Zeitverhalten hängt dabei von der Netzwerkbelastung (Netzwerklast) ab. Bild 3.7 veranschaulicht prinzipiell dieses Verhalten.

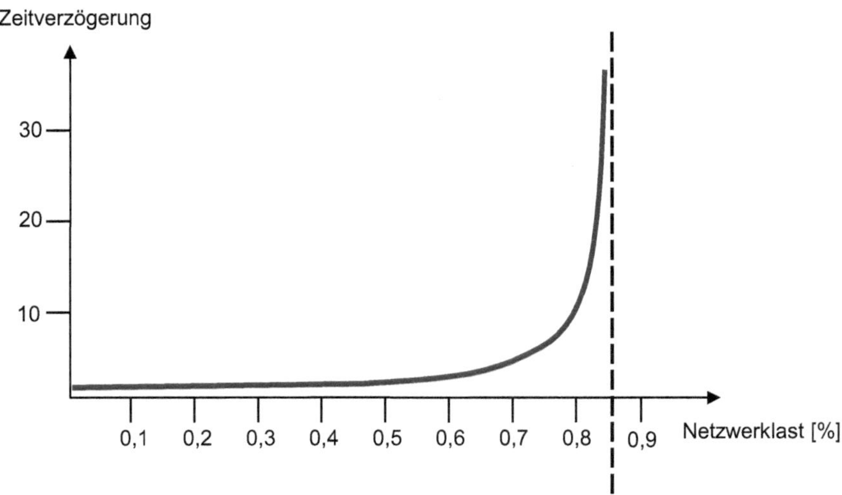

Bild 3.7 Relative Zeitverzögerungen bei Ethernet als Folge der Netzwerkbelastung [4]

Bei einer hohen Netzwerklast (Auslastung mit Telegrammübertragungen) steigt die Zeitverzögerung für die übertragenen Telegramme nahezu exponentiell an.

Für den Einsatz als Echtzeit-Bussystem in der Industrieautomation genügt das statistische Verhalten nicht, und es müssen zusätzliche Maßnahmen in den übergeordneten Protokollschichten und/oder in der Ethernet-Topologie eingeführt werden (z. B. Switched Ethernet siehe Abschnitt 3.1.2.3).

3.1.1.3 Power over Ethernet

https://bit.ly/2UonchP

IEEE802.3af (*Power over Ethernet - PoE*) bietet seit Juni 2003 die Möglichkeit zur gleichzeitigen Übertragung von Daten und Energie über dasselbe Ethernet-Kabel [2]. Bereits vor Einführung dieses Standards wurden nicht genormte Systeme verwendet, die über die ungenutzten Adern des Ethernet-Kabels eine Versorgungsspannung von 24 oder 48 V übertragen. Über den IEEE802.3af-Standard kann der zu den Geräten geführte Strom begrenzt und gesteuert werden. Durch den Einsatz von PoE wird ein gesondertes Netzteil überflüssig. Dies ist besonders nützlich, wenn das Netzwerkgerät an einem Ort eingesetzt werden soll, wo die separate Stromversorgung schwierig zu verwirklichen ist.

Das Protokoll definiert zwei Basiskomponenten.

Power Sourcing Equipment: Das Gerät, das die Versorgungsspannung für das PoE zur Verfügung stellt, wird als *Power Sourcing Equipment* (PSE) bezeichnet (man findet auch die Bezeichnung PoE-Injektor). Die vom PSE zur Verfügung gestellte Nennspannung beträgt 48 V (zwischen 44 V und 57 V). Jeder Port eines PSE muss an 44 V einen Strom von 350 mA zur Verfügung stellen können (15,4 W). Den Aufbau eines PSE zeigt Bild 3.8a.

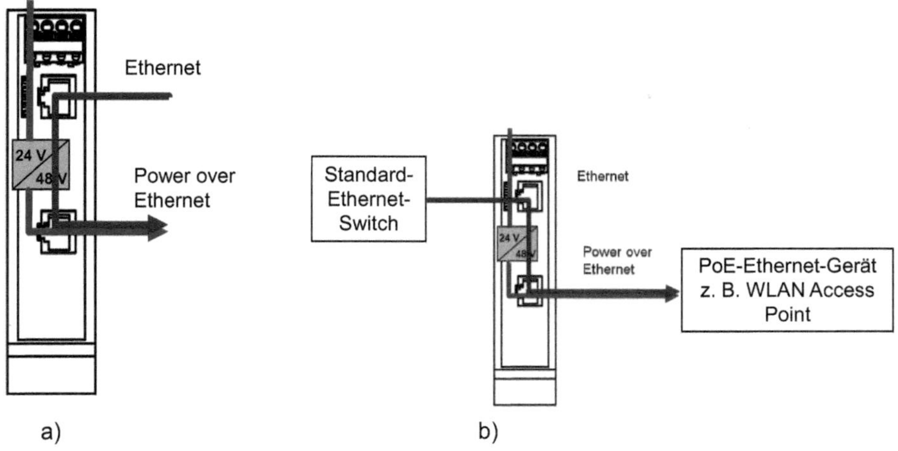

Bild 3.8 a) Aufbau eines PSE und b) Einsatz als Mid Span PSE

Es werden zwei verschiedene PSE-Typen unterschieden:

- **End Point PSE:** Der übliche Ethernet-Switch wird durch einen PoE-Switch ersetzt.
- **Mid Span PSE:** Dieses Gerät wird zwischen dem üblichen Ethernet-Switch und dem Netzwerkteilnehmer eingefügt (siehe Bild 3.8b).

Powered Device: Netzwerkteilnehmer, die ihre Versorgungsspannung über das Ethernet-Kabel erhalten, werden *Powered Device* (PD) genannt. Um Beschädigungen durch Verpolung zu verhindern, sind PDs mit einem Verpolungsschutz ausgestattet. Ein PD muss gemäß der Norm Alternative A (Übertragung der Energie über die Datenleitungen) oder B (Übertragung der Energie über nicht genutzte Leitungen) unterstützen. In der Norm ist weiterhin festgelegt, dass ein PSE mindestens 15,4 W leisten und ein PD höchstens 12,95 W aufnehmen darf. Die Differenz ist nötig, um Verluste im Twisted-Pair-Kabel auszugleichen

In Beispiel 3.1 wird der Einsatz von Power over Ethernet (PoE) dargestellt.

Beispiel 3.1: Überwachung von Fabrikanlagen mit Videokameras [3]

Mit dem PoE-Injektor KPOE-800HP von KTI Networks lassen sich Ethernet-Netze für PoE nachrüsten. Dadurch ist es möglich, WLAN Access Points, IP-Telefone, Überwachungskameras und andere PoE-fähige Geräte über die LAN-Kabel mit Strom zu versorgen. Der KPOE-800HP ist speziell für den Einsatz in Industrieumgebungen ausgelegt.

Das System stellt bis zu acht Endgeräten insgesamt maximal 276 W zur Verfügung. Bei einer Spannung von +57 VDC beträgt der PSE-Wert (Power Sourcing Equipment) laut Hersteller 34 W. Der KPOE-800HP erfüllt somit die Vorgaben der PoE+-Norm (IEEE 802.3at).

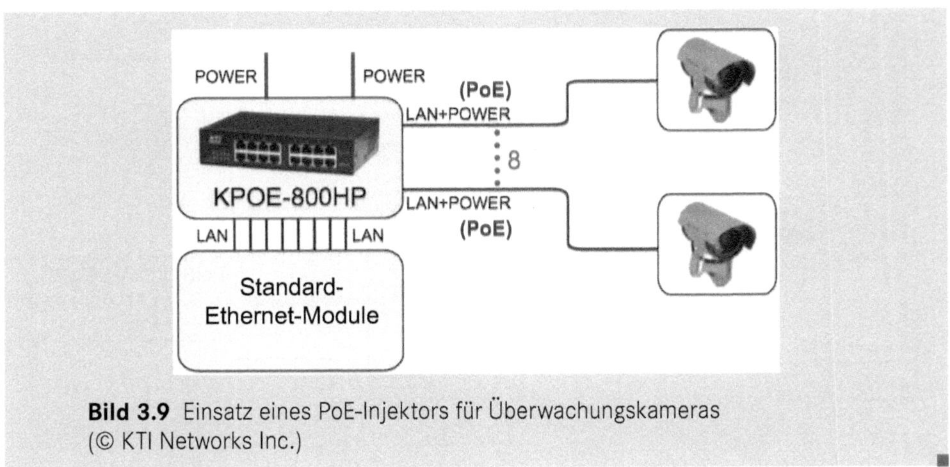

Bild 3.9 Einsatz eines PoE-Injektors für Überwachungskameras (© KTI Networks Inc.)

3.1.2 Gerätetechnik und Topologien

3.1.2.1 Klassische Ethernet-Topologie

Das ursprüngliche Ethernet basiert auf einem Koaxialkabel als Übertragungsmedium. Dabei wurden mit einem Kabel hintereinander mehrere andere Stationen zu einer Kette verbunden. Die Netzwerktopologie nutzt ein *Shared Medium* und wird als Bus bezeichnet (siehe Bild 3.2). Stetige Verbesserungen haben dann zu einem Anstieg der Netzwerkleistung geführt. Der entscheidende Durchbruch von Ethernet im LAN kam durch den Umstieg von Shared auf ein *Switched Medium* und damit von einer Bus- zu einer Sterntopologie in Verbindung mit einer strukturierten Verkabelung. Gleichzeitig hat die konsequente Rückwärtskompatibilität dazu geführt, dass Investitionen bis zu einem gewissen Grad zukunftsfähig blieben. Im Prinzip lassen sich auch heute noch ältere Komponenten für 10/100 Mbit/s mit Komponenten für 1 Gbit/s kombinieren. Im Zweifelsfall bedarf es nur eines Medienkonverters.

3.1.2.2 Netzwerkkomponenten

Zur Strukturierung und Realisierung eines Switched Ethernets werden unterschiedliche Netzwerkkomponenten benötigt. Zu den wesentlichen Komponenten gehören Hubs, Switches und Router.

Hub: Der Einsatz eines Hubs führt zu einer Topologie, die physisch als Stern erscheint, aber logisch weiterhin eine Bustopologie ist (Bild 3.10).

Der Hub wird oft auch als *Multiport-Repeater* bezeichnet, da er Signale, die er auf einem Port empfängt, auf alle anderen Ports wieder ausgibt. Ein Hub dient im Wesentlichen der Signalverstärkung für die Überbrückung längerer Distanzen.

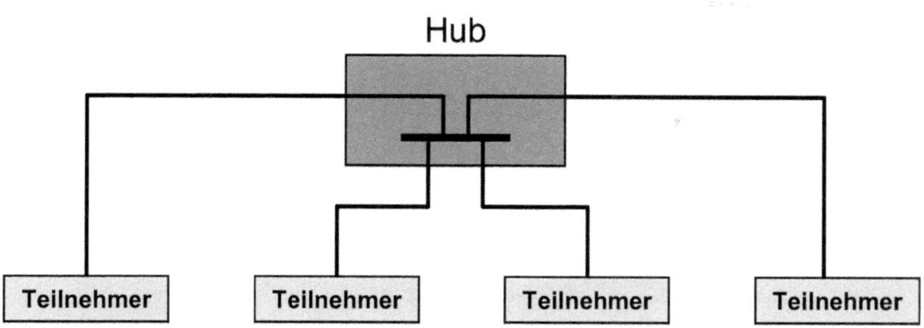

Bild 3.10 Ethernet-Aufbau mit Hub

Switch: Der Switch ist die *Basiskomponente* für den Aufbau eines lokalen Ethernet-basierten Netzwerks. Mithilfe von Switches werden die verschiedenen Teilnehmer eines LANs auf intelligente Weise miteinander verbunden.

In Beispiel 3.2 wird der Einsatz eines einfachen Switches für die Automatisierung dargestellt.

Beispiel 3.2: Anschluss einer SPS an ein Industrienetz [4]

Die Compact-Switch-Module LOGO! CSM, CSM 1277 und CSM 377 sind Unmanaged Switches für den einfachen und schnellen Anschluss einer LOGO!, SIMATIC S7-1200, S7-300 oder ET 200M an ein Industrial Ethernet-Netzwerk (Bild 3.11). Damit eignen sich die kostengünstigen Switches zur Integration von kleinen Maschinen in bestehende Automatisierungsnetze, zum Stand-alone-Betrieb der Maschinen oder zum Aufbau kleiner, lokaler Ethernet-Netzwerke. Mit dem CSM 1277 werden Ethernet-Schnittstellen an einer SIMATIC S7-1200 vervielfacht zum zusätzlichen Anschluss von Programmiergeräten, Bedienelementen und weiteren Ethernet-Teilnehmern.

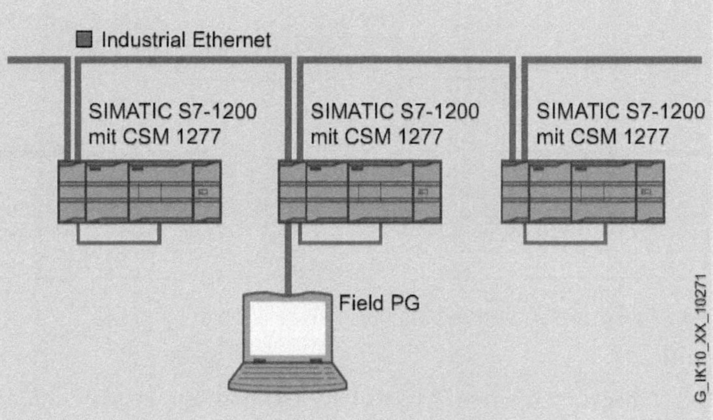

Bild 3.11 Anschluss einer SPS SIMATIC S7-1200 an ein Industrienetz (© Siemens AG)

Ein Switch hat mehrere Ports. An jedem dieser Ports kann ein Netzwerkteilnehmer oder ein anderer Switch angeschlossen werden. Auf diese Weise kann ein Netzwerk mit einer Sterntopologie aufgebaut werden. Bild 3.12 veranschaulicht den Aufbau eines Ethernet-Netzwerkes mit einem Switch als Kreuzschienenverteiler.

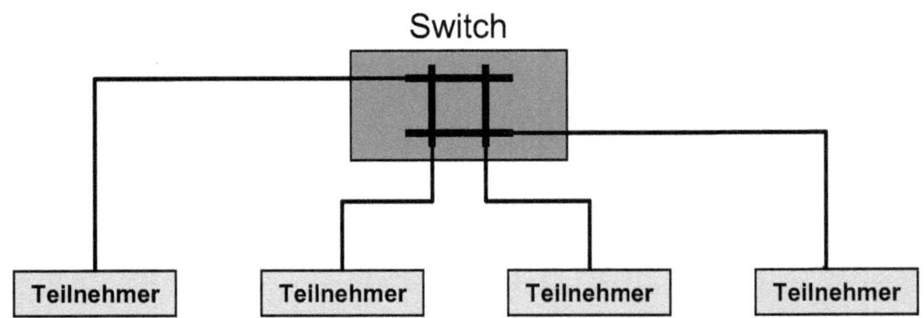

Bild 3.12 Ethernet-Aufbau mit Switch

Die einzelnen Teilnehmer haben ihre Anschlussleitung für sich, und der Switch verbindet die Teilnehmer für die Dauer der Kommunikation paarweise miteinander. An jedem Port beginnt damit ein neues Netzwerksegment.

Router: Ein Router ist eine Netzwerkkomponente, die zwei oder mehr verschiedene LANs miteinander verbindet, z. B. ein Firmennetzwerk mit dem Internet. Router werten Pakete der Netzwerkschicht (Schicht 3 im OSI-Referenzmodell) und somit Netzwerkadressen (IP-Adressen) aus. Sie sind in der Lage, Vermittlungswege zu erlernen und diese in Routing-Tabellen abzulegen. Auf dieser Basis vermitteln sie Ethernet-Pakete zu verschiedenen Verbindungen und Netzen. Bild 3.13 zeigt die Verbindung zweier Ethernet-Subnetze mittels eines Routers.

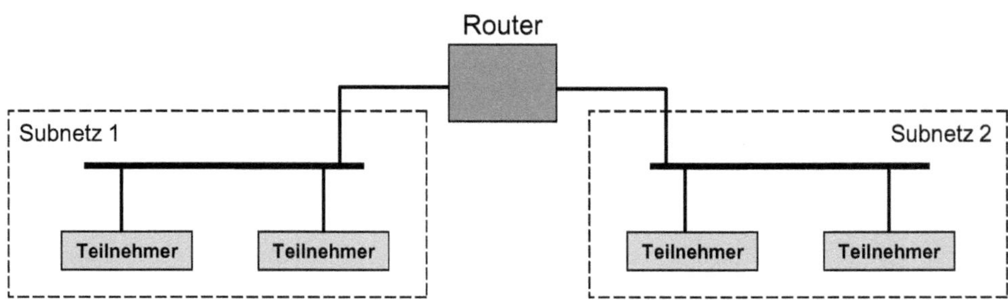

Bild 3.13 Verbindung zweier Ethernet-Subnetze mittels Router

Es gibt zahlreiche verschiedene Typen von Routern. Sie lassen sich anhand ihrer Form, der Anschlüsse und der gebotenen zusätzlichen Funktionen (z. B. Modem, Firewall oder Switch) unterscheiden. Ferner lassen sich Software- und Hardwarerouter unterscheiden.

Häufig werden Router mit NAT-Funktion (NAT - Network Address Translation) eingesetzt, um einen Fernzugriff aus dem Internet auf Industrieanlagen zu ermöglichen. NAT ist ein Verfahren, mit dem private IP-Adressen (siehe Abschnitt 3.3.1.2) auf öffentliche IP-Adressen umgesetzt werden können.

3.1.2.3 Switched Ethernet

Switched Ethernet bringt zwei wesentliche Vorteile: Die Möglichkeit der anwendungsgerechten Skalierung der Kollisionsbereiche (bis hin zum kollisionsfreien Ethernet) und die sehr schnelle Paketvermittlung zwischen den Kollisionsbereichen. Switching im Ethernet ist deshalb eine Grundlage für den *Aufbau Ethernet-basierter Echtzeitbussysteme* (siehe Abschnitt 3.4).

https://bit.ly/3kDu1GK

Ein Switch ist ein sehr schnelles Paketvermittlungssystem. Ein Paket, das auf einem Eingangsport ankommt, wird aufgrund seiner Zieladresse unverändert auf den richtigen Ausgangsport durchgeschaltet. Der Switch analysiert das Paket bei seiner Ankunft, entscheidet auf Basis einer gespeicherten Adresstabelle, zu welchem Ausgangsport das Paket gehört, und sendet es über diesen Port ab. Bild 3.14 zeigt die Komponentenstruktur eines Switches.

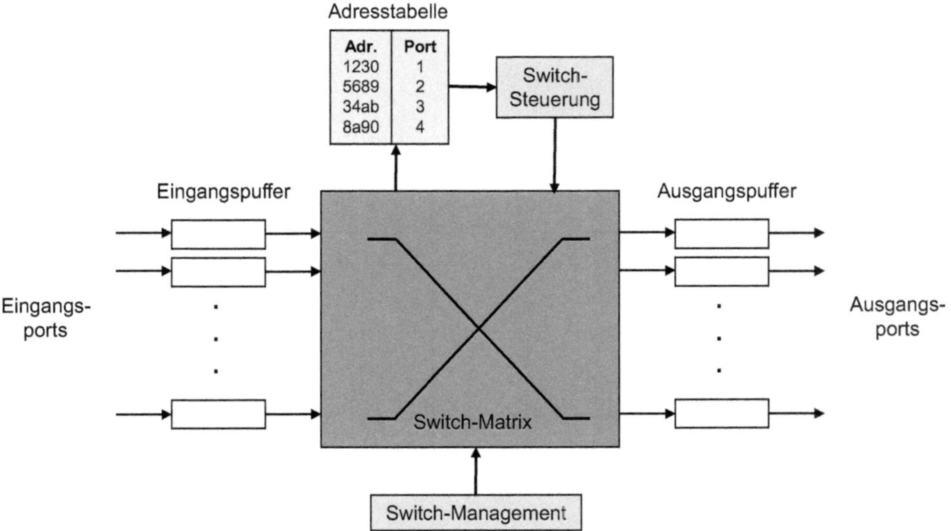

Bild 3.14 Komponentenstruktur eines Switches

Switches sind auf Geschwindigkeit optimiert und unterscheiden sich dadurch, welche Information im Paket zur Ermittlung des Ausgangsports verwendet wird, und durch ihre interne Struktur.

Ein Switch wird durch die folgenden Haupteigenschaften charakterisiert.

Pakettransport: Ein *Store-and-Forward-Switch* speichert das gesamte Paket (alle Bytes) im Eingangspuffer, prüft und analysiert es und schickt es anschließend auf den Ausgangsport. Die Verzögerungszeit ist hier von der Paketgröße abhängig. Ein *Cut-Through-Switch* wartet nur so lange, bis er genügend Bytes für die Entscheidung hat, und schickt das Paket dann sofort weiter. Bild 3.15 zeigt die Funktionsweise für beide Pakettransportmethoden.

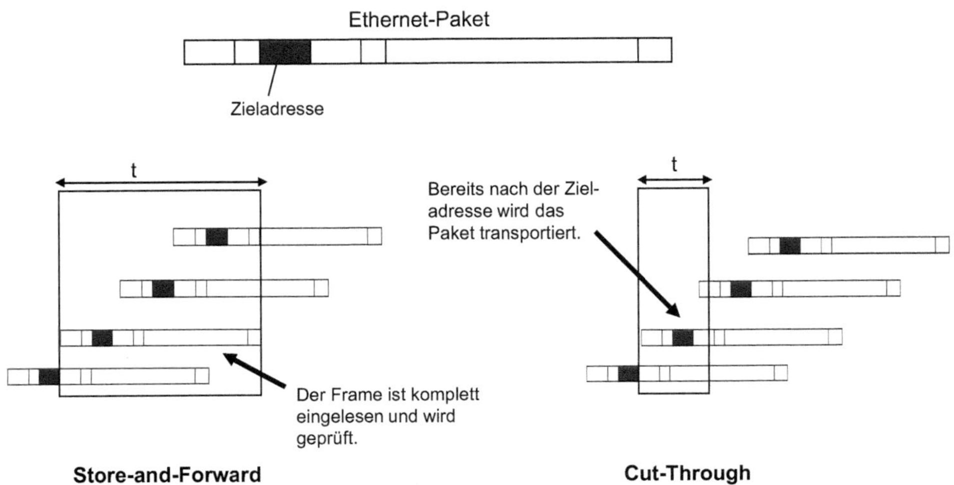

Bild 3.15 Funktionsweise von Store-and-Forward und Cut-Through

Blockierung: Ein Switch verfügt über N Eingangs- und M Ausgangsports sowie über eine N × M Switch-Matrix. Falls die Switch-Matrix sämtliche Verbindungen bei voller Datenrate bewältigen kann, so ist der Switch *nichtblockierend.* Besitzt die Switch-Matrix Einschränkungen hinsichtlich der Anzahl der gleichzeitigen Verbindungen, so ist der Switch *blockierend.* Er blockiert z. B. mehrere Verbindungen.

https://bit.ly/2W9hKQt

Management: Ein *Unmanaged Switch* schaltet den gesamten Verkehr basierend auf der Adresstabelle durch. Es können keine Konfigurationen, z. B. Festlegung von Regeln, vorgenommen werden. Ein *Managed Switch* prüft und steuert die durchlaufenden Pakete gemäß Regeln, die über ein Managementwerkzeug (meist browserbasiert) definiert werden können.

Jeder Port eines Switches bildet einen eigenen Ethernet-Kollisionsbereich (Kollisionsdomäne), d. h., es finden keine Kollisionen mit Teilnehmern auf den anderen Ports statt. Indem man die Anzahl der angeschlossenen Teilnehmer an einem Port festlegt, bestimmt man das Verhalten der Kollisionsdomäne. Mit diesem Verfahren lassen sich ganze Netzwerke partitionieren.

3.1.3 Management und Diagnose

Netzmanagement umfasst Aktivitäten zur Überwachung, Steuerung und Kontrolle aller Netzkomponenten, sodass die Anforderungen sowohl der Netzbetreiber als auch der Benutzer der Dienste, die durch das Netz erbracht werden, erfüllt werden können [5]. Es umfasst die Langzeitplanung der notwendigen Netzressourcen genauso wie kurzfristige Feinabstimmungen von Geräteeinstellungen zur Leistungsverbesserung oder zur Fehlerbehebung. Der Aufgabenbereich ist häufig so komplex, dass er nur mit Rechnerunterstützung in Form von geeigneten Managementwerkzeugen realisierbar ist.

Die ISO (Internationale Organisation für Normung) hat für das von ihr definierte OSI-Referenzmodell ein *Managementrahmenwerk* entwickelt, das die einzelnen Bestandteile des Netzwerkmanagements beschreibt:

- **Konfigurationsmanagement:** Erfassung aller zu überwachenden Komponenten
- **Fehlermanagement:** Erkennen, Protokollieren, Melden und Beheben von auftretenden Fehlern
- **Leistungsmanagement:** Leistungsdaten und Statistiken sammeln sowie Grenzwerte festlegen
- **Sicherheitsmanagement:** Authentifizierung von Benutzern, Autorisierung von Zugriff und Nutzung
- **Abrechnungsmanagement:** Erfassen der Benutzung des Netzes zur Rechnungsstellung

Das ISO/OSI-Rahmenwerk ist sehr umfangreich. Eine Umsetzung für industrielle, private LANs erfolgt deshalb in der Regel auch nur eingeschränkt. Bei der praktischen Umsetzung liegen deshalb die Schwerpunkte insbesondere bei einer Inventarisierung aller Netzwerkkomponenten, bei der Sicherung der Performance des Netzwerkes, bei der Skalierbarkeit sowie beim Netzwerk-Monitoring.

https://bit.ly/2V4F3Kk

Im industriellen Umfeld spielen Werkzeuge zum *Netzwerk-Monitoring* eine besondere Rolle, da diese für einen effizienten Betrieb, Wartung und Diagnose des Netzzustandes unerlässlich sind. Die meisten Werkzeuge sind kostenaufwendig und erfordern entsprechende Nutzungserfahrungen. Es gibt aber auch leistungsfähige preiswerte Werkzeuge. Bild 3.16 zeigt dazu als Beispiel das webbasierte Dashboard zur Traffic-Analyse des Monitoring-Werkzeuges *ntopng* (Firma ntop di Deri Luca/Pisa/Italien). ntopng ist in unterschiedlichen Versionen unter anderem auch als Open Source verfügbar.

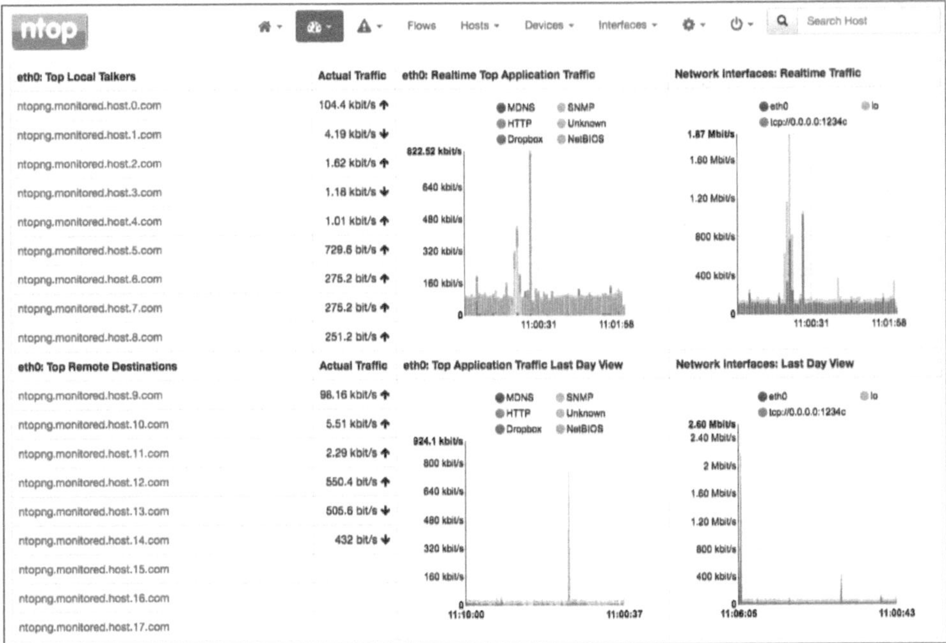

Bild 3.16 Netzwerkanalyse mit dem Werkzeug *ntopng*

■ 3.2 Sicherheit in Netzen

Moderne Automatisierungslösungen sind durch offene Systeme und Kommunikationsnetzwerke gekennzeichnet, die auf Ethernet basieren. Hierdurch wird die IT-Abteilung mitverantwortlich für die industrielle Kommunikation, und Sicherheit wird im Unternehmen zu einem wichtigen Thema. Aufgrund der Komplexität und des Umfangs kann die Sicherheitsthematik im Rahmen dieses Fachbuches aber nur übersichtsmäßig angerissen werden. Für eine ausführlichere Betrachtung muss weitere Literatur herangezogen werden.

3.2.1 Sicherheit in Unternehmensnetzen

Für die Sicherheit[1] von Unternehmensnetzen gibt es drei Hauptkonzepte:

- **Zuverlässigkeit (Vertraulichkeit):** Sicherheit, dass Dritte nicht an Daten kommen

[1] Dieser Abschnitt beschäftigt sich mit IT-Sicherheit (englisch Security) im Unterschied zur Maschinensicherheit (englisch Safety).

- **Korrektheit der Daten (Integrität):** Schutz der Daten vor unerwünschten Änderungen und Löschung
- **Verfügbarkeit (Availability):** Ressourcen (z. B. Diagnoserechner, Firewalls, Überwachungswerkzeuge) müssen verfügbar sein und zum richtigen Zeitpunkt korrekt funktionieren.

Für Betreiber automatisierter Anlagen mit kritischen Infrastrukturen schreibt das IT-Sicherheitsgesetz ab 2018 die Einführung eines *Security-Management-Systems* vor. Zukünftig sollten aber wegen der zunehmenden Vernetzung und Digitalisierung der Produktion sowie einer steigenden Bedrohungslage alle Anlagenbetreiber entsprechende Security-Maßnahmen umsetzen.

https://bit.ly/3hRJkd3

In der Norm IEC 62443-4 ist ein solches Sicherheitskonzept beschrieben. Bei der Normenreihe handelt es sich um einen allgemeinen Security-Standard für industrielle Automatisierungssysteme. Sie besteht aktuell aus 13 Teilen, in denen die Anforderungen an Prozesse, funktionale Maßnahmen sowie der Stand der Technik für ein Industrie-Security-Konzept festgeschrieben werden. Eine Übersicht der Normenreihe IEC 62443 zeigt Tabelle 3.5.

Tabelle 3.5 Übersicht zur Normenreihe IEC 62443

Allgemeine Beschreibung	Anforderungen für Betreiber und Dienstleister	Anforderungen an Automatisierungssysteme	Anforderungen an Automatisierungskomponenten
1-1 Begriffe und Modelle	2-1 Anforderungen an ein IT-Sicherheitsprogramm für Automatisierungssysteme	3-1 IT-Sicherheitstechniken für industrielle Automatisierungssysteme	4-1 Anforderungen an die Produktentwicklung
1-2 Wörterbuch mit Abkürzungen	2-2 Umsetzungsleitfaden für ein IT-Sicherheitsprogramm für Automatisierungssysteme	3-2 Security-Level für Zonen und Conduits (Conduit = Zonenübergang)	4-2 Technische IT-Sicherheitsanforderungen an Komponenten von Automatisierungssystemen
1-3 Maßgrößen zur Bestimmung der Übereinstimmung	2-3 Patch-Management für industrielle Automatisierungssysteme	3-3 Systemanforderungen zur IT-Sicherheit und Security-Level	
1-4 IT-Sicherheitslebenszyklen und Anwendungsfälle für ein Automatisierungssystem	2-4 Anforderungen an ein IT-Sicherheitsprogramm von Ingenieurbüros und Instandhaltungsdienstleistern für Automatisierungssysteme		

In der IEC 62443 3-3 und 4-2 sind die technischen Anforderungen an Automatisierungssysteme dargelegt.

Anhand von Sicherheitsbedrohungen werden auf die Fähigkeiten des Angreifers abgestimmte *Security Level* aufgeführt. Die Norm schreibt dabei sieben grundlegende Anforderungen fest. Dazu gehören:

- Identifizierung und Authentifizierung
- Nutzungskontrolle
- Systemintegrität
- Vertraulichkeit der Daten
- eingeschränkter Datenfluss
- rechtzeitige Reaktion auf Ereignisse
- Verfügbarkeit der Ressourcen

3.2.2 Techniken zum Schutz des Netzes

Zur Basissicherung eines industriellen Netzwerkes gibt es verschiedene Techniken, zu denen folgende gehören:

- Antiviruslösungen
- Firewalls
- Datenverschlüsselung
- Virtual Private Networks
- Intrusion Detection

Die aufgeführten Techniken werden im Folgenden zum groben Verständnis kurz erläutert. Eine ausführlichere Betrachtung ist in [2], [5] und [6] zu finden.

https://bit.ly/3eEPdZm

Antiviruslösungen: Computerviren und andere Schadprogramme (Malware) sind die häufigste Bedrohung von Rechnernetzen. Um ein Computervirus auszuführen, wird ein Wirtsprogramm benötigt. Der Wirt kann dabei ein einfaches Programm sein, bei dessen Start sich das Virus aktiviert. Nach Kaspersky wurden 2017 täglich 360 000 (!) schädliche Dateien entdeckt, davon ca. 14 % Viren. Der Einsatz von Antivirusprogrammen (AV-Programmen) gehört deshalb zum Basiswerkzeug einer Sicherheitslösung. Ein AV-Programm kann dabei auf unterschiedlichen Komponenten im Netz oder auch auf mehreren Komponenten installiert und betrieben werden (auf dem Client, auf einem Server, auf Groupware-Servern oder Internet-Gateways) und muss permanent aktualisiert werden.

https://bit.ly/2Tv8TYk

Firewalls: Firewall-Systeme bilden die Schnittstelle zwischen sicheren (Industrie-LAN) und unsicheren (z. B. Internet) Netzen. Sie schützen das gesicherte Netzwerk vor Zugriffen von außen und ermöglichen den möglichst ungestörten Zugriff auf das ungesicherte Netz. Firewalls arbeiten in der Regel nach drei Kontrollmechanismen:

- **Paketfilter:** Dies ist die einfachste Form der Firewall. Paketfilter arbeiten auf der Schicht 2 und 3 des OSI-Referenzmodells.

- **Circuit-Relays:** Circuit-Relays besitzen eine höhere Sicherheit als Paketfilter und arbeiten auf Schicht 4 des OSI-Referenzmodells.
- **Application Gateways:** Die sicherste, aber auch aufwendigste Variante einer Firewall stellt das Application Gateway dar. Es arbeitet auf Schicht 7 des OSI-Referenzmodells und kann die Netze logisch und physikalisch entkoppeln.

Bild 3.17 zeigt den Aufbau einer Firewall mit Paketfilter in Kombination mit einem zusätzlichen Virenscanner.

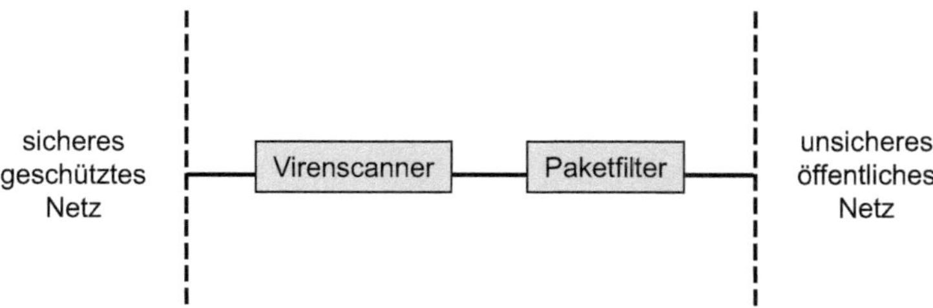

Bild 3.17 Aufbau einer Firewall mit Paketfilter in Kombination mit einem zusätzlichen Virenscanner

In modernen Industrienetzen werden meist Firewalls mit der Eigenschaft *Stateful Inspection* (zustandsorientierte Überprüfung) eingesetzt. Diese Firewalls kontrollieren den Zustand aktiver Verbindungen und können komplette Ethernet-Pakete überwachen.

Datenverschlüsselung: Verschlüsselung stellt einen sehr wirksamen Schutz bei Datendiebstahl dar. Entwendete Daten sind für den Dieb praktisch unbrauchbar. Datenverschlüsselung ist deshalb eine weitere Form der Zugangskontrolle. Man unterscheidet bei der Verschlüsselung zwischen zwei Verfahren:

- **symmetrische Verschlüsselung (Secret-Key-Verfahren):** Die Schlüssel für Encryption und Decryption sind gleich.
- **asymmetrisches Verfahren (Public-Key-Verfahren):** Die Schlüssel für Encryption und Decryption sind verschieden, aber mathematisch miteinander verknüpft. Dieses Verfahren wird am häufigsten eingesetzt.

Die aus der Webtechnik bekannte *SSL-Methode* (SSL - Secure Socket Layer) zur verschlüsselten Übertragung von Daten im Internet nutzt z. B. eine Kombination aus symmetrischem und asymmetrischem Verfahren.

Virtual Private Network: Mit einem *Virtual Privat Network* (VPN) ist eine *gesicherte Datenübertragung* über unsichere Netze möglich. Ein VPN nutzt eine öffentliche Kommunikationsinfrastruktur (z. B. Internet), um die Betriebskosten so niedrig wie möglich zu halten. VPNs nutzen kryptografische Verfahren und andere Sicherheitskomponenten wie digitale Signaturen, Tunneling und Firewalling. Anwendungsprotokolle, wie z.B. TCP/IP, werden in das VPN-Protokoll eingebettet (Tunneling) und sicher übertragen. Unabhängig von der eingesetzten VPN-Technik müssen VPNs Authentizität, Vertraulichkeit und Integrität sicherstellen, damit ein sicherer Betrieb möglich ist.

Intrusion Detection: Unter *Intrusion Detection* versteht man unterstützende Maßnahmen zur Eindringlingsüberwachung in ein Unternehmensnetz. Durch eine Echtzeitüberwachung soll eine Minimierung der Zeitspanne zwischen erfolgtem Einbruch und Entdeckung ermöglicht werden. Intrusion Detection-Systeme überwachen unter anderem die Verkehrslast im Netz, Kommunikationsverbindungen und die Aktivitäten an bestimmten Ports.

3.2.3 Sicherheit in der Praxis

Praktische IT-Sicherheit im industriellen Umfeld kann auf verschiedenen Ebenen integriert werden [2]:

Sicherheitsebene 1: Ein erster Schritt auf dem Weg zu einem gut geschützten Netzwerk ist die mechanische Sicherung der Netzwerkkabel. Mithilfe sicherer Clips kann verhindert werden, das Netzwerkkabel einfach aus einem Netzwerkport gezogen werden können. Auch der Zugang zu freien Ethernet-Ports der verschiedenen Switches muss mechanisch erschwert werden, um den Zugang für Unbefugte zu verhindern.

Sicherheitsebene 2: Ein zweiter praktischer Schritt zur Sicherung eines Netzwerks ist die korrekte Nutzung verfügbarer Software für das Management von Switches.

Switches müssen einige wichtige Sicherheitsmerkmale aufweisen:

- Das webbasierte Management muss passwortgeschützt sein.
- Es muss die Möglichkeit bestehen, auf Basis von IP-Adressen verschiedene Rechte zuzuweisen (Read-only oder Read-Write).
- Switches müssen bestimmte Sicherungen pro Port einstellen können. So muss z.B. pro Port eine Liste der zugelassenen MAC-Adressen eingestellt werden können.

Sicherheitsebene 3: Der wichtigste Schritt bei der Sicherung eines Automationsnetzwerks ist die Trennung von verschiedenen Segmenten durch ein Sicherheitsmodul. Ein solches Sicherheitsmodul ist z.B. ein Router mit den folgenden Möglichkeiten:

- NAT-Router: Die Anwendung von NAT sorgt für eine Übersetzung der IP-Adressen. Dadurch ist es für einen Außenstehenden bereits schwieriger, die im Netzwerk verwendete IP-Adressierung in Erfahrung zu bringen.

- integrierte Stateful Inspection Firewall
- User Firewall: individuelle Regeln für verschiedene Anwender
- Unterstützung der VPN-Technologie

3.3 Ethernet und Internettechnologien

Ethernet allein verfügt nicht über die Möglichkeit, verschiedene Netze zu adressieren und diese zu einem Gesamtnetz zusammenzuschließen. 1974 wurde deshalb in den USA durch Vinton Cerf (Stanford University) das Protokoll TCP/IP entwickelt, mit dem unabhängig von der verwendeten Hard- und Software ein standardisierter Informationsaustausch zwischen einer beliebigen Zahl verschiedener Netzwerke möglich ist. Durch die immer weitere Integration verschiedener Netze per TCP/IP entstand in den 1980er Jahren das Internet.

https://bit.ly/3xUHL3Z

Das *Internet* ist die Gesamtheit aller Netzwerke und Rechner, die über TCP/IP-Verbindungen erreichbar sind.

In Abschnitt 3.3.1 werden einige der wichtigen Grundlagen der Internettechnologien erläutert. Ausführlichere Informationen dazu sind in [2], [7] und [8] zu finden.

3.3.1 TCP/IP und Internet

3.3.1.1 TCP/IP im OSI-Referenzmodell

Auch wenn TCP und IP meist in einem Wort genannt werden, handelt es sich um zwei aufeinander aufbauende Protokolle. Das IP-Protokoll übernimmt die Adressierung und Zustellung der Datenpakte, während das TCP für den Transport und die Sicherung der Daten zuständig ist.

Eine Einordnung von TCP/IP in das OSI-Referenzmodell zeigt Bild 3.18 (siehe auch Abschnitt 1.3.1).

https://bit.ly/2V1alMS

Da TCP/IP zeitlich bereits vor dem OSI-Referenzmodell entwickelt wurde, lässt es sich nur unvollständig in das Referenzmodell einordnen. So sind z. B. die Schichten 5 und 6 (Sitzungs- und Darstellungsschicht) nicht vorhanden, und die Anwendungsprotokolle setzen direkt auf TCP/IP auf. Die Schichten 2, 3, 4 und 7 bezeichnet man oft auch als *Schichtenmodell der Internet-Protokoll-Suite*.

Schicht		
Schicht 7: Anwendung	Anwendungsprotokolle	
Schicht 5 + 6: Sitzung + Darstellung	nicht ausgefüllt	
Schicht 4: Transport	**TCP** – *Transmission Control Protocol:* verbindungsorientierte, zuverlässige Übertragung eines Datenstroms	**UDP** – *User Datagram Protocol:* verbindungslose, unzuverlässige, aber schnelle Übertragung von Datagrammen
Schicht 3: Vermittlung	**IP** – *Internet Protocol* verbindungsloser, ungesicherter Transportdienst	
Schicht 2: Sicherung	IEEE 802.2 /ISO 8802 CSMA/CD (IEEE 803.3)	
Schicht 1: Bitübertragung	Ethernet / CCITT X.21 Kupfer, Glas ...	

Bild 3.18 Einordnung von TCP/IP in das OSI-Referenzmodell

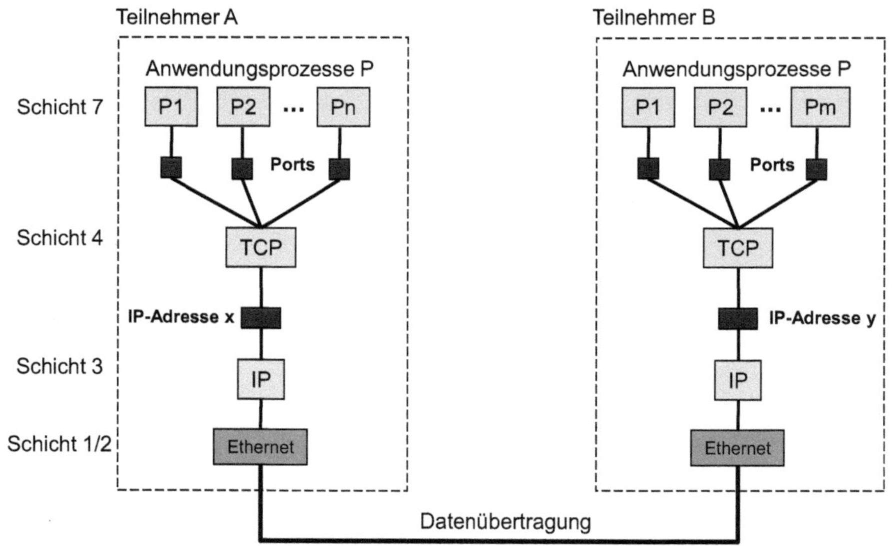

Bild 3.19 Strukturelles Modell für eine Informationsübertragung mittels TCP/IP

https://bit.ly/3iN3jt1

Die Endsysteme in einem TCP/IP-Netz werden durch eine *logische IP-Adresse* (siehe Abschnitt 3.3.2.1) identifiziert, und als Kommunikationsendpunkte für die Anwendungsprozesse fungieren *Ports*. Damit ergibt sich das in Bild 3.19 dargestellte strukturelle Modell für die Übermittlung von Informationen von einem Teilnehmer A zu einem Teilnehmer B.

Die Datenübertragung erfolgt in LANs meist mittels Ethernet, kann aber auch über beliebige andere Medien erfolgen (z. B. kabellos über Funkwellen). Ein Netz, das

IP-Adressen zur Identifizierung der Teilnehmer benutzt, wird auch als *IP-Netz* bezeichnet. Lokale Netze in einem Unternehmen (LAN) und auch das Internet sind damit IP-Netze.

3.3.1.2 Adressierung im IP-Protokoll

Die wichtigsten Merkmale und Funktionen des IP-Protokolls sind:

- Das Protokoll übernimmt das Routing durch das IP-Netz. Jeder Teilnehmer wird dabei durch eine *IP-Adresse* identifiziert.
- Das IP-Protokoll ist ein verbindungsloses Protokoll. Jedes einzelne IP-Paket kann auf seinem Weg zum Zielteilnehmer einen anderen Weg nehmen, es wird keine feste physikalische Verbindung aufgebaut.
- Es wird ein universelles Datenpaket aufgebaut, das aus einem Kopf (Header) und einem Datenfeld besteht. Der Header enthält unter anderem die Absender- und die Empfängeradresse.
- Das IP-Protokoll überprüft nicht, ob Daten korrekt gesendet wurden, und verfügt auch über keine Bestätigungs- oder Korrekturmechanismen.
- Das Protokoll übernimmt auch die Zuordnung der Ethernet-Adresse (MAC-Adresse) zur IP-Adresse.

Eine IP-Adresse in der Version 4 (IPv4-Adresse) besteht aus 32 Bits bzw. 4 Byte, die durch vier durch einen Punkt getrennte Dezimalzahlen dargestellt werden. Jedes Netzwerk erhält einen Namen (Net-ID), und jedem Netzwerkteilnehmer wird innerhalb dieses Netzes eine eindeutige Nummer (die Host-ID) zugewiesen. Net-ID und Host-ID bilden zusammen die IP-Adresse.

IP-Adressen werden in verschiedene Klassen eingeteilt. Bild 3.20 zeigt die Klasseneinteilung als Binärdarstellung.

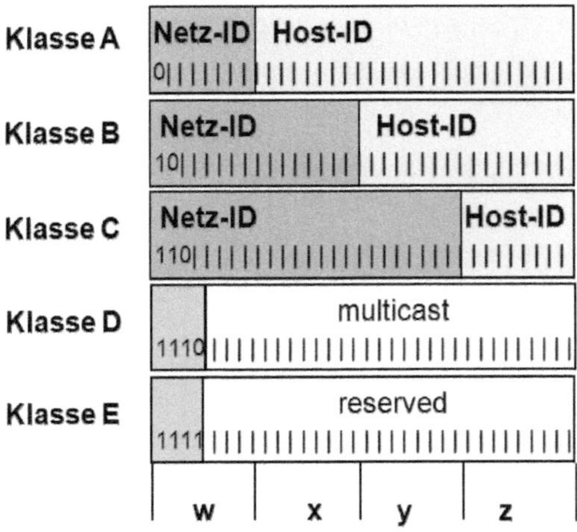

Bild 3.20
Klasseneinteilung der IP-Adressen

In dezimaler Darstellung hat jede IP-Adresse folgende Form:

w.x.y.z (z. B. 135.167.25.11)

Mit IP-Adressen der Klasse A können Netze mit einer sehr großen Anzahl von Endsystemen adressiert werden. Es gibt davon weltweit maximal 126 Netze. IP-Adressen der Klasse B adressieren mittelgroße und große Netze (weltweit maximal 16384 Netze), und mit Adressen der Klasse C werden kleine Netze (z. B. LANs) adressiert.

Mit IP-Adressen einer weiteren Klasse D können Multicast-Nachrichten (Adressierung einer Gruppe von Teilnehmern) verschickt werden und Adressen der Klasse E sind reserviert und bisher noch nicht genutzt.

Die Adresse *127.0.0.0* besitzt eine Sonderfunktion: Eine Anwendung kann unter jeder gültigen IP-Adresse in diesem Netzwerk (127.0.0.1 ... 127.255.255.255) den Rechner erreichen, auf dem sie selbst läuft. Man nutzt diese Adresse für den Einsatz der Internetprotokolle auf lokalen Rechnern und für Testzwecke.

Die Vergabe der IP-Adressen wird von der IANA (Internet Assigned Number Authority) verwaltet.

Durch die weltweit zunehmende Vernetzung werden zukünftig die verfügbaren IPv4-Adressen nicht mehr ausreichen. Es wurde dazu bereits 1998 das *Internet Protocol Version 6* (IPv6) entwickelt, bei dem die IP-Adressen eine Länge von 128 Bit besitzen. Die Umsetzung im Internet erfolgt bisher nur sehr langsam. Für Netze in der industriellen Automatisierung spielt die Umsetzung bisher keine Rolle.

3.3.1.3 TCP-Protokoll

Die Ethernet-Übertragung mit dem IP-Protokoll stellt eine unzuverlässige Datenübermittlung dar. Daten können verloren gehen, sie können mehrfach ankommen oder sie können in einer anderen Reihenfolge eintreffen, als sie ausgesendet wurden. Erst das übergeordnete *Transmission Control Protocol* (TCP) garantiert eine fehlerfreie, sequenzgerechte und vollständige Übermittlung. TCP zeichnet sich durch folgende wesentliche Merkmale aus:

- TCP ist ein verbindungsorientiertes Protokoll. Dabei wird die Verbindung zwischen zwei Endsystemen aufgebaut.
- Die von einer Anwendungssoftware an die TCP-Schicht übergebenen Daten werden zunächst zwischengespeichert. Es können mehrere kleine Datenmengen in einem gemeinsamen Paket übertragen werden.
- Die übertragenen Datensegmente werden fortlaufend durchnummeriert. Damit können sie beim Empfänger in der richtigen Reihenfolge zusammengesetzt werden.
- TCP unterstützt einen Vollduplexdatenstrom zwischen den Teilnehmern.

- Eine Quittierungsnummer dient der Quittierung der Telegramme.
- Die Zeit zwischen dem Senden eines Telegramms und der Quittierung durch den Empfänger wird überwacht (Time-out).
- Die Adressierung geschieht durch die im IP-Protokoll übertragene IP-Adresse und eine Portnummer.

Mehrere Anwendungen können gleichzeitig die Protokolle TCP/IP bzw. UDP/IP verwenden. Dazu wird die *Portadressierung* verwendet:

```
IP-Adresse:Portnummer
```

Zum Beispiel: Aufruf einer Webseite im Internet **81.169.236.207:80**

Mit der Portadressierung kann damit eine IP-Adresse erweitert werden. Durch die IANA wurde eine Liste von Ports (Port 0…1.023) festgelegt, über die feste Standardanwendungen erreichbar sind. Diese Ports werden als *Well-known Ports* bezeichnet. Weitere Ports sind bei der IANA registriert. Tabelle 3.6 (siehe Abschnitt 3.3.1.5) listet einige wichtige Anwendungsprotokolle mit ihren Ports auf.

Aus softwaretechnischer Sicht werden die Protokolle TCP/IP sowie UDP/IP meist gemeinsam in einem *TCP/IP-Stack* realisiert. Die praktische Realisierung einer TCP-Verbindung erfolgt unter Nutzung einer *Socket Library* als API (Application Programming Interface). Die Library stellt mit dem *Socket Interface* die erforderlichen Zugriffsfunktionen auf einen TCP-Kommunikationskanal zur Verfügung.

https://bit.ly/36OAHts

Bild 3.21 zeigt das Modell einer TCP-Verbindung zwischen zwei Netzwerkstationen (PC und E/A-Modul).

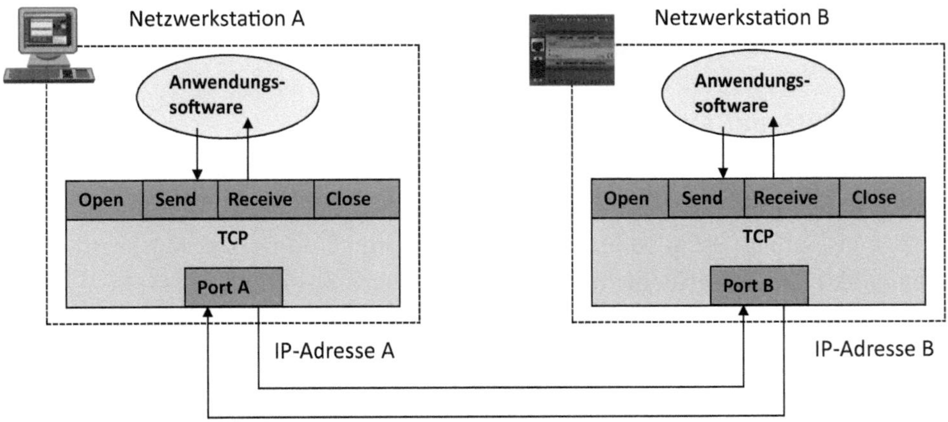

Bild 3.21 Modell einer TCP-Verbindung

Es gibt unterschiedliche Socket-Library-Implementierungen für verschiedene Geräteklassen. Bekannte Socket Libraries sind z. B. Windows Socket (*winSock2.dll*) für MS Windows und Berkeley Socket für UNIX-Betriebssysteme.

3.3.1.4 UDP-Protokoll

https://bit.ly/3kBpPYd

Im Gegensatz zu TCP arbeitet das *User Datagram Protocol* (UDP) verbindungslos, nutzt aber gleichfalls IP für die Datenübertragung. Jedes Datenpaket wird als Einzelsendung behandelt, und es gibt keine Rückmeldung darüber, ob ein Paket beim Empfänger angekommen ist. Die Datensicherheit ist bei UDP in jedem Fall durch das Anwendungsprogramm zu gewährleisten.

UDP besitzt eine sehr einfache Protokollstruktur (Bild 3.22). Es besteht aus einem Header mit 8 Bytes, gefolgt von den zu übertragenden Daten. Der Header beinhaltet nur den Quell- und Zielport, die Telegrammlänge sowie ein Prüfsumme.

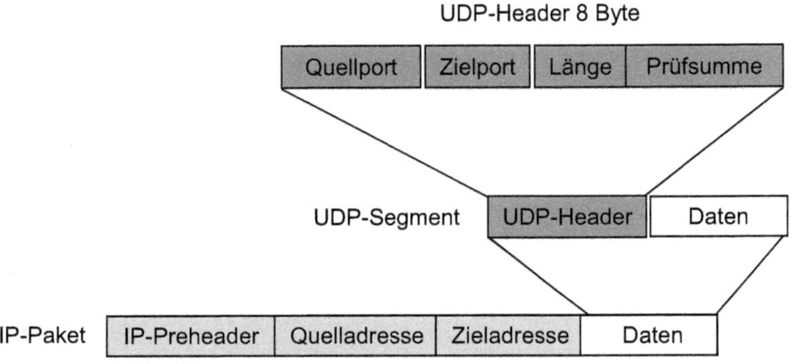

Bild 3.22 Aufbau eines UDP-Segments im IP-Paket

Weil unter UDP keine Verbindungen auf- und abgebaut werden müssen und somit keine Time-out-Situationen entstehen, kann UDP wesentlich schneller als TCP sein. Es wird deshalb auch häufig als Übertragungsprotokoll für Feldbussysteme auf Ethernet-Basis genutzt (z.B. PROFINET, Ethernet/IP).

3.3.1.5 Internet-Anwendungsprotokolle

https://bit.ly/2UxvlQX

Oberhalb von TCP/IP befinden sich entsprechend dem OSI-Referenzmodell die Anwendungsprotokolle. Anwendungsprotokolle verrichten eine für den Anwender sofort erkennbare Aufgabe bzw. können direkt durch den Anwender benutzt werden. Bild 3.23 veranschaulicht diese grundsätzliche Struktur.

	IT-Standardanwendungen					Offene Anwendungen der Automatisierungstechnik			Proprietäre Anwendungen (z. B. für den Prozessdatenzugriff)
Schicht 7	TELNET	FTP	SMTP	HTTP	...	OPC	PROFINET	...	
Schicht 3 + 4	TCP/IP-Protokoll oder UDP/IP-Protokoll								
Schicht 1 + 2	physikalischer Zugang								

Bild 3.23 Anwendungsprotokolle oberhalb von TCP/IP entsprechend dem OSI-Referenzmodell (Schicht 5 + 6 des OSI-Referenzmodells sind bei TCP/IP nicht ausgefüllt)

Die IT-Standardanwendungen nutzen Well-known Ports und gehören mittlerweile auch zu den Standardwerkzeugen der vernetzten Industrieautomatisierung. Tabelle 3.6 listet einige auch in der Automatisierung häufig genutzte Anwendungsprotokolle mit ihren Ports auf.

Tabelle 3.6 Wichtige Anwendungsprotokolle, die TCP/IP oder UDP/IP nutzen (Industrieprotokolle markiert)

Port	Protokoll	Beschreibung	TCP/UDP	Status
21	File Transfer Protocol (FTP)	Übertragung von Dateien	TCP/UDP	Well-known Ports
23	Teletype Network (Telnet)	Der Anwender kann sich in einer interaktiven Sitzung in einen entfernten Rechner einloggen.	TCP	
25	Simple Mail Transport Protocol (SMTP)	Übertragung von E-Mail mit einem ASCII-basierten Protokoll	TCP	
80	Hypertext Transport Protocol (HTTP)	Übertragung von HTML-Seiten im Web	TCP	
161	Simple Network Management Protocol (SNMP)	Protokoll zur Überwachung, Steuerung und Diagnose von Netzwerkelementen	UDP	
502	**Modbus**	**industrielles Ethernet-Feldbussystem**	**TCP/UDP**	**nicht bei der IANA registriert**
4840	**OPC UA**	**Zugriff auf OPC UA**	**TCP/UDP**	**standardisiert durch IANA**
44818	**Ethernet/IP**	**industrielles Ethernet-Feldbussystem**	**TCP/UDP**	**bei der IANA registriert**

Weitere Anwendungsprotokolle sind offene bzw. standardisierte Anwendungen der Automatisierungstechnik, wie z. B. OPC UA oder Ethernet-basierte Echtzeitbussysteme (PROFINET, EtherCAT usw.). Auf der Schicht 7 liegen aber auch firmenspezifische proprietäre Anwendungsprotokolle, die je nach Anwendung TCP und/oder UDP nutzen, um z. B. Prozessdaten über das Ethernet zu übertragen.

In Beispiel 3.3 wird der Einsatz des FTP-Protokolls für die Automatisierung eines Lagers dargestellt.

Zu den Internetanwendungsprotokollen gehören auch noch Hilfsprotokolle für Netzmanagement und Diagnose. Bekannte Protokolle sind hierbei z. B. SNMP (siehe Tabelle 3.6) und das Dynamic Host Configuration Protocol (DHCP) für die Konfiguration der Netzwerkeinstellungen der einzelnen Endgeräte.

Beispiel 3.3: Erfassung von Barcodes in einer Spedition [9]

Im Lager einer Spedition sollen alle ein- und ausgehenden Pakete per Barcode erfasst werden. Dazu wurden auf den Gabelstaplern je ein Barcodeleser mit einem COM-Server (Umsetzer serielle Schnittstelle auf Ethernet) verbunden, der als FTP-Client arbeitet. Der COM-Server ist über einen WLAN-Adapter an das Firmennetzwerk angeschlossen. Die Komponentenstruktur der Barcodeerfassung zeigt Bild 3.24.

Die eingelesenen Barcodes werden automatisch per FTP-Protokoll in Dateien auf dem Dateiserver der Spedition (= FTP-Server) geschrieben, unabhängig davon, wo der Gabelstapler auf dem Firmengelände gerade in Einsatz ist.

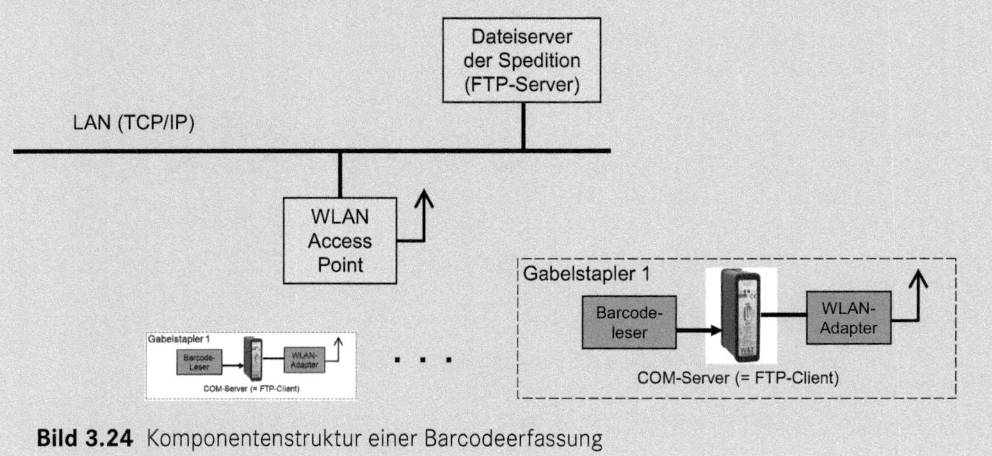

Bild 3.24 Komponentenstruktur einer Barcodeerfassung

Zu den Internetprotokollen insgesamt (Schichten 3 + 4 und 7) zählt man ca. 500 Netzwerkprotokolle, die die Basis für die Netzkommunikation im Internet bilden. Da der offizielle Standardisierungsprozess für das schnelllebige Internet zu langsam ist, werden die Protokolle seit 1988 durch die Internet Engineering Task Force (IETF) in *Request for Comments* (RFC) niedergelegt. Dies ist anerkannter Teil des Standardisierungsprozesses im Internet. Nur ein kleiner Teil der RFCs werden tatsächlich als offizieller Standard durch Normungsgremien verabschiedet.

3.3.2 WWW im Internet

https://bit.ly/3zn92fo

Das Internet war lange Zeit ein im Umfang begrenztes Hochschulnetzwerk zum Austausch von wissenschaftlichen Informationen und Dateien. Erst mit der Entwicklung des *World Wide Web* (WWW oder Web) und der Gründung des *World Wide Web Consortium* (W3C) vollzog sich ab 1994 eine Wende mit einer rasanten Entwicklung und Verbreitung des Internets. 2020 besaßen weit über die Hälfte der Weltbevölkerung (ca. 63 %) einen Internetzugang. Das Internet und seine Technologien sind mittlerweile für die Globalisierung und Digitalisierung der Wirtschaft in allen Ländern unabdingbar geworden.

3.3.2.1 Grundprinzip des Webs

Das *WWW* ist ein Hypertext-basiertes Informationssystem auf der Grundlage des Internets. Es integriert bestehende Internetdienste und zeichnet sich durch ein standardisiertes Dokumentenformat, eine einheitliche Adressierung und ein weitgehend einheitliches Nutzer-Interface aus.

Die Weiterentwicklung der WWW-Standards sowie der Normierungen erfolgt über das W3C.

Die *Grundidee des Webs* besteht darin, dass Nutzer an Arbeitsstationen (Clients) über ein einfach zu bedienendes Browserprogramm verfügen, mit dessen Hilfe sie Informationen über Webseiten von einem Webserver holen können. Webseiten können dabei unterschiedliche Medien beinhalten, wie z. B. Text, Grafik, Audio und Video. In Webseiten lassen sich Verweise auf andere Webseiten (Hyperlinks) einbetten. Die grundsätzliche Arbeitsweise verdeutlicht Bild 3.25.

Bild 3.25 Grundprinzip des Webs

Ein Webclient (Dienstnutzer) fordert bei einem Webserver (Diensterbringer) eine Webseite an, erstellt mit *Hypertext Markup Language* (HTML), und dieser liefert die angeforderte HTML-Seite aus. Die Kommunikation zwischen Client und Server erfolgt über das *Hypertext Transport Protocol* (HTTP). Das HTTPist ein zustandsloses Protokoll und arbeitet immer nach dem Anforderungs-Antwort-Prinzip (Request-Response-Paar).

https://bit.ly/2V2KM3D

Für die logische Adressierung von Webseiten wird das *Domain Name System* (DNS) verwendet. Das DNS ist eine Art verteilte Datenbank, die eine Zuordnung numerischer IP-Adressen zu leichter verwendbaren logischen Namen beinhaltet. Aufbauend auf dem DNS ergänzt der HTTP-Standard das Konzept durch die logische Adressierung von Internetressourcen über die URL (*Uniform Resource Locator*). Der syntaktische Aufbau einer URL besteht aus vier Teilen:

https://bit.ly/2UoWmGp

```
<protokoll>://<host>:<port>/<lokaler_pfad>/<dateiname>
```

Beispiele:

```
ftp://ftp.is.co.za/rfc/rfc1808.txt
http://192.168.200.99:8080/index.html
http://www.hs-duesseldorf.de/index.html
```

Für Well-known Ports kann die Portnummer in der URL weggelassen werden. Als Protokoll fungieren die TCP/IP-Anwendungsprotokolle FTP, HTTP, TELNET usw. Bei modernen Webbrowsern ist auch die Angabe des Protokolls nicht mehr erforderlich.

Ein *Webbrowser* ist das klassische Zugangsprogramm zum Web und ermöglicht die Darstellung von Webseiten auf dem Bildschirm. Webbrowser sind kostenlos sowie frei verfügbar und werden mit vielen Betriebssystemen bereits mitgeliefert. Bild 3.26 zeigt die Komponentenstruktur eines Webbrowsers. Im Prinzip fungiert der Webbrowser als Betriebssystem im Betriebssystem. Die in Bild 3.26 gekennzeichneten Module sind nicht bei allen Browsern vorhanden und müssen zum Teil nachgeladen werden (z. B. die Java Virtual Machine Java-VM oder ein Active X-Modul).

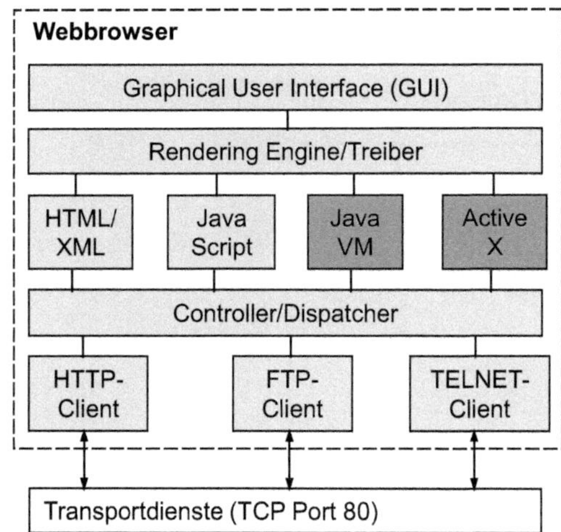

Bild 3.26
Komponentenstruktur eines Webbrowsers

Alle Webbrowser besitzen die folgenden wesentlichen Eigenschaften:

- Sie sind ein universeller Client für TCP/IP-Protokolle.
- Sie ermöglichen die Darstellung von HTML-Seiten.
- Webbrowser sind grafikfähig und unterstützen viele Grafikformate (Rendering).
- Abarbeitung von Programmcode, der durch den Server geladen wird (z. B. Java-Script)
- Unterstützung anderer Programmiersprachen oder Darstellung spezieller Objekte (z. B. 3D-Grafikobjekte) über Erweiterungen (Plug-in)

Alle Dokumente bzw. Inhaltstypen, die ein Server an den Webbrowser liefert, werden durch diesen mit einem *MIME-Typ* versehen (MIME – Multipurpose Internet Mail Extension). Dieser MIME-Typ (z. B. *text/html*) zeigt dem Browser den Typ des jeweiligen Dokuments an, und der Browser kann dann einen zugehörigen Viewer aktivieren. Ist dieser Dokumententyp im Browser nicht darstellbar, können *Plug-ins* zur Ergänzung installiert werden.

https://bit.ly/3x0z3zW

Bekannte Webbrowser sind z. B. Edge, Firefox und Chrome. Den weitaus höchsten Marktanteil weltweit mit 67 % besaß im Januar 2021 der Chrome-Browser von Google.

Die Grundfunktion eines *Webservers* besteht darin, Anfragen der Clients zu beantworten und ihnen die gewünschten Dokumente zur Verfügung zu stellen. Dazu muss der Webserver die Abarbeitung des jeweilig aktuellen HTTP-Protokolls beherrschen. Da ein Server in der Regel viele Clients bedient, ist seine Leistungsfähigkeit und Zuverlässigkeit von großer Bedeutung. Da alle Clients gleichzeitig auf einen Webserver zugreifen können, arbeitet er mit *Multithreading* und nutzt einen schnellen Zwischenspeicher (Cache) zum Festplattenzugriff auf die Webseiten. Die Prinzipstruktur eines solchen Webservers zeigt Bild 3.27.

https://bit.ly/36TK6Ad

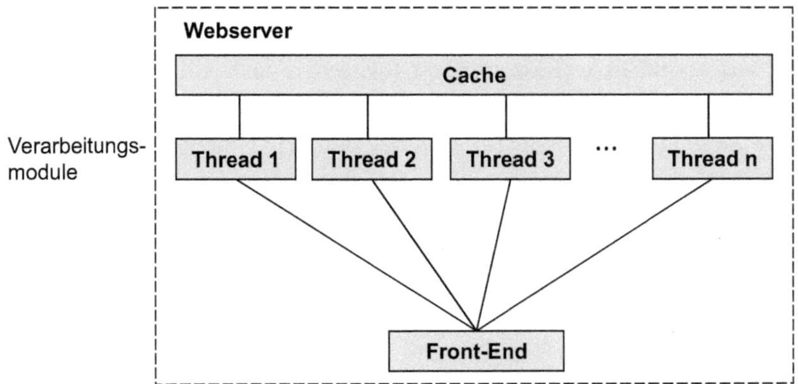

Bild 3.27 Prinzipstruktur eines Multithreaded Webservers

Das *Frontend-Modul* akzeptiert alle eingehenden Anforderungen und gibt sie an die parallelen bzw. quasiparallelen Verarbeitungsmodule weiter. Das Verarbeitungsmodul prüft zuerst den Cache, um zu sehen, ob die benötigte Datei dort bereits vorhanden ist. Erst bei Nichtvorhandensein wird ein entsprechender Plattenzugriff gestartet.

Im Gegensatz zu üblichen Webservern spielt die Zugriffsleistung für automatisierungstechnische Anwendungen nur eine untergeordnete Rolle, da in der Regel immer nur wenige Nutzer gleichzeitig auf den Webserver zugreifen (z. B. zur Bedienung oder Beobachtung einer Anlage).

Bekannte Webserver sind der Apache und nginx, beide Open Source-Software, mit einem Marktanteil im Februar 2021 von 35 % (nginx) bzw. 26 % (Apache). Der *MS Internet Information Server IIS* (= lizenzpflichtig) besitzt noch einen Marktanteil von 7 %.

3.3.2.2 Anwendungsprotokoll HTTP

https://bit.ly/3xYKsBA

Die Kommunikation zwischen einem Webserver und einem Webclient (Browser) basiert auf dem *HTTP-Protokoll*. Für die Realisierung automatisierungstechnischer Webseiten sollten deshalb Grundkenntnisse dieses Protokolls vorhanden sein.

HTTP (Hypertext Transfer Protocol, Version 2, RFC 7540/41) ist ein TCP/IP-Anwendungsprotokoll. Es dient der Weiterleitung von *Requests* (Anforderungen) zwischen Webclient und Webserver sowie *Responses* (Antworten) in der Gegenrichtung. Das Protokoll ist seit 1996 standardisiert.

HTTP arbeitet *zustandslos*: Verbindungsabbrüche durch Netzprobleme, Absturz beim Webclient (User Abort) oder Serverfehler müssen vom Partner vernünftig abgefangen werden. Die zustandslose Arbeitsweise von HTTP bedeutet, dass aufeinanderfolgende Anfragen desselben Clients vom Server nicht als „zusammenhängend“ erkannt werden können.

Ein HTTP-Request bzw. eine HTTP-Response ist nach der in Bild 3.28 dargestellten Struktur aufgebaut. Es werden nur ASCII-Zeichen verwendet. Die MIME-Message des Request/Response-Paares enthält einen Header sowie die eigentlichen Daten (z. B. eine angeforderte HTML-Seite). Über den HTTP-Header können sich Client und Server gegenseitig über ihre Eigenschaften informieren und Metainformationen übertragen. Bild 3.28 zeigt dazu einen Ausschnitt aus einer möglichen Request/Response-Nachricht.

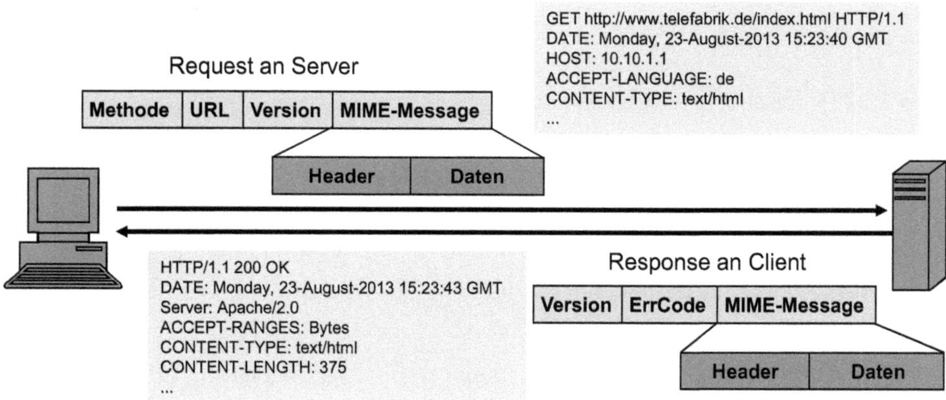

Bild 3.28 Struktur eines Request/Response-Datenstroms

HTTP definiert *verschiedene HTTP-Methoden*, die die vom Server auszuführenden Operationen beschreiben. Die wichtigsten Methoden sind dabei `GET` und `POST`. Beide Methoden ermöglichen die Übertragung dynamischer Daten zwischen Client und Server und werden deshalb für interaktive Webseiten, z. B. zur Anlagenbedienung, häufig genutzt. Beide Methoden ermöglichen auch das Starten von Skriptprogrammen bzw. von Webanwendungen mit Parameterübergabe auf dem Server z. B. zum Lesen/Schreiben von Prozessdaten.

In Beispiel 3.4 wird der Einsatz des HTTP-Protokolls für Überwachung und Diagnose dargestellt.

Beispiel 3.4: Webbasierte Erfassung und Auswertung von Sensoren in einem Schaltschrank [10]

Bild 3.29 zeigt ein Anwendungsbeispiel zur Sensorüberwachung mit Datenlogging in einem Multi-Vendor-Schaltschrank. Der Smart Connected Sensor (SCS) besitzt eine interne Sensorik für die Messgrößen Bewegung (z. B. Ultraschallbewegungsmelder, um das Öffnen der Schaltschranktür zu erkennen), Temperatur und Luftfeuchtigkeit sowie ein Gateway, auf das mittels eines Webbrowsers zugegriffen werden kann. Über einen zusätzlichen externen Datenloggereingang können externe Steuerungen über Modbus TCP einzelne Meldungen zwecks Aufzeichnung im Datenlogger an den SCS übergeben.

Über den Webbrowser kann die in der Datenbank des Gateways gespeicherte Historie der Messdaten jederzeit visualisiert werden. Zusätzlich werden alle Sensordaten per Internetprotokoll in eine Cloud übertragen, sodass autorisierte Servicepartner jederzeit auf die Schaltschrankzustandsdaten zugreifen können.

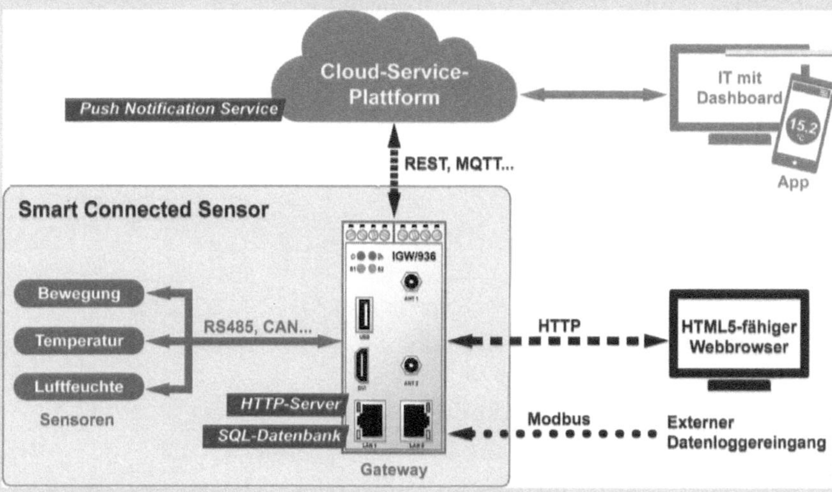

Bild 3.29 Komponentenstruktur einer webbasierten Erfassung und Auswertung von Sensoren in einem Schaltschrank (© SSV Software Systems GmbH)

HTTP ist eigentlich ein *komplexes Kommunikationsprotokoll*, vom dem nur ein Teil für die Übertragung von Webseiten genutzt wird. Über weitere Methoden von HTTP kann das Protokoll auch für die M2M-Kommunikation (Machine-to-Machine) und für die Datenübertragung in verteilten Websystemen mittels REST (Represential State Transfer) genutzt werden. Mit HTTPS gibt es auch eine sichere Version des Protokolls mit Verschlüsselung der Datenübertragung.

3.4 Ethernet-basierte Echtzeitbussysteme

Kapitel 4 beschäftigt sich mit der Anwendung von Ethernet-basierten Echtzeitsystemen als Feldbussysteme auf den unteren und mittleren Automatisierungsebenen.

3.4.1 Einführung und Übersicht

Ethernet mit TCP/UDP/IP stellt prinzipiell auch für industrielle Anwendungen ein störsicheres, zuverlässiges und leistungsfähiges Kommunikationssystem mit einer offenen und standardisierten Funktionalität zur Verfügung. Problematisch ist für Echtzeitanwendungen in der Industrieautomation allerdings das nichtdeterministische Verhalten von Ethernet.

https://bit.ly/2UwuMXC

In IEC 61784-2 werden für die Automatisierung technischer Prozesse ganz allgemein die in Tabelle 3.7 aufgeführten *drei Echtzeitklassen* (RTC – Realtime Class) anhand der erforderlichen Reaktionszeiten definiert.

Tabelle 3.7 Echtzeitklassen nach IEC 61784-2 für die Automation

Klasse	Anwendung	Latenzzeit [ms]	Jitter [µs]
1	Bedienen und Beobachten, Visualisierung, Kommunikation Steuerung zu Steuerung	100	keine Angabe
2	übliche Automatisierungsfunktionen, Steuerung mit dezentraler E/A-Peripherie	< 10	keine Angabe
3	Antriebssteuerungen, synchronisierte Bewegungsabläufe	< 1	< 1

Aufgrund der Vorteile von Ethernet (bewährte Standards, vertikale Integration der Feldebene mit übergeordneten Automatisierungsebenen, einfache Nutzung von IT-Funktionalität usw.) auch für die zeitkritische Feldebene erfolgte seit Anfang 2000 die Entwicklung von Ethernet-basierten Feldbussystemen. Zur Realisierung der erforderlichen Echtzeitanforderungen setzt man dabei insbesondere auf die Switching-Technologie von Ethernet (siehe Abschnitt 3.1.2.3) bei gleichzeitig spezifischen Übertragungsprotokollen (neben TCP/UDP/IP) und für sehr schnelle Systeme auch auf Hardwaremodifikationen im Ethernet-Switch.

Für die am Markt befindlichen Echtzeit-Ethernet-Systeme lassen sich die *Lösungskonzepte in drei Kategorien* einteilen:

- **Kategorie A:** TCP/UDP/IP-basierte Lösungen, die die Hard- und Softwarestandards von Ethernet nutzen (Beispiel: EtherNet/IP)
- **Kategorie B:** Der TCP/IP-Stack wird nicht genutzt. Das Automatisierungsprotokoll setzt direkt auf dem Ethernet-Frame auf und arbeitet mit Standard-Ethernet-Hardware (Beispiel: PROFINET RT).
- **Kategorie C:** Wie Kategorie B, aber zusätzlich wird das Ethernet-Buszugriffsverfahren modifiziert, und es ist der Einsatz einer spezifischen Ethernet-Hardware erforderlich (Beispiel: PROFINET IRT)

Bis 2019 wurden 31 unterschiedliche Echtzeit-Ethernet-Feldbussysteme entwickelt [11], die in unterschiedlichem Umfang genutzt werden. Eine Übersicht zu einigen Eigenschaften ausgewählter Systeme zeigt Tabelle 3.8.

Tabelle 3.8 Einige Eigenschaften ausgewählter Echtzeit-Ethernet-Systeme

Bezeichnung	Entwickler	Organisation	Echtzeitklasse	Lösungskategorie
Modbus TCP	Gould-Modicon (US)	Open Devicenet Vendor Association (ODVA)	1	A
EtherNet/IP	**Rockwell Automation (US)**	**Open Devicenet Vendor Association (ODVA)**	**1, 2**	**A**
PROFINET	**Siemens (DE)**	**Profibus & Profinet International (PI)**	**1, 2, 3 (je nach Variante)**	**A, B, C (je nach Variante)**
POWERLINK	B&R (AT)	Ethernet Powerlink Standardization Group (EPSG)	2	B
EtherCAT	**Beckhoff (DE)**	**EtherCat Technology Group (ETG)**	**3**	**B, C (je nach Variante)**
SERCOS III	**Bosch Rexroth (DE)**	**Sercos International (SI)**	**3**	**C**

Die drei wichtigsten Systeme weltweit in der Fabrikautomatisierung waren 2020 nach Marktanteil EtherNet/IP (17 %), PROFINET (17 %) und EtherCAT (7 %) [12]. Die grundsätzliche Funktionsweise dieser Systeme wird deshalb auch im Folgenden erläutert. Im Bereich Maschinenbau/Antriebstechnik hat sich SERCOS III in Europa etabliert, sodass auch dieses System mit in die Erläuterungen aufgenommen wird.

https://bit.ly/2W9I7a5

Die in Tabelle 3.8 fett hervorgehobenen Systeme werden im Folgenden näher beschrieben. Alle beschriebenen Bussysteme sind in den internationalen Normen IEC 61158 und IEC 61784 durch unterschiedliche Familien von Kommunikationsprofilen standardisiert.

3.4.2 Ausgewählte Bussysteme

3.4.2.1 EtherNet/IP

https://bit.ly/36Nr1iT

EtherNet/IP (Ethernet Industrial Protocol) wurde von Rockwell Automation entwickelt und im Jahr 2000 veröffentlicht. Das Bussystem läuft auf Standard-Ethernet-Hardware und nutzt zur Datenübertragung sowohl TCP/IP als auch UDP/IP. Als Protokoll wird im Prinzip das von den klassischen Feldbussen ControlNet und DeviceNet genutzte *Anwendungsprotokoll CIP* (Common Industrial Protocol) auf das Transportprotokoll von Ethernet portiert.

EtherNet/IP nutzt den üblichen TCP/IP-Stack und erweitert nur die Anwendungsschicht, indem es diese um darüberliegende Geräteprofile ergänzt. Bild 3.30 veranschaulicht das Schichtenmodell von Ethernet/IP.

Das Anwendungsprotokoll CIP unterscheidet zwischen E/A-Telegrammen und Frage/Antwort-Telegrammen für Konfiguration und Datenerfassung. Während E/A-Telegramme wegen des kompakteren Formats und kleineren Overheads per UDP versendet werden, erfolgt die Übertragung von Telegrammen für Konfiguration und Datenerfassung über TCP-Pakete.

EtherNet/IP erreicht typischerweise *Zykluszeiten* von um die 10 ms. Es können *alle Verkabelungstopologien* genutzt werden (Linie, Ring, Stern, Bus, Baum). Der bei EtherNet/IP vorhandene Jitter lässt sich mit speziellen Erweiterungen zur Zeitsynchronisation in allen Komponenten maßgeblich reduzieren.

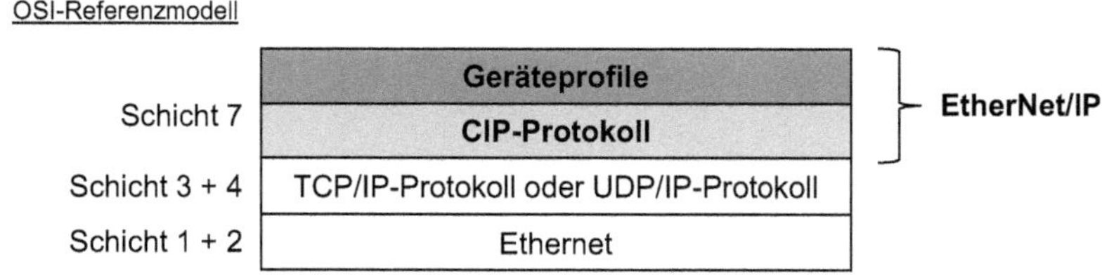

Bild 3.30 Schichtenmodell von EtherNet/IP

Aufbau, Betrieb und Wartung eines EtherNet/IP sind relativ aufwendig, da für das Netzwerk Managed Switches mit komplexen Funktionalitäten erforderlich sind. Eine quelloffene Implementierung des EtherNet/IP-Stacks (Bezeichnung: OpENer) ist unter GitHub (= Onlinedienst für Softwareentwicklungsprojekte) zu finden.

3.4.2.2 PROFINET

PROFINET (Process Field Network) ist in *unterschiedliche Leistungsklassen* für verschiedene zeitliche Anforderungen untergliedert [13]:

- **PROFINET NRT (Non Realtime)** ist für keine oder geringe Echtzeitanforderungen der Klasse 1 gedacht. Zur Datenübertragung wird der übliche TCP/IP-Stack genutzt.
- **PROFINET RT (Realtime)** ist für Echtzeitanforderungen der Klasse 2 gedacht. Ein spezielles PROFINET RT-Protokoll setzt direkt auf Schicht 2 auf und nutzt nur teilweise TCP bzw. UDP.
- **PROFINET IRT (Isochronous Realtime)** ist für hohe Echtzeitanforderungen der Klasse 3 gedacht. Es wird ein spezieller Ethernet-ASIC (Application-Specific Integrated Circuit) mit Switch-Funktionalität sowie ein PROFINET IRT-Protokoll genutzt, um eine zeitsynchronisierte Übertragung von Prozessdaten zu sichern.

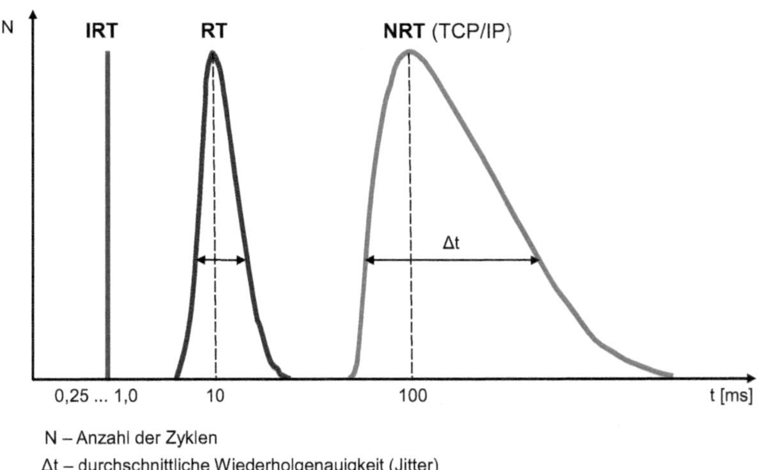

Bild 3.31 Histogramm der Zykluszeiten für die unterschiedlichen Leistungsklassen von PROFINET

Die Technologie wurde von Siemens und den Mitgliedsfirmen der PROFIBUS-Nutzerorganisation (PNO) entwickelt und ab dem Jahr 2000 zunehmend eingesetzt. Zur Veranschaulichung der Leistungsklassen zeigt Bild 3.31 ein Histogramm [14], bei dem über einen längeren Zeitraum Zykluszeiten für die Aktualisierung von Prozessdaten der jeweiligen Leistungsklassen ermittelt wurden.

Basierend auf den PROFINET-Leistungsklassen bietet PROFINET zwei Anwendungsprotokolle:

- **PROFINET CBA (Component-based Automation):** PROFINET CBA ist die Ursprungsvariante, die auf einem Komponentenmodell für die Kommunikation intelligenter Automatisierungsgeräte untereinander basiert. Das Protokoll basiert auf TCP/IP und ist für Echtzeitanwendungen eher ungeeignet. Das komponentenbasierte PROFINET CBA verfolgt den Ansatz der verteilten Automatisierung. Hierbei wird eine Aufgabe auf mehrere komplexe Geräte verteilt, die untereinander durch Ethernet TCP/IP verbunden sind. PROFINET CBA ist ein zukunftsorientierter Ansatz, der bisher aber nur geringe praktische Bedeutung erlangt hat.

- **PROFINET IO:** PROFINET IO ist der Ethernet-basierte Nachfolger von PROFIBUS DP und spezifiziert den gesamten Datenaustausch zwischen E/A-Controllern, die Parametrierung, die Diagnose und den Aufbau eines Netzwerks. Dieser PROFINET-Anwendungsdienst hat ein sehr großes Marktpotenzial und hat sich innerhalb kurzer Zeit als eines der führenden Industrial-Ethernet-Netzwerke etabliert.

Bild 3.32 zeigt in der Übersicht die jeweiligen Schichtenmodelle von PROFINET für die unterschiedlichen Leistungsklassen.

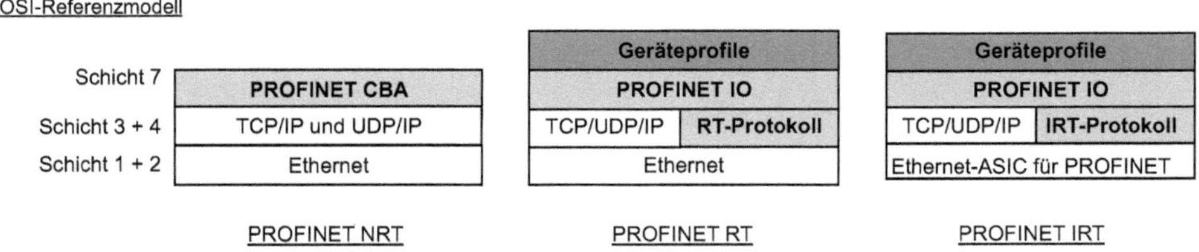

Bild 3.32 Schichtenmodelle von PROFINET

PROFINET IO baut auf dem bewährten Funktionsmodell von PROFIBUS-DP (siehe Abschnitt 2.2.3.1) auf und benutzt die *Fast-Ethernet-Technologie* (100 Mbit/s) als physikalisches Übertragungsmedium. Das System ist auf die schnelle Übertragung von E/A-Daten zugeschnitten und bietet zeitgleich eine Übertragungsmöglichkeit für Bedarfsdaten und Parameter sowie IT-Funktionen.

Wie bei PROFBUS-DP werden die dezentralen Feldgeräte bei PROFINET IO über eine *Gerätebeschreibung* in das Projektierungstool eingebunden. Die Eigenschaften des Feldgeräts (PROFINET IO Device) werden vom Gerätehersteller in einer *GSD-Datei* (Generic Station Description) beschrieben.

Bei PROFINET IO wird ein *Provider-Consumer-Modell* (= modifiziertes Producer-Consumer-Modell (siehe Abschnitt 1.3.3)) für die Kommunikation verwendet, das Kommunikationsbeziehungen zwischen gleichberechtigten Teilnehmern am Ethernet unterstützt. Wesentliches Merkmal ist dabei, dass der Provider als Producer seine Daten ohne Aufforderung des Kommunikationspartners sendet.

Zur besseren Strukturierung von PROFINET IO-Geräten sind folgende Geräteklassen definiert:

- **IO-Controller:** Dies ist typischerweise die SPS, in der das Automatisierungsprogramm abläuft.
- **IO-Supervisor:** Dies ist typischerweise ein Programmiergerät (PG), PC oder ein HMI-Gerät (HMI - Human Machine Interface) für die Inbetriebnahme oder Diagnose.
- **IO-Device:** Ein IO-Device ist ein dezentral angeordnetes E/A-Gerät, das über PROFINET IO angekoppelt wird.

Bild 3.33 zeigt den Aufbau eines PROFINET-Systems mit den drei Geräteklassen.

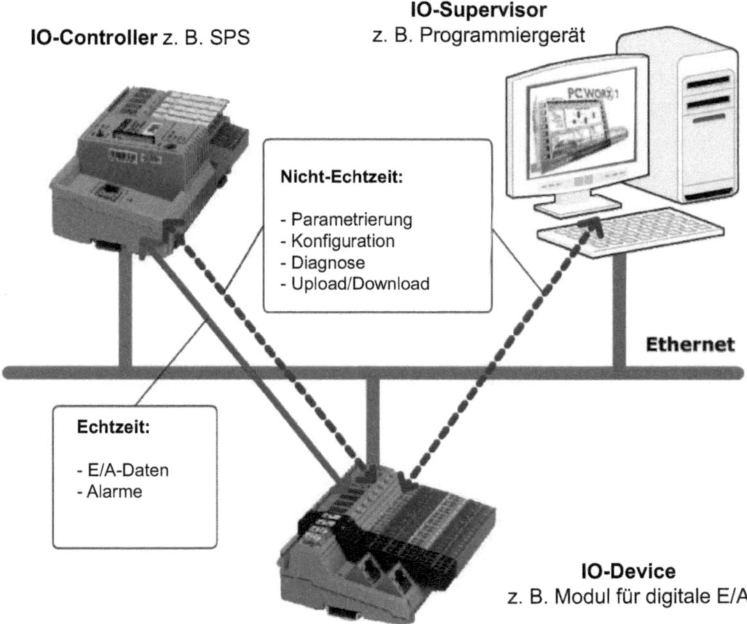

Bild 3.33 Aufbau eines PROFINET-Systems mit IO-Controller, IO-Supervisor und IO-Device

In einem PROFINET-Netzwerk gibt es *mindestens einen IO-Controller* und ein oder mehrere IO-Devices. Ein IO-Device kann mit mehreren IO-Controllern Daten austauschen. Ein IO-Supervisor ist für Inbetriebnahmezwecke meist nur temporär vorhanden.

Mit PROFINET können *alle Verkabelungstopologien* genutzt werden (Linie, Ring, Stern, Bus, Baum). Auf Basis von speziellen Switches können auch redundante PROFINET-Systeme umgesetzt werden. In der Leistungsklasse PROFINET IRT sind Aufbau, Betrieb und Wartung relativ aufwendig. Die dabei erforderlichen speziellen Ethernet-ASICs werden zudem nur von wenigen Herstellern produziert. Eine quelloffene Implementierung des PROFINET-Stacks steht nicht zur Verfügung.

https://bit.ly/3wTDNHr

In Beispiel 3.5 wird die Diagnose eines PROFINET IO-Devices dargestellt.

Beispiel 3.5: Zugriff auf den Status eines IO-Devices mit einem PG/PC oder einem HMI-Gerät [15]

Wenn ein PG/PC (PG - Programmiergerät) mit STEP 7 (SPS-Programmiersoftware von Siemens) oder ein HMI-Gerät mit dem Industrial Ethernet verbunden sind, können Diagnoseinformationen online abgerufen werden. Diese Funktion veranschaulicht Bild 3.34. Die markierten Ziffern in Bild 3.34 kennzeichnen folgende Aktivitäten:

(1): Das IO-Device erkennt einen Fehler und sendet Diagnosedaten an den IO-Controller (SPS).

(2): Der IO-Controller benachrichtigt das PG/HMI-Gerät. Die Anzeige der Systemdiagnose wird aktualisiert.

(3): In STEP 7 kann der Stationsstatus unabhängig vom IO-Controller direkt vom IO-Device abgelesen werden. Damit kann während der Inbetriebnahme auch dann auf Diagnoseinformationen zugegriffen werden, wenn der IO-Controller nicht in Betrieb ist.

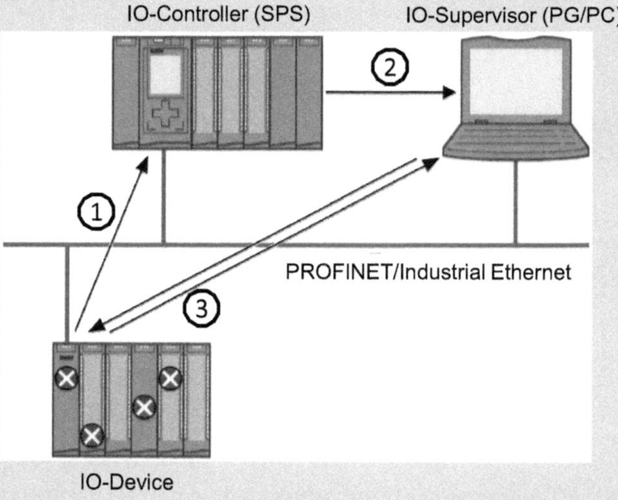

Bild 3.34 Zugriff auf Statusfunktionen eines IO-Devices (© Siemens AG)

3.4.2.3 EtherCAT

https://bit.ly/3rmSGAO

EtherCAT (Ethernet for Controller and Automation Technology) wurde von Beckhoff Elektronik entwickelt und 2003 vorgestellt. Der EtherCAT-Master wird typischerweise auf einem PC mit einer Standard-Ethernet-Schnittstelle realisiert. Das EtherCAT-Protokoll wird direkt in das Ethernet-Paket eingebettet [16].

a) direkte Einbettung von EtherCAT in ein Ethernet-Telegramm

Ethernet-Header	IP	TCP/UDP	EtherCAT-Daten

b) Einbettung von EtherCAT in ein UDP oder TCP-Telegramm

Bild 3.35 Einbettung des EtherCAT-Protokolls in ein Ethernet-Paket

Je nach Implementierung von EtherCAT wird das EtherCAT-Protokoll auf verschiedene Weise in das Ethernet-Paket eingebettet (Bild 3.35) [17]:

- **EtherCAT Device Protocol:** Das Protokoll wird mittels des Ethertypes (siehe Bild 3.4/Tabelle 3.4) im Rahmenformat Ethernet II direkt im Ethernet-Paket transportiert Die Übertragung direkt im Ethernet-Paket wird für Systeme mit hohen Echtzeitanforderungen eingesetzt. Eine Kommunikation ist nur im gleichen Subnetz wie der Steuerungsrechner möglich (Bild 3.35a).
- **EtherCAT Automation Protocol:** Hier wird das EtherCAT-Protokoll in UDP/IP- oder TCP/IP-Datagramme verpackt. Damit kann jede Steuerung mit einem üblichen Ethernet-Protokoll-Stack EtherCAT-Systeme ansprechen (Bild 3.35b).

Mit dieser Art der Datenübertragung ergibt sich das in Bild 3.36 dargestellte Schichtenmodell für EtherCAT.

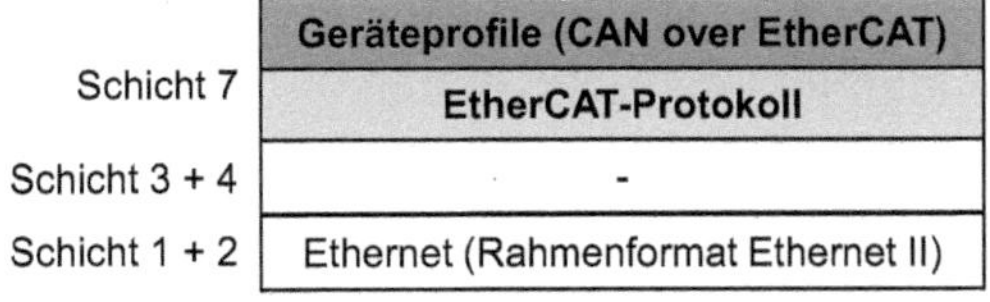

EtherCAT Device Protocol

Geräteprofile (CAN over EtherCAT)
EtherCAT-Protokoll
UDP/IP bzw. TCP/IP
Ethernet

EtherCAT Automation Protocol

Bild 3.36 Schichtenmodell von EtherCAT

https://bit.ly/3hZx4Yp

Bei den *Geräteprofilen* lehnt sich EtherCAT an den CoE-Standard an (CoE - CAN over EtherCAT). Mit dem spezifizierten CoE-Protokoll wird die Nutzung der Kommunikations- und Geräteprofile vom CAN-Feldbus auch bei EtherCAT ermöglicht.

EtherCAT nutzt zur Datenübertragung das *Master-Slave-Modell mit Summenrahmenverfahren* (siehe Abschnitt 1.2.4.1 und Abschnitt 1.3.2.2): Der EtherCAT-Master sendet ein Ethernet-Paket mit den Daten für alle angebundenen Slaves, das nacheinander alle Teilnehmer durchläuft. Beim letzten Teilnehmer eines Stranges wird das Paket wieder zurückgeleitet. Die Teilnehmer bearbeiten das Paket während des Durchlaufs in einer Richtung. Die für den Teilnehmer bestimmten Daten werden „on the fly" ausgelesen und die Ausgangsdaten in das Paket eingefügt. Zur Gewährleistung der Bandbreite von 100 Mbit/s ist für die schnelle Bearbeitung in den EtherCAT-Slaves spezielle ASIC- oder FPGA-basierte Hardware erforderlich.

Die *Zykluszeit von EtherCAT* liegt je nach Art und Umfang der Anwendung zwischen 10...100 µs und ist damit auch für „harte" Echtzeitanwendungen geeignet.

Die Netzwerkstruktur von EtherCAT entspricht effektiv immer einem logischen Ring. Auch Abzweige, die sich an speziell konzipierten Teilnehmern anschließen lassen, stellen quasi nur eine Doppelweiche dar, sodass das Summenrahmentelegramm durch den Abzweig geleitet wird.

Eine quelloffene Implementierung eines einfachen EtherCAT-Stacks (für Master und Slave) steht unter GitHub zur Verfügung (Bezeichnung: Simple Open Source EtherCAT Master/Slave).

3.4.2.4 SERCOS III

SERCOS III ist ein frei verfügbarer Echtzeitkommunikationsstandard für digitale Antriebsschnittstellen, entwickelt durch Bosch Rexroth. Neben der Hardwarearchitektur für die Anschaltungen spezifiziert SERCOS III nicht nur eine Protokollstruktur, sondern auch umfangreiche Anwendungsprofile. Bei SERCOS III dient Standard-Ethernet nach IEEE 802.3 als Transportprotokoll. Das Kommunikationssystem kommt schwerpunktmäßig in Automationssystemen mit einem hohen Anteil an Antriebstechnik zum Einsatz. Erste SERCOS III-Produkte kamen im Jahr 2005 auf den Markt.

SERCOS III nutzt zur Datenübertragung das *Master-Slave-Modell mit Summenrahmenverfahren* und ermöglicht zwei Kommunikationskanäle [18]:

- **Echtzeitkanal:** Der Echtzeitkanal arbeitet nach einem speziellen RT-Protokoll in den Schichten 2 + 3, bei dem ein Zeitschlitzverfahren mit reservierter Bandbreite die Kollisionsfreiheit der Datenübertragung gewährleistet. Die Synchronisierung der Teilnehmer erfolgt auf Hardwareebene. Damit wird eine Genauigkeit der Synchronisation von unter 100 ns erreicht.
- **Nicht-Echtzeitkanal:** Der Nicht-Echtzeitkanal nutzt UDP/IP bzw. TCP/IP und ein SERCOS III-Anwendungsprotokoll (S/IP-Protokoll).

Das aus den beiden Kanälen resultierende Schichtenmodell ist in Bild 3.37 vereinfacht dargestellt.

OSI-Referenzmodell	Echtzeitkanal	Nicht-Echtzeit-Kanal
Schicht 7	**Geräteprofile**	**Ethernet-Anwendungen**
	SERCOS III RT-Protokoll	**SERCOS III S/IP-Protokoll**
Schicht 3 + 4	-	UDP/IP bzw. TCP/IP
Schicht 1 + 2	Ethernet (FPGA für Slaves)	Ethernet (FPGA für Slaves)

Bild 3.37 Schichtenmodell von SERCOS III

In Beispiel 3.6 wird eine SERCOS III-Anwendung dargestellt.

Beispiel 3.6: SERCOS III-Anwendung zur Steuerung einer Bestückungseinrichtung [19]

Der A1 SERCOS III Master von AUTOMATA bietet vielfältige Steuerungs- und Kommunikationsmöglichkeiten, um Antriebslösungen kompakt und effizient zu realisieren. Bild 3.38 zeigt ein Beispiel für die Steuerung einer Bestückungseinrichtung für Leiterplatten.

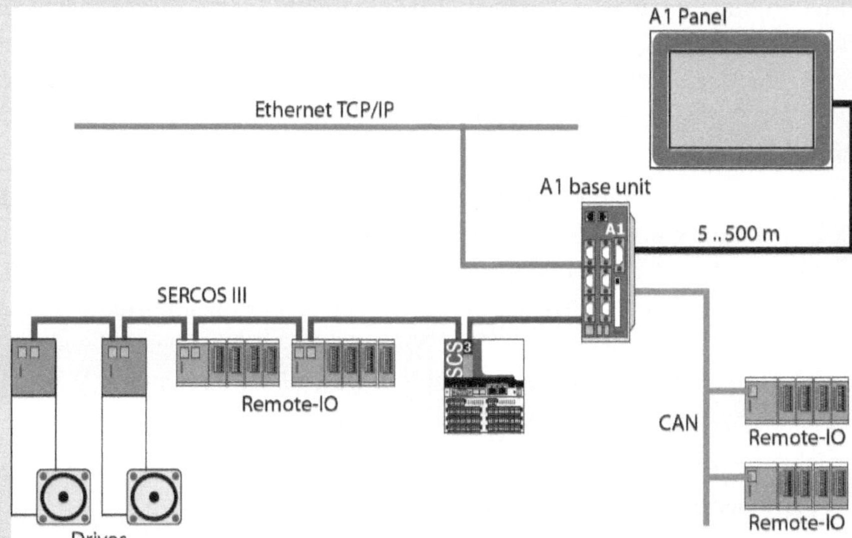

Bild 3.38 Steuerung einer Bestückungseinrichtung mit SERCOS III

Die A1 Base Unit beinhaltet ein FPGA-basiertes SERCOS III-Master-Interface sowie zusätzlich ein CODESYS-System als IEC 61131-3-Steuerung. Neben dem SERCOS III-Interface ist am A1 auch eine Standard-Ethernet-Schnittstelle sowie einen Anschluss für das Feldbussystem CAN vorhanden.

https://bit.ly/36RXXXQ

Alle SERCOS III-Slaves benötigen eine spezielle Hardware, basierend auf einem FPGA. Die Hardware (z. B. SERCON 100M/S) realisiert auch den Ethernet-Anschluss. Bei SERCOS III sind mit Fast Ethernet *minimale Zykluszeiten von ca. 30 µs* erreichbar. Für die Netzwerkstruktur schreibt SERCOS III die Verkabelung der Netzteilnehmer in einer Linie oder in einem geschlossenen Ring vor. Eine quelloffene Implementierung eines SERCOS III-Masters steht unter Sourceforge (= Datei-Hosting-Dienst für Softwareprojekte) zur Verfügung (Bezeichnung: Common SERCOS III Master API).

3.4.3 Ausblick zu industriellem Echtzeit-Ethernet

Alle Ethernet-basierten Echtzeitbussysteme, die auf hohe Echtzeitanforderungen ausgelegt sind, besitzen den Nachteil, dass auf der Feldebene auf das IP-Protokoll verzichtet wird und spezielle Hardwarekomponenten erforderlich sind. Damit ergeben sich trotz Standardisierung proprietäre Systeme, die untereinander nicht kompatibel sind und deren Elemente (z. B. E/A-Baugruppen) über eine vertikale Kommunikation in der Automatisierungshierarchie nur schwer erreichbar sind. So kann z. B. ein MES-System (MES – Manufacturing Execution System) nicht direkt auf Sensoren auf der Feldebene zugreifen. Außerdem besteht durch die verschiedenen Systeme ein stark fragmentierter Markt, der weitere Entwicklungsmöglichkeiten einschränkt.

https://bit.ly/3wTExMJ

Im Zusammenhang mit Industrie 4.0 und der Digitalisierung der Produktion wird für die Zukunft eine durchgängige und einheitliche Vernetzung aller Automatisierungsebenen (einschließlich unterschiedlicher Netzwerke) bis hin zum Sensor/Aktor unter Berücksichtigung zeitkritischer Steuerungsinformationen gefordert. Zukünftig werden Ethernet-basierte Netzwerke über alle Ebenen benötigt, die auch kritische Zeitanforderungen auf einheitliche und standardisierte Weise umsetzen können. Folgende Anforderungen müssen dabei erfüllt werden:

- berechenbare und garantierte Ende-zu-Ende Reaktionszeiten
- stark begrenzte Lastschwankungen (Jitter)
- extrem geringer Paketverlust

https://bit.ly/36RYwAW

https://bit.ly/3eFfGpC

In den letzten Jahren wurde dazu durch verschiedene Entwicklungen das konventionelle Ethernet nach IEEE 802.3 um einen Grad von Determinismus ergänzt, wie er bisher nicht möglich war. Zu diesen neuen Ethernet-Systemen gehören z. B. *Time Sensitive Networking* (TSN), *White Rabbit* (Projekt des CERN für ein zeitdeterministisches Ethernet im Picosekundenbereich) oder *X-Ethernet* (von Huawei). Aktuell wird durch eine Reihe von Automatisierungsorganisationen und Unternehmen *TSN als Ethernet-basierter Echtzeitbus der Zukunft* favorisiert. Auch deshalb, da sich TSN bereits seit 2012 im Standardisierungsprozess der IEEE befindet und ein Teil der Standards auch schon verabschiedet ist.

Mit TSN erhält ein Grad an Zeitdeterminismus Einzug in die Ethernet-basierte Datenkommunikation, der auch den höchsten Anforderungen moderner Steuerungsnetzwerke, beispielsweise in der Industrieautomatisierung und der Automobilindustrie, gerecht wird. TSN ist als *Baukastensystem* konzipiert, mit dem die exakten Eigenschaften der deterministischen Datenübertragung - und die damit einhergehenden Hardware- sowie Softwareanforderungen - dem jeweiligen Bedarf angepasst werden können.

TSN entwickelte sich aus dem *Audio Video Bridging* (AVB), einer Reihe von Standards für das Streaming von Audio- und Videodaten über Netzwerke. Wichtige Kerntechnologien und -mechanismen von TSN sind:

- die Einteilung des Datenverkehrs in Warteschlangen mit unterschiedlichen Prioritäten
- die Steuerung von Prioritäten
- intelligente Verfahren für die Warteschlangenbehandlung

Das TSN erweitert das Ethernet um Funktionen, die sich in die folgenden fünf Bereiche einteilen lassen:

- Steuerung des Verkehrs im Ethernet
- Steuerung der Bandbreite im Ethernet
- Synchronisation der Zeitbasis der Ethernet-Teilnehmer
- Ablaufkontrolle und Scheduling im Ethernet
- Redundanzverbesserung

TSN erzielt bei Datenraten im Gigabitbereich Verzögerungszeiten pro Netzwerkabschnitt (Netzwerkhop) von *nur wenigen Mikrosekunden.*

Die Standards von TSN betreffen nur die *Schicht 2 des OSI-Referenzmodells.* Höhere Schichten sind von den Funktionserweiterungen nicht betroffen. Damit ist TSN für alle weiteren auf Ethernet aufsetzenden Kommunikationsprotokolle transparent. Die Protokolle der Schichten 3 bis 7 profitieren von den Echtzeitgarantien des TSN, ohne selbst angepasst oder verändert werden zu müssen. Die Dateninhalte oder die Methoden des Datenaustauschs der Kommunikationspartner ändern sich für die höheren Protokollschichten nicht. Bild 3.39 zeigt die Einordnung von TSN im OSI-Referenzmodell.

OSI-Referenzmodell

Schicht 7	Anwendungsprotokolle	
Schicht 3 + 4	TCP/IP-Protokoll oder UDP/IP-Protokoll	
Schicht 2	IEEE 802.1 (heute)	**IEEE 802.1 TSN (zukünftig)**
Schicht 1	IEEE 802.3 (z. B. 100 Mbit/s, 1 Gbit/s)	

Bild 3.39
Einordnung von TSN im OSI-Referenzmodell

https://bit.ly/3hTSpSY

Für TSN wird in jedem Fall ein *TSN-fähiger Hardwarebaustein* benötigt. Die heute verbauten Ethernet-Bausteine können in der Regel nicht durch Software auf TSN erweitert werden. Jedoch ist abzusehen, dass in Zukunft der Standard-Ethernet-Baustein ein TSN-fähiger Ethernet-Baustein sein wird. Alle namhaften Bausteinhersteller haben bereits begonnen oder zumindest angekündigt, Hardwarebausteine mit TSN-Mechanismen zu entwickeln.

3.5 Übungsaufgaben

3.1: Wie viel Leitungen sind bei einem Ethernet-Kabel CAT5-UTP belegt, wenn die Übertragungsgeschwindigkeit 100 Mbit/s beträgt (Fast Ethernet)? Kann dieses Kabel auch für Gigabit Ethernet verwendet werden und wenn ja, mit welchen Modifikationen?

3.2: Eine Ethernet-Paket hat folgendes Format in hexadezimaler Schreibweise:

AA AA AA AA AA AA AA AB 00 C0

3D 00 27 8B 00 A0 24 F0 1B 2E 00 14 45

00 00 28 17 D3 40 00 80 06 1D A3 8D 07

D5 A2 8D 07 D5 A8 80 73 95 8F

Bestimmen Sie die MAC-Adresse des Absenders für das angegebene Paket sowie den Hersteller der Netzwerkadresse im Absenderrechner.

3.3: Wodurch unterscheidet sich ein Hub von einem Switch?

3.4: Ein ankommendes Ethernet-Paket in einem Fast Ethernet-LAN mit einer Nutzdatenlänge von 248 Byte soll über einen Switch weitergeleitet werden. Ermitteln Sie die Latenzzeit (ohne Berücksichtigung der Bearbeitungszeit im Switch) für die Weiterleitung des Pakets, wenn es sich um einen Store-and-Forward-Switch und wenn es sich um einen Cut-Through-Switch handelt. Diskutieren Sie die Ergebnisse.

3.5: Zur einheitlichen Beschreibung von Kommunikationsprotokollen gibt es das OSI-Referenzmodell mit sieben Kommunikationsschichten. In welcher Schicht sind der Ethernet-Buszugriff bzw. die Verbindungssicherung angeordnet?

3.6: Mit welchem Verfahren werden beim Ethernet nach IEEE 802.3 Kollisionen verhindert, wenn zwei bzw. mehrere Teilnehmer am Netz gleichzeitig senden wollen? Erläutern Sie das Verfahren.

3.7: Neben Computerviren gibt es eine Reihe weiterer Schadsoftware (Malware). Recherchieren Sie im Internet, ermitteln Sie mindestens einen weiteren Typ von Schadprogrammen und erläutern Sie diesen.

3.8: Auf welchen Schichten des OSI-Referenzmodells arbeiten die unterschiedlichen Kontrollmechanismen einer Firewall? Erläutern Sie die Unterschiede der Kontrollmechanismen.

3.9: Datenverschlüsselung ist ein Verfahren zu Abwendung von Gefahren in Unternehmensnetzen. Arbeitet das Public-Key-Verfahren symmetrisch oder asymmetrisch?

3.10: Zur allgemeinen Strukturierung von Übertragungsprotokollen wurde das OSI-Referenzmodell entwickelt. In welcher Schicht des OSI-Referenzmodells befindet sich das Internet Protocol?

3.11: Ordnen Sie den vier Schichten der Internet-Protokoll-Suite jeweils ein Beispiel eines Protokolls zu.

3.12: Folgende IP-Adressen sind gegeben: 10.0.23.15, 192.168.1.100 und 225.10.136.12. Um welche Adressklassen handelt es sich? Erläutern Sie die Unterschiede zwischen diesen Klassen.

3.13: Was sind die wesentlichen Unterschiede zwischen den Protokollen TCP und UDP?

3.14: `ipconfig` ist ein Kommandozeilenbefehl in MS Windows, mit dem man die Adressdaten des lokalen Netzwerkes im PC anzeigen kann. Nutzen Sie dieses Werkzeug, und ermitteln Sie die MAC-Adresse der Netzwerkkarte bzw. des WLAN-Adapters Ihres PCs. Bestimmen Sie außerdem damit die IP-Adresse Ihres PCs, wenn Sie mit dem Internet verbunden sind.

3.15: Nutzen Sie die Entwicklungswerkzeuge Ihres Webbrowsers, um die Header eines HTTP-Requests und einer HTTP-Response zu analysieren. Als Webseite sollten Sie die Homepage Ihrer Firma/Hochschule sowie als Vergleich die Webadresse *https://www.hs-duesseldorf.de* verwenden. Ermitteln Sie die IP-Adresse des Servers, den Servertyp sowie, falls angegeben, die Programmierumgebung, mit der die Webseiten erstellt wurden.

3.16: Welche Echtzeit-Ethernet-Bussysteme (aus den im Fachbuch beschriebenen) würden Sie zur Echtzeitklasse 3 nach IEC 61784-2 zählen? Recherchieren Sie im Internet, und ermitteln Sie zwei weitere Ethernet-Bussysteme, die diese Anforderungen auch erfüllen.

3.17: Gegeben sind zwei Antriebslösungen, wobei Lösung 1 mit PROFINET IRT und Lösung 2 mit EtherCAT aufgebaut sind. Nach einem Wartungsfall müssen Sie einen Antrieb austauschen. Der neue Antrieb besitzt aber nur einen SERCOS III-Anschluss. Was könnten Sie tun?

3.18: Beschreiben Sie in einer tabellarischen Übersicht die Merkmale der Systeme EtherNet/IP, PROFINET IO (RT), EtherCAT und SERCOS III hinsichtlich Zugriffsverfahren, Verbindungsmodell und Netztopologie.

3.19: PROFINET kennt abhängig von der erforderlichen Zykluszeit unterschiedliche Leistungsklassen. Welche Leistungsklasse verwendet man für die Übertragung von Daten bei einer typischen Zykluszeit < 1 ms?

3.20: Welche Geräteklassen kennt PROFINET IO? Erläutern Sie deren Funktion.

3.21: OPC UA entwickelt sich zunehmend zu einem Universalstandard als Schnittstelle für Automatisierungsgeräte. Könnte nach Ihrer Meinung OPC UA auch für zukünftige TSN-Netze in der Anwendungsschicht des OSI-Referenzmodells eingesetzt werden? Begründen Sie Ihre Antwort.

Literaturverzeichnis

[1] *Phoenix Contact:* Ethernet Basics Rev. 02. Phoenix Contact, Blomberg, 2019. *https://www.phoenix-contact.com/assets/downloads_ed/global/web_dwl_technical_info/Ethernet_Basics_rev2_de.pdf* (Zugriff am 05.09.2019)

[2] *Furrer, F. J.:* Industrieautomation mit Ethernet-TCP/IP und Web-Technologie. Hüthig Verlag, Heidelberg, 2003

[3] *Reder, B.:* PoE-Injektor von KTI macht Netze für Power over Ethernet fit. Sommergut, München, 2017. *https://www.windowspro.de/news/poe-injektor-kti-macht-netze-fuer-power-over-ethernet-fit/03624.html* (Zugriff am 06.09.2019)

[4] *Siemens:* SCALANCE X – Industrial Ethernet Switches. Siemens AG, Nürnberg, 2013

[5] *Krüger, G.; Reschke, D. (Hrsg.):* Lehr- und Übungsbuch Telematik. Carl Hanser Verlag, München Wien, 2002

[6] *Schwickert, A. et al.:* Netzwerke – Grundlagen und Technik. Arbeitspapiere WI Nr. 2/2012, Justus-Liebig-Universität, Gießen, 2012

[7] *Langmann, R.:* Lean Web Automation in der Praxis. Franzis Verlag, Poing, 2007

[8] *Walter, K.-D.:* Embedded Internet in der Industrieautomation. Hüthig Verlag, Heidelberg, 2004

[9] *Thiel, F.:* TCP/IP-Ethernet bis WebIO. Wiesemann & Theis, Wuppertal, 2006

[10] *SSV:* Smart Connected Sensors. SSV Software Systems, Hannover, 201. *https://ssv-embedded.de/loesungen/scs* (Zugriff am 12.09.2019)

[11] *Schwager, J.:* Informationsportal für Echtzeit-Ethernet in der Industrieautomation. Hochschule Reutlingen, Reutlingen, 2019. *http://www.realtime-ethernet.de* (Zugriff am 16.09.2019)

[12] *Kuchera, K.:* Marktanteile industrieller Netzwerke 2020 aus der Sicht von HMS. Elektronik Praxis, 18.06.2020, Vogel Communications Group, Würzburg. *https://www.elektronikpraxis.vogel.de/marktanteile-industrieller-netzwerke-2020-aus-der-sicht-von-hms-a-940919* (Zugriff am 15.03.2021)

[13] *Popp, M.:* Das PROFINET IO-Buch. Grundlagen und Tipps für Anwender. Hüthig Verlag, Heidelberg, 2005

[14] *PI:* PROFINET Real Time Communication. Präsentation, 2019. *http://www.profibus.org.pl/index.php?option=com_docman&task=doc_view&gid=28* (Zugriff am 15.09.2019)

[15] *Siemens:* SIMATIC – PROFINET mit STEP 7 V14. Siemens AG, Nürnberg, 2016

[16] *Beckhoff:* EtherCAT System Dokumentation V.5.3. Beckhoff Automation, Verl, 2018

[17] *ETG:* EtherCAT für die Fabrikvernetzung. Präsentation. Nürnberg: EtherCAT Technology Group, Nürnberg, 2010

[18] *Klasen, R., Oestreich, V., Volz, M. (Hrsg.):* Industrielle Kommunikation mit Feldbus und Ethernet. VDE Verlag, Berlin, 2010

[19] *AUTOMATA:* SERCOS III: Real-time communication over Ethernet. AUTOMATA, Ried, 2019

4 Mobile Kommunikation

4.1 Technische Grundlagen

Die immer weiter fortschreitende Miniaturisierung elektronischer Komponenten ermöglicht es, mehr und mehr elektronische Systeme auch mobil einzusetzen. Mobile Geräte wie Smartphones und Tablets halten unvermindert Einzug in das alltägliche Leben und in die Industrie. Die Zukunft wird eine immer höhere Rechenleistung auf kleinerem Raum, neuartige Anzeigen mit niedriger Leistungsaufnahme und neuartige Schnittstellen hin zum Benutzer bringen. 2019 gab es weltweit bereits ca. 9 Milliarden Mobilfunkanschlüsse gegenüber ca. 1 Milliarde Festnetzanschlüsse.

Auch in der Industrie steigt zunehmend der Einsatz von mobilen Geräten und drahtlosen (wireless) Netzen zur Kommunikation zwischen Benutzer und Maschinen und zwischen Maschine und Maschine (M2M). So betrug 2020 der Marktanteil bei Feldbussystemen für lokale Funknetze 6 % mit einem jährlichen Wachstum von 30 % [1]. Für den Bereich der M2M-Kommunikation erwartete man für 2020, dass weltweit ca. zwischen 50 und 100 Milliarden Geräte vernetzt sind, wobei der größte Teil davon drahtlose lokale Netze und Mobilfunknetze nutzen sollen.

Grundsätzlich unterscheidet man zwischen *mobilen und drahtlosen Systemen*, d. h., nicht jedes mobile System kommuniziert drahtlos und nicht jedes drahtlose System ist mobil (siehe Tabelle 4.1).

Tabelle 4.1 Unterscheidung zwischen mobilen und drahtlosen Kommunikationssystemen

Mobil	Drahtlos	Beispiel
ja	nein	Notebook am Festnetz
nein	ja	WLAN in einer Fabrikhalle
ja	ja	Smartphone als Bedienterminal

Dieses Kapitel beschäftigt sich im Wesentlichen mit drahtlosen Kommunikationssystemen, wobei ein Teil dieser Systeme auch mobil sein kann.

Die meisten drahtlosen Kommunikationssysteme basieren auf einer *Funkübertragung*. Im Vergleich zu einer kabelgebundenen Datenübertragung gibt es folgende Nachteile, die bei den jeweiligen Systemen entsprechend berücksichtigt werden müssen:

- Durch Interferenzen mit anderen elektrischen Geräten (Elektromotoren, Mikrowellengeräten usw.) muss mit höheren Bitfehlerraten gerechnet werden.
- Die erreichbaren Übertragungsraten sind relativ niedrig und zudem stark entfernungsabhängig.
- Da der Raum stets ein Medium darstellt, auf den jeder zugreifen kann (Shared Medium), sind sichere und faire Zugriffsverfahren erforderlich.
- Die grundsätzlich geringere Sicherheit gegenüber Abhören (die Luftschnittstelle ist für jeden zugänglich) muss durch spezielle Maßnahmen gewährleistet werden.
- Bei Funknetzen gibt es länderspezifisch zum Teil restriktive gesetzliche Regelungen, die nur bestimmte Frequenzbereiche zur Nutzung freigeben.

Eine Sonderstellung nehmen Kommunikationssysteme ein, die Licht als Übertragungsmedium verwenden. Aufgrund ihres bisher sehr geringen Einsatzes in der Industrie werden diese im Folgenden nur am Rande behandelt.

Abschnitt 4.1.1 behandelt Grundlagen der Datenübertragung mittels des Mediums Funk, die für alle drahtlosen Kommunikationssysteme in gewisser Weise maßgebend sind.

4.1.1 Funkübertragung

4.1.1.1 Signalausbreitung

https://bit.ly/3rnEuHP

Funkwellen sind elektromagnetische Wellen, die sich im Raum mit Lichtgeschwindigkeit ausbreiten.

Dabei gilt folgende Beziehung:

$$\lambda \times f = c \tag{4.1}$$

λ	Wellenlänge in [m]
f	Frequenz in [Hz]
c	Lichtgeschwindigkeit in [m/s] (für Vakuum: ca. $3 \ldots 10^8$ m/s)

Faustregel: Bei λ in Meter und f in MHz gilt $\lambda \cdot f = 300$.

Tabelle 4.2 Beispiele für Frequenz und Wellenlänge

Frequenz [MHz]	Wellenlänge [cm]	Beispiel
10	3000	14 MHz für NFC
1000	30	868 MHz für ZigBee (Europa)
3000	10	2,5 GHz für Wireless LAN

Bild 4.1 zeigt das *elektromagnetische Spektrum* und seine grundsätzliche Verwendung für die Telekommunikation [2].

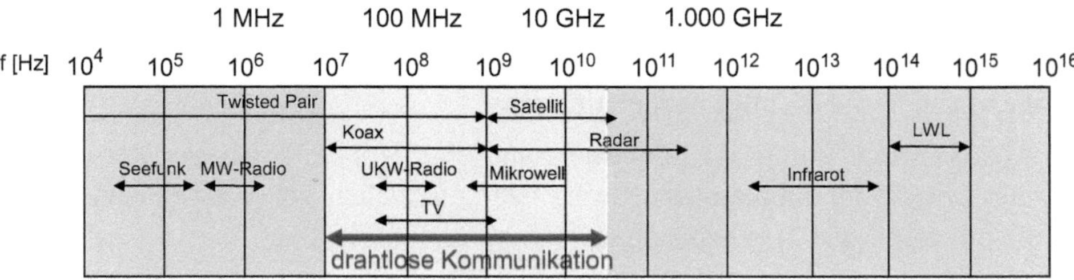

Bild 4.1 Elektromagnetisches Spektrum und seine Verwendung für die Telekommunikation

Der *Frequenzbereich* für unterschiedliche drahtlose Kommunikationssysteme überstreicht einen großen Bereich von NFC (Near Field Communication) mit 13,68 MHz bis WLAN nach IEEE 802.11ad mit 60 GHz. Nicht berücksichtigt wurde dabei die Lichtkommunikation (Infrarot und sichtbares Licht), wie z. B. das IrDA-System (IrDA – Infrared Data Association), das aber für industrielle Zwecke bisher kaum eine Rolle spielt. Die meisten Systeme, die in der Industrie eingesetzt werden, arbeiten im Bereich oberhalb von 1 GHz.

Die Informationsmenge, die eine elektromagnetische Welle führen kann, hängt von der *Bandbreite* ab, Wenn Formel 4.1 nach der Frequenz f aufgelöst und differenziert wird, erhält man nach Austausch der Differenziale durch endliche Differenzen folgende Gleichung:

https://bit.ly/3kJ5lN8

$$\Delta f = \frac{c \cdot \Delta\lambda}{\lambda^2} \qquad (4.2)$$

Δf Frequenzbandbreite

Mit Formel 4.2 kann bei gegebener Breite des Wellenlängenbandes Δλ die Frequenzbandbreite Δf ermittelt werden und daraus die Datenübertragungsrate (kurz auch Datenrate oder Übertragungsrate) bestimmt werden, die mit diesem Band erzielt werden kann. Je breiter das Band, desto höher die Übertragungsrate [1].

https://bit.ly/3rn1BIT

Beispiel 4.1: Berechnung der Datenübertragungsrate für ein gegebenes Wellenlängenband

Es ist eine Wellenlänge λ = 10 cm (3-GHz-Bereich) mit einer angenommenen Breite des Wellenlängenbandes von Δλ = 0,1 cm gegeben. Es sollen Bandbreite und maximal mögliche Übertragungsrate ermittelt werden. Nach Formel 4.2 lässt sich die Bandbreite mit Δf = 30 MHz ermitteln. Geht man von einer Codierung von 8 Bit/Hz aus (technologisch wurden 2018 bereits 30 Bit/Hz erreicht), dann kann mit der angegebenen Bandbreite eine Datenübertragungsrate von 240 Mbit/s erreicht werden.

Die Signalausbreitung von *Funkwellen im freien Raum* erfolgt stets geradlinig, vergleichbar mit der Ausbreitung von Lichtwellen. Objekte können jedoch die Ausbreitung der Wellen behindern, sodass folgende Erscheinungen beim Aufbau von Funknetzen berücksichtigt werden müssen:

- **Abschattung:** Durch ein Hindernis kann ein Signal abgeschattet werden. Dadurch wird der Empfang erschwert oder unmöglich gemacht. Beispiele sind Stahlbetonwände in Fabrikhallen.
- **Reflexion:** An großen Flächen kann eine Funkwelle reflektiert werden. Das reflektierte Signal ist dann sehr viel schwächer als das direkt empfangene. Beispiel sind metallbeschichtete Glasfenster in Fabrikgebäuden.
- **Streuung:** An relativ kleinen Hindernissen kann das Signal auch gestreut werden und sich in verschiedene Richtungen fortpflanzen. Beispiel sind Maschinen in einer Werkhalle.
- **Beugung:** Auch eine Beugung an scharfen Kanten ist möglich, sodass das Signal durch ein Hindernis abgelenkt werden kann.

Aufgrund von Reflexion, Streuung und Beugung kann ein vom Sender ausgestrahltes Funksignal einen Empfänger auf unterschiedlichen Wegen erreichen. Man bezeichnet dies als *Mehrwegeausbreitung.* Bild 4.2 veranschaulicht dies anhand von drei möglichen Wegen zwischen Sender und Empfänger.

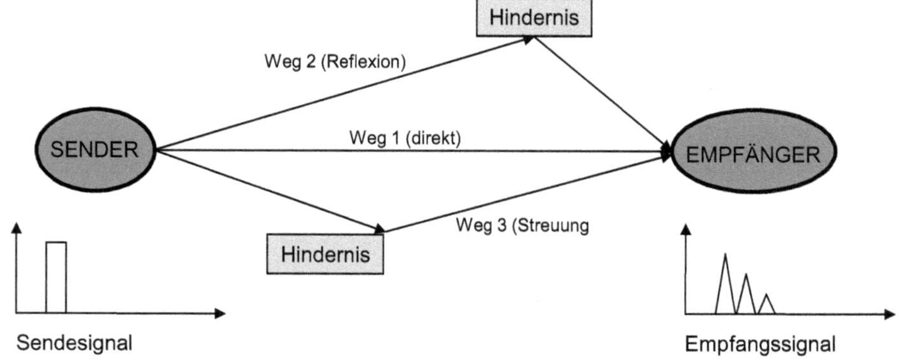

Bild 4.2 Unterschiedliche Wege zwischen Sender und Empfänger bei Funksignalen

Durch die Mehrwegeausbreitung können Signale am Empfänger mehrfach zeitlich versetzt auftreten. Außerdem kann durch unterschiedliche Dämpfungen in den verschiedenen Signalwegen die Amplitude des Empfängersignals zusätzlich schwanken. Die durch die vorangehend erwähnten Effekte verursachten Schwankungen der Empfangsfeldstärke bezeichnet man als *Fading* (Schwund).

https://bit.ly/3eFlhMw

Zusätzlich zur Mehrwegeausbreitung werden Funkwellen auch noch durch die *Freiraumdämpfung* massiv beeinflusst. Für die Empfangsleistung P_E beim Empfänger gilt:

$$P_E \sim P_S / d^2 \quad (4.3)$$

P_s Sendeleistung
d Entfernung zwischen Sender und Empfänger

Bei doppeltem Abstand kann also nach Formel 4.3 nur noch mit einem Viertel der Empfangsleistung gerechnet werden. Die Freiraumdämpfung wird zusätzlich stark von Witterungsbedingungen wie Regen, Nebel oder Schnee beeinflusst. Für die mobile Kommunikation kommt noch erschwerend hinzu, dass sich Sender und/oder Empfänger bewegen und sich damit permanent die Parameter der Mehrwegeausbreitung ändern.

Als Fazit kann eingeschätzt werden, dass der Aufbau eines drahtlosen Kommunikationssystems in einem Unternehmen sehr gründlich geplant werden muss. Neben Festlegungen zur vorgesehenen Hard- und Software müssen insbesondere alle Faktoren, die die Ausbreitung der Funksignale beeinflussen, berücksichtigt werden. Dazu gehören unter anderem eine optimale räumliche Positionierung der Wireless Router und die Umgehung lokaler Spezifika, um Mehrwegeausbreitung zu reduzieren.

4.1.1.2 Satellitenübertragung

Eine Funkübertragung mittels Kommunikationssatelliten besitzt eine Reihe von interessanten Eigenschaften insbesondere für Industrieunternehmen in abgelegenen Rohstoffgebieten, für die Schifffahrt, Landwirtschaft sowie Logistik und Transport.

Satellitenkommunikation ist die über einen Satelliten hergestellte bidirektionale Telekommunikation zwischen zwei Bodenstationen.

Sie verläuft ähnlich dem Mobilfunk von einem Sender zum Empfangsgerät und zurück, wobei die Durchmesser der Sende-/Empfangsantennen am Boden derzeit zwischen etwa 75 cm bis zu 32 m liegen. Für Steuerungsaufgaben kommuniziert jeder Satellit auch mit einer Satellitenstation am Boden.

Bei mobiler Satellitenkommunikation wird über ein Satellitenmodem bzw. -telefon eine Verbindung zu einem meist geostationären Nachrichtensatelliten aufgebaut. Damit sind mit einer einzigen Satellitenausleuchtzone Verbindungen zu geografisch weit verteilten Netzknoten mittels Sprache, Daten und Video realisierbar.

https://bit.ly/3kJ5KiC

Für die Satellitenübertragung gibt es mittlerweile kostengünstige und kleine mobile Satellitenanlagen, die auch als *VSAT* (Very Small Aperture Terminal) bezeichnet werden. Der Antennendurchmesser für diese Anlagen liegt meist unter 100 cm.

Ein Nachteil der Satellitenkommunikation ist die relativ hohe Latenzzeit. Abhängig von der Entfernung zwischen Benutzer und Bodenstation sowie der Erhebung des Satelliten über den Horizont kann die Verzögerung für eine Punkt-zu-Punkt-Verbindung bei 250...300 ms liegen.

Grundsätzlich unterscheidet man drei Typen von Kommunikationssatelliten:

- **Geostationäre Satelliten (GEO-Satellit):** Die Satelliten werden am Himmel als bewegungslos wahrgenommen und müssen nicht nachverfolgt werden. Die Umlaufbahn liegt in einer Höhe von 35 800 km.
- **Medium-Earth-Orbit-Satellit (MEO-Satellit):** Von der Erde aus betrachtet, wandern diese Satelliten langsam entlang der Längengrade. Sie müssen entsprechend nachverfolgt werden. Die Umlaufbahn liegt in einer Höhe von 15 000 km.
- **Low-Earth-Orbit-Satellit (LEO-Satellit):** Die Umlaufbahn liegt in einer Höhe zwischen 700 und 1.500 km. Aufgrund ihrer schnellen Bewegung ergibt sich ein hoher Nachverfolgungsaufwand in den Bodenstationen. Allerdings muss hier die Sendeleistung nicht so hoch sein, und auch die Signalverzögerung ist relativ niedrig.

Alle drei Satellitentypen müssen sich aber in jedem Fall außerhalb des *Van-Allen-Strahlungsgürtels* bewegen, da sie sonst durch die stark geladenen Partikel zerstört würden.

Bild 4.3 veranschaulicht einige Eigenschaften der drei Typen von Kommunikationssatelliten.

https://bit.ly/3xWzP27

Es gibt derzeit mehrere kommerzielle Betreiber von Satellitenkommunikationssystemen. Dazu gehören z. B.:

- **Orbcomm:** Hierbei handelt es sich um 30 LEO-Kleinsatelliten und 13 weltweit verteilte Bodenstationen mit einer Datenrate von ca. 5 Kbit/s (Download).
- **Iridium:** Hierbei handelt es sich um 75 LEO-Satelliten mit einer Datenrate bis zu 1,4 Mbit/s (Download). Das Netz ist das weltweit am weitesten verbreitete mobiltelefonähnliche Satellitenkommunikationsnetz.
- **Thuraya:** Mit drei GEO-Satelliten werden 140 Länder und 2/3 der Erdbevölkerung abgedeckt. Es werden Datenraten von bis zu 444 Kbit/s (Download) erzielt.

- **Globalstar:** 32 LEO-Satelliten in einer Höhe von 1230 km. Es werden Datenraten von 9,6 Kbit/s (Download) erzielt. Teile Afrikas, Asiens, Ozeaniens und die Weltmeere sind unversorgt.
- **Inmarsat:** Hierbei handelt es sich um 11 GEO-Satelliten für verschiedene Dienste weltweit (außer Polarregionen). Es werden Datenraten von bis zu 384 Kbit/s (Download) erzielt.

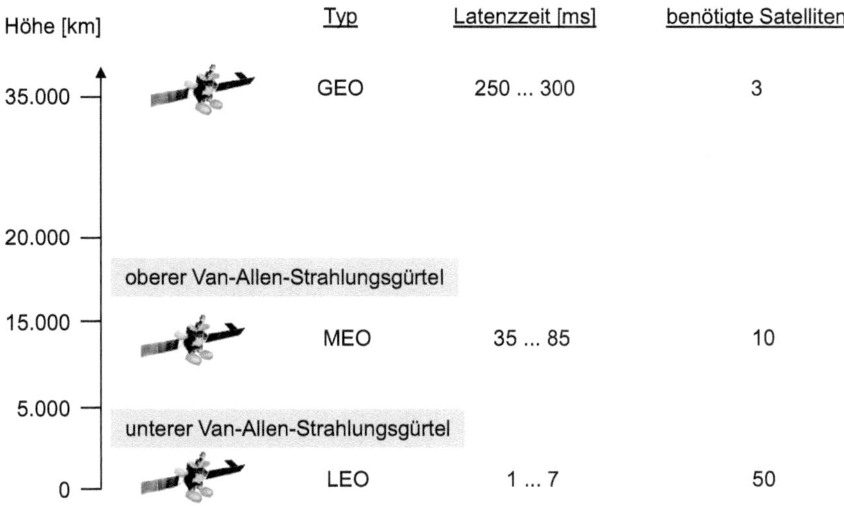

Bild 4.3 Eigenschaften der drei Typen von Kommunikationssatelliten

Aufgrund einiger Vorteile der Satellitenkommunikation gegenüber den terrestrischen Mobilnetzen, wie z.B. große Abdeckung, hohe Zuverlässigkeit, Langlebigkeit und Unmittelbarkeit (ohne lokale Infrastruktur), erwartet man für die Zukunft für bestimmte industrielle Bereiche den Einsatz der Satellitenkommunikation für den Zugang zum Internet der Dinge (Internet of Things - IoT) und auch für die M2M-Kommunikation.

4.1.1.3 Regulierungen zu den Frequenzbereichen

Um Chaos zu vermeiden, gibt es nationale und internationale Vereinbarungen über die Nutzung der Frequenzen für mobile und drahtlose Kommunikationsnetze. Üblicherweise vergeben die nationalen Regierungen die entsprechenden Frequenzbereiche. International wird über die Behörde der ITU-R (International Telecommunication Union, Radiocommunication Sector) versucht, diese Zuweisungen zu koordinieren, damit entsprechende Geräte auch weltweit funktionieren. Die Länder sind aber nicht an die Empfehlungen der ITU-R gebunden.

In Deutschland übernimmt die *Bundesnetzagentur* die Vergabe der Frequenzbereiche für unterschiedliche Anwendungen. In Tabelle 4.3 sind auszugsweise aus dem Frequenzplan der Bundesnetzagentur einige ausgewählte Frequenzbereiche aufgelistet [3].

Tabelle 4.3 Auszug aus dem Frequenzplan der Bundesnetzagentur für ausgewählte Frequenzbereiche

Frequenzbereich	Funkdienst	Frequenznutzung
72 - 84 kHz	fester Funkdienst	Funknachrichten an einen oder mehrere Empfänger
26,350 - 27,500 MHz	-	Fernsteuerung von Modellen
166,86 - 166,90 MHz	Mobilfunkdienst	Funkanwendungen der Eisenbahn
868,6 - 869,7 MHz	-	Funkanwendungen zu Alarmierungszwecken
2,120 - 2,170 GHz	Mobilfunkdienst	drahtloser Netzzugang zum Angebot von Telekommunikationsdienstleistern (UMTS)
2,300 - 2,320 GHz	Mobilfunkdienst	Fernmessen (Telemetrie)
2,400 - 2,450 GHz	-	WLAN

Die gesetzliche Grundlage für die Frequenzverwaltung in Deutschland ist das *Telekommunikationsgesetz* in der jeweils gültigen Fassung.

https://bit.ly/3zizOWr

Für die meisten Funkfrequenzen muss im jeweiligen Land für die entsprechenden Geräte eine Funklizenz beantragt werden. Es gibt aber weltweit eine Reihe von lizenzfreien Funkbereichen, als *ISM-Bänder* bezeichnet (ISM-Band - Industrial, Scientific and Medical Band), die insbesondere auch in der Industrie genutzt werden. Dazu gehören z. B. Funkfrequenzen für WLAN, Bluetooth, ZigBee und RFID.

4.1.2 Übertragungs- und Zugriffsverfahren

Bei der Funkübertragung lassen sich die Übertragungsverfahren von den Zugriffsverfahren nicht mehr eindeutig separieren, sondern es entstehen nachrichtentechnische Mischverfahren, die zum Teil bereits durch die Wahl der Signalübertragungsmethode (im nachrichtentechnischen Sinne Modulationsmethode) den gleichzeitigen Zugriff mehrerer Sender auf das Medium Funk regeln. Deshalb werden im Folgenden die beiden wichtigsten Basismethoden für die Datenübertragung mittels Funksignalen - die Bandspreizung und das Multiplexing - erläutert [4].

4.1.2.1 Bandspreizung

Ein Problem bei der Funkübertragung besteht darin, dass frequenzabhängiges Fading oder schmalbandige Störsignale einen gewissen Frequenzbereich eines Nutzsignals auslöschen können. Man versucht dies durch das Bandspreizverfahren zu verhindern.

Beim *Bandspreizverfahren* wird die Bandbreite B_S eines schmalbandigen Signals über einen größeren Frequenzbereich B_G gespreizt, wobei $B_G = 10 \ldots 100\,000\ B_S$ sein kann. Bild 4.4 veranschaulicht das Verfahren anhand eines Beispiels.

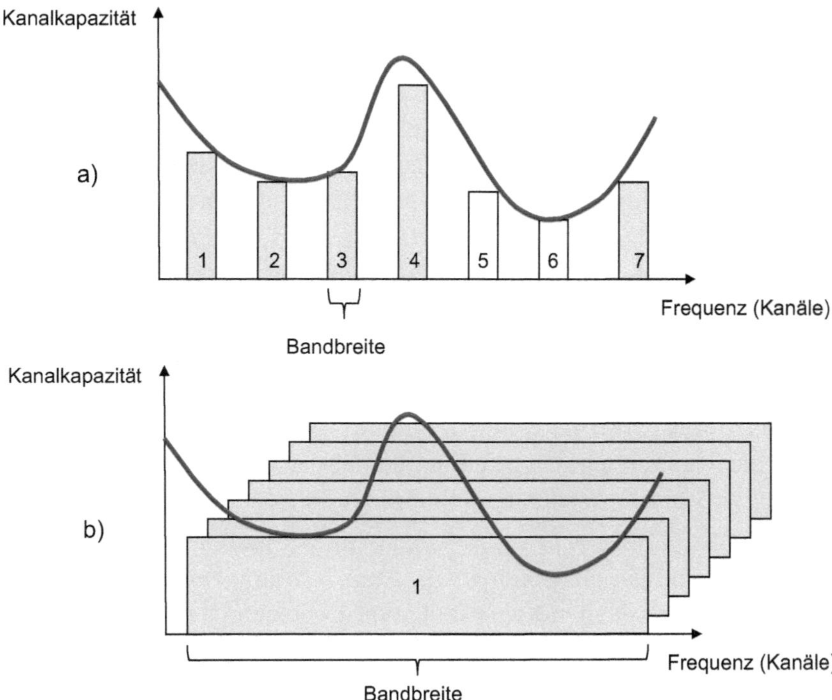

Bild 4.4 Bandspreizverfahren: a) schmalbandige Kanäle mit frequenzabhängiger Kanalkapazität, b) Breitbandkanäle mit gleicher Kanalkapazität

Bei der Übertragung nach Bild 4.4a reicht z. B. die Qualität der Kanäle 5 und 6 für eine störungsfreie Übertragung nicht aus. Mithilfe der Bandspreizung nach Bild 4.4b kann erreicht werden, dass die schmalbandigen Störungen nur einen kleinen Bereich des jeweiligen Signals betreffen und so die gesendeten Daten trotz Störung empfangen bzw. rekonstruiert werden können.

Das Problem bei der Bandspreizung ist jedoch, dass alle Sender gleichzeitig im gleichen Frequenzbereich senden müssen. Man verwendet deshalb zwei Verfahren, um die Bandspreizung zu erreichen:

- **DSSS (Direct Sequence Spread Spectrum):** Das Originalsignal wird im Sender mit einer Pseudozufallscodefolge (Spreizcode) verknüpft und auf einen Träger aufmoduliert. Dabei muss sichergestellt sein, dass alle Sender andere Spreizcodes verwenden. Der Einsatz erfolgt z. B. im WLAN, bei UMTS und im RC-Modellbau. Eine Modifikation von DSSS ist das *HR-DSSS-Verfahren* (High Rate-DSSS), mit dem über spezielle Erweiterungen eine höhere Übertragungsrate erzielt werden kann.

https://bit.ly/36QbMWC

- **FHSS (Frequency Hopping Spread Spectrum):** Jeder Sender wechselt nach einer vorgegebenen Reihenfolge die Frequenz. Dabei wird sichergestellt, dass keine zwei Sender die gleiche Folge von Frequenzwechseln besitzt. Der Empfänger muss synchron mit den Sendern dieselben Kanäle empfangen. Einsatzgebiete sind z. B. Bluetooth und der RC-Modellbau.

4.1.2.2 Multiplexing

In der drahtlosen Kommunikation steht allen Sendern nur ein Medium (Luftraum) zur Verfügung. Dieses Medium muss konkurrierenden Sendern über entsprechende Zugriffsverfahren zur Verfügung gestellt werden. Dazu reichen die aus den kabelgebundenen Netzen bekannten Verfahren, wie z. B. CSMA oder TDMA, nicht aus (siehe Abschnitt 1.2.4). Zusätzlich zu den bekannten Zugriffsverfahren werden deshalb Multiplextechniken eingesetzt, um das Medium in Raum, Zeit, Frequenz oder Code zu unterteilen. Dabei werden folgende Multiplexverfahren unterschieden:

- **Raummultiplex (SDMA – Space Devision Multiple Access):** Der Raum wird in verschiedene Bereiche aufgeteilt und jedem Sender ein Bereich zugewiesen. Beispiel hierfür ist der zellulare Mobilfunk mit je einem Sender pro Zelle.
- **Zeitmultiplex (TDMA – Time Devision Multiple Access):** Jedem Sender wird das Medium exklusiv für einen bestimmten Zeitraum zugeordnet. Das Verfahren wird in verschiedenen Kommunikationssystemen (z. B. Festnetz für Telefonie) und in Verbindung mit anderen Multiplexverfahren eingesetzt.
- **Frequenzmultiplex (FDMA – Frequency Devision Multiple Access):** Ein breites Frequenzband wird in mehrere schmale Frequenzbänder aufgeteilt. Jedes einzelne Frequenzband hat eine Trägerfrequenz. Dieser Trägerfrequenz wird jeweils ein einzelner Datenkanal zugeordnet. Die Daten werden gleichzeitig und unabhängig voneinander übertragen. Einsatzbeispiel ist in Verbindung mit TDMA das System Bluetooth.
- **Codemultiplex (CDMA – Code Devision Multiple Access):** Jedem Sender wird ein exklusiver Code zugeordnet. Anhand der Codierung kann der Empfänger das Signal erkennen, das an ihn gesendet wird. Anwendung findet das Verfahren z. B. bei UMTS (siehe Abschnitt 4.3.2.2) und GPS (Global Positioning System).

Bild 4.5 zeigt ein Beispiel für die Übertragung eines Bitsignals mit CDMA. Die Elemente des Codes (= Spreizcode) werden als *Chips* bezeichnet. CDMA realisiert gleichzeitig mit dem höherfrequenten Code das DSSD-Verfahren. Mit der in Bild 4.5 dargestellten Chiplänge $T_c \approx T_b/8$ ergibt sich eine Chiprate, die etwa achtmal höher ist als die zu übertragende Bitrate. Man erhält also eine Bandspreizung um den Faktor 8 für diesen Fall.

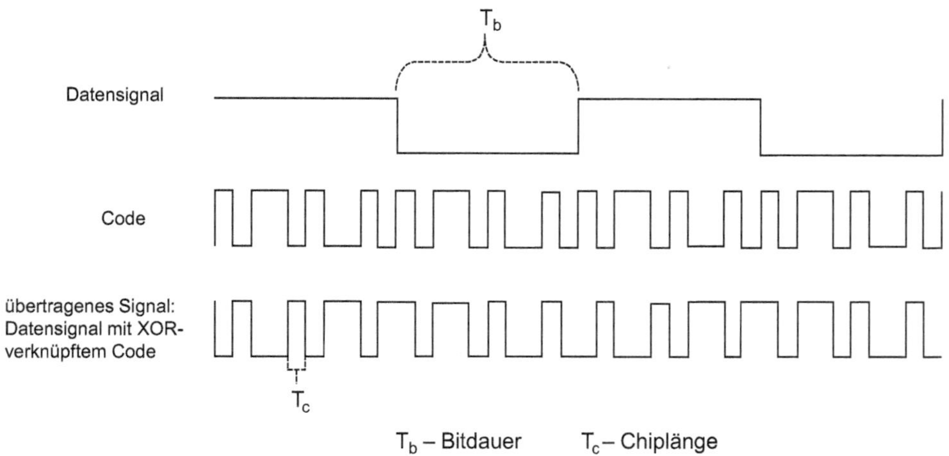

Bild 4.5 Übertragung eines Bitsignals mit CDMA

Eine Sonderform von FDMA ist das *Orthogonal Frequency Division Multiplexing* (OFDM). Dieses Verfahren ist unter anderem in der WLAN-Norm IEEE 802.11a standardisiert als ein Übertragungsverfahren für drahtlose Netze in der Schicht 2 (Bitübertragungsschicht) des OSI-Referenzmodells. Beim OFDM findet die Datenübertragung gleichzeitig mit verschiedenen Frequenzen in vielen schmalen Frequenzbändern statt. Das Verfahren wird z. B. genutzt, um bei WLAN bis zu 54 Mbit/s im 5-GHz-Band bereitzustellen. Eine verbesserte Version von OFDM mit mehreren Sende-/Empfangsantennen MIMO (Multiple Input Multiple Output) ermöglicht erheblich gesteigerte Übertragungsraten von bis zu 600 Mbit/s. MIMO ist nach IEEE 802.11n6 standardisiert und wird z. B. im WLAN und für Mobilfunknetze eingesetzt.

https://bit.ly/2TqjKCN

https://bit.ly/2W9p9PL

Mit den vorgestellten Bandspreiz- und Multiplextechniken in Verbindung mit den bekannten Zugriffsverfahren aus der kabelgebundenen Kommunikation (siehe Abschnitt 1.2.4) können die erforderlichen *Mehrfachzugriffsverfahren* bei drahtlosen und mobilen Kommunikationssystemen realisiert werden.

4.1.3 Drahtlos und mobil in der Industrie

Industrie- und Produktionsunternehmen setzen zunehmend drahtlose Kommunikationstechnologien ein. Im Industriebereich bietet eine drahtlose Kommunikation viele der Vorteile, die auch bereits aus dem Büroumfeld bekannt sind: Senkung der Kosten durch geringen Aufwand bei der Kabelinstallation in schwer zugänglichen Bereichen, hohe Flexibilität und Mobilität durch eine drahtlose Vernetzung.

Grundsätzlich kann man zwischen *drahtloser stationärer Kommunikation* und *drahtloser mobiler Kommunikation* unterscheiden (siehe auch Tabelle 4.1).

Drahtlose stationäre Kommunikation

Bei dieser Variante werden die üblichen kabelgebundenen LANs durch drahtlose Netze auf Basis von TCP/IP ersetzt (Wireless LAN = WLAN), sodass z. B. alle Rechner und Steuerungen in einer Werkhalle mit dem internen Firmennetz bzw. auch mit dem globalen Netz (Internet) verbunden werden können. Zusätzlich können die Maschinen nun auch kabellos untereinander kommunizieren.

Über spezifische Nahbereichsfunknetze (z. B. Bluetooth, ZigBee) können darüber hinaus auch viele andere Module (E/A-Baugruppen, Identifizierungssysteme, einzelne Sensoren usw.) in die drahtlose Kommunikation eingebunden werden. Die übertragenen Daten sind in der Regel einfache Sensoren- oder Steuerdaten, die eine nur minimale Bandbreite erfordern.

Beispiel 4.2: Typische WLAN-Struktur für die Industrie [5]

Die industriellen WLAN-Komponenten WLAN 5110 und WLAN 1100 unterstützen die drahtlose Fabrikautomatisierung mit hoher Performance und moderner MIMO-Technologie. Bild 4.6 zeigt den Einsatz des WLANs 5110 und WLANs 1100 zum Aufbau eines drahtlosen Fertigungsnetzes.

Der leistungsstarke Access Point WLAN 5110 arbeitet im 2,4/5-GHz-Frequenzband und kann auch als Client-Repeater genutzt werden. Das kompakte Funkmodul WLAN 1100 dient der drahtlosen Anbindung der Maschinen in das Fertigungsnetz.

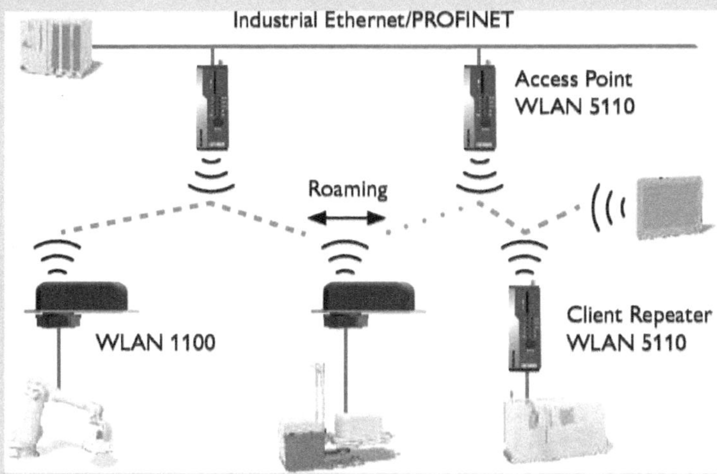

Bild 4.6 Drahtloses Kommunikationsnetz für die Industrie (© PHOENIX CONTACT Deutschland GmbH)

Die Einrichtung von Funknetzen in Industrieumgebungen gestaltet sich oft schwierig aufgrund hoher Entfernungen in unübersichtlichen Gebäuden, der Emissionen großer Motoren und der Oberflächenreflexion von Metallflächen, die entsprechend den in Abschnitt 4.1.1.1 beschriebenen Effekten die Signalübertragung empfindlich stören können. Aus diesen Gründen wird bei der Konzeption von drahtlosen Geräten für die Industrie größter Wert auf eine stabile Übertragung gelegt und eher auf hohe Bandbreite verzichtet.

In Beispiel 4.2 wird eine WLAN-Struktur für die Industrie dargestellt.

Drahtlose mobile Kommunikation

Zu dieser Variante gehören vor allem mobile Endgeräte, die für industrielle Zwecke genutzt werden. Beispiele dafür sind der Einsatz von Tablets und Smartphones für die Bedienung und Visualisierung von Maschinen und Anlagen. Doch auch im Bereich von Transport, Logistik und Verkehr sind mobile Kommunikationssysteme insbesondere basierend auf Mobilfunktechnik mittlerweile unverzichtbar.

Beispiel 4.3: Fahrerloses Transportsystem in der Containerlogistik

In der Containerlogistik in einem Hafen kann ein fahrerloses Transportsystem den Lade- und Entladevorgang deutlich optimieren. Bei der Anbindung von Kränen an das Kommunikationsnetz ist mittlerweile der Einsatz von industriellen WLANs üblich, weil z. B. Informationen über transportierte Gütermengen oder Transportaufträge schnell ausgetauscht werden können.

Der Ansatz *Bring Your Own Device* (BYOD), bei dem Consumer-Geräte, wie z. B. Smartphones (mit unter anderem speziellen Anpassungen für höhere Schutzarten), für vielfältige Zwecke der Produktionssteuerung, -bedienung und -überwachung genutzt werden, bietet einen vielfachen Nutzen in der Industrie. Dazu gehören insbesondere die Mobilität der Nutzer, die Kostenattraktivität und die schnelle Nutzung technologischer Weiterentwicklungen und Verbesserungen.

https://bit.ly/3hPxWi2

Über entsprechende Anwendungen (Apps) können diese mobilen Geräte durch die Nutzung der vorhandenen Netzinfrastruktur (z. B. WLAN, Bluetooth) als Nutzerschnittstelle im Prinzip in allen Phasen eines Produktlebenszyklus verwendet werden. Auch die in den meisten Smartphones verbauten umfangreichen Sensoren für Beschleunigung, Temperatur, Helligkeit und Ähnliches können über entsprechende Apps für industrielle Zwecke einfach eingesetzt werden.

Mobile Endgeräte werden zukünftig eine entscheidende Rolle für den Zugriff auf Daten und Informationen in der Industrie spielen. Ein Einsatzgebiet ist z. B. die *Augmented Reality* (AR), bei der eine Verbindung der realen Welt mit einer rechnergenerierten Welt (Virtual Reality – VR) hergestellt wird, um Zusatzinformationen bei Wartung und Fehlerdiagnose über Maschinen und Anlagen direkt in das Blickfeld eines Bedieners zu bringen.

https://bit.ly/3hZz6Yx

Bild 4.7 zeigt als Beispiel dazu den Screenshot der AR-App eines Tablets, bei der in den Livevideostream einer Prüfstation zusätzliche Informationen über den servogeregelten Drehtisch (Position in Grad) eingeblendet sind. Der Nutzer kann in der Anwendung nach Bild 4.7 aus nahezu beliebigen Positionen um die Anlage herum die Anlage einschließlich Zusatzinformation live im Betrieb beobachten.

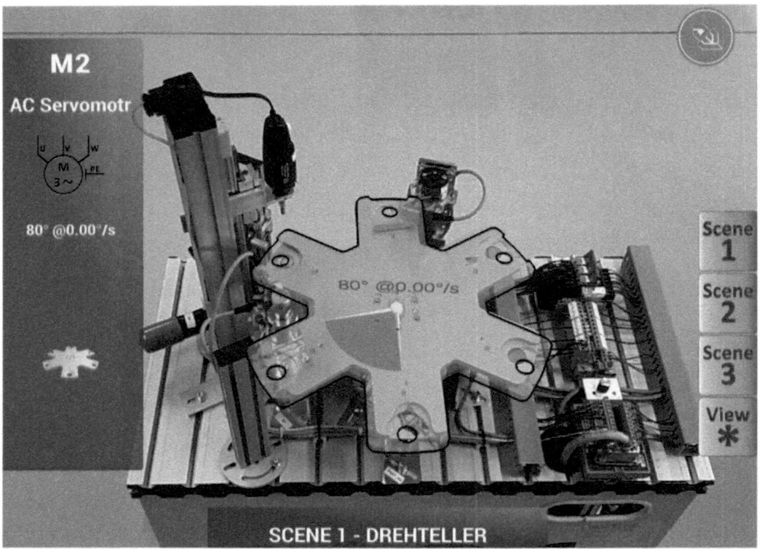

Bild 4.7 AR-App mit Zusatzinformationen über die Position eines Drehtisches (© m+iTEC Dr. Reinhard Langmann, *http://www.ccad.eu*)

In Zusammenhang mit Industrie 4.0 und dem Industrial Internet of Things (IIoT) wird erwartet, dass die drahtlose stationäre und mobile Kommunikation in der Industrie insbesondere durch Einsatz der neuen Mobilfunktechnik 5G weiterwachsen wird. 5G soll dabei als Rückgrat fungieren, um in der industriellen Produktion WLAN und andere Funknetze intelligent und flexibel zu verbinden.

■ 4.2 Drahtlose lokale Netze

Bei der Digitalisierung und Integration der Produktionsprozesse auf verschiedenen Ebenen müssen unterschiedliche Systeme zuverlässig und effizient zusammenwirken. Durch den Einsatz von Funklösungen wird der Aufwand für Verkabelung reduziert, ein flexibler Kommunikationseinsatz wird ermöglicht und es können neue Anwendungsfelder (z. B. mobile Roboter, mobile Werkzeuge) erschlossen werden, die durch leitungsgebundene Systeme nicht oder nur unzureichend bedient werden können. Derzeit sind die Funktionen häufig klar geregelt:

- Lokale Netze werden vom Anwender selbst betrieben.
- Mobilfunknetze werden durch Netzbetreiber zur Verfügung gestellt.

Abschnitt 4.2.1 beschäftigt sich im Wesentlichen mit drahtlosen lokalen Netzen, die durch ein Unternehmen selbst betrieben werden.

4.2.1 Wireless Local Area Network

Mit dem Begriff *WLAN* (Wireless Local Area Network) bezeichnet man den Funkstandard für lokale Rechnernetze nach der Standardfamilie IEEE 802.11.

In Tabelle 4.4 sind die wichtigsten IEEE 802.11-Standards aufgelistet.

https://bit.ly/3xWayoK

Tabelle 4.4 Wichtige IEEE 802.11-Standards

Jahr	IEEE-Standard	Frequenz [GHz]	Übertragungsart	Bandbreite [MHz]	Maximale Datenrate [Mbit/s]	Reichweite im Gebäude [m]
1997	802.11	2,4	DSSS	22	2	20
1999	802.11a	5	OFDM	20	54	10...120
1999	802.11b	2,4	DSSS	22	11	10...140
2003	802.11 g	2,4	OFDM	20	54	10...300
2009	802.11n	2,4; 5	OFDM	20, 40	150...600	10...300
2013	802.11ac	5	OFDM	20, 40, 80, 160	430...1700	bis 50
2013	802.11ad	60	OFDM	2000	bis 6700	bis 10

Ausgehend von einem 5-MHz-Kanalraster bei einer Trägerfrequenz von 2,4 GHz und Datenraten von maximal 2 Mbit/s in 1997 werden heute über Weiterentwicklungen des Standards Datenraten von mehr als 5 Gbit/s erreicht. Dabei werden Bandbreiten von 20 bis 160 MHz im 2,4-GHz- bzw. 5-GHz-Band verwendet (802.11n, 802.11ac), im Bereich von 60 GHz gar Kanalbandbreiten von mehr als 2 GHz (802.11ad, 802.11ay).

Als *WiFi* (Wireless Fidelity) bezeichnet man das zugehörige Industriekonsortium aus Herstellern und Netzbetreibern, das die Zertifizierung der Hardware durchführt.

Durch die hohe Dynamik der Standardisierung konnte sich WLAN gegenüber anderen, teilweise konkurrierenden Systemen durchsetzen und ist kommerziell außerordentlich erfolgreich. Anwendungen gehen heute weit über klassische Rechnernetze hinaus und umfassen die Anbindung von mobilen Datenträgern,

https://bit.ly/3ivOzyv

IP-Telefonie, Druckern, Displays usw. WLAN bzw. WiFi wurde zum Inbegriff für einen lizenzfreien, günstigen und drahtlosen Internetzugang.

Aktuell wird WLAN im industriellen Umfeld an vielen Stellen eingesetzt, wenn Echtzeitfähigkeit und Verfügbarkeit unkritisch sind. Um weitere Einsatzbereiche zu erschließen, erfolgte unter dem Oberbegriff *Industrial WLAN* (IWLAN) eine proprietäre Weiterentwicklung (Siemens).

4.2.1.1 Netzarchitektur

Beim Netzaufbau unterscheidet man Infrastrukturnetze und Ad-hoc-Netze. Bei *Infrastrukturnetzen* kommunizieren die mobilen Teilnehmer über feste Zugangspunkte. *Ad-hoc-Netze* benötigen keine Infrastruktur. Die mobilen Knoten kommunizieren direkt untereinander und steuern den Ablauf der Kommunikation selbst.

Industrielle drahtlose Netze sind vorrangig als Infrastrukturnetze aufgebaut. Bild 4.8 veranschaulicht die Architektur eines IEEE 802.11-Infrastrukturnetzes.

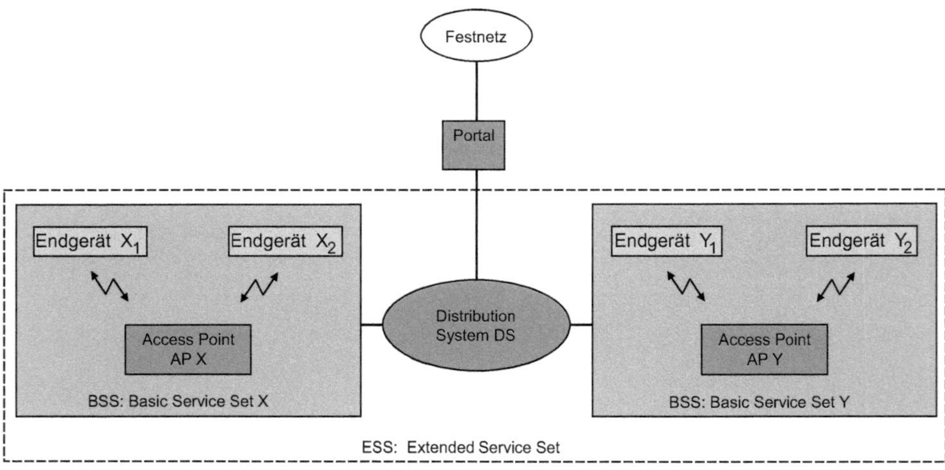

Bild 4.8 Architektur eines IEEE 802.11-Infrastrukturnetzes

Die Endgeräte X_1, X_2, … Y_1, Y_2 sind in Gruppen eingeteilt, die über denselben festen *Zugangspunkt* (Access Point oder Wireless Access Point – AP oder WAP) kommunizieren. Die Endgeräte der jeweiligen Gruppe einschließlich des Access Points werden als *Basis Service Set* (BSS) bezeichnet. Mehrere Zugangspunkte können über ein festes Netz, bezeichnet als *Distribution System* (DS), untereinander verbunden sein. Das DS erlaubt über ein *Portal* auch den Zugang zu übergeordneten Netzen.

Mithilfe des DS kann ein *Extended Service Set* (ESS) gebildet werden (bestehend aus allen BSS und dem DS), innerhalb dessen Daten transparent so ausgetauscht werden können, als lägen die verschiedenen Endgeräte innerhalb eines Empfangsbereichs. Das DS arbeitet auch als Brücke und kann Daten entsprechend ihrem Ziel an den richtigen Zugangspunkt oder an das Portal weiterleiten.

Das DS kann auch als *Wireless Distribution System* (WDS) ausgelegt sein. Es handelt sich dann um einen WLAN-Repeater, der schwache Funksignale empfängt, neu aufbereitet und verstärkt wieder abstrahlt. Eine Reihe von kommerziellen Wireless Access Points können auch als WDS konfiguriert werden.

Ein Wireless Access Point sendet in einstellbaren Intervallen (z.B. zehnmal pro Sekunde) kleine *Datenpakete* (Beacon) an alle Endgeräte im Empfangsbereich. Die Beacons beinhalten folgende Informationen:

- Netzwerkname (Service Set Identifier - SSID)
- Liste der unterstützen Datenraten
- Art der Verschlüsselung

Die Beacons erleichtern den Verbindungsaufbau mit den Clients, da das WLAN damit für einen Nutzer sichtbar ist.

4.2.1.2 OSI-Referenzmodell für WLAN

Drahtlose Netze nach IEEE 802.11 unterscheiden sich, bezogen auf Industrial Ethernet, als Festnetz im Wesentlichen durch Änderungen in der Bitübertragungsschicht (OSI-Schicht 1). Tabelle 4.5 zeigt dazu nochmals die bereits aus Abschnitt 3.1.1 bekannte Übersicht zu den IEEE 802.x-Spezifikationen.

Tabelle 4.5 Übersicht zu den IEEE 802.x-Spezifikationen, bezogen auf das OSI-Referenzmodell

OSI-Schicht 2	802.2 Logical Link Control (LLC)			
	802.1 Media Access Control (MAC)			
OSI-Schicht 1	802.3 Ethernet (CSMA/CD)	802.4 Token Bus	802.5 Token Ring	**802.11** **Wireless LAN**

Für eine erfolgreiche Übertragung eines MAC-Frames über die Funkschnittstelle wird auf OSI-Schicht 1 eine Präambel sowie ein zusätzlicher Header hinzugefügt. Die Präambel dient der Synchronisation zwischen Sender und Empfänger. Der jeweilige Header bietet Informationen zur Übertragungsrate und -dauer.

Da sich Schicht 1 je nach verwendetem IEEE 802.11-Standard unterscheidet, unterscheiden sich auch die jeweiligen Präambeln und Header. Um Abwärtskompatibilität zu gewährleisten, werden Präambeln und Header der Standards hintereinander übertragen. Der niedrigste Standard bildet dabei den Anfang. Dadurch wird gewährleistet, dass jeder Client in Reichweite erfährt, dass und wie lange das Medium besetzt ist, auch wenn er die eigentliche Übertragung eventuell nicht versteht.

Für die Funkübertragung werden in Schicht 1 je nach Standardvariante die in Abschnitt 4.1.2 beschriebenen Verfahren eingesetzt.

Die Ethernet-Standards auf der OSI-Schicht 2 (Sicherungsschicht) sind die LLC- und MAC-Teilschichten (IEEE 802.2 und 802.1). Diese werden unabhängig von Ethernet auch für WLAN verwendet, allerdings mit entsprechenden Ergänzungen bzw. Modifikationen.

Da IEEE 802.11 auf der Ethernet-Technologie basiert, verfügt der Standard auch über den Ethernet-Daten-Frame und dessen Zugriffsmethoden. Im Prinzip wird in der Sicherungsschicht (Schicht 2) ein Ethernet-Frame in einen WLAN-Frame eingebettet und dieser dann über Schicht 1 übertragen. Der Frame kann allerdings gegenüber dem üblichen Ethernet-Frame mit einer Länge von 1518 Byte bei WLAN mit maximal 2304 Byte deutlich länger sein.

Bild 4.9 zeigt den generellen Aufbau eines IEEE 802.11-Frames.

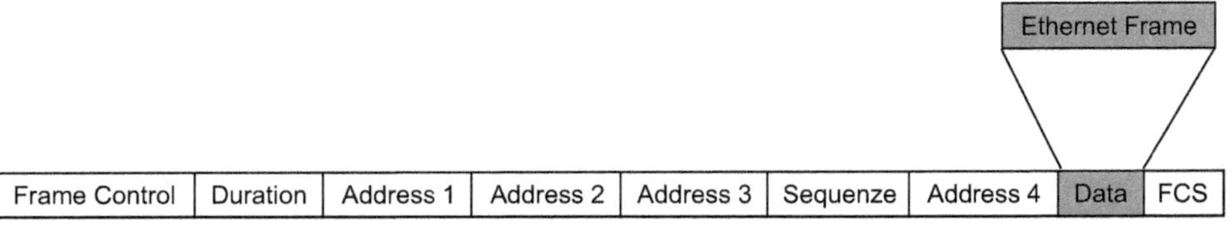

Bild 4.9 Aufbau eines IEEE 802.11-Frames

https://bit.ly/3iNaSzV

In Tabelle 4.6 sind die Bestandteile des WLAN-Frames nach Bild 4.9 näher erläutert.

Tabelle 4.6 Beschreibung der Felder eines IEEE 802.11-Frames

Feldbezeichnung	Beschreibung
Frame Control	Die Rahmensteuerung beinhaltet Version, Typkennung und weitere Steuerfelder.
Duration	Übertragungsdauer des gesendeten Frames
Address 1, Address 2, Address 3, Address 4	Von den vier Adressen des MAC-Headers werden nur so viele verwendet, wie benötigt werden. Die Reihenfolge kann variieren. Im ersten Adressfeld steht immer der Empfänger, im letzten verwendeten meist der Absender. Die vierte Adresse wird erst beim Einsatz eines Repeaters benötigt.
Sequence	Dieses Feld lässt durch eine Folgenummer duplizierte Frames erkennen.
Data	Im Datenfeld wird der Ethernet-Frame übertragen.
FCS	Prüfsumme (Frame Check Sequence) nach dem CRC-Verfahren

Da WLAN auf der Schicht 2 dieselbe Adressierung wie Ethernet verwendet (MAC-Adresse, siehe Abschnitt 3.1.1.2), kann über einen WAP mit Ethernet-Anschluss leicht eine Verbindung zu kabelgebundenen Netzen hergestellt werden. Eine Ethernet-Netzwerkkarte kann folglich nicht unterscheiden, ob sie mit einer anderen Ethernet-Netzwerkkarte oder mit einem WAP kommuniziert.

4.2.1.3 Roaming und Wirelesss Mesh Network

Erstreckt sich ein WLAN über eine größere Fläche, reicht ein Access Point zur Funkabdeckung in der Regel nicht aus. Man muss dann mehrere Access Points so anordnen, dass eine möglichst gute Funkausleuchtung ohne störende Interferenzen erreicht wird. Wenn sich die Funkbereiche etwas überlappen, kann sich der Client (Endgerät) zwischen den Access Points bewegen, ohne dass die Netzwerkverbindung unterbrochen wird. Diese Betriebsweise wird als *Roaming* bezeichnet (nicht zu verwechseln mit Roaming im Sinne einer nahtlosen Nutzung verschiedener Mobilfunknetze). Den eigentlichen Vorgang, bei dem ein Endgerät von einer Funkzelle zu einer anderen wechselt, bezeichnet man als *Hand-Over*.

In WLAN-Netzwerken wird immer ein *Seamless Roaming* angestrebt. Dabei sind die Verzögerungszeiten so gering, dass sie keinen bemerkbaren Einfluss auf Echtzeitanwendungen verursachen. Man unterscheidet beim Roaming zwischen einem *Layer-2-(L2-)* und *Layer-3-(L3-)Hand-Over*. Beim L3-Hand-Over wechselt das Endgerät zwischen zwei Subnetzen mit unterschiedlichen IP-Adressbereichen. Das nimmt relativ viel Zeit in Anspruch. Ein Seamless Roaming in WLAN-Netzen ist deshalb nur innerhalb eines ESS (siehe Bild 4.8) und damit mit einem L2-Hand-Over möglich. Bild 4.10 verdeutlicht ein L2-Hand-Over.

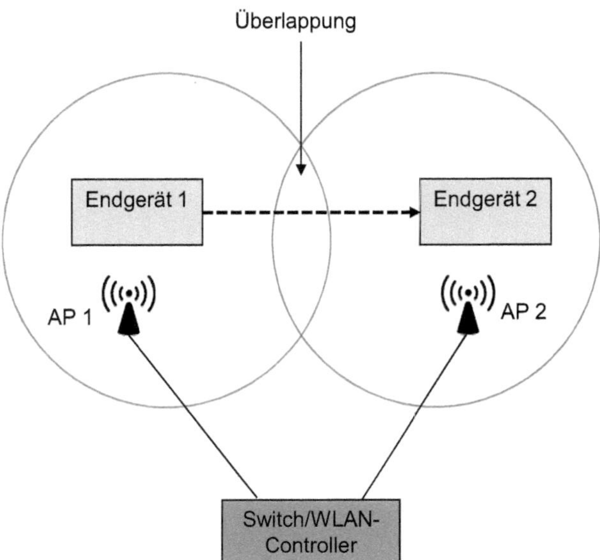

Bild 4.10 Layer-2-Hand-Over in einem WLAN-Netz

Die Entscheidung über Roaming wird in WLAN-Netzen allein vom Endgerät getroffen. In den WLAN-Standards wird es nicht spezifiziert, wann oder wie ein Endgerät zum neuen Access Point wechseln soll. Die Hand-Over-Algorithmen sind proprietär und werden von jedem Hersteller des zugehörigen WLAN-Chips selbst implementiert.

https://bit.ly/3eFBWzP

Unter einem *Wireless Mesh Network* (WMN) versteht man ein Netzwerk, bei dem WLAN-fähige Geräte für andere Geräte als Vermittlungsstellen (Relaisstationen) bis zum nächstgelegenen Access Point dienen. Derartige Netzwerke werden z. B. als Backbone für die mobile Robotik oder auch für den Aufbau großflächiger WLAN-Netze in Fabrikhallen eingesetzt.

In einem üblichen WLAN kommunizieren die WLAN-Endgeräte immer nur mit dem Access Point. In einem Wireless Mesh Network sind die WLAN-Stationen untereinander vermascht. Mesh-Netze agieren als *Multi-Point-Netzwerke*, in denen die WLAN-fähigen Geräte im Ad-hoc-Modus als Relaisstationen bis zum nächstgelegenen Access Point dienen. Dabei verbessern Endgeräte, die Mesh-Network-fähig sind, die Reichweite des Access Points. Als Mesh Points können prinzipiell alle Endgeräte mit WLAN-Anschluss fungieren.

In Beispiel 4.4 wird der Einsatz eines Wireless Mesh Networks dargestellt.

Beispiel 4.4: Sensor-Gateway für Wireless Mesh Networks [6]

Das Gateway DATAEAGLE compact 2M10 bzw. X-treme 2M10 empfängt Daten kabellos von einem Netzwerk, bestehend aus vielen verschiedenen Sensoren, verarbeitet die Daten und leitet diese dann über verschiedene Feldbusprotokolle an die Steuerung weiter. Bild 4.11 verdeutlicht den Einsatz der Gateways.

Als Übertragungstechnik wird eine spezielle Mesh-fähige Funktechnik auf Basis von 868 MHz oder 2,4 GHz eingesetzt. Diese Funktechnik eignet sich ebenfalls sehr gut als direkte Funkschnittstelle für Sensoren, da diese auf geringen Energieverbrauch und eine hohe Reichweite (bis zu 70 m) optimiert ist. Es können bis zu 128 Sensoren an ein Gateway gebunden werden.

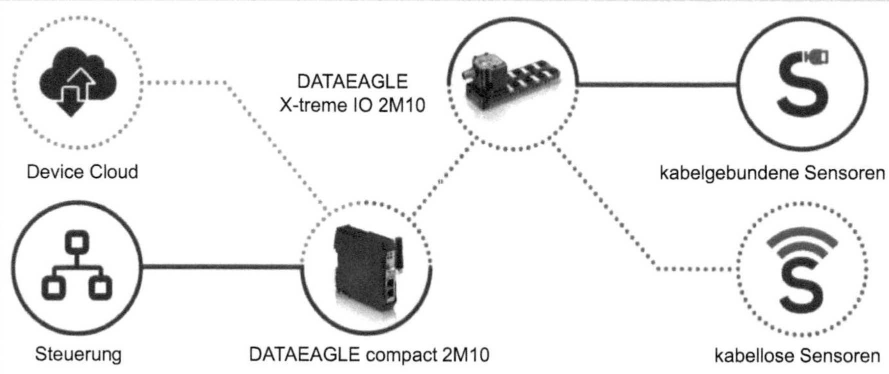

Bild 4.11 Gateway für Sensor-Mesh-Netzwerke (© Schildknecht AG)

Wireless Mesh Networks sind in der IEEE 802.11s standardisiert. Bild 4.12 illustriert den Aufbau eines Wireless Mesh Networks.

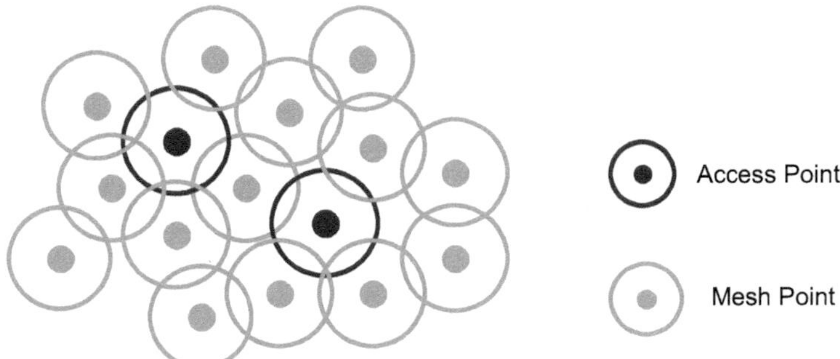

Bild 4.12 Aufbau eines Wireless Mesh Networks

In einem Mesh-WLAN bildet jeder Mesh Point eine eigene Funkzelle. Während sich bei üblichen WLANs die Funkzellen nur selten berühren, ist dies bei Mesh-WLAN Absicht. Hier liegen die Mesh-WLANs in gegenseitiger Reichweite. Andernfalls würden sie kein Netzwerk bilden. Allerdings ist ohne Änderung am Zugriffsprotokoll keine brauchbare Performance möglich, da sich benachbarte Mesh Points einen gemeinsamen Funkkanal teilen müssen.

4.2.1.4 WiMAX

WiMAX (Worldwide Interoperability for Microwave Access) ist eine drahtlose Zugangstechnik zum Breitbandinternet. Es werden Datenraten bis zu 1 Gbit/s im Frequenzbereich von 2...66 GHz mit sehr kurzen Latenzzeiten erreicht. Auch ein Betriebsmodus mit zugesicherten Datenraten ist integriert. WiMAX ist nach IEEE 802.16 standardisiert. Der Standard IEEE 802.16 gehört zur Familie der 802-Standards, wie auch Ethernet oder WLAN. WiMAX spezifiziert nach dem OSI-Referenzmodell die beiden untersten Schichten, die Bitübertragungsschicht und die Sicherungsschicht.

Im Gegensatz zu WLAN, das auch ohne zentrale Access Points arbeiten kann, besteht ein WiMAX-Netzwerk aus mindestens einem zentralen Access Point (in der WiMAX-Nomenklatur als Basisstation bezeichnet) und einzelnen WiMAX-Clients. Mit dieser klassischen Sterntopologie ist sichergestellt, dass es im Netzwerk keine konkurrierenden Verbindungen gibt und die zur Verfügung stehende Bandbreite effizient ausgenutzt wird. Der Versorgungsradius einer Basisstation in städtischer Umgebung liegt üblicherweise zwischen 2 und 5 km. WiMAX hat sich als drahtloses Netz gegenüber den Mobilfunknetzen in Europa nicht durchgesetzt und spielt für die Industrie praktisch keine Rolle.

4.2.2 Wireless Personal Area Networks

Als *Wireless Personal Area Network* (WPAN) wird ein Netzwerk bezeichnet, bei dem eine Kurzstreckenfunktechnik zum Einsatz kommt.

Im Gegensatz zu WLANs überbrücken WPANs kürzere Distanzen, typischerweise zwischen 0,2 und 50 m. Damit wird nur das unmittelbare Umfeld des Senders erreicht, deshalb auch die Bezeichnung *Personal*.

Durch die Beschränkung auf einen kleineren Raum sind Störungen durch Sender Dritter weniger wahrscheinlich, und durch die geringere Sendeleistung reduziert sich auch der Energieverbrauch. Entsprechende Sensoren können damit bis zu mehrere Jahre wartungsfrei betrieben werden. Tabelle 4.7 gibt einen Überblick zu ausgewählten WPAN-Systemen. Die in Tabelle 4.7 aufgeführten Systeme sollen im Folgenden näher betrachtet werden.

Tabelle 4.7 Überblick zu ausgewählten WPAN-Systemen

Eigenschaften	Bluetooth	ZigBee	EnOcean	WirelessHART	RFID & NFC
Standard	IEEE 802.15.1	IEEE 802.15.4	ISO/IEC 14543-3-10	IEEE 802.15.4	ISO/IEC 14443 ISO/IEC 18000 ISO 18092
Topologie	Stern, Mesh	Stern, Baum, Mesh	Stern, Mesh	Mesh	Peer-to-Peer
Maximale Datenrate [Kbit/s]	3000 (Standard)	250	125	250	106...424
Maximale Reichweite [m]	10...100	10...75	30...300	30...100	0...2 (RFID) 0...0,1 (NFC)
Stromverbrauch	hoch (Standard)	sehr gering	extrem gering (Engery Harvesting)	mittel	extrem gering (für Tag)
Funkfrequenz [MHz]	2400	868 (Europa), 2400	868 (Europa)	2400	868 (Europa – RFID) 13,56 (NFC)
Anwendung	Automatisierung	Sensornetze	Gebäudeautomatisierung	Prozessautomatisierung	Identifizierung

4.2.2.1 Bluetooth

1994 begann die Entwicklung eines Standards für WPANs, der zunächst für die Verbindung zwischen Mobilfunkgeräten und deren Peripherie vorgesehen war. Diese Ansätze wurden durch die Bluetooth Special Interest Group weiterentwickelt. Die unteren beiden Schichten des Protokollstapels wurden dann als *Blue-tooth-Standard* IEEE 802.15.1 spezifiziert. Bluetooth wurde kontinuierlich weiterentwickelt, aktuell existiert die Version 5 des Standards [7].

Bild 4.13 Bluetooth-Logo

Bild 4.13 zeigt das Bluetooth-Logo, wobei der Name vom dänischen Wikingerkönig Harald Blauzahn abstammt und das Logo altnordische Runen darstellt. Die Übertragung erfolgt bei Bluetooth ausschließlich im 2,4-GHz-ISM-Band, in dem 79 Kanäle mit jeweils 1 MHz Bandbreite definiert werden. Diese werden von den Funkknoten im Frequenzsprungverfahren (FHSS) genutzt.

In der ursprünglichen Form diente Bluetooth überwiegend der Anbindung von Headsets, Kopfhörern, Lautsprechern und Autoradios. Mittlerweile eignet sich Bluetooth aber für eine Vielzahl von Anwendungen, in der die drahtlose Anbindung von Geräten über kurze Distanzen erforderlich ist.

Bis 2019 wurden die in Tabelle 4.8 aufgeführten Bluetooth-Versionen entwickelt.

Tabelle 4.8 Bluetooth-Versionen

Version	Jahr	Maximale Datenrate [Mbit/s]	Charakteristik
Bluetooth 1.0/1.1/1.2	1999	1	Anbindung von Headsets, Lautsprechern, Kopfhörern
Bluetooth 2.0/2.1	2004	2, 3	erhöhte Datenraten gegenüber Version 1; geringerer Stromverbrauch und höhere Sicherheit
Bluetooth 3.0	2009	3 (54)	Übertragung von Musik, Bildern, Videos über High-Speed-Modus
Bluetooth 4.0/4.1/4.2	2013	0,22	Bluetooth Low Energy (LE); sehr stromsparende Variante; Einsatz für Sensoren, Smartwatches, Wearables
Bluetooth 5	2016	2	Bluetooth für das IoT; Umschaltung Reichweite/ Datenrate möglich; zentimetergenaue Ortung möglich

Für die Industrie wurden Bluetooth-basierte Produkte entwickelt, die in verschiedensten Bereichen der Industrie eingesetzt werden, um kabellos zwischen verschiedenen Komponenten in Maschinen zu kommunizieren. Mittlerweile hat die PROFIBUS-Nutzerorganisation Bluetooth neben WLAN als Trägerverfahren für kabellose Übertragung von PROFINET-Datenpaketen auf der Feldbusebene definiert.

Die Grundeinheit eines Bluetooth-Systems ist ein *Piconet*. Es besteht aus einem Master (M) sowie bis zu weiteren sieben aktiven Teilnehmern als Slaves (S), die über eine 3-Bit-Kurzadresse angesprochen werden können. Diese Adresse wird den aktiven Slaves nach der Anmeldung zugewiesen. Bild 4.14 zeigt die Architektur eines Bluetooth Piconets.

Alle nicht aktiven Geräte können im *Parkmodus* die Synchronisation halten und auf Anfrage im Netz aktiviert werden. Für den Parkmodus gibt es eine spezielle 8-Bit-Adresse, die 255 Teilnehmer ansprechen kann. Geparkte Geräte haben keine Verbindung, sind jedoch bekannt und können innerhalb weniger Millisekunden reaktiviert werden. Geräte, die sich im Standby befinden, erhalten keine Adresse.

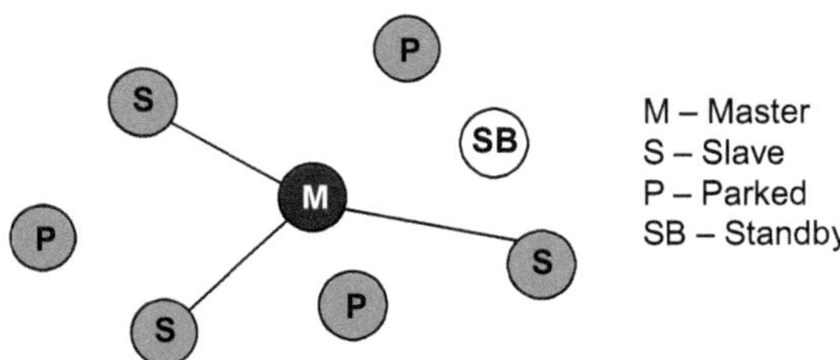

Bild 4.14 Architektur eines Bluetooth Piconets

https://bit.ly/3kFjlIF

Darüber hinaus kann über die weltweit eindeutige 48-Bit-Geräteadresse eines Bluetooth-Geräts die Anzahl der passiven Teilnehmer noch mal erhöht werden. Der Master steuert die Kommunikation und vergibt Sendezeiteinheiten an die Slaves mittels Frequency Hopping (FHSS, siehe Abschnitt 4.1.2.1). Die Frequenzsprungfolge der Geräte wird durch die 48-Bit-Gerätekennung festgelegt.

Alle Bluetooth-Geräte haben prinzipiell die gleichen Fähigkeiten hinsichtlich der Vernetzung, jedes Gerät kann Master oder Slave werden. Dabei wird das Gerät, das das Piconet einrichtet, automatisch zum Master. Alle weiteren nachfolgenden Stationen sind damit Slaves.

In Beispiel 4.5 wird der Einsatz von Bluetooth dargestellt.

Ein Bluetooth-Gerät kann in mehreren Pico-Netzen angemeldet sein, allerdings nur in einem Netz als Master fungieren. Bis zu zehn Pico-Netze bilden ein Scatternet,wobei die Teilnehmer untereinander in Kontakt treten können. Jedes Piconet wird dabei durch eine unterschiedliche Frequenzsprungfolge identifiziert.

Beispiel 4.5: Bluetooth als Ethernet-Kabelersatz [5]

Die Bluetooth-Ethernet-Adapter FL BT EPA 2 ersetzen einzelne Ethernet- oder PROFINET-Kabel zu Automatisierungsgeräten durch eine zuverlässige Funkverbindung (Bild 4.15). Sie ermöglichen es, dass bis zu sieben Bluetooth-Module gleichzeitig mit dem Ethernet-Netzwerk verbunden werden.

Die Adapter FL BT EPA 2 realisieren das Profil PAN (siehe Tabelle 4.9) mit Bluetooth 2.1 und eignen sich für robuste Übertragung unter schwierigen Umgebungsbedingungen. Dabei lässt sich auch eine funktional sichere Kommunikation mittels PROFIsafe oder SafetyBridge-Technologie realisieren.

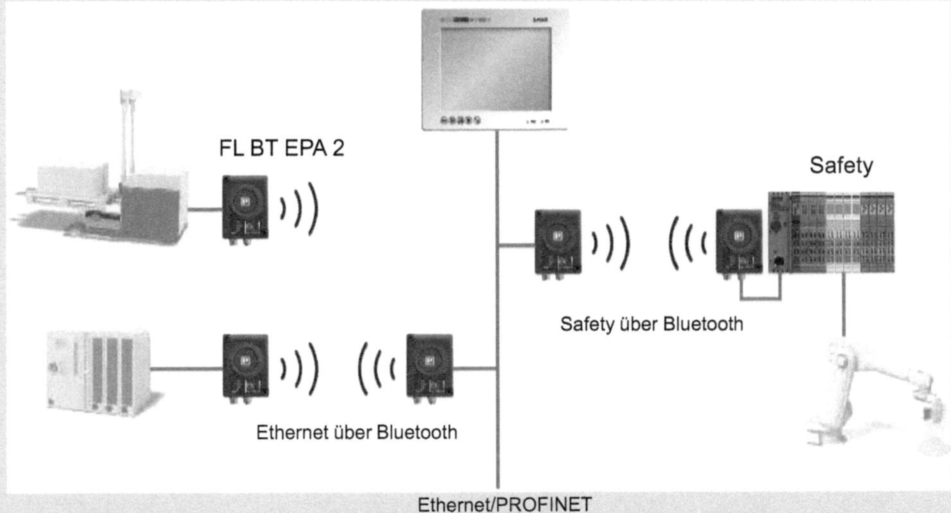

Bild 4.15 Ersatz von Ethernet-Kabel durch Bluetooth-Ethernet-Adapter (© PHOENIX CONTACT Deutschland GmbH)

Die Bluetooth-Protokollspezifikation ist sehr umfangreich, und auch der Aufbau des Bluetooth-Protokollstapels folgt nicht dem OSI-Referenzmodell [8]. Die Realisierung der Anwendungsprotokolle, z. B. die Anbindung an das TCP/IP-Protokoll, übernehmen bei Bluetooth die *Profile*. Tabelle 4.9 listet einige ausgewählte Profile von Bluetooth auf.

https://bit.ly/2W5GU2j

Ein Profil definiert Regeln und Protokolle für die jeweilige Anwendung. Das Basisprofil GAP muss bei allen Bluetooth-Geräten implementiert sein. Die weiteren Profile sind optional, wobei auch mehrere Profile in einem Gerät implementiert sein können.

Bluetooth 5 wird als ein Kandidat für die Kommunikation im industriellen IoT-Bereich gehandelt. Damit sollen unter anderem Firmware-Upgrades für Geräte, umfangreiche Sensornetzwerke für Güterlokalisierung, vernetzte Gebäude und industrielle Echtzeitsteuerungen möglich sein. Durch die Möglichkeit, Bluetooth-

https://bit.ly/2VVwOAQ

Mesh-Netze aufzubauen, soll dann auch die Reichweite erheblich erweitert werden können.

Tabelle 4.9 Ausgewählte Bluetooth-Profile

Abkürzung	Profilbezeichnung	Beschreibung
A2DP	Advanced Audio Distribution Profile	drahtlose Stereoverbindung für Kopfhörer
CTP	Cordless Telephony Profile	schnurlose Telefone
GAP	Generic Access Profil	Prozeduren für Authentifizierung und Verbindungsaufnahme (alle Bluetooth-Geräte müssen dieses Profil implementieren)
PAN	Personal Area Network	Verbindung zu Ethernet
SPP	Serial Port Profile	serielle Schnittstelle

4.2.2.2 ZigBee

https://bit.ly/3eHjyq5

ZigBee ist eine nach IEEE 802.15.4 standardisierte Funktechnologie, die insbesondere für den stromsparenden Betrieb in Sensornetzwerken mit mittlerer Reichweite und geringen Übertragungsraten entwickelt wurde [9]. Der Name ZigBee ist abgeleitet vom „Zick-Zack-Tanz" der Honigbienen, bei denen diese mit Bienen in der Nähe kommunizieren.

Die ZigBee-Spezifikation ist eine Entwicklung der ZigBee-Alliance, die die weltweite Entwicklung dieser Technologie vorantreibt. 2004 kam die erste ZigBee-Spezifikation auf den Markt. Mittlerweile liegt ZigBee in der Version 3.0 vor. ZigBee nutzt das ISM-Band mit 2,4 GHz und zusätzlich in Europa 868 MHz. Die Funkübertragung erfolgt mit DSSS (Direct Sequence Spread Spectrum).

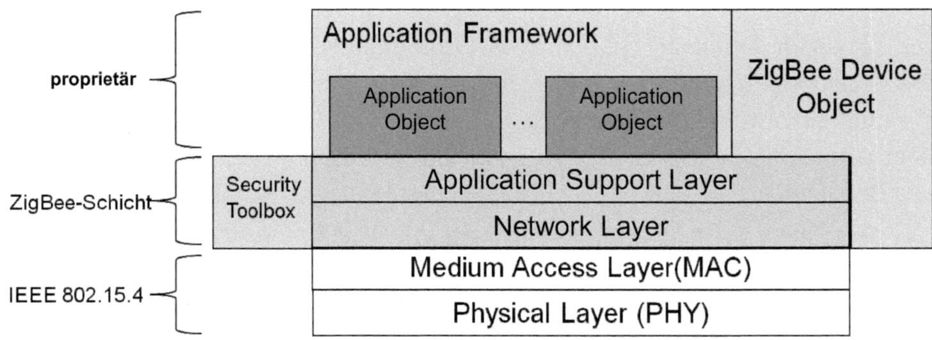

Bild 4.16 ZigBee-Protokollstapel

Der *ZigBee-Protokollstapel* besteht aus drei Teilen (Bild 4.16). Im unteren Teil liegt der IEEE 802.15.4-Bereich, in dem der Zugriff auf das Medium Funk standardisiert ist. Darüber liegt das eigentliche ZigBee-Protokoll mit dem *Network Layer*, dem *Application Support Layer* und der *Security Toolbox*. Im oberen Teil befindet sich der proprietäre Bereich. Hier befinden sich die Nutzeranwendungen, die über das *ZigBee Device Object* Zugriff auf die darunterliegenden Schichten erhalten. Bei den Anwendungen handelt es sich häufig um vordefinierte Anwendungsprofile.

Ein ZigBee-Netzwerk besteht aus drei verschiedenen Gerätetypen:

- **PAN-Koordinator:** Der PAN-Koordinator (PAN – Private Area Network) organisiert das Netzwerk. Hier werden unter anderem Routingtabellen oder Listen der Teilnehmer geführt. In einem Netzwerk kann es nur einen Koordinator geben, was auch gleichzeitig das größte Sicherheitsproblem dieses Systems ist. Fällt dieses eine Gerät aus, so funktioniert das ganze System nicht mehr.
- **FFD:** Das FFD (Fully Function Device) kann senden und empfangen. Die Hauptaufgabe dieser Geräte ist allerdings das Weiterleiten von Daten von RFDs zum Koordinator. FFDs übernehmen somit die Aufgabe eines Routers, der die Reichweite des Netzwerkes vergrößert. Sie können aber auch zusätzlich Steueraufgaben übernehmen.
- **RFD:** Das RFD (Reduced Function Device) kann nur senden und empfangen. RFDs nehmen Kontakt zum Koordinator oder FFD auf und übernehmen Steueraufgaben oder senden Sensordaten an den jeweiligen Empfänger. Eine Beispielanwendung für das RFD wäre ein Lichtschalter oder ein Temperatursensor.

Die Hauptaufgabe eines ZigBee-Netzwerkes besteht in der *stromsparenden Übertragungstechnik*. Um dies noch effektiver zu gestalten, wurde ein Nachrichtensystem auf der MAC-Ebene implementiert. Dieses System gehört zum Standard 802.15.4 und wird vom ZigBee-Protokoll mitgenutzt. Dabei können in einem Netzwerk zwei Betriebsarten gewählt werden:

- **Non-Beacon-Netzwerk:** Die Non-Beacon-Netzwerke sind in erster Linie für kleinere Anwendungen gedacht bzw. für Anwendungen, die auf Anforderung senden und keine periodisch auftretenden Signale übertragen. Dazu gehören z. B. Bewegungssensoren, Lichtschalter oder Rauchmelder. Wird z. B. ein Lichtschalter eines solchen Netzwerks betätigt, so erwacht er aus dem Sleep-Modus, meldet sich am Netzwerk an und sendet seine Daten, die das Einschalten der Lampe bewirken. Non-Beacon-Netzwerke sind bewusst einfach gehalten und werden meist in Peer-to-Peer-Netzwerken genutzt.
- **Beacon-Netzwerk:** Beacons werden verwendet, um die Netzwerkgeräte zu synchronisieren, Geräte im PAN zu identifizieren und die Struktur der Übertragungs-Frames zu definieren. Die Beacons werden von dem Koordinator immer im gleichen Abstand gesendet.

Anwendungstechnisch stellt ZigBee eine Netzwerkanbindung für kleine Geräte bereit und ermöglicht die drahtlose Fernüberwachung Tausender von Sensoren in der Anlagen- und Güterüberwachung sowie die Kontrolle einfacher Eingabegeräte, wie z. B. Lichtschalter, in der Gebäudeautomatisierung.

Problematisch bei ZigBee sind die vielen proprietären Subprotokolle, die untereinander meist inkompatibel sind.

4.2.2.3 EnOcean

https://bit.ly/3kCvxJd

EnOcean bezeichnet eine von der Firma EnOcean (Oberhaching, Spin-off von Siemens) entwickelte Technologie für batterielose Funksensorik, vor allem in der Überwachung und Steuerung von Haus- und Gebäudetechnik. Die EnOcean-Technologie ist seit 2012 im internationalen Standard ISO/IEC 14543-3-10 geregelt. Die wichtigsten Eigenschaften von EnOcean sind in Tabelle 4.7 aufgeführt [10].

https://bit.ly/3hTVDWA

EnOcean unterscheidet sich von anderen in der Gebäudeautomation genutzten Funksensoriksystemen vor allem durch einen sehr niedrigen Energieverbrauch. Dieser unterstützt das Prinzip des *Energy Harvestings* (Gewinnung elektrischer Energie aus Umgebungsquellen), bei dem die Sensoren und Schalter überwiegend energieautark arbeiten und ihre Energie aus der unmittelbaren Umgebung beziehen (Bewegung, Licht, Temperaturdifferenzen). Bild 4.17 zeigt als Beispiel einen für EnOcean-Funkmodule geeigneten Energiewandler für lineare Bewegungen.

Bild 4.17
Energiewandler ECO 200 für lineare Bewegungen (© EnOcean GmbH)

Entsprechend dem OSI-Referenzmodell deckt der EnOcean-Standard ISO/IEC 14543-3-10 die unteren drei Schichten ab (Bild 4.18).

Um so wenig Energie wie möglich zu verbrauchen, sind die Subtelegramme zur Datenübertragung in der Schicht 2 (WSP – Wireless Short Packets) sehr kurz und bestehen aus nur wenigen Datenfeldern. Die WSP werden in der Vermittlungsschicht um weitere Datenfelder ergänzt. Die anwendungsbezogenen Protokolle auf Schicht 7 werden durch proprietäre *EnOcean-Profile* realisiert.

Anwendungsgebiete für EnOcean sind Endprodukte und Systeme für die Digitalisierung von Gebäuden, die Gebäudeautomation (Licht, Beschattung, Heizung/

Klima/Lüftung), die Industrieautomatisierung sowie Anwendungsfelder wie Smart Home, Transport und Logistik.

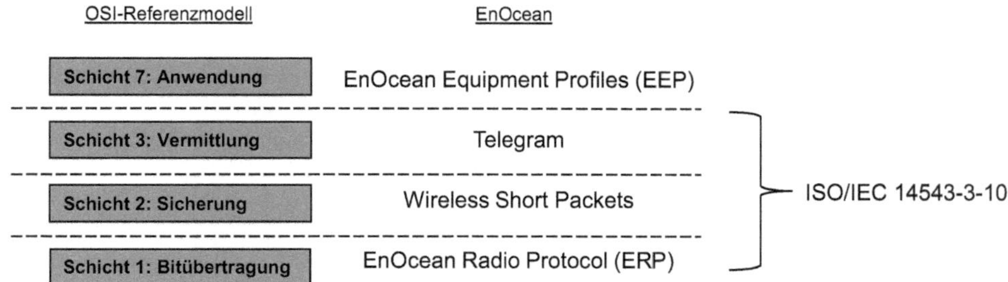

Bild 4.18 EnOcean-Protokollstapel

4.2.2.4 WirelessHART

WirelessHART ist die drahtlose Weiterentwicklung der in der Prozessindustrie weit verbreiteten HART-Kommunikation (über 40 Millionen installierte Geräte weltweit). Die wichtigsten Eigenschaften von WirelessHART sind in Tabelle 4.7 aufgeführt.

https://bit.ly/36P3luD

Bei HART (Highway Addressable Remote Transducer) werden die Prozessdaten über eine 4 ... 20 mA-Schnittstelle übertragen. Dem niederfrequenten analogen Signal wird eine hochfrequente Schwingung überlagert. Eine digitale „1" wird mit der Frequenz 1,2 kHz und eine „0" wird mit der Frequenz 2,2 kHz dargestellt [11].

WirelessHART nutzt Funkmodule nach IEEE 802.15.4 im 2.4 GHz-ISM-Band. Die Funkübertragung erfolgt in einer *Kombination aus FHSS und DSSS*, um sowohl die Unterdrückung von Interferenzstörungen als auch den Kodierungsgewinn zu erzielen. Hierdurch wird ein sehr robuster Mechanismus zur Handhabung von Interferenzstörungen geschaffen. WirelessHART ist ein Teil der HART-7-Spezifikation und wurde als IEC 62591 normiert.

Ein WirelessHART-Adapter verbindet ein existierendes HART-Gerät mit dem WirelessHART-Netzwerk. Der Adapter verbindet sich mit dem 4 ... 20-mA-Draht, um das HART-Signal zu erfassen, wobei das 4 ... 20-mA-Signal intakt und in Funktion bleibt.

WirelessHART nutzt ein *Mesh-Netzwerk* (siehe Abschnitt 4.2.1.3). Bild 4.19 veranschaulicht dazu den Aufbau eines WirelessHART-Mesh-Netzwerkes mit mehreren kleinen Netzwerken [12].

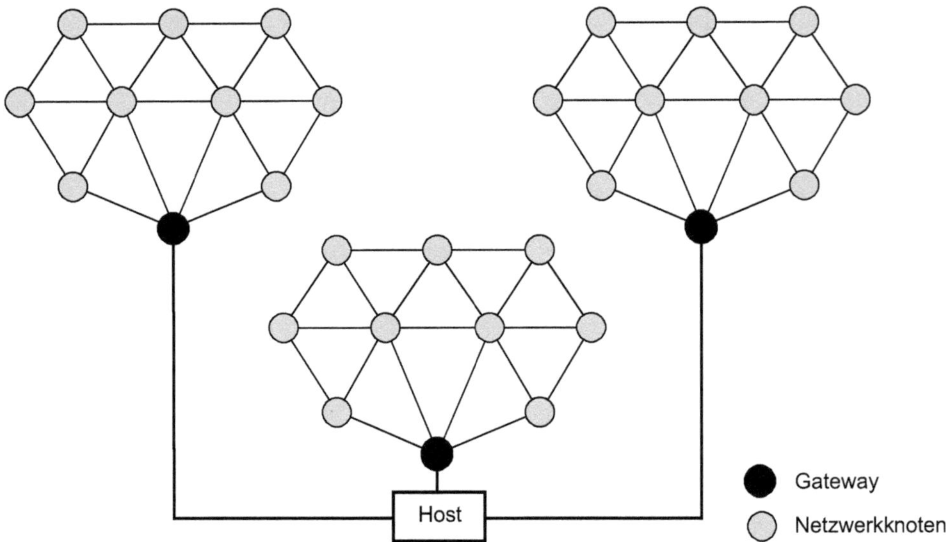

Bild 4.19 WirelessHART-Mesh-Netzwerk mit mehreren kleinen Netzwerken

Die Funkteilnehmer (Netzwerkknoten) bilden ein Netz, in dem jeder Teilnehmer gleichzeitig als Signalquelle und Repeater dient. Der initiale Sender schickt eine Meldung an seinen nächsten Nachbarn, dieser leitet die Nachricht weiter, bis sie die Basisstation und damit den eigentlichen Empfänger erreicht. Dadurch kann das Netzwerk ein großes Areal abdecken. Falls die Nachricht auf einem Teilweg nicht übermittelt werden kann, weil beispielsweise ein Hindernis die Übertragung verhindert oder der Empfänger defekt ist, wird die Nachricht automatisch über eine Alternativroute geleitet.

Über *WirelessHART-Gateways* mit integrierter WLAN-Schnittstelle können mehrere Teilnetze per WLAN an ein Host-System angeschlossen werden. Ein WirelessHART-Gateway besteht gemäß HART-Standard aus den folgenden drei Komponenten:

- Einem Funkmodul (Access Point), das entfernt gelegene Netzwerkknoten miteinander verbindet,
- einem Netzwerkmanager (Software), der die Verbindungen des Mesh-Netzwerkes zwischen den Knoten steuert und für Netzwerksicherheit sowie Authentifizierung der Netzwerkknoten sorgt und
- dem eigentlichen Gateway als Portal zwischen dem Anlagennetzwerk bzw. dem Hostsystem und dem WirelessHART-Netzwerk.

Meist sind die drei Komponenten zusammen in einer Einheit integriert. Damit bestimmt das Gateway die Gesamtleistungsfähigkeit und den Gesamtumfang des Mesh-Netzwerks für den Nutzer.

4.2.2.5 RFID & NFC

RFID & NFC sind Drahtlostechnologien zur automatischen *Identifizierung und Datenerfassung* (Auto-ID). Auto-ID wird in der Industrie vielfach für Objektidentifizierung und Produktverfolgung eingesetzt [13].

Unter *Auto-ID* versteht man den Prozess der maschinellen Erfassung von Informationen, die sowohl der eindeutigen Identifikation von Objekten als auch der Datenübertragung sowie Bereitstellung der Daten in einem Rechner dienen.

Beide Technologien sind eng miteinander verwandt und besitzen ein hohes Zukunftspotenzial bei der weiteren Digitalisierung der Produktion.

RFID (Radio Frequency Identification) ist seit den 1980er Jahren eine Auto-ID-Technik zur Identifikation von Gegenständen über Funk und in der ISO/IEC 18000-Reihe und ISO/IEC 14443-Reihe weitgehend standardisiert.

https://bit.ly/3wU3Huw

Ein RFID-System besteht aus folgenden Komponenten (Bild 4.20):

- **Informationsträger (Transponder):** Ein Transponder ist ein Funkkommunikationsgerät, das eingehende Signale aufnimmt und automatisch beantwortet. Ein RFID-Transponder besteht aus einem Mikrochip mit Speichereinheit sowie einer Antenne. In der Regel haben alle Transponder einen einzigartigen Code (UID – Unique Identifier) gespeichert, der es erlaubt, einen Chip zweifelsfrei zu identifizieren. Passive Transponder holen sich die nötige Energie durch induktive Kopplung aus dem Magnetfeld des Lesegeräts, aktive sind batteriebetrieben. Je nach Bauform der Transponder spricht man von RFID-Tags, -Chips oder -Karten.
- **Lesegerät:** Das RFID-Lesegerät besteht aus einer Lese- bzw. Lese-/Schreibeinheit, die die Datenanfrage an den Transponder sendet und dessen Antwort empfängt, sowie einer Schnittstelle, über die die Daten an das übergeordnete Rechnersystem geleitet werden. Die Kommunikation zwischen Lesegerät und Transponder startet, sobald ein Transponder in Reichweite des Lesegeräts gelangt.

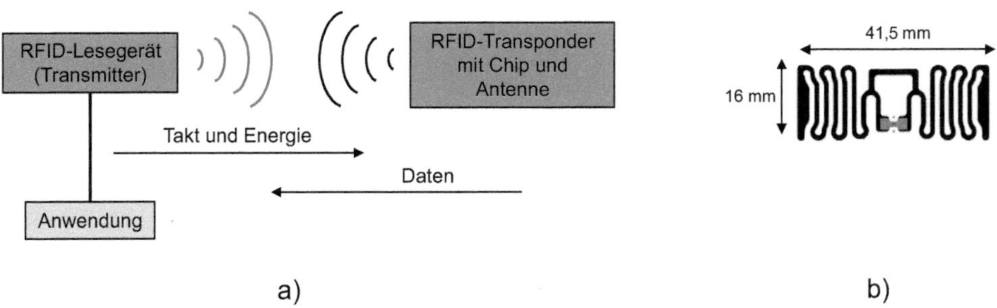

Bild 4.20 Aufbau eines RFID-Systems: a) Komponentenstruktur, b) RFID-Tag für 860 ... 890 MHz

RFID nutzt zur Funkübertragung verschiedene Funkfrequenzen vom Langwellen- bis in den Mikrowellenbereich. Für die Industrie in Europa werden häufig 868 MHz bei passiven Transpondern genutzt. Die Reichweite beträgt damit ca. 1 m.

NFC (Near Field Communication) ist eine drahtlose Übertragungstechnik, die dem kontaktlosen Datenaustausch zwischen Geräten oder Gegenständen mit einer geringen Distanz dient. NFC ist umfangreich standardisiert, z. B. in ISO 18092, und wurde 2002 durch Sony und NXP entwickelt. Dabei wurde auf Standards wie Bluetooth und RFID zurückgegriffen.

NFC basiert in großen Teilen auf den RFID-Standards und kann somit als Erweiterung bzw. Spezialisierung der RFID-Technologie angesehen werden.

NFC arbeitet mit einer Frequenz von 13,56 MHz und erreicht eine Übertragungsrate von 106 bis 424 Kbit/s. Die Reichweite ist gewollt begrenzt auf maximal 10 cm. Durch die extrem kurze Distanz sind unbeabsichtigte Verbindungen nahezu ausgeschlossen.

Jedes NFC-Gerät unterstützt drei Betriebsarten:

- **Reader/Writer Mode:** Ein NFC-Gerät greift auf Informationen eines passiven Tags (NFC-Tag) zu. In dieser Betriebsart zieht das NFC-Tag die Energie aus dem Funkfeld einer aktiven Gegenstelle.
- **Card Emulation Mode:** Das NFC-Gerät wirkt wie ein passives Tag und kann von anderen Geräten in der Reader/Writer-Betriebsart gelesen werden.
- **Peer-to-Peer Mode:** Zwei NFC-Geräte kommunizieren direkt miteinander.

Der wesentliche *Unterschied zu RFID* besteht darin, dass ein NFC-Gerät nicht nur als Lesegerät, sondern auch als Tag fungieren kann (Card Emulation Mode). Im Peer-to-Peer-Modus ist zudem die Übertragung zwischen zwei NFC-Geräten möglich. Bild 4.21 zeigt ein NFC-Tag zum flexiblen Einsatz in einem eingebetteten System.

Bild 4.21 M24SR64 NFC/RFID-Tag mit 8 Kbit-EEPROM (© MikroElektronika d.o.o.)

Auch wenn mit RFID und NFC keine drahtlosen Netze aufgebaut werden können, wird ihnen als Bestandteil mobiler und drahtloser Kommunikationslösungen für die Industrie ein großes Potenzial zugesprochen. Praktisch jedes neue Smartphone ist bereits mit einem NFC-Gerät ausgerüstet. NFC-Smartphones werden erfolgreich in der Industrie eingesetzt, so in Logistik, Service und Wartung sowie für die Zutrittskontrolle zu Räumen oder Schränken. Auch Sensoren für Temperatur, Feuchtigkeit, Schock usw. werden zunehmend mit NFC-Tags gekoppelt. RFID und NFC sind ein wesentlicher Bestandteil der Produktion von *individualisierten Produkten* (Smart Products).

https://bit.ly/3wV4Kub

4.2.3 Eingebettete Systeme und drahtlose Netze

Drahtlose eingebettete Systeme haben vielfältige Anwendungsmöglichkeiten, sei es im Internet der Dinge, in Sensornetzen, in der Medizintechnik oder beim autonomen Fahren. Im Folgenden werden einige Anwendungsszenarien aufgezeigt, bei denen drahtlose eingebettete Systeme eine wesentliche Rolle spielen:

- **Car-2-X-Kommunikation:** Car-2-X-Kommunikation bezeichnet die drahtlose Vernetzung von Fahrzeugen untereinander und mit ihrer Umwelt. Eine solche Vernetzung ebnet den Weg für kooperative Assistenzsysteme. Durch unterschiedliche Sensoren im Fahrzeug in Verbindung mit dem aktiven Informationsaustausch zwischen den Fahrzeugen kann ein zuverlässiges, dynamisches Modell einer weiträumigen Umwelt erstellt werden. Darauf aufbauende Assistenzsysteme entlasten den Fahrer und legen den Grundstein für ein (teil-)autonomes Fahren. Zur Kommunikation wird z. B. eine spezielle Variante von WLAN nach IEEE 802.11p genutzt.

https://bit.ly/3hTWuq1

- **Ambient System Living (AAL):** AAL umfasst ein hybrides Produkt, bestehend aus einer technischen Basisinfrastruktur im häuslichen Umfeld und Dienstleistungen durch Dritte mit dem Ziel des selbstbestimmten und selbstständigen Lebens zu Hause. Die Kommunikation basiert z. B. im körpernahen und häuslichen Umfeld auf WPAN-Standards (Bluetooth, EnOcean und anderen) unterstützt durch WAN-Verbindungen (siehe Abschnitt 4.3) zu einer Servicezentrale.

https://bit.ly/3hTAfAD

- **Mobile Robotik:** Der Einsatz von mobilen Robotern bringt Unternehmen neben mehr Mobilität auch steigende Flexibilität. So verändern sich beispielsweise in der Automobilindustrie bereits ganze Arbeitsschritte und Fertigungsprozesse. Mobile Robotersysteme übernehmen eigenständig immer mehr Aufgaben. Als Kommunikationssystem wird häufig WLAN, aber auch Bluetooth eingesetzt.

https://bit.ly/3eBSRTG

In Beispiel 4.6 wird der Einsatz eines Sensornetzes dargestellt.

Beispiel 4.6: Intelligenter Container zur Reduktion von Schadfällen [14]

Durch den intelligenten Container ist es möglich, Waren auf dem gesamten Transportweg genauer zu überwachen. Dies geschieht durch eine Kombination aus drahtloser Sensorik und RFID-Technologie (Bild 4.22). Das Anwendungsfeld des intelligenten Containers liegt insbesondere in der Überwachung von verderblichen Waren, wie frischen Lebensmitteln oder pharmazeutischen Produkten.

Die RFID-Technologie dient der Erfassung der Ware beim Beladen des Containers oder Fahrzeugs. Über ein drahtloses Sensornetz mit 20 Sensoren pro Container werden Temperaturabweichungen im Container räumlich erfasst. Die Funksensoren senden die Daten an einen zentralen Rechner im Container (Agentenplattform), an dem die Daten gesammelt und vorverarbeitet werden.

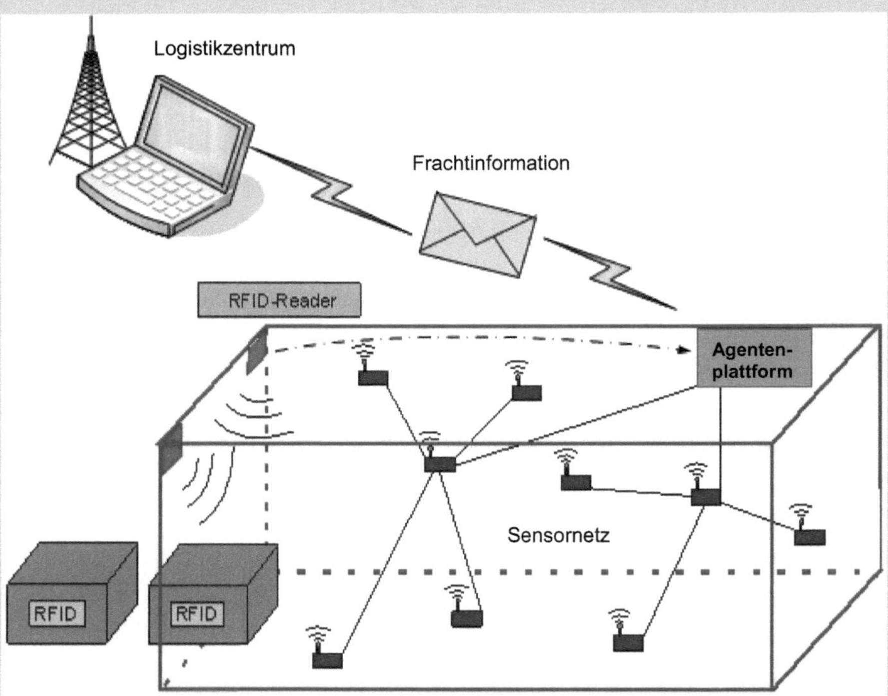

Bild 4.22 Einsatz eines drahtlosen Sensornetzes für die Containerüberwachung (© Xinwei Wang)

https://bit.ly/3iup6FD

- **Sensornetze:** Ein Sensornetz ist ein Rechnernetz von Sensorknoten, ausgeführt als per Funk kommunizierende eingebettete Systeme, um die Umgebung mittels Sensoren abzufragen und die Information weiterzuleiten. Die Sensorknoten arbeiten entweder in einem infrastrukturbasierten oder in einem sich selbst organisierenden Ad-hoc-Netz zusammen. Einsatzgebiete sind z. B. Sensoranordnungen im Fahrzeugbau, Warenverwalter in Lagerhäusern und Überwachung von Naturgebieten auf Schadstoffe. Die Kommunikation erfolgt über klassische WPAN-Protokolle, wie z. B. ZigBee oder WirelessHART, oder über spezialisierte

Funkprotokolle für Sensoren (IPSO - IP for Smart Objects, nanoIP - Protokollstack für stark ressourcenlimitierte Systeme).

Eingebettete Systeme besitzen vielfach bereits integrierte Komponenten zum Aufbau drahtloser Netze bzw. können über zusätzliche Module (Shields) entsprechend aufgerüstet werden. Tabelle 4.10 listet einige bekannte Boards für eingebettete Systeme und ihre Drahtlosfähigkeiten auf.

Tabelle 4.10 Ausgewählte Boards für eingebettete Systeme und ihre Drahtloseigenschaften

Board-Name	WLAN	Bluetooth	ZigBee	EnOcean	NFC	WirelessHART
Arduino Uno	ja	extern	ja	nein	ja	nein
Raspberry Pi 4	ja	ja	ja	extern	ja	nein
Beagle-Board	ja	ja	ja	ja	ja	nein
Ethernut 3&5	extern	extern	nein	nein	nein	nein
DB240	ja	ja	nein	nein	nein	nein

Für viele drahtlose eingebettete Systeme spielen insbesondere die Energieoptimierung, Größe und Kosten eine wesentliche Rolle (z. B. für den Aufbau weiträumiger Sensornetze), die sich dann auch auf die Wahl der möglichen Funktechnik auswirken.

4.3 Weitverkehrsnetze

Ein *Weitverkehrsnetz* (Wide Area Network - WAN) ist ein Rechnernetz, das sich im Unterschied zu einem LAN über einen großen bis sehr großen geografischen Bereich erstreckt.

In Bild 4.23 sind die Reichweite und Datenrate eines WANs im Verhältnis zu WLAN und WPAN grob veranschaulicht. Verschiedentlich wird für ein WAN mit geringerer Reichweite (1 bis mehrere km) auch der Begriff *Metropolitan Area Network* (MAN) verwendet.

https://bit.ly/3BnXaf3

Drahtlose Nahverkehrsnetze (WLAN, WPAN) entwickelten sich erst mit dem verstärkten Einzug der Informations- und Kommunikationstechnik in die industrielle Produktion ab 1990 und dienen vor allem der Übertragung von Daten. Im Unterschied zu diesen Netzen basieren drahtlose WANs (WWAN - Wireless Wide Area Network) auf den bereits seit mehr als 100 Jahren entwickelten Telefonielösungen und sind insbesondere auf die Übertragung von Audio und Video ausgelegt.

Bei WANs handelt sich nicht um große LANs, sondern um Netze, die von Telekommunikationsanbietern unterhalten und betrieben werden. Deshalb spielt hier auch die Leitungsauslastung eine große Rolle. Damit sind die Anforderungen an Abrechnungsmodelle, parallele Nutzbarkeit und Netzmanagement sehr hoch. Im WAN-Bereich haben sich deshalb ganz andere Techniken entwickelt als im LAN. Dies trifft sowohl auf leitungsgebundene Netze wie auch auf drahtlose Netze zu.

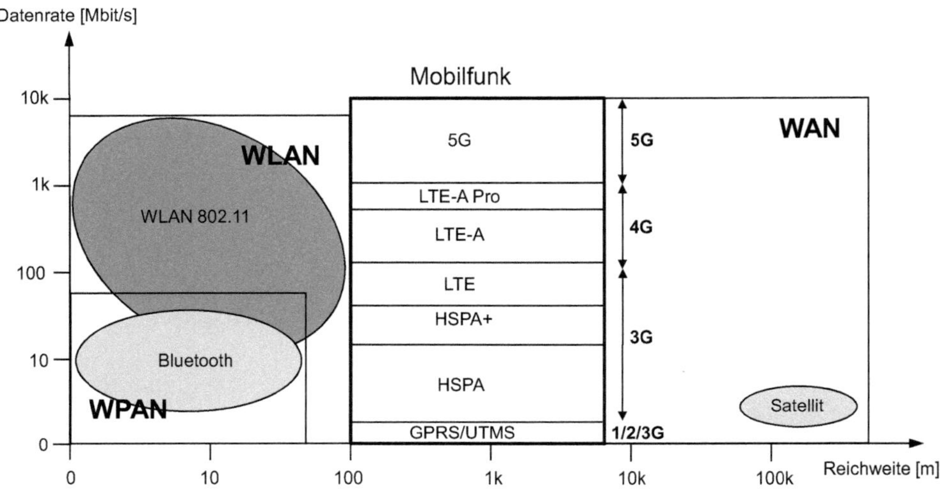

Bild 4.23 Reichweite und Datenrate von WAN im Verhältnis zu WLAN und WPAN

Während in WLAN/WPAN viele Netzteilnehmer eher stationär sind und es vielfach mehr um eine höhere Flexibilität bei der Verkabelung geht, steht bei drahtlosen Weitverkehrsnetzen eindeutig die Mobilität der Netzteilnehmer im Mittelpunkt. Die größte Gruppe der Netzteilnehmer sind dabei die Mobiltelefone. Hinzukommen durch die zunehmende Globalisierung aber auch verstärkt Datenerfassungs- und Telemetriesysteme.

Den Betrieb beweglicher Funkteilnehmer bezeichnet man als *Mobilfunk*. Die zugehörigen drahtlosen Netze sind dann *Mobilfunknetze*, die durch bestimmte Organisationen/Unternehmen (Telekommunikationsanbieter) betrieben werden.

Die zugehörigen Funkdienste teilt man in *öffentliche* und *nicht öffentliche Funkdienste*. Derzeit ist in Deutschland die Bundesnetzagentur für die Vergabe der Frequenzen und Genehmigung der Funklizenzen zuständig. Die *öffentlichen Mobilfunknetze* werden von Mobilfunkbetreibern zur Verfügung gestellt und können von jedermann benutzt werden. Die deutsche Bundesnetzagentur spricht von *öffentlichen zellularen Mobilfunkdiensten*.

Da die Reichweite der Funktechnik für Mobilfunknetze nur wenige Kilometer beträgt, müssen für den Aufbau eines großflächigen WANs viele Mobilfunknetze untereinander mit Leitungsverbindungen oder drahtlos (Richtfunkstrecken, Satellit) verbunden werden. Bild 4.24 veranschaulicht den Aufbau eines *WANs mit Mobilfunknetzen*.

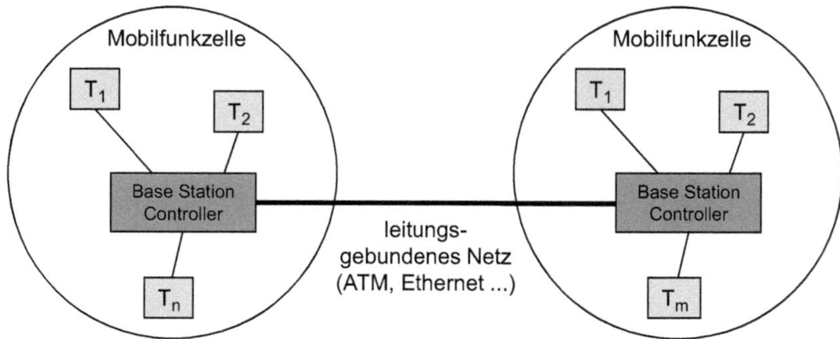

Bild 4.24 Aufbau eines WANs mit Mobilfunknetzen

Die *Base Station Controller* einzelner Mobilfunkzellen sind über spezielle WAN-Übertragungssysteme, z. B. ATM (Asynchronous Transfer Modus) oder auch Ethernet meist leitungsgebunden vernetzt.

https://bit.ly/2W6PRZ9

Abschnitt 4.3.1 beschäftigt sich ausschließlich mit einigen ausgewählten Grundlagen der Mobilfunktechnik. Die Infrastruktursysteme zum Aufbau großflächiger WANs werden nicht behandelt.

4.3.1 Grundlagen Mobilfunk

4.3.1.1 Mobilfunkgenerationen

Seit 1926 gab es einen Vorläufer des öffentlichen Mobilfunks in Deutschland, den Zugfunk in Form einer handvermittelten öffentlichen Sprechzelle im Fernzug Berlin - Hamburg. Nach ersten analogen Funknetzen ab 1958 (A-, B- und C-Netz) wurden 1992 mit dem D-Netz der Telekom und 1993 mit dem E-Netz von E-Plus die ersten digitalen Mobilfunknetze (zweite Generation) eingeführt, die im Jahr 2000 bereits 50 Millionen Teilnehmer versorgten. Diese Netze nutzten bereits *GSM als Basistechnologie* (siehe Abschnitt 4.3.2.1). Danach wurden in schneller Folge weitere Generationen von Mobilfunknetzen entwickelt und in Betrieb gesetzt.

Die *Mobilfunkgenerationen* werden durch die ITU (International Telecommunication Union) definiert. Die eigentliche Organisation für die Standardisierung der Mobilfunktechniken ist die 3GPP (3rd Generation Partnership Project), eine Kooperation verschiedener Standardisierungsgremien.

In Tabelle 4.11 sind die maximal erreichbaren Datenraten für die einzelnen Generationen ab 2G (2nd Generation) aufgelistet.

Entsprechend Tabelle 4.11 haben sich damit im Mobilfunknetz die maximal erreichbaren Datenraten in 28 Jahren um den Faktor 10^6 - von 9,6 Kbit/s auf 10 Gbit/s - erhöht.

Tabelle 4.11 Mobilfunkgenerationen und deren Datenraten

Generation	Technologie	Maximale Datenrate	Einführungsjahr
2G	GSM	9,6 Kbit/s	1992
2.5G	GPRS	115 Kbit/s	2001
2.75G	EDGE	236 Kbit/s	2001
3G	UMTS	384 Kbit/s	2002
3.5G	HSPA/HSPA+	14...168 Mbit/s	2006
4G	LTE/LTE Advanced	150...500 Mbit/s	2010
4.5G	LTE Advanced Pro	1 Gbit/s	2016
5G	verschiedene	bis zu 10 Gbit/s	2020/21

4.3.1.2 Struktur eines Mobilfunknetzes

https://bit.ly/3rrkC6Q

Jedes Mobilfunknetz (Mobile Network) besteht aus einigen Komponenten, die alle Netze gemeinsam besitzen [7]. In Bild 4.25 ist die Komponentenstruktur eines Mobilfunknetzes dargestellt.

Mobilfunknetz
Funkzelle
Mobilteil
Basisstation
weitere Basisstationen
weitere Netze
Provider Network
Data Network
Air Interface
Access Network
Core Network

Bild 4.25 Komponentenstruktur eines Mobilfunknetzes [7]

Zu den Basiskomponenten eines Mobilfunknetzes gehören:

- **Mobilteil:** Beim Mobilteil handelt es sich um das Mobilfunktelefon als schnurloses Telefon oder anderes Mobilfunkgerät.
- **Basisstation:** Die Basisstation befindet sind in der Regel nicht in unmittelbarer Nähe des Mobilteils, sondern einige Kilometer entfernt davon. Alle Mobilteile in der Nähe der Basisstation bilden gemeinsam mit dieser eine Funkzelle.
- **Air Interface:** Auf die Luftschnittstelle wird in einem bestimmten Frequenzbereich mit einer Übertragungstechnik zugegriffen.
- **Access Network:** Das Zugangsnetz verbindet die Basisstation mit dem Kernnetz. Diese Übertragungsstrecke wird als Backhaul (Rücktransport) bezeichnet und erfolgt meist über Glasfaserverbindungen.
- **Core Network:** Der Betrieb der Basisstationen und des Kernnetzes erfolgt über einen Netzbetreiber (Provider).
- **Data Network:** Die Einbindung des Mobilfunknetzes in ein übergeordnetes WAN erfolgt über ein Datennetz anderer Netzbetreiber.

Ein Mobilfunknetz ist in Zellen aufgeteilt. Der Durchmesser einer Zelle kann je nach Standort von einigen hundert Metern bis 35 km betragen. In jeder Zelle hat der Mobilfunknetzbetreiber eine oder mehrere Basisstationen aufgebaut. Das Netz entscheidet anhand der Verbindungsqualität zum Mobilteil, welche Basisstation für eine Verbindung zu diesem Mobilteil am besten geeignet ist.

4.3.1.3 Identifikation und Anwendungsprofile

Im Unterschied zum WLAN, bei dem die Netzteilnehmer über die MAC-Adresse eine fixe Identität besitzen, werden Netzteilnehmer (Mobilteil) in einem Mobilfunknetz erst durch das *Subscriber Identity Module* (SIM, auch SIM-Karte) identifizier- und adressierbar. Die SIM-Karte ist eine Chipkarte, die einen Prozessor einschließlich Speicher beinhaltet. Auf dieser Chipkarte sind im Wesentlichen folgende Informationen gespeichert:

https://bit.ly/3rtujkX

- **International Mobile Subscriber Identity (IMSI):** Die Internationale Mobilfunk-Teilnehmerkennung ist die interne eindeutige Identifizierung des Netzteilnehmers (Adresse).
- **Mobile Station Integrated Services Digital Network Number (MSISDN):** Bei der MSISDN handelt es sich um eine weltweit eindeutige Rufnummer (Telefonnummer), die ein anderer Netzteilnehmer wählen muss, um einen Mobilfunkteilnehmer zu erreichen (externe Identifizierung). Für eine IMSI kann es mehrere MSISDN geben.
- **Passwort:** Das Passwort ist ein Schlüssel für Authentifizierung und Verschlüsselung.

Mit der SIM-Karte wird die Mobilität des Geräts von der Mobilität des Nutzers entkoppelt. Die gesamte Identität ist gekapselt in einer wohldefinierten Einheit, der SIM-Karte.

Zur besseren Realisierung der sehr unterschiedlichen Anforderungen an die zukünftige Mobilfunktechnik hat die ITU drei anwendungsbezogene Profile definiert:

- **Enhanced Mobile Broadband (eMBB):** Das klassische Anwendungsprofil für das Mobilfunknetz ist der mobile Breitbandzugang mit hoher Datenrate 10...20 Gbit/s und geringer Latenzzeit (< 10 ms) für z.B. das Streaming von hochauflösenden Videos. Es gibt auch M2M-Kommunikation, die eMBB nutzen könnten (z.B. Virtual Reality-Anwendungen). Die Realisierung soll mit 5G erfolgen, teilweise auch bereits mit 4G.
- **Ultra Reliable and Low Latency Communication (uRLLC):** uRLLC soll eine Übertragung mit sehr hoher Systemverfügbarkeit und Zuverlässigkeit mit geringer Latenzzeit (einige ms) bei hohem Datenaufkommen gewährleisten. Anwendungen sind die Echtzeitsteuerung von Maschinen und Anlagen sowie die Kommunikation autonomer Fahrzeuge. Die Realisierung soll mit 5G erfolgen.
- **Massive Machine-type Communication (mMTC):** Das Profil mMTC beschreibt Anwendungen für die Übertragung von sporadischen und geringen Datenmengen mit einfachen und kostengünstig herzustellenden Geräten und langer Batterielaufzeit. Dieses Profil kommt für das IoT oder für massenhaft vernetzte Sensoren mit geringer Stromaufnahme (Smart Cities) zum Einsatz. Die Realisierung erfolgt mit Low-Power-Weitverkehrsnetzen (siehe Abschnitt 4.3.3).

Die Profile sollen insbesondere für die Strukturierung der 5G-Mobilfunkdienste eine wesentliche Rolle spielen.

4.3.2 GSM, UMTS und weitere Generationen

4.3.2.1 GSM/GPRS

https://bit.ly/2Uwr28x

Mit *GSM* (Global System for Mobile Communication) wurde erstmals ein digitales Übertragungsverfahren für die Sprachübertragung verwendet. Damit wurde die Kapazität der Funkschnittstelle besser ausgelastet. GSM nutzt ein *leitungsvermitteltes Übertragungsverfahren*, d.h., der Nutzer erhält für eine definierte Zeit eine eigene „virtuelle" Leitung zwischen seinem Mobilteil und einem entsprechendem GSM-Gateway [15].

In Beispiel 4.7 wird die Anwendung eines Remote-Service mittels GPRS dargestellt.

Beispiel 4.7: Remote-Service für Anlagen [16]

Anlagen sind für einen Remote-Service häufig mit Mobilteilen ausgerüstet, um bei Bedarf über eine Servicezentrale des Anlagenherstellers Diagnose und Wartung ferngesteuert durchführen zu können. Viele Mobilfunkanbieter blockieren aber den Verbindungsaufbau vom Internet zum Mobilteil in einer Anlage. Bild 4.26 zeigt eine Lösung, wie ein indirekter Verbindungsaufbau erfolgen kann. Die Servicezentrale ruft das mobile Endgerät zuerst an oder schickt ihm eine SMS **(1)**. Daraufhin baut das Mobilteil an der Anlage die Verbindung zur Zentrale auf **(2)**. Ist die Verbindung aufgebaut, kann der Datenaustausch von der Servicezentrale über den Mobilfunkrouter auf die Anlagensteuerung erfolgen **(3)**.

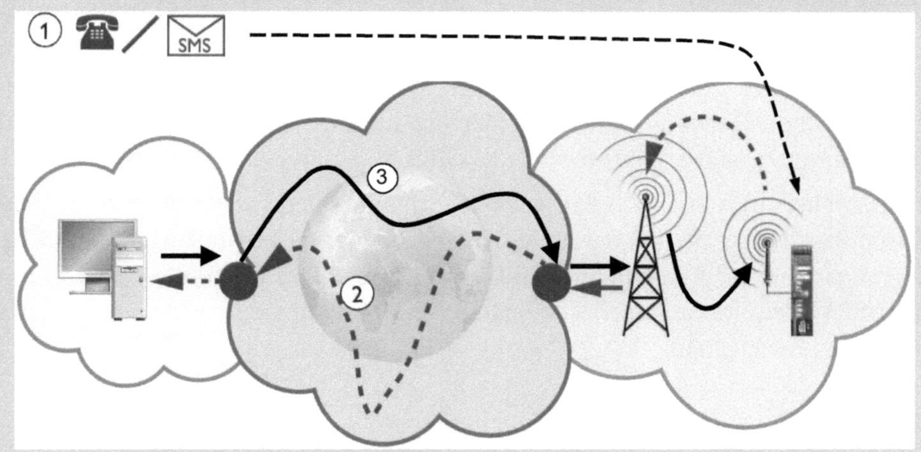

Bild 4.26 Remote-Service über Mobilfunk für eine Anlage (© PHOENIX CONTACT Deutschland GmbH)

Der Zugriff auf die Funkschnittstelle (Schicht 1 im OSI-Referenzmodell) erfolgt bei GSM mit einem *Zeit- und Frequenzmultiplexverfahren*. Für das Senden vom Mobilteil zur Basisstation (Uplink) stehen 124 Kanäle zu je 200 kHz zwischen 890 und 915 MHz zur Verfügung (T-Mobil, Vodafone). In umgekehrter Richtung (Downlink) werden gleichfalls 124 Kanäle zu je 200 kHz zwischen 935 und 960 MHz genutzt. Die zusätzliche Nutzung von FHSS (siehe Abschnitt 4.1.2.1) sichert, dass keine zwei Mobilteile die gleiche Frequenz zur gleichen Zeit benutzen.

Für die Datenübertragung wurde die *GSM-Erweiterung GPRS* (General Packet Radio Service) eingeführt, die ähnlich Ethernet ein *paketvermitteltes Übertragungsverfahren* auf der Funkschnittstelle verwendet. Damit war es erstmals möglich, einen Datendienst nach übertragener Datenmenge abzurechnen. Außerdem reduzierte sich die Zeit für den Aufbau einer Verbindung von ca. 20 s (Wählverbindung mit GSM) auf < 5 s mit GPRS.

Durch die Entwicklung von *EDGE* (Enhanced Data Rates for GSM Evolution) mit einem speziellen Modulationsverfahren zur Datenübertragung konnte eine weitere Erweiterung von GSM mit höheren Datenraten (236 Kbit/s) zur Verfügung gestellt werden.

4.3.2.2 UMTS

https://bit.ly/3Bt7JgQ

UMTS (Universal Mobile Telecommunications System) besitzt viele Eigenschaften und bewährte Verfahren von GSM, ist aber eine Neuentwicklung, die mit eigenen Frequenzbereichen und eigenständiger Hardware arbeitet. Grundlegende Eigenschaften von UMTS sind die Nutzung des Multiplexverfahrens *Wideband CDMA* (CDMA siehe Abschnitt 4.1.2.2) als Funkzugriffstechnik, die sich von GSM unterscheidet und bei der das Übertragungssignal stark gespreizt wird. So können prinzipiell robustere Übertragungsströme erzeugt werden, die auch auf enger beieinanderliegenden Frequenzbereichen übertragen werden können. Außerdem konnte die Datenrate weiter erhöht werden (384 Kbit/s).

Die Erweiterung von UMTS zur weiteren Erhöhung der Datenrate ist *HSPA* (High Speed Packet Access) und darauf aufbauend *HSPA+*. Im Ergebnis sind dann Übertragungsraten zwischen 14 und 168 Mbit/s erreichbar, wenn alle Komponenten die HSPA+-Erweiterung unterstützen und der Mobilfunkanbieter auch die Nutzung von HSPA+ ermöglicht.

4.3.2.3 LTE

Die konsequente Weiterentwicklung von UMTS/HSPA hinsichtlich höherer Datenraten und einer noch stärkeren Ausrichtung auf den Datenbetrieb ist *LTE* (Long Term Evolution). LTE ist die erste weltweit gültige Mobilfunktechnik für Nordamerika, Europa und Asien.

https://bit.ly/2W6lRww

Im Gegensatz zu UMTS werden von LTE unterschiedliche Datenraten in verschiedenen *Geräteklassen* (Categories) unterstützt. Damit ein Mobilteil mit der entsprechenden Geräteklasse die angegebene Datenrate erreichen kann, muss das Netz diese Datenrate zur Verfügung stellen, der gebuchte Mobilfunktarif muss es ermöglichen, und das Gerät muss die kombinierbaren Frequenzbereiche des Netzbetreibers unterstützen. In Deutschland sind als Funkfrequenzen 800 MHz, 1,8 GHz und 2,6 GHz üblich. Wenn ein Gerät nur zwei dieser Frequenzen unterstützt, dann ist die Datenrate beschränkt. Das liegt dann nicht am Netz, sondern am Endgerät. Tabelle 4.12 listet einige wesentliche Eigenschaften ausgewählter LTE-Geräteklassen auf.

Für den Einsatz in der Industrie, insbesondere für das IoT, wurden die spezifischen LTE-Versionen *LTE-Cat-NB1* (NB – Narrow Band) und *LTE-Cat-M1* (M – Machine) entwickelt, die in direkter Konkurrenz zu den Low-Power-Weitverkehrsnetzen stehen.

Üblicherweise wird LTE der vierten Mobilfunkgeneration (4G) zugerechnet. Nach ITU-Definition gilt dies aber offiziell erst ab der Weiterentwicklung LTE Advanced. Die darauf aufbauende Erweiterung ist LTE Advanced Pro (4.5G).

Tabelle 4.12 Beispielhafte LTE-Geräteklassen und ihre Eigenschaften

Eigenschaft	Cat-NB1	Cat-M1	Cat. 0	Cat. 1	Cat. 5
Downlink [Mbit/s]	0,2	1	1	10	300
Uplink [Mbit/s]	0,14	1	1	5	75
Latenzzeit [ms]	1...10 s	50...100	10	10	10
Anzahl der Antennen	1	1	1	2	4
Bandbreite [MHz]	0,2	1,4	20	20	20
Reichweite [km]	10...15	10...15	5...10	5...10	5...10
Komplexität/Aufwand	sehr gering	gering	mittel	hoch	sehr hoch

2019 wurden ca. 99% des weltweiten mobilen Datenverkehrs über LTE und UMTS abgedeckt. GSM-Netze werden deshalb zunehmend abgeschaltet (z.B. in der Schweiz ab 2020). Es wird aber auch bereits diskutiert, zukünftig die UMTS-Netze abzuschalten, da die entsprechenden Frequenzen für LTE und 5G benötigt werden.

4.3.2.4 5G

https://bit.ly/3eFUeRl

Die *5G-Technologie* verspricht eine höhere Effizienz und neuartige technische Eigenschaften, die das 5G-Netz zukünftig für Industrieanwendungen einsetzbar machen sollen. Diese Verbesserungen stehen auf Basis von LTE (4G) und 3G nicht zur Verfügung. Mit 5G lassen sich sehr breitbandige Netze mit hohen Datenraten genauso realisieren wie sehr schnelle Netze mit Fokus auf extrem kurzen Latenzzeiten oder hoher Zuverlässigkeit. Im Gegensatz zur aktuellen 4G-Netzinfrastruktur LTE lassen sich unterschiedliche Anforderungen und Leistungsprofile realisieren, d.h., es werden unterschiedliche Flächenabdeckungen und Gebiete zur Verfügung stehen. Je nach Nutzung kann die Infrastruktur anforderungsgerecht mit 5G-Netzen konfiguriert werden, z.B. im Bereich Industrie 4.0 oder in vernetzten und automatisierten Fahrzeugen [17].

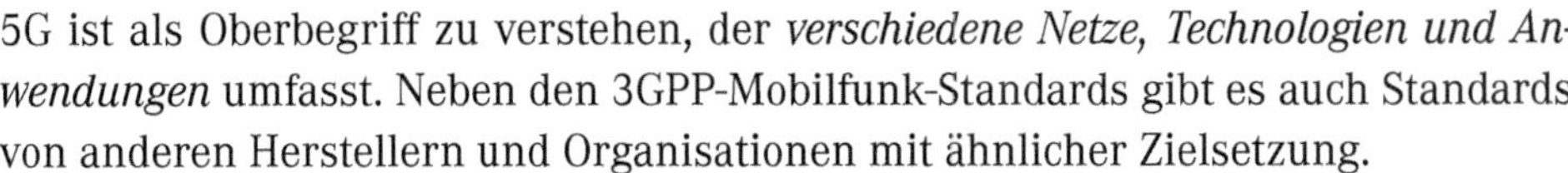

5G ist als Oberbegriff zu verstehen, der *verschiedene Netze, Technologien und Anwendungen* umfasst. Neben den 3GPP-Mobilfunk-Standards gibt es auch Standards von anderen Herstellern und Organisationen mit ähnlicher Zielsetzung.

5G-Mobilfunk basiert auf LTE der 3GPP und steht stufenweise weltweit ab 2020 zur Verfügung. Zur Erzielung einer höheren Netzdichte und einer hohen Datenrate bei niedriger Latenzzeit (~ 1 ms) basiert die Netzarchitektur auf Mikro-, Pico- und Femto-Funkzellen (Smart Cells). Darüber hinaus können Mobilteile innerhalb einer Funkzelle untereinander kommunizieren (Entlastung der Basisstation) und als Relaisstationen für andere Geräte eingesetzt werden. Außerdem verwendet man ein flexibleres Backbone-Netz (Verbesserung des Zugangsnetzes, siehe Bild 4.25).

Weitere technische Neuerungen in der technischen Struktur eines 5G-Netzes sind unter anderem:

- **Bitslicing:** Für Verbindungen lassen sich Datenkapazitäten und Reaktionszeiten zusichern.
- **Beamforming:** Es erfolgt eine Strahlfokussierung der Funkwellen. Damit kommt es zu geringeren Streuungen, die zudem die Effizienz der Übertragung erhöhen.
- **Massive MIMO:** Es werden Mehrfachantennensysteme eingesetzt, mit denen die Datenraten und die Zuverlässigkeit der Datenübertragung erhöht werden können.

Man geht davon aus, dass ab 2025 ein verstärkter Einsatz von 5G in der Industrie erfolgt, z.B. für engmaschige Sensornetzwerke, flexible Fertigungsprozesse, mobile Robotik, fahrerlose Transportsysteme usw.

4.3.3 Low-Power-Weitverkehrsnetze

Die hohen Datenraten moderner Funknetze werden vor allem durch energieintensive und komplexe Signalverarbeitung und die Nutzung hoher Frequenzbereiche ermöglicht. Für Anwendungen insbesondere im Bereich des IoT werden aber folgende Eigenschaften benötigt:

- Erzielung hoher Reichweiten mit guter Durchdringung von Gebäuden durch Nutzung niedriger Frequenzen (Sub-GHz)
- einfache Schaltungstechnik
- niedriger Energieverbrauch
- eine gute technische und wirtschaftliche Integrierbarkeit

https://bit.ly/3ellGxN

Für diese Zwecke wurden deshalb seit 2010 verschiedene *Low-Power-Weitverkehrsnetze* (LPW oder LPWAN – Low Power Wide Area Network) entwickelt.

Bei LPWAN geht es darum, eine große Anzahl von Teilnehmern in ein drahtloses Netz einzubinden. Die Kommunikation ist dabei nur auf einfache Nachrichten mit niedriger Bandbreite und hohen Latenzzeiten ausgelegt. In typischen Anwendungen der M2M-Kommunikation reichen oft wenige Kbit/s aus, um die notwendigen Informationen zu übertragen. Alles ist darauf optimiert, möglichst wenig Energie zu verbrauchen, damit das Funkmodul mit einer herkömmlichen Batterie mehrere Jahre betrieben werden kann. Bild 4.27 veranschaulicht die Einordnung von LPWAN in die drahtlosen und mobilen Kommunikationssysteme.

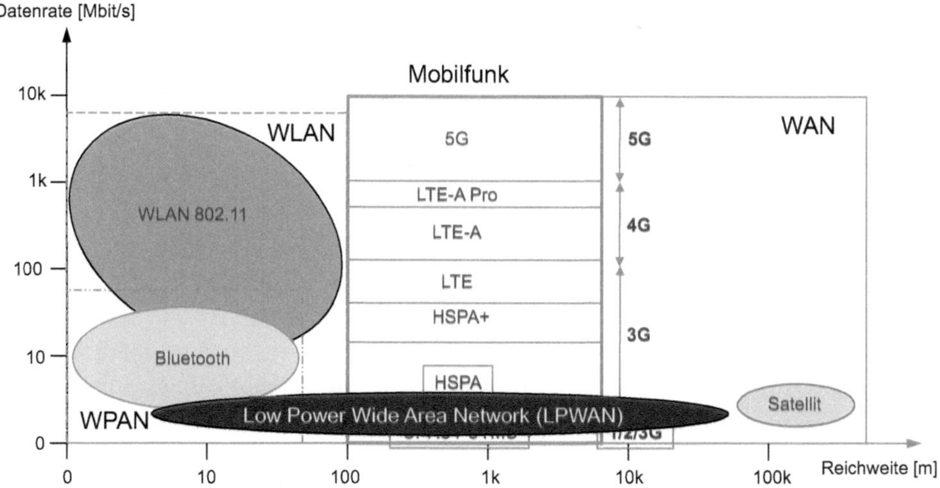

Bild 4.27 Einordnung von LPWAN in die Übersicht nach Bild 4.23

4.3.3.1 LoRaWAN

LoRaWAN (Long Range Wide Area Network) ist ein offener Funkstandard für ein LPWAN und ergänzt das Mobilfunknetz um ein IoT- bzw. M2M-Netzwerk mit bidirektionaler Kommunikation. Mit LoRa-Komponenten lässt sich ein eigenes IoT-Funknetzwerk aufbauen. Die LoRaWAN-Spezifikation wird von einem Industriekonsortium, der *LoRa Alliance*, festgelegt. Grundmodule von LoRaWAN sind als Open Source-Software verfügbar.

Die Netztopologie ist sternförmig. Endgeräte (z. B. Sensoren) kommunizieren mit Gateways über die Luftschnittstelle, die die Datenpakete an einen Server senden. Dieser Server verfügt über Schnittstellen für IoT-Plattformen. LoRaWAN nutzt regional unterschiedliche lizenzfreie Frequenzbereiche, z. B. in Europa 433,05 … 434,79 MHz. Viele Endgeräte können gleichzeitig mit einem Gateway verbunden sein.

Zur Datenübertragung wird eine proprietäre Funkübertragungstechnik verwendet, die eine Frequenzspreizung und „Zirp"-Impulse (Chirp Spread Spectrum) für die Übertragung nutzt. Damit erreicht man eine große Robustheit gegenüber Interferenzen, Mehrwegeempfang, Fading und schmalbandigen Störungen.

Die Reichweiten von LoRaWAN erstrecken sich von 2 km in Stadtgebieten bis hin zu 40 km in ländlichen Gebieten. Ein großer Vorteil ist die Gebäudedurchdringung, da auch Keller erreicht werden können. Der Strombedarf in Endgeräten beträgt ca. 10 mA und 100 nA im Ruhemodus. Das ermöglicht eine Batterielebensdauer von 2 bis 15 Jahren. Es werden Datenraten von 0,3 … 50 Kbit/s erreicht.

https://bit.ly/2UZVtUD

Für LoRaWAN gibt es ein Community-basiertes Netzwerk *The Things Network*, in dem sich jeder mit seinem eigenen LoRaWAN-Netzwerk beteiligen kann. Damit sind dann auch weltweite LoRaWAN-Verbundnetze möglich. In Deutschland sind aktuell (März 2021) bereits 2.831 LoRaWAN-Gateways aktiv.

4.3.3.2 SigFox

Sigfox ist ein französisches Telekommunikationsunternehmen, das seit 2009 ein eigenes globales Funknetzwerk aufbaut, um Objekte mit geringem Energiebedarf drahtlos mit dem Internet zu verbinden. Dazu gehören beispielsweise Stromzähler, Heizungen und Waschmaschinen, aber auch Anwendungen aus der Landwirtschaft, Medizintechnik und Fertigungsindustrie. Die Technologie wird von Sigfox auch als „0G-Technologie“ bezeichnet.

https://bit.ly/3hSvasc

Als Funkübertragungstechnik nutzt Sigfox eine proprietäre *Ultra-Schmalband-Technologie* (Ultra Narrow Band Modulation – UNB), mit der Objekte mit geringem Datenaufkommen und Energiebedarf drahtlos mit dem IoT verbunden werden können.

Eine Sigfox-Basisstation kann im Gegensatz zu einer Mobilfunk-Basisstation bis zu 1 Million Objekte verwalten, wobei nur ein Bruchteil der Energie (1/1000) der Standardmobilfunksysteme benötigt wird. Sigfox-Funkteilnehmer sollen bis zu 20 Jahre lang mit lediglich zwei AA-Batterien arbeiten können. Geräte im Sigfox-Netz können allerdings nur extrem geringe Datenraten nutzen. Maximal können 12 Bytes pro Nachricht und zugleich nicht mehr als 140 Nachrichten pro Gerät und Tag verschickt werden. Die Netzabdeckung in Deutschland für Sigfox-Netze beträgt aktuell (März 2021) ca. 90 %.

4.4 Sicherheit in drahtlosen Netzen

Die Sicherheit in drahtlosen und mobilen Netzen ist ein komplexes Thema, das in diesem Buch nur in Grundzügen behandelt werden kann. Dabei konzentriert sich dieser Abschnitt auf einige wesentliche Aspekte der Sicherheit in den in der Industrie weit verbreiteten WLAN-Netzen. Die Sicherheit in Mobilfunknetzen wird hier nicht behandelt. Für weitergehende Information wird auf die entsprechende Fachliteratur verwiesen (z. B. [18] und [19]).

4.4.1 Einführung

Bei WLAN kommen im Vergleich zu LAN eine Reihe zusätzlicher Techniken und Standards zum Einsatz, die auch für die Sicherheitsaspekte von Relevanz sind. Beim Einsatz von WLANs besteht ein wesentliches Problem darin, dass die Kommunikation auch noch aus großer Distanz mitgehört werden kann. Dadurch wird die Vertraulichkeit der übermittelten Daten z. B. bei E-Mails bedroht, sofern die Kommunikation nicht verschlüsselt wird. Eine weitere Gefährdung für WLAN-Installationen ist deren *Anfälligkeit für Störungen der Funkverbindungen*. Störungen können durch andere Geräte oder Umwelteinflüsse bedingt oder auch mutwillig provoziert sein und im schlimmsten Fall zum Verlust der Verfügbarkeit führen.

Aufgrund der Vielzahl an Gefährdungen werden in der BSI-Richtlinie (BSI – Bundesamt für Sicherheit in der Informationstechnik) zu WLAN [20] Maßnahmen beschrieben, um Gefährdungen im WLAN zu begegnen. Für ein WLAN, das zur Erweiterung des eigenen LANs verwendet wird, sind insbesondere folgende Empfehlungen von Bedeutung:

https://bit.ly/2UxZu2z

- Die gesamte Kommunikation über WLAN sollte angemessen verschlüsselt werden.
- Es sollte eine gegenseitige Authentisierung zwischen den Clients und der WLAN-Infrastruktur erfolgen, um unberechtigte Mitbenutzung zu verhindern.
- Die betrieblichen Sicherheitsrichtlinien müssen um das Thema WLAN erweitert und konsequent umgesetzt werden.

In den folgenden Abschnitten werden nur einige wesentlichen Aspekte der Gesamtproblematik näher betrachtet.

4.4.2 Verschlüsselung und Authentisierung

In bisherigen WLAN-Netzwerken wurde die Datenübertragung vielfach mit dem *WEP-Protokoll* (WEP – Wired Equivalent Privacy) verschlüsselt. Das Verfahren basiert auf einer einfachen XOR-Verknüpfung der Nutzdaten mit einem durch einen Verschlüsselungsalgorithmus generierten pseudozufälligen Bitstrom. Das Verfahren gilt aber seit 2008 als nicht sicher und sollte deshalb nicht mehr genutzt werden.

https://bit.ly/2UYOqvd

Ein weiteres Verfahren *WiFi Protected Access* (WPA) wurde 2003 von der WiFi-Alliance als Industriestandard veröffentlicht. Folgeversionen entstanden ab 2004 mit WPA2 und WPA3. Die Verfahren decken alle zwingenden Anforderungen nach dem IEEE-Sicherheitsstandard IEEE 802.11i ab. WPA2 wird nach BSI [20] als sicheres Verfahren eingeschätzt.

https://bit.ly/3C8scbo

https://bit.ly/2W9OSaN

Die Verschlüsselung erfolgt bei WPA2 entsprechend IEEE 802.11i mit dem *Advanced Encryption Standard* (AES) in einer speziellen Betriebsart. Dabei wird nicht direkt der Klartext verschlüsselt, sondern der Wert eines Zählers. Das eigentliche Verschlüsselungsergebnis entsteht dann aus der XOR-Verknüpfung eines Klartextblocks mit dem AES-verschlüsselten Zähler. Die Schlüssellänge beträgt 128 Bit.

Die Bereitstellung des Schlüssels erfolgt über die standardisierte Methode nach IEEE 802.1X zur portbasierten Netzwerkzugangskontrolle für WLAN. Bild 4.28 zeigt das Grundprinzip der Authentisierung nach IEEE 802.1X.

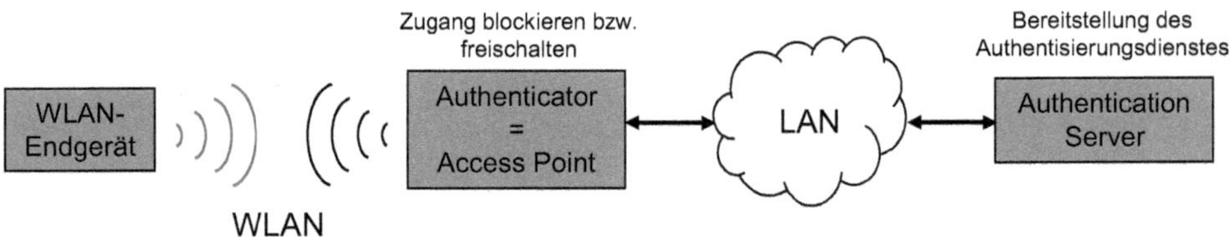

Bild 4.28 Grundprinzip der Authentisierung nach IEEE 802.1X

Die Authentisierung erfolgt zwischen dem Endgerät und dem Authentication Server über das *Extensible Authentication Protocol* (EAP). Als Authentication Server bei Netzen mit vielen Teilnehmern wird meist ein *RADIUS-Server* verwendet (RADIUS – Remote Authentication Dial-in User Service). Der Server überprüft anhand einer Datenbank die Gültigkeit des Benutzernamens und des Passworts sowie eventueller weiterer Einschränkungen.

https://bit.ly/3zkz2s6

In kleinen Netzen (< 10 WAPs mit < 100 Endgeräten) kann der Authentication Server nach Bild 4.28 entfallen. Man benutzt dann meist *Pre-Shared Keys* (PSK), die dann aber allen Teilnehmern des WLANs bekannt sein müssen, da mithilfe der PSKs die Sitzungsschlüssel generiert werden.

4.4.3 Überwachung

Eine Überwachung des WLANs ist Bestandteil des Netzmanagements und ist für WLAN-Installationen in der Industrie grundsätzlich zu empfehlen. Dabei muss insbesondere die Überwachung der Luftschnittstelle hinsichtlich Fehlern, Leistungsengpässen und Sicherheitsvorfällen erfolgen (Bild 4.29). Diese Überwachung beinhaltet die regelmäßige Prüfung aller Funkkanäle. Dabei erfolgt eine Messung von Leistungsparametern inklusive Feststellung der Qualität, mit der andere WLAN-Stationen (insbesondere andere Access Points) empfangen werden, sowie eine Analyse der Übertragungen hinsichtlich Fehlern oder Angriffsmustern. Meldungen zu Fehlern und sicherheitsrelevanten Ereignissen sollten an eine zentrale Fehlerkonsole geschickt werden.

Bei der Überwachung der Luftschnittstelle muss beachtet werden, dass der Einsatz von Überwachungsfunktionen auf produktiv genutzten Access Points die Leistung des WLANs beeinträchtigen kann. Als Alternative kann für die Überwachung der Luftschnittstelle zumindest in kritischen Bereichen der punktuelle Einsatz von Access Points erfolgen, die ausschließlich für die Überwachung vorgesehen sind.

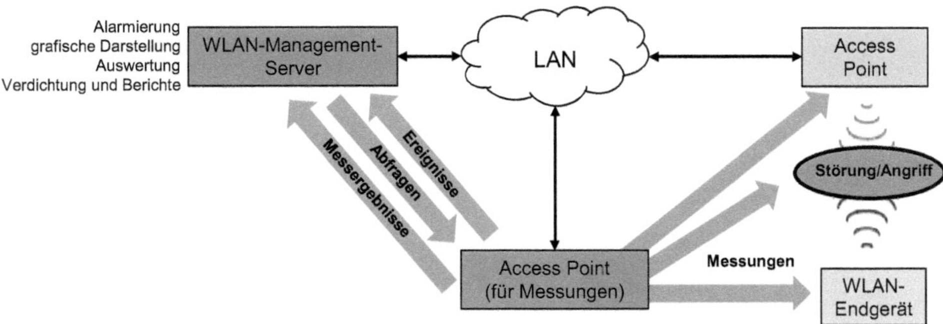

Bild 4.29 Überwachung der Luftschnittstelle in einem WLAN

4.4.4 Schutzmaßnahmen

Zur Erhöhung der Sicherheit beim Einsatz von WLAN-Komponenten sind, abhängig vom Einsatzszenario und dem Schutzbedarf der Informationen, mehrere Maßnahmen erforderlich. Die Maßnahmen sind nach den Empfehlungen des BSI [20] in drei Kategorien unterteilt:

- A: Konfiguration und Administration der Funkkomponenten
- B: zusätzliche technische Maßnahmen
- C: organisatorische Maßnahmen

In Tabelle 4.13 bis Tabelle 4.15 sind die empfohlenen Maßnahmen bezogen auf die Kategorien A und B aufgelistet. Kategorie A wird dabei nochmals aufgeteilt in Planung (A1 - Tabelle 4.13), Aktivierung der Schutzmaßnahmen (A2) und weitere Maßnahmen (A3 bis A9). Die in den Tabellen beschriebenen Maßnahmen betreffen WAPs, WLAN-Endgeräte und die Übertragung auf der Funkstrecke.

Nach den Planungsmaßnahmen müssen entsprechend Tabelle 4.14 die Schutzmaßnahmen aktiviert (A2.1 bis A2.5) und weitere Maßnahmen realisiert werden.

Tabelle 4.13 Maßnahmen der Kategorie A1 zur Planung der Konfiguration und Administration der Funkkomponenten

Maßnahme der Kategorie A1	Anmerkungen
Festlegung eines Frequenzstandards und der Übertragungstechnik	Vermeidung von Störungen durch andere Systeme
Untersuchung der Einsatzumgebung auf mögliche Störungen des WLANs auf Funkebene	Ermittlung von Störungen über Messungen
Festlegungen zum Aufbau des Distribution Systems	Trennung der Verkehrsflüsse zwischen WLAN-Infrastruktur und kabelbasiertem LAN
Spezifikation der Nutzergruppen des WLANs und Planung der zugehörigen Kommunikationsparameter	Welche Nutzer dürfen auf welche Access Points zugreifen?
Planung der zu verwendenden WLAN-Authentisierungsverfahren	nur als sicher anerkannte Verfahren verwenden
Erstellung eines Anforderungskatalogs für die WLAN-Beschaffung	
Planung und Prüfung des Zusammenwirkens aller WLAN-Komponenten und der zugehörigen Infrastruktur	Prüfung der Kompatibilität aller WLAN-Komponenten
sichere Migration zu IEEE 802.11i bzw. WPA2	Migration von Altgeräten

Tabelle 4.14 Maßnahmen der Kategorie A2 bis A9 zur Konfiguration und Administration der Funkkomponenten

Kategorie	Maßnahmen	Anmerkungen
A2.1	Verschlüsselung, Integritätsschutz und Authentisierung auf der Luftschnittstelle	Verschlüsselung und Integritätsschutz müssen aktiviert werden.
A2.2	Identifikations- und Passwortvorgaben ändern	Änderung der Standardpasswörter und SSID an allen Access Points und Endgeräten
A2.3	SSID Broadcast am Access Point abschalten	falls möglich
A2.4	Assoziation via Broadcast SSID deaktivieren	Assoziation via Broadcast SSID muss am Access Point deaktiviert werden.
A2.5	MAC-Adressfilterung	Die Filterung von MAC-Adressen kann am Access Point eingeschaltet werden, sofern der Aufwand akzeptabel ist.
A3	Schlüssel und Zugangspasswörter von hoher Komplexität nutzen	Passwörter mit mindestens 16 Zeichen nutzen
A4	Pre-Shared Keys (PSKs) regelmäßig wechseln	PSK mit mindestens 20 Zeichen, alle 3 bis 6 Monate wechseln

Kategorie	Maßnahmen	Anmerkungen
A5	Aufstellort und Antennencharakteristik der Access Points optimieren	Durch den Access Point soll möglichst nur das gewünschte Gebiet funktechnisch versorgt werden.
A6	Sendeleistung an den Access Points optimieren	Sendeleistung möglichst reduzieren (falls möglich)
A7	regelmäßiges Einspielen von Firmware-Upgrades/Software-Updates auf den WLAN-Komponenten	
A8	Konfiguration der Access Points nur über sichere Kanäle	Administrativer Eingriff über die Luftschnittstelle sollte vermieden werden.
A9	WLAN-Komponenten nur bei Gebrauch einschalten	bei Nichtbenutzung WLAN deaktivieren

Durch korrekte Konfiguration und Administration der Funkkomponenten des WLANs können viele Angriffe abgewehrt werden, die mit frei verfügbaren Werkzeugen durchführbar sind. Dadurch wird Schutz gegen unberechtigte Anmeldungen an ein WLAN und gegen Mithören des WLAN-Datenverkehrs erreicht.

Zur Erhöhung der Sicherheit können zusätzliche technische Maßnahmen nach Tabelle 4.15 eingesetzt werden.

Tabelle 4.15 Zusätzliche technische Maßnahmen

Maßnahme der Kategorie B	Anmerkungen
Verwendung eines VPN zur Absicherung des WLANs	Mit einem Virtual Private Network (VPN) kann die Kommunikation über ein WLAN geschützt werden.
Abschottung des drahtgebundenen Firmennetzes durch Firewall und Intrusion Detection System (IDS)	Durch die Abschottung können unerlaubte Kommunikationsbeziehungen und Angriffsmuster festgestellt und blockiert werden.
Überwachung der Luftschnittstelle des WLANs durch ein Wireless Intrusion Detection System	Einsatz spezieller funkbasierter IDS, die sicherheitsrelevante Anomalien im WLAN entdecken und melden
Schutz auf Anwendungs- und Serverebene	erforderlich, wenn Altgeräte ohne den erforderlichen Schutz im WLAN eingesetzt werden müssen
Einsatz eines zentralen WLAN-Managementsystems	Überwachung der Luftschnittstelle und aller WLAN-Komponenten
Absicherung der Endgeräte	Für Endgeräte, die sich in verschiedene WLANs einbuchen können, sollten weitere lokale Schutzmaßnahmen implementiert werden, wie z. B. Zugriffsschutz, Benutzerauthentisierung, Virenschutz usw.

Die organisatorischen Maßnahmen C dienen, in Kombination mit den Maßnahmen A und B, der Anhebung des Sicherheitsniveaus.

4.5 Übungsaufgaben

4.1: Funkantennen funktionieren oft am besten, wenn der Durchmesser der Antenne der Wellenlänge der Funkwelle entspricht. Einsetzbare Antennen im Industriebereich können einen Durchmesse von 1 cm bis 1 m haben. Welcher Frequenzbereich kann damit abgedeckt werden?

4.2: Für die Datenkommunikation mit einer Rohstoffanlage in einem dünn besiedelten Gebiet von Südafrika wird eine Satellitenkommunikation benötigt. Welche Systeme (Satelliten) können Sie dafür einsetzen? Recherchieren Sie dazu im Internet.

4.3: Was versteht man unter Mehrwegeausbreitung, und welche Probleme ergeben sich daraus?

4.4: Ein Problem bei der Funkübertragung besteht darin, dass frequenzabhängiges Fading oder schmalbandige Störsignale einen gewissen Frequenzbereich eines Nutzsignals auslöschen können. Wie kann man trotzdem eine nahezu störfreie Datenübertragung gewährleisten?

4.5: Welche Komponenten sind in der Architektur eines Infrastrukturnetzes nach IEEE 802.11 enthalten? Erläutern Sie die Funktion dieser Komponenten.

4.6: Zwei WLAN-Subnetze liegen in einer Fabrikhalle relativ weit auseinander, sodass sich ihr Funkraum nicht überdeckt. In der Fabrikhalle stehen aber viele Anlagen/Maschinen, die mit WLAN-fähigen Geräten ausgerüstet sind. Wie könnten Sie diese Geräte nutzen, um eine nahtlose Abdeckung der gesamten Fabrikhalle mit WLAN zu erreichen?

4.7: Beschreiben Sie die Unterschiede zwischen einem Piconet und einem Scatternet bei Bluetooth.

4.8: Angenommen, eine Bluetooth-3.0-Verbindung im Standardmodus überträgt 36-Byte-Frames direkt hintereinander mit einer Bitfehlerrate von 0,1 %. Wie viele Frames pro Sekunde sind im Durchschnitt fehlerhaft bzw. werden bei der Übertragung beschädigt?

4.9: Welche Besonderheit besitzt das WPAN-System EnOcean?

4.10: Erläutern Sie die wichtigsten Unterschiede zwischen RFID und NFC.

4.11: Ermitteln Sie einige generelle Unterschiede zwischen WLAN, WPAN und WWAN.

4.12: In einer Fabrikhalle sollen aus zehn Anlagen Überwachungsvideos in ein Prozessleitsystem über ein WLAN übertragen werden. Die Aufnahme der Videos erfolgt mit Full-HD (1.080 p). Es soll ein WLAN nach IEEE 802.11 genutzt werden. Die Entfernungen zwischen den Anlagen und dem Prozessleitsystem in einer Prozesswarte betragen 8...25 m. Welche WLAN-Version nach IEEE 802.11 könnten Sie nutzen, um die zehn Videostreams in Echtzeit gleichzeitig übertragen zu können? Wie könnte dazu eine Lösung mit einem Mobilfunknetz aussehen? Recherchieren Sie für fehlende Informationen auch im Internet dazu.

4.13: Was verstehen Sie unter einem Mesh-Netzwerk? Geben Sie zwei Typen drahtloser Netze an, mit denen Mesh-Netzwerke aufgebaut werden können. Kann mit Mobilfunkteilen (z. B. Smartphones) ein Mesh-Netz aufgebaut werden?

4.14: Angenommen, Sie benötigen ein Mobilteil, mit dem Sie 1-MB-Programmdateien im Sekundentakt an verschiedene Maschinen über ein LTE-Mobilfunknetz herunterladen müssen. Welche LTE-Geräteklasse muss Ihr Mobilteil mindestens besitzen? Welche weiteren Bedingungen müssen erfüllt sein, damit Sie die für das Mobilteil angegebene maximale Datenrate nutzen können?

4.15: Welches Verschlüsselungsverfahren sollte in einem WLAN verwendet werden?

4.16: Welche Authentisierungsmethode sollte für ein großes WLAN-Netzwerk und welche für ein kleines Netzwerk genutzt werden?

4.17: Welche Maßnahmen sollen nach der Richtlinie des BSI für die Planung der Konfiguration und Administration der Funkkomponenten eines WLANs realisiert werden?

Literaturverzeichnis

[1] *Kucera, G.:* Marktanteile industrieller Netzwerke 2020 aus Sicht von HMS. Elektronik Praxis, 18.06.2020, Vogel Communications Group, Würzburg

[2] *Tanenbaum, A. S.:* Computernetzwerke. Pearson Studium, München, 2003

[3] *Bundesnetzagentur:* Frequenzplan gemäß § 54 TKG. Bundesnetzagentur, Bonn, 2019

[4] *Krüger, G.; Reschke, D. (Hrsg.):* Lehr- und Übungsbuch Telematik. Carl Hanser Verlag, München Wien, 2002

[5] *Phoenix Contact:* Industrial Wireless – Drahtlos vom Sensor bis ins Netzwerk. Phoenix Contact, Blomberg, 2019

[6] *Schildknecht:* Wireless Mesh-Netzwerk Sensor Gateway. Schildknecht, Murr, 2019. *https://www.schildknecht.ag/funkanwendungen/wireless-mesh-netzwerk* (Zugriff am 30.09.2019)

[7] *Schnabel, P.:* Netzwerktechnik-Fibel. Elektronikkompendium.de, Ludwigsburg, 2016

[8] *Holtkamp, H.:* Einführung in Bluetooth. Bielefeld, Universität Bielefeld, 2003. *http://www.rvs.uni-bielefeld.de/lecture/bluetooth/bluetooth.pdf* (Zugriff am 30.09.2019)

[9] *Gislason, D.:* ZigBee Wireless Networking. Elsevier LTD, Oxford, 2007

[10] *Engels, P.:* Analyse der Funktionen und Einsatzmöglichkeiten von Smart-Home-Funkstandards wie ZigBee, Z-Wave und EnOcean. GRIN Verlag, Norderstedt, 2018

[11] *Früh, K. F.; Maier, U; Schaudel, D. (Hrsg.):* Handbuch der Prozessautomatisierung

[12] *Schmidt, G.:* WirelessHART – Eine Einführung in Technologie und Anwendung. Phoenix Contact, Blomberg, 2015

[13] *Finkenzeller, K.:* RFID-Handbuch - Grundlagen und praktische Anwendungen von Transpondern, kontaktlosen Chipkarten und NFC. Carl Hanser Verlag, München, 2015

[14] *Jedermann, R.:* Der „Intelligente Container" zur Reduktion von Schadfällen. GDV, Berlin, 2010, *http://tis-gdv.de/tis/tagungen/svt/svt10/dedermann/inhalt.htm* (Zugriff am 04.10.2019)

[15] *Sauter, M.:* Grundkurs Mobile Kommunikationssysteme. Springer Vieweg, Wiesbaden, 2018

[16] *Phoenix Contact:* Mobilfunk - Datenübertragung in der Industrie. Phoenix Contact, Blomberg, 2012

[17] *Weyrich, M.:* 5G in der Automatisierungstechnik. atp magazin 6-7, 2019, Vulkan Verlag, Essen, 2019

[18] *Sorge, C.; Gruschka, N.; Lo Iacono, L.:* Sicherheit in Kommunikationsnetzen. Oldenbourg Wissenschaftsverlag, München, 2013

[19] *BSI:* Öffentliche Mobilfunknetze und ihre Sicherheitsaspekte. Bundesamt für Sicherheit und Informationstechnik, Bonn, 2008

[20] *BSI:* Drahtlose Kommunikationssysteme und ihre Sicherheitsaspekte. Bundesamt für Sicherheit und Informationstechnik, Bonn, 2009

TEIL C

Cyber-Physical Systems und deren Vernetzung

Die immensen Fortschritte der letzten Jahre in der Mikroelektronik und der Informations- und Kommunikationstechnik haben die Digitalisierung der Produktion erheblich vorangetrieben. Seit etwa 2012 spielen zwei grundlegende Konzepte bei der Digitalisierung der Produktion eine wesentliche Rolle: *Industrie 4.0* und das *Industrial Internet.* Beide Konzepte überlappen sich teilweise, besitzen aber auch erhebliche Unterschiede. Ein Grundelement beider Konzepte ist der Einsatz von *Cyber-Physical Systems* (CPS) als Basiskomponenten einer zukünftigen digitalisierten Produktion.

Der massive Einzug von Prinzipien, Methoden und Technologien aus der Informatik und Informationstechnik in die Automatisierung hat in den letzten Jahren eine Reihe neuer Modelle, Strukturen und Kommunikationssysteme für die Automatisierung hervorgebracht. Dazu gehören z. B. die Strukturmodelle *Referenzarchitekturmodell Industrie 4.0* (RAMI 4.0) und die *Industrial Internet Reference Architecture* (IIRA), das *Modell der CPS-basierten Automation,* Methoden des *Cloud-Computings* und die Betrachtung von *Automatisierungsfunktionen als Dienste.* Doch auch neuere bzw. bisher eher wenig bekannte Kommunikations-Middleware wie *OPC Unified Architecture* (OPC UA) und *Data Distribution Service for Real-Time Systems* (DDS) oder auch *webbasierte Kommunikationsprotokolle* sind zunehmend für die zukünftige Kommunikationsinfrastruktur der Automatisierung technischer Prozesse in den Fokus gerückt.

Für Automatisierungslösungen im Sinne von Industrie 4.0 spielen eine zeitdeterministische Kommunikation innerhalb von Automatisierungsdomänen, aber auch über Domänengrenzen hinweg bis hin zu globalen Produktionsverbünden eine Schlüsselrolle. Für die allumfassende Vernetzung von Geräten, Maschinen, Anlagen, Menschen und Diensten setzt man deshalb im kabelgebundenen Bereich auf ein zeitdeterministisches Ethernet basierend auf *Time Sensitive Networking* (TSN). Für die drahtlose und mobile Vernetzung gewinnt die *Mobilfunktechnik 5G* mit ihren geringen Latenzzeiten in der Industrie zunehmend an Bedeutung.

Durch Einführung von TSN und 5G werden in standardisierten und auf Ethernet basierenden Industrienetzen Latenzzeiten im Mikro- bis Millisekundenbereich bei vorgegebener Zeitdeterministik möglich sein. Damit können zwei wesentliche Forderungen an industrielle Kommunikationssysteme zukünftig erfüllt werden: Echtzeit und Durchgängigkeit der Kommunikation. Beide Forderungen sind zentrale Aspekte für eine erfolgreiche Umsetzung von Industrie 4.0-Anwendungen.

Um fachkompetente Entscheidungen hinsichtlich Beschaffung, Einsatz, Bedienung, Wartung und Pflege vernetzter und intelligenter Produktionssysteme (Smart Factory, Smart Logistics usw.) treffen zu können, bedarf es anwendungsbereiter Kenntnisse über die Grundlagen solcher digitalisierten Systeme und dabei insbesondere über die Struktur und Vernetzung von Cyber-Physical Systems als Grundbausteine einer zukünftigen Automatisierungswelt.

Die behandelten Themen haben sich im Wesentlichen erst in den letzten zehn Jahren entwickelt und gehören vielfach noch nicht zur klassischen automatisierungstechnischen Ausbildung. Bisher stehen auch nur wenige deutschsprachige Fachbücher und praktisch kaum Lehrbücher für technische Studiengänge zur Verfügung, die in kompakter und studierbarer Form die entsprechenden Inhalte vermitteln. Dies wird auch am umfangreichen Literaturverzeichnis mit vielen Weblinks deutlich.

Viele Fachbegriffe werden noch diskutiert und unterschiedlich interpretiert. Auch zur Bedeutung bzw. Bewertung der unterschiedlichen Technologien gibt es verschiedene Auffassungen. So weit wie möglich wird darauf in Teil C eingegangen, vielfach war aber letztendlich meine Meinung ausschlaggebend.

5 Cyber-Physical Systems und deren Vernetzung

5.1 Digitalisierung der Produktion

Die Digitalisierung der Produktion bezeichnet den zunehmenden Einsatz vernetzter, digitaler Technologien für Produktionsprozesse in allen Branchen. Vernetzte Systeme ermöglichen es, Daten und damit Informationen auszutauschen und somit intelligent aufeinander zu reagieren. In der digitalisierten Produktion werden alle Maschinen und die von ihnen produzierten Güter mit Sensoren ausgerüstet sein. Diese kommunizieren ständig untereinander und mit anderen Systemen: Produktion, Vertrieb, Entwicklung, Kunden und Lieferanten werden in diese vernetzte Welt eingebunden.

Die immensen Fortschritte der letzten Jahre in der Mikroelektronik und der Informations- und Kommunikationstechnik haben die Digitalisierung der Produktion erheblich vorangetrieben, sodass man von einer *vierten industriellen Revolution* spricht. Bild 5.1 zeigt die historische Entwicklung der industriellen Produktion.

https://bit.ly/3wVzlrq

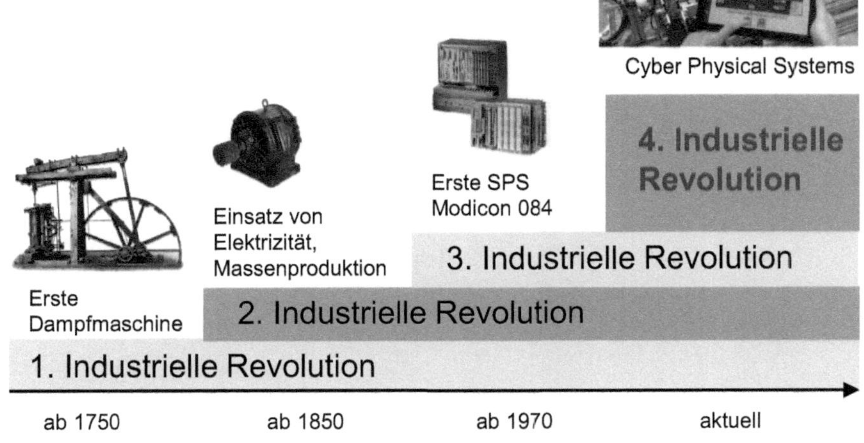

Bild 5.1 Historische Entwicklung der industriellen Produktion

Zwei grundlegende Konzepte spielen bei der Digitalisierung der Produktion seit etwa 2012 eine wesentliche Rolle: *Industrie 4.0* und das *Industrial Internet.* Beide Konzepte überlappen sich teilweise, besitzen aber auch erhebliche Unterschiede. Ein Grundelement beider Konzepte ist der Einsatz von *Cyber-Physical Systems* als Basiskomponenten einer zukünftigen digitalisierten Produktion. Dieses Kapitel behandelt deshalb zuerst Cyber-Physical Systems und ihre wesentlichen Eigenschaften.

5.1.1 Cyber-Physical System (CPS)

Der Begriff *Cyber-Physical System* (CPS) stammt aus den USA und tauchte in der Wissenschaft erstmalig Anfang der 2000er Jahre auf. Eine Übersetzung in die deutsche Sprache ist problematisch, da der englische Begriff *physical* abhängig vom Kontext sowohl als *physisch, körperlich* als auch als *physikalisch* übersetzt werden kann. Meist wird in der deutschsprachigen Fachliteratur CPS als *cyber-physisches System* übersetzt, manchmal aber auch als *cyber-physikalisches System* [1]. Da sich die bisher bekannten Beispiele für CPS auf Objekte beziehen, die im Wesentlichen durch physikalische Vorgänge bestimmt sind bzw. da die Verbindung der Systeme mit der physikalischen Welt über Sensoren und Aktoren immer betont wird [2], halte ich den deutschen Begriff *cyber-physikalisches System* für die zutreffendere Übersetzung. Diese Auffassung wird auch dadurch gestützt, dass im Gegensatz zu Cyber-Physical System auch bereits der Begriff *Cyber-Biological System* artikuliert wird, wobei diese Systeme auf biologischen Vorgängen basieren und man davon in Zukunft eine weitere Revolution in der Industrie erwartet (5. industrielle Revolution) [3].

Weltweit wird der Begriff *Cyber-Physical System* meist als englischer Begriff (oder dessen Abkürzung CPS) verwendet und nicht in nationale Sprachen übersetzt. Diese Verfahrensweise wird auch in diesem Buch angewendet.

5.1.1.1 Definition

Edward K. Lee, einer der Mitinitiatoren des Begriffs *Cyber-Physical System,* lieferte in [4] eine der ersten frühen Definition für ein CPS:

„*Cyber-Physical Systems* (CPS) are integrations of computation with physical processes. Embedded computers and networks monitor and control the physical processes, usually with feedback loops where physical processes affect computations and vice versa.“ ■

Seiner Vorstellung nach sind CPS eingebettete, vernetzte Rechnersysteme, die physikalische (physische?) Prozesse steuern und überwachen.

Der Begriff *Cyber* als Präfix stammt aus dem Forschungsbereich der Kybernetik. Seitdem wird Cyber semantisch üblicherweise mit Informationstechnologie, Rechnern und dem Internet in Verbindung gebracht oder um die Kontrolle in einem rechentechnischen bzw. elektronischen Kontext zu bezeichnen.

Bisher existiert keine eindeutige und weltweit anerkannte Definition eines CPS. Die folgenden Ausführungen folgen im Wesentlichen der Definition eines CPS nach dem Glossar Industrie 4.0 des Fachausschusses VDI/VDE-GMA 7.21 „Industrie 4.0" [5]:

„Ein *Cyber-Physical System* (CPS) ist ein System, das reale (physische) Objekte und Prozesse verknüpft mit informationsverarbeitenden (virtuellen) Objekten und Prozessen über offene, teilweise globale und jederzeit miteinander verbundene Informationsnetze. Optional nutzt ein CPS lokal oder entfernt verfügbare Dienste, verfügt über Mensch-Maschine-Schnittstellen und bietet die Möglichkeit zur dynamischen Anpassung des Systems zur Laufzeit."

Diese Definition wird durch die Festlegungen des Fachausschusses VDI/VDE-GMA „CPS" [6] wie folgt ergänzt:

„Die Teilsysteme und Komponenten eines CPS nutzen bzw. stellen über die Informationsnetze offen verfügbare, relevante Daten und Dienste zur Verfügung. Häufig sind CPS-basierte Automatisierungssysteme zusätzlich dadurch charakterisiert,

- dass sie herkömmliche System-, Organisations- und Domänengrenzen überschreiten,
- dass sich ihre heterogene Zusammensetzung und Struktur während der Betriebszeit dynamisch ändert,
- dass sie die Fähigkeit zur zielorientierten Adaptivität und Selbstmodifikation auf der Basis von Modellbeschreibungen ihrer Umgebung und ihrer Aufgaben aufweisen und
- dass sie einen durchgängigen, hochgradig modellbasierten Engineering-Prozess unterstützen."

Ein CPS ähnelt, wie in Bild 5.2 dargestellt, in seinem grundsätzlichen Aufbau einem mechatronischen System. Es verfügt über Sensoren, Aktoren, eine Benutzerschnittstelle (HMI – Human Machine Interface) und Funktionen, die alle Aufgaben der Datenaufnahme, -verarbeitung und -ausgabe erfüllen.

https://bit.ly/3hQKiqe

Sensoren und Aktoren sind häufig, anders als im mechatronischen System, *smarte*, in das CPS eingebettete *Systeme*. Neben der eigentlichen Grundfunktion eines Sensors oder Aktors verfügen sie über höherwertige Funktionen, beispielsweise zur Signalverarbeitung oder Regelung, sowie IP-fähige Kommunikationsschnittstellen wie Ethernet zur Vernetzung.

Darüber hinaus können auch weitere CPS selbst Bestandteile des CPS sein. Man erhält damit für komplexe CPS einen „zwiebelschalenartigen“ Aufbau und spricht deshalb auch von einem CPS als *System of Systems*.

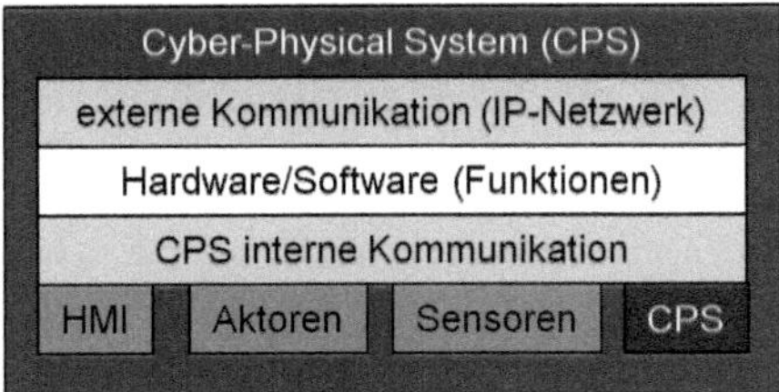

Bild 5.2 Komponentenstruktur eines Cyber-Physical Systems

Cyber-Physical Systems sind permanent vernetzt. Damit wird ermöglicht, eine Information für unterschiedlichste Anwendungen und in unterschiedlichsten Organisations- und Bereichsgrenzen verfügbar zu machen. Wie Bild 5.3 verdeutlicht, ist ein CPS in zwei Richtungen vernetzt. Auf der horizontalen Ebene kommuniziert es mit CPS auf der gleichen Ebene. Hierbei werden z. B. in einem Produktionssystem die nächsten Fertigungsschritte ausgehandelt oder Daten zum aktuellen Bearbeitungsstand eines Produkts ausgetauscht. Die horizontale Kommunikation kann jedoch auch zwischen Organisationsbereichen, wie beispielsweise zwischen Produktion und Konstruktion, erfolgen.

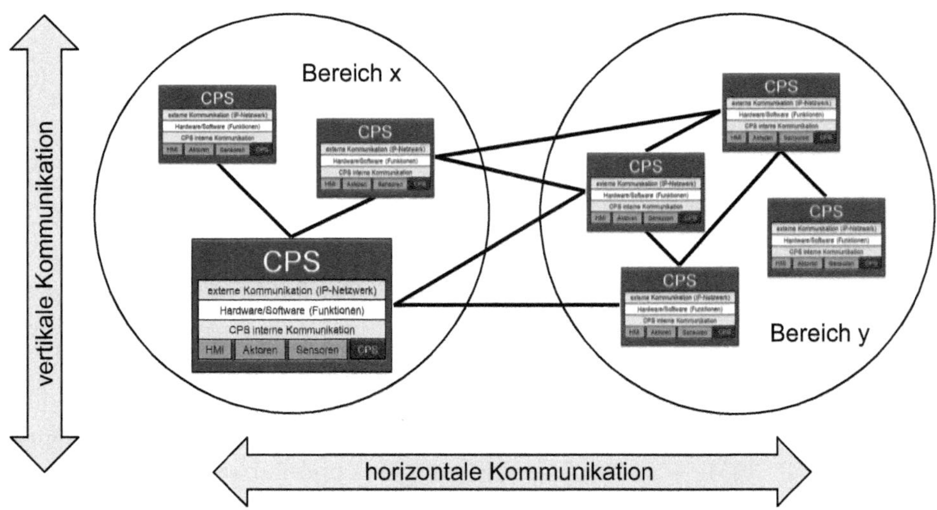

Bild 5.3 Vertikale und horizontale Vernetzung von CPS

In vertikaler Richtung kommunizieren CPS mit über- oder untergeordneten Systemen. Dieser Aufbau spiegelt den zentralen Gedanken der verteilten Intelligenz wider. Die Produktion wird nicht länger durch eine zentrale Instanz gesteuert, sondern durch viele kleine Einheiten.

Durch die Einführung von CPS werden die einfach aufgebauten eingebetteten Systeme um moderne Kommunikationsschnittstellen wie Ethernet erweitert. Damit eng verbunden ist die Nutzung globaler Netze (Internet), Softwaredienste und die Verwendung offener Standards.

https://bit.ly/3C52017

In Beispiel 5.1 wird ein CPS in der Automatisierung dargestellt.

Beispiel 5.1: Positioniersystem als eigenständiges CPS [7]

Im Beispiel verfügen die Positioniersysteme zur Formatumrüstung einer Verpackungsmaschine mit Sensoren und Aktoren (Getriebe, Motor, Motorsteuerung) über alle Komponenten, um gemeinsam mit der dezentralen Intelligenz (Embedded System) ein eigenständiges CPS darzustellen.

Wie in Bild 5.4 dargestellt, wird das Positioniersystem als CPS unter Durchbrechung der hierarchischen Strukturen der Maschinensteuerung eingebunden. Anstatt sich ausschließlich vertikal mit der Maschinensteuerung auszutauschen, tritt das CPS-Positioniersystem in direkten Austausch mit dezentralen Komponenten (Sensor, Bedienpanel).

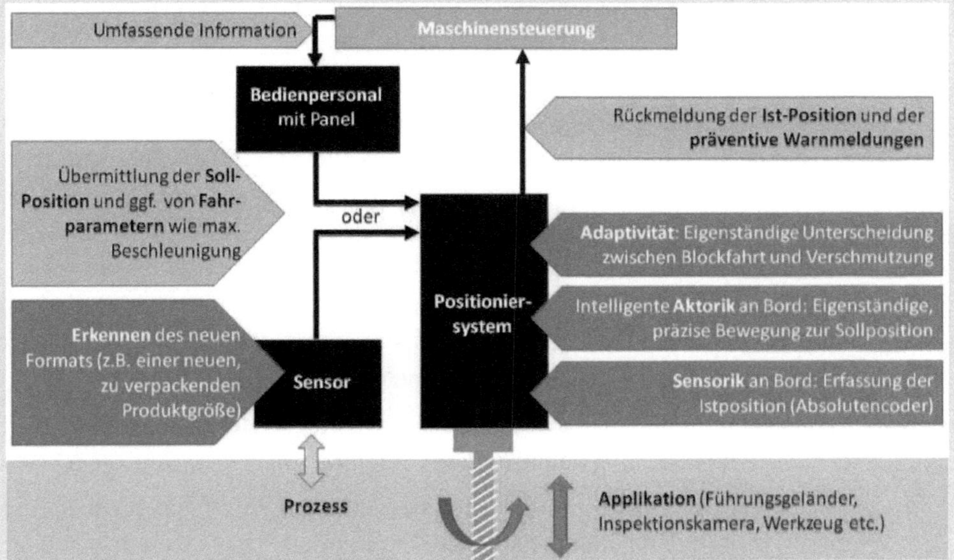

Bild 5.4 Positioniersystem als eigenständiges CPS innerhalb der Maschine (© halstrup-walcher GmbH)

Wird ein neues Format durch einen Sensor erkannt, so kann in einer Verpackungsstraße ein optischer Sensor detektieren, dass aufgrund eines neuen Produktformats auf eine andere Verpackungsgröße umzustellen ist. Der Sensor gibt direkt dezentral den Positioniersystemen die neuen Soll-Positionen vor, woraufhin diese das Führungsgeländer, die Verpackungswerkzeuge und gegebenenfalls die Inspektionskamera an die neue Position fahren. ■

Typische, häufig genannte Beispiele mit der Charakteristik von CPS sind folgende:

- Produktions- und Fertigungssysteme, die über System-/Komponenten-/Anlagen-/Fabrik- und Firmengrenzen miteinander vernetzt sind
- *Smart Grids*, in denen dezentrale Einheiten zur Erzeugung und Verteilung von Energie über IT-Netze verknüpft werden, um eine optimale, bedarfsgerechte und stabile Funktion der Energienetze zu gewährleisten
- *Car-to-X-Vernetzung* von Fahrzeugen untereinander bzw. mit der Verkehrsinfrastruktur über WLAN oder Mobilfunk, bei der die dynamischen Strukturänderungen, also die Unterbrechung und der Neuaufbau von Verbindungen, ein besonderes Gewicht haben
- *e-Health-Systeme*, in denen z. B. körpernahe Sensorik und medizinische Informationssysteme zur Ferndiagnose über das Internet verbunden sind

Die vielfältigen Anforderungen an ein CPS werden nicht in jedem Fall vollständig umgesetzt, zumal diese Art von Systemen relativ neu und auch noch nicht vollständig beschrieben und erforscht ist. Die heterogene Zusammensetzung aus realen Bauteilen und virtuellen Algorithmen sowie deren Integration in einer ebenso heterogenen Umwelt erschweren darüber hinaus die Analyse und Modellierung von CPS.

Häufig werden heute physikalische Objekte (Maschinen, Anlagen oder Komponenten davon) mit eingebetteten Systemen und einer lokalen Vernetzung bereits als CPS bezeichnet, auch wenn diese noch keine virtuellen Objekte, globale Vernetzung und/oder Softwaredienste nutzen. So wird z. B. nach [8] eine klassische Drehzahlregelung mit einem eingebetteten System als CPS bezeichnet, wenn diese über eine Datenverbindung mit anderen Komponenten vernetzt ist und die durchschnittliche Stromaufnahme des Antriebs an übergeordnete Verarbeitungskomponenten für eine vorbeugende Wartung meldet.

https://bit.ly/3wOTT52

Aus den Definitionen für CPS lassen sich wesentliche Herausforderungen ableiten, die für ihre Realisierung gemeistert werden müssen:

- Die komplexen Interaktionen von realer Anlage, steuernder und überwachender Software und den offenen, globalen Kommunikationsnetzen müssen beherrscht werden.
- Aufgrund der durch die zunehmende Vernetzung komplexer werdenden Anlagen müssen die Mensch-Maschine-Schnittstellen angepasst bzw. neu gestaltet werden.
- Die bisher verschiedenen Vorgehensweisen und unterschiedlich langen Lebenszyklen in der Informationstechnik, in der Informatik, in der Mechanik, in der Automatisierungstechnik und in ihren Anwendungsgebieten wie Produktionstechnik, Prozesstechnik, Energietechnik und Fahrzeugbau müssen zusammengebracht werden.

- Die bisher heterogenen Systemstrukturen müssen einander angepasst werden und müssen miteinander funktionieren.
- Zur Entwurfszeit nicht vorhersehbare Änderungen im Betrieb mit CPS (z.B. nachgeladene Applikationen, veränderte Systemtopologien) müssen problemlos integriert werden können.
- Die Sicherheit CPS-basierter Automatisierungslösungen muss auf einem hohen Standard gewährleistet sein.

CPS, CPPS und Vernetzung

Untersucht man die funktionalen Eigenschaften, die einem CPS entsprechend dem Stand der Technik zugesprochen werden, so ergibt sich Tabelle 5.1 [9].

Die in Tabelle 5.1 aufgeführten Funktionen sind schon seit Längerem wesentliche Bestandteile moderner automatisierter Produktionssysteme. In Zusammenhang mit Industrie 4.0 (siehe Abschnitt 5.1.2.1) spricht man beim Einsatz von CPS in Produktionssystemen auch von *Cyber-Physical Production System* (CPPS) oder bezogen auf die Fertigungsindustrie auch von *Cyber Manufacturing System* (CSM) oder *Smart Factory* (SF).

Tabelle 5.1 Funktionen eines CPS

Funktion	Beschreibung
Sensorik	Mittels Sensoren erfassen CPS die Realität. Dies ist die Basis für ein umfassendes Prozess-Monitoring.
Aktorik	CPS können über Aktoren verfügen und Prozesse aktiv beeinflussen. Von besonderer Bedeutung ist dies in Robotikanwendungen.
Steuerung und Kontrolle	Durch eine gewisse Intelligenz können CPS autonom und ohne zentrale Instanzen Entscheidungen treffen und so Prozesse der realen Welt beeinflussen.
Vernetzung	**CPS kommunizieren mit anderen CPS, mit Menschen (Bediener) und mit in den Unternehmen und Wertschöpfungsketten bereits vorhandenen IT-Systemen.**
Daten- und Informationsverarbeitung	CPS können Daten und Informationen verarbeiten. Mikrocontroller oder Mikroprozessoren sind ein essenzieller Bestandteil eines CPS.
Integration	CPS integrieren die reale und die virtuelle Welt sowohl innerhalb eines Unternehmens als auch unternehmensübergreifend. Basis dazu ist die automatische Identifikation von Objekten.
Anpassungsfähigkeit	CPS sollen das eigene Verhalten abhängig vom jeweiligen Kontext auf Basis von gelerntem Wissen anpassen und die eigenen Fähigkeiten weiterentwickeln.

Ein weiteres Merkmal zur Beschreibung von Cyber-Physical Systems ist der Grad der Dezentralisierung ihrer Struktur [10]. Bild 5.5 bestimmt diese anhand des räumlichen Volumens eines CPS (Volumenfragmentierung).

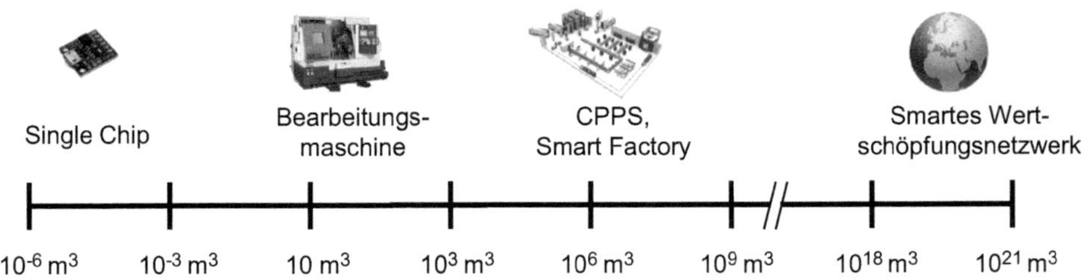

Bild 5.5 Volumenfragmentierung von Cyber-Physical Systems

Durch moderne Mikrosystemtechnik lässt sich ein CPS prinzipiell auf einem einzigen Chip anordnen. Ein solches System kann über mehrere Sensoren sowie einen Mikroprozessor zur Verarbeitung verfügen. Ein größeres System kann in Form einer Bearbeitungsmaschine aufgebaut werden. Die Maschine kann wiederum selbst Teil eines übergeordneten CPPS oder einer smarten Fabrik sein. In der obersten Stufe kann ein CPS beispielsweise ein ganzes Unternehmen oder eine Wertschöpfungskette weltweit abbilden, z. B. eine Teleserviceplattform.

https://bit.ly/3kGPILO

In Beispiel 5.2 wird ein CPPS für die individualisierte Produktion dargestellt.

Eine wesentliche Eigenschaft eines CPS bzw. CPPS ist – entsprechend der Definition – die Kommunikation über offene, teilweise globale und jederzeit miteinander verbundene Informationsnetze. Die allgegenwärtige Vernetzung ist damit, wie in Tabelle 5.1 markiert, ein besonderes Kennzeichen für ein CPS/CPPS.

Als Basistechnologien zur Vernetzung kommen vor allem drahtlose Sensornetze, Echtzeitlokalisierungssysteme sowie andere kabelgebundene und kabellose Vernetzungstechnologien wie Echtzeitbussysteme, WPAN, WLAN und WAN zum Einsatz (siehe Teil, „Industrial Ethernet und mobile Kommunikation“).

Häufig werden die bereits aus der Fabrikautomatisierung bekannten Kommunikationsprotokolle eingesetzt. Für eine globale Vernetzung über IP-Netzwerke (Internet) kommen für CPS/CPPS darüber hinaus Protokolle zur Anwendung, die auf Webtechnologien basieren (siehe Abschnitt 5.3.2).

Das große Potenzial der Digitalisierung der Produktion durch den Einsatz von CPS/CPPS liegt sowohl in der Vernetzung innerhalb eines Produktionssystems als auch in der Schaffung von Produktionsnetzwerken auf technologischer und organisatorischer Ebene.

Beispiel 5.2: Autonome individualisierte Produktion [11]

Stellen Sie sich eine Fabrik vor, die sich selbst konfiguriert und steuert, auf veränderte Anforderungen reagiert und in der sich Mensch und Maschine gegenseitig unterstützen. Im Wiener Siemens Living Lab arbeitet eine entsprechende Pilotanlage als Cyber-Physical Production System (CPPS, siehe Bild 5.6). Ein Kunde stellt eine Produktionsanfrage an das CPPS. Dieses prüft, ob die Produktion realisierbar ist, indem es ein virtuelles Modell des Produkts (einen digitalen Zwilling) und der Produktionsfähigkeit der Anlage erstellt. Die Maschine holt sich das Wissen, wie das Produkt gefertigt werden soll, direkt aus dem digitalen Zwilling.

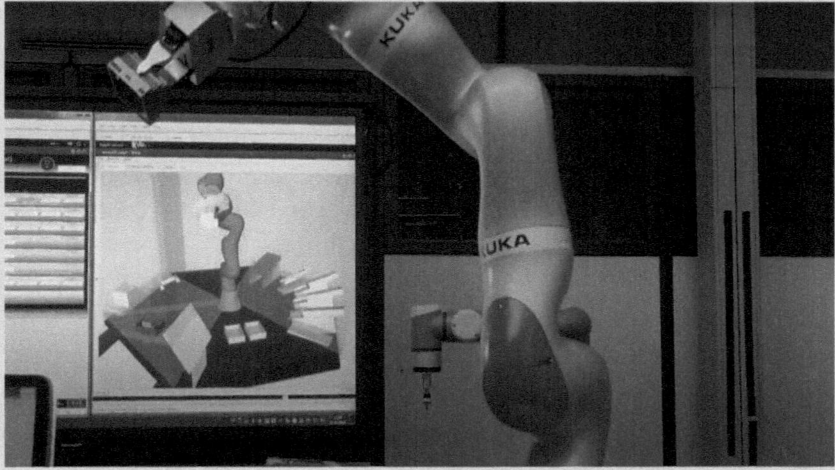

Bild 5.6 CPPS im Siemens Living Lab [12]

5.1.2 Industrie 4.0 und Industrial Internet (IIoT)

5.1.2.1 Definition von Industrie 4.0

Der Begriff *Industrie 4.0* entstand im Rahmen einer Empfehlung einer Forschungsunion aus Wirtschaft und Wissenschaft an die deutsche Bundesregierung. Die Empfehlung behandelt Strategie, Forschungsbedarf, Handlungsfelder und Umsetzungsempfehlungen, um Deutschlands Zukunft als Produktionsstandort zu sichern [13]. Industrie 4.0 wird dabei als Zukunftsprojekt verstanden, das den evolutionären technologischen Wandel des Zusammenwachsens moderner Technologien der Informationstechnik mit klassischen industriellen Prozessen zu CPS/CPPS und seine revolutionären Auswirkungen auf die Industrie adressiert. Als Kurzfassung kann man Industrie 4.0 deshalb wie folgt definieren:

Industrie 4.0 ist die Verschmelzung von moderner Informationstechnologie mit konventionellen Industrieprozessen.

Der unumkehrbare Trend zu CPPS in Kombination mit dem Internet of Things (siehe Abschnitt 5.1.2.3) verzahnt nicht nur die Produkte mit der Produktion, sondern wird die Geschäfts- und Wertschöpfungssysteme im Ganzen in hoher Geschwindigkeit verändern. Das Zusammenwachsen der realen mit der virtuellen Welt durch CPS eröffnet der Industrie somit neue Möglichkeiten für intelligente Produktionssysteme sowie für die Realisierung vernetzter Produktionen mit übergreifenden Logistik- und Wertschöpfungsketten. Dies geht einher mit bedeutenden Fortschritten beim Engineering, bei der Durchführung industrieller Prozesse, bei der Ressourceneffizienz und in der Umweltverträglichkeit sowie im Lieferketten- und Lebenszyklusmanagement.

https://bit.ly/2TsAIQY

Die Umsetzung von Industrie 4.0 wird in Deutschland durch die Fachverbände, staatliche Institutionen sowie verschiedene neu gegründete Plattformen unterstützt. Die *Plattform I4.0* ist dabei die wichtigste und zentrale Plattform der Bundesregierung zur Förderung von Industrie 4.0. Im April 2015 wurde auf der Hannover Messe durch den Fachverband ZVEI das Referenzarchitekturmodell RAMI 4.0 veröffentlicht, das alle Aspekte eines Einsatzes von Industrie 4.0 in der Produktion umfasst (siehe Abschnitt 5.2.2.1).

https://bit.ly/3wTQ2ns

Ein Kernelement von Industrie 4.0 ist die intelligente Fabrik, die *Smart Factory* (SF), die wiederum auf CPPS als technischem Produktionssystem basiert. Die Smart Factory zeichnet sich durch eine neue Intensität soziotechnischer Interaktion aller an der Produktion beteiligten Akteure und Ressourcen aus. Im Mittelpunkt steht eine Vernetzung autonomer, sich situativ selbst steuernder, sich selbst konfigurierender, wissensbasierter, sensorgestützter und räumlich verteilter Produktionsressourcen (Produktionsmaschinen, Roboter, Förder- und Lagersysteme, Betriebsmittel) inklusive ihrer Planungs- und Steuerungssysteme.

Die Smart Factory als wesentlicher Bestandteil von Industrie 4.0 ermöglicht die Beherrschung der zunehmenden Komplexität der Produktionsabläufe für den Menschen und macht die Produktion attraktiv, urban verträglich und wirtschaftlich.

https://bit.ly/2UAqej1

In Beispiel 5.3 wird ein Anwendungsfall der Smart Factory dargestellt.

Für die voll ausgebaute Smart Factory der Industrie 4.0 werden folgende Eigenschaften erwartet:

- Die Ressourceneffizienz wird signifikant gesteigert. Bestände und Durchlaufzeiten kundenindividueller Produkte werden massiv verkürzt.
- Die Smart Factory beherrscht Störeinflüsse und löst bestehende Grenzen auf. In der Smart Factory teilen *Social Machines* ihr Wissen: Sie erkennen die besten

Parameter, mit denen sie bestimmte Werkstoffe bearbeiten können, und informieren andere, mit ihnen vernetzte Maschinen selbstständig, damit diese die neuen Einstellungen übernehmen können.

- *Smart Products* tragen eigenes Wissen und *Global Facilities* ermöglichen neuartige Wertschöpfungsnetzwerke.
- Die *Virtual Production* ermöglicht durch Echtzeitabbilder der Produktion (digitaler Zwilling) die Reduzierung des Ressourcenverbrauchs weit über bestehende Ansätze hinaus.
- Im Mittelpunkt der Interaktionen in der Smart Factory stehen die Beschäftigten, die ihre Aufgaben durch die (virtuell) erweiterte Sicht auf die reale Fabrik als *Augmented Operators* besser wahrnehmen können. Sie erweitern ihre Fähigkeiten stetig und werden so vom Bediener zum kooperierenden Steuerer, Regulierer und Gestalter, der seine Expertise kontinuierlich einbringen kann.

https://bit.ly/3wSWIC7

Beispiel 5.3: Fertigung von Sensoren [14]

In der *4.0 Now Factory* von Sick (Bild 5.7) produzieren Roboter und Mitarbeiter Hand in Hand neue Sensoren: Zwölf vollautomatisierte Produktionstechnologiemodule, vier manuelle Arbeitsplätze und ein hybrider Arbeitsplatz stehen dafür zur Verfügung. Die Produktion erfolgt in einzelnen Zellen. Dank dieser Anordnung kann die Reihenfolge der Modulnutzung je nach Anforderung variieren. Die Materialzufuhr erfolgt über fahrerlose Flurtransportsysteme. In der Smart Factory können über 500 000 Produktvarianten produziert werden.

Bild 5.7 Smart Factory bei Sick in Freiburg (© Sick AG)

Bild 5.8 veranschaulicht Eigenschaften und Interaktionen in einer Smart Factory.

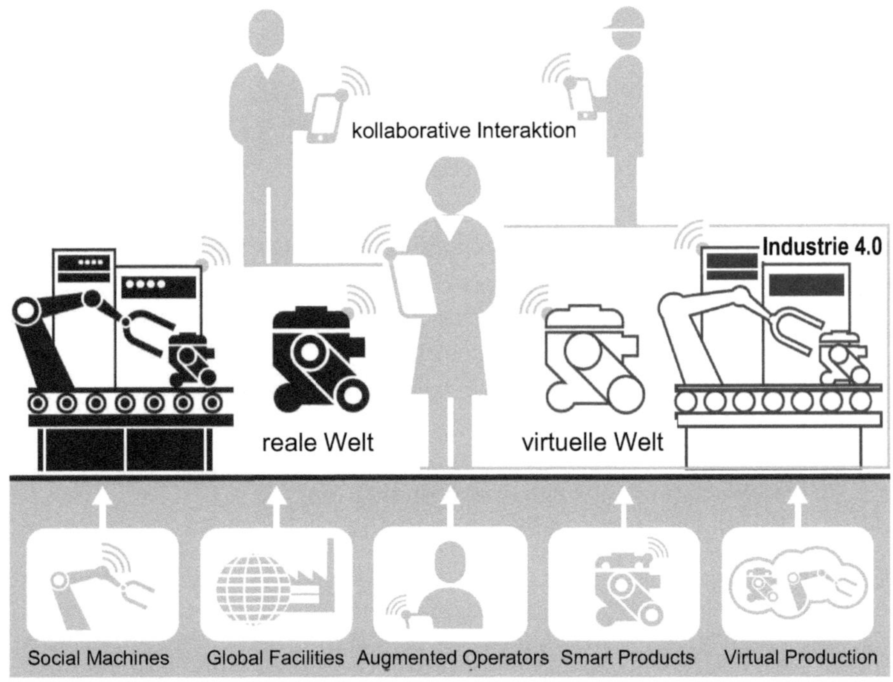

Bild 5.8 Eigenschaften und Interaktionen in einer Smart Factory
(© acatech – Deutsche Akademie der Technikwissenschaften e. V.)

https://bit.ly/36RlzeY

https://bit.ly/3kFh1jX

Für die vernetzte und flexibel integrierte Produktion in der Smart Factory wird die Verfügbarkeit von Energie zum richtigen Zeitpunkt zu einer wichtigen Steuergröße. Energieintensive Produktionsschritte sollten in Zeiten verlegt werden, in denen Strom kostengünstig verfügbar ist. Diese Zeiten sind zukünftig ebenfalls flexibel. Im Gegenzug hat das Starten, Stoppen oder Verlegen von Produktionsschritten eine rückkoppelnde Wirkung auf das *Smart Grid* (intelligentes Stromnetz). Smart Factory und Smart Grid sind somit eng miteinander verbunden. Die Verbindung zwischen Smart Factory und Kunden bilden die *Smart Logistics*. Transportkosten sind wesentlicher Bestandteil der Planung, wenn es um die Flexibilisierung über Produktionsstätten hinweg geht. Letztlich gelangen fertige Produkte über die Smart Logistics zu den Kunden.

In [9] findet sich ein Überblick über 14 mögliche Anwendungslösungen aus der mittelständischen Wirtschaft, die mit Basistechnologien von Industrie 4.0 einschließlich CPS umgesetzt werden könnten. Im Folgenden sind als Beispiel drei dieser Lösungen aufgeführt (markiert in Tabelle 5.2), für die eine Vernetzung eine besondere Rolle spielt:

- **Maschinenübergreifende Koordination von Produktionsprozessen:** Über eine Integrationsplattform werden die Planungsdaten auf die Maschinen verteilt. Die Maschinen liefern permanent detaillierte Rückmeldungen zum Fertigungsfortschritt an eine Plattform, sodass diese auf Basis aktuellster Daten notwendige Umplanungen durchführen und mitteilen kann.
- **Durchgängige Qualitätskontrolle entlang des Produktionsprozesses:** Mithilfe von Sensoren in und an der Maschine sowie an sonstigen Arbeitsplätzen werden alle qualitätsrelevanten Parameter automatisiert erfasst. Qualitätsprobleme können anhand der gesammelten Daten sofort erkannt und direkt behoben werden.
- **Steigerung der Effizienz bei der Versorgung mit C-Teilen**[1]**:** Der C-Teile-Behälter überwacht mittels Sensorik seinen Teilefüllstand und gleicht die Ist- mit den Soll-Werten ab. Bei Unterschreiten des Mindestbestands wird automatisch eine Nachbestellung ausgelöst. Der manuelle Aufwand für das C-Teile-Management entfällt vollständig.

Die untersuchten Anwendungslösungen werden in [9] auch auf ihren CPS-Charakter hin untersucht. Tabelle 5.2 zeigt dazu ausgewählte Ergebnisse.

Tabelle 5.2 CPS-Charakter für ausgewählte Anwendungslösungen nach [9]

Anwendungslösung	Sensorik	Aktorik	Steuerung und Kontrolle	Vernetzung	Datenverarbeitung	Integration	Anpassungsfähigkeit
Vereinfachung informatorischer Prozesse an der Maschine				X	X	X	
Steigerung der Effizienz innerbetrieblicher Transporte	X			X	X	X	
Durchgängige Qualitätskontrolle entlang des Produktionsprozesses	**X**		**X**	**X**	**X**	**X**	
Maschinenübergreifende Koordination von Produktionsprozessen	**X**	**X**	**X**	**X**	**X**	**X**	
Vollständige Transparenz standortübergreifender Transporte	X	X	X	X	X	X	
Steigerung der Effizienz bei der Versorgung mit C-Teilen	**X**		**X**	**X**	**X**	**X**	**X**

Es zeigt sich, dass für Industrie 4.0-Lösungen CPS mit unterschiedlichem Charakter eingesetzt werden können. Nicht jedes praxisrelevante CPS muss auch alle de-

[1] C-Teil: Artikel mit einem geringen Wert, z. B. Schrauben, aber hohen Kosten bei der Beschaffung

finierten Eigenschaften eines CPS aufweisen, um in einer Industrie 4.0-Lösung sinnvoll zu sein. Darüber hinaus ergänzen sich einige Lösungen gegenseitig und schaffen die technischen Voraussetzungen für eine effizientere Produktion. Die Lösungen beziehen sich außerdem auf unterschiedliche Bereiche, wie Maschinen und Anlagen, Prozesse in Produktion und Logistik, Produkt und Kunde oder Bediener, sodass bei Industrie 4.0 nicht nur Produktionsprozesse innerhalb eines Standortes, sondern auch globale Wertschöpfungsprozesse im Fokus stehen.

5.1.2.2 Was ist das Industrial Internet?

Der Begriff *Industrial Internet* entstand im Jahr 2012 im Zusammenhang mit der Gründung des *Industrial Internet Consortium* (IIC) in den USA. Die Entstehung des Begriffs wird General Electric (GE) zugeschrieben, obwohl bereits Anfang 2000 der Begriff in verschiedenen wissenschaftlichen Beiträgen zur Anwendung der Internettechnologie für die Automatisierung technischer Prozesse aufgetaucht ist. Zu dieser Zeit wurde ein „Industrial Internet" von vielen Spezialisten in der Automatisierungstechnik noch als Utopie und nicht realisierbar verworfen.[2] Erst durch die Gründung des IIC mit namhaften Gründungsmitgliedern wie GE, BOSCH, Microsoft und anderen begann sich diese Situation zu ändern.

https://bit.ly/2UYRtn9

Industrial Internet steht in engem Zusammenhang mit dem Konzept eines *Industrial Internet of Things* (IIoT, siehe Abschnitt 5.1.2.3) und einem *Industrial Internet System* (IIS). Das IIC hat nach seiner Gründung die Referenzarchitektur *Industrial Internet Reference Architecture* (IIRA, siehe Abschnitt 5.2.2.2) entwickelt und im Juni 2015 veröffentlicht. Diese Referenzarchitektur behandelt die Anwendung des Industrial Internets für Wirtschaft und Industrie. Nach IIC wird das Industrial Internet wie folgt charakterisiert:

- Das Industrial Internet ist ein Internet aus Dingen, Maschinen, Rechnern und Menschen, das intelligente industrielle Abläufe mithilfe fortschrittlicher Datenanalysen für transformative Geschäftsergebnisse ermöglicht.
- Ein IIS und das IIoT werden durch die auf Standards basierende und offene Architektur IIRA beschrieben.
- IIS sind große End-to-End-Systeme, die diese mit Menschen verbinden und vollständig in Unternehmenssysteme, Geschäftsprozesse und Analyselösungen integrieren.
- IIS umfassen Energie, Gesundheitswesen, Produktion, öffentlichen Sektor, Verkehr und entsprechende industrielle Systeme.

https://bit.ly/3BtlV9F

Zwischen Industrie 4.0 und dem Industrial Internet bzw. dem Industrial Internet of Things gibt es viele Gemeinsamkeiten. Beide Konzepte zielen auf eine schnell

---

[2] So schätzten 2003 z. B. Gutachter der DFG ein, dass die Verlagerung von Automatisierungsfunktionen als Dienste in das Internet nicht möglich sein wird, und entsprechende Projekte wurden deshalb auch nicht gefördert.

fortschreitende Digitalisierung in Wirtschaft und Gesellschaft durch Nutzung einer globalen Vernetzung auf Basis des Internets. Unterschiede liegen aber insbesondere in der Reichweite beider Konzepte. Bild 5.9 verdeutlicht diesen Unterschied [15].

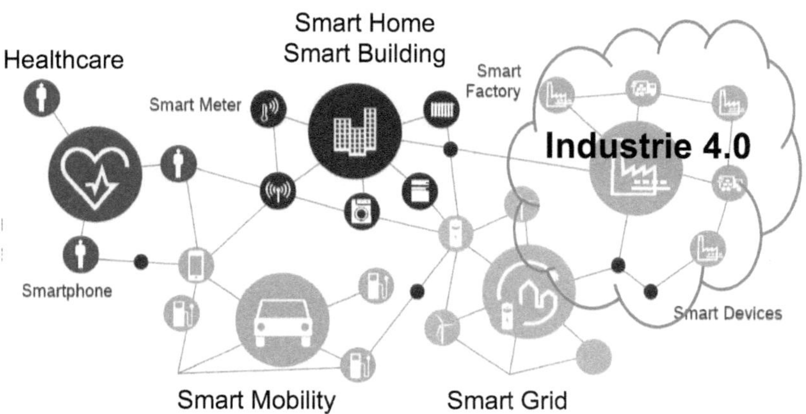

Bild 5.9 Einordnung von Industrie 4.0 in das Industrial Internet (© Bosch Rexroth AG)

Der Schwerpunkt von Industrie 4.0 liegt im Bereich der Produktions- und Fertigungsprozesse. Industrial Internet und IIS umfassen alle industriellen Bereiche einschließlich Gesundheit und Verkehr.

5.1.2.3 IoT und IIoT

Der Begriff *Internet of Things* (IoT, auf Deutsch Internet der Dinge) wird auf den britischen Technologiepionier Kevin Ashton zurückgeführt, der 1999 das IoT als ein System von Sensoren mit Internetverbindungen bezeichnete. Die Idee des IoT entstand aber bereits in den frühen 1980er Jahren durch die Vernetzung von Getränkeautomaten an der Carnegie Mellon University (USA) [16].

https://bit.ly/3hVROjl

Eine eindeutige, allgemein anerkannte Definition gibt es derzeit nicht. Die folgende Definition basiert auf verschiedenen Aussagen, die im Allgemeinen anerkannt sind:

Das *Internet of Things* bezeichnet ein über das Internet vernetztes System von eindeutig identifizierbaren realen Gegenständen (Maschinen, Anlagen und Geräten) und virtuellen Objekten, die über Informations- und Kommunikationstechniken zusammenarbeiten.

Das IoT basiert auf den beiden Kerntechnologien *Vernetzung* und *eingebettete Systeme*. Im Prinzip handelt es sich beim IoT um ein weltweit verteiltes System zur

M2M-Kommunikation (M2M – Machine-to-Machine). Neben der Möglichkeit der Kommunikation von Gegenständen/Objekten untereinander stellen viele der vernetzten Geräte eine Schnittstelle zur Verfügung, über die sich diese Geräte durch einen Menschen von einem beliebigen Ort aus bedienen bzw. steuern lassen. Der Anwendungsbereich von IoT erstreckt sich über alle privaten Bereiche sowie wirtschaftlichen und industriellen Branchen. Das IoT ist eine wesentliche Komponente von Industrie 4.0 und bildet das Rückgrat des Industrial Internets. In Hinblick auf Cyber-Physical Systems ergibt sich die naheliegende Schlussfolgerung, dass viele der in einem IoT vernetzten Gegenstände als CPS aufgebaut sein müssen.

In Beispiel 5.4 wird der Einsatz eines IoT für vernetzte Heimgeräte dargestellt.

Beispiel 5.4: Automation im Smart Home mit Conrad Connect [17]

Mit der IoT-Plattform *Conrad Connect* steuern Smart Home-Besitzer nicht nur Geräte, sondern sehen auf einen Blick, was die vernetzten Sensoren zu Hause alles produzieren (Bild 5.10). *Conrad Connect* dockt sich hierzu über das Internet an Thermostate, Steckdosen, Heizungs- oder Beleuchtungssysteme an und fasst alles Wesentliche auf einem konfigurierbaren Dashboard zusammen. Zudem können Benutzer in *Conrad Connect* auch komplexere Regelketten erstellen und Geräte via Drag & Drop miteinander verbinden. Ist beispielsweise die Temperatur zu hoch und die Fenster sind zu selten auf, könnte eine Nachricht auf dem Smartphone aufpoppen. Laut Plattformanbieter werden bisher mehrere hundert Produkte von über 40 Herstellern unterstützt.

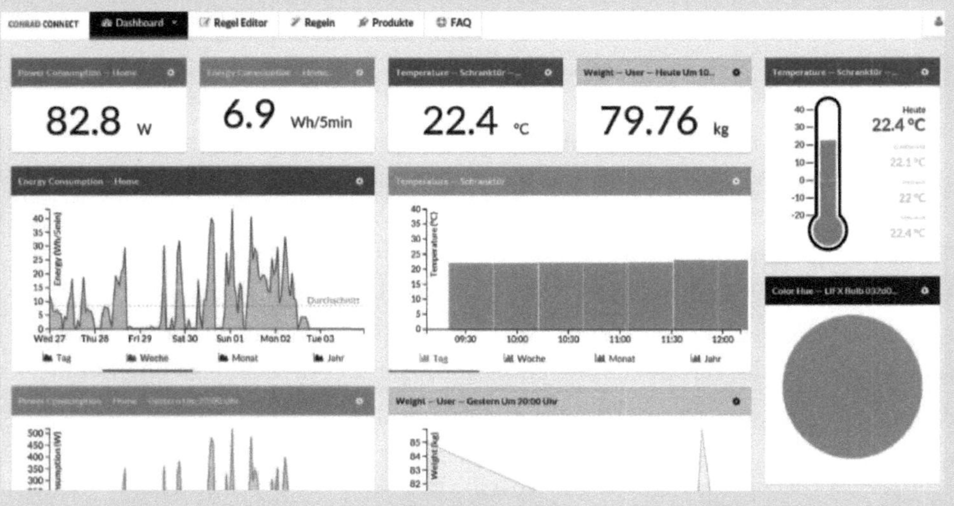

Bild 5.10 Smart Home-Geräte auf einem konfigurierbaren Dashboard im Webbrowser

https://bit.ly/3iq0ZaQ

Das *Industrial Internet of Things* (IIoT) stellt die industrielle Ausprägung des IoT dar. Es repräsentiert im Gegensatz zum IoT nicht die verbraucherorientierten Konzepte, sondern konzentriert sich auf die Anwendung des IoT im produzierenden und industriellen Umfeld. Nach [18] wird das IIoT wie folgt charakterisiert:

Das *Industrial Internet of Things* ist eine Sammlung von Technologien, die zu einer gezielten Lösung zusammengeführt werden können, um die Unternehmensleistung und die Maschinenverfügbarkeit zu verbessern. Das IIoT stellt Daten von verbundenen Geräten in der Anlage oder im Feld bereit und verarbeitet diese Daten dann mit hoch entwickelten neuen Analyse- und Softwaresystemen. Dies schafft die Voraussetzungen für betriebliche Verbesserungen und für die Implementierung neuer und innovativer Geschäftsprozesse. ■

Um signifikante Vorteile von einem IIoT zu erzielen, ist eine Sammlung von Software-, Hardware-, Kommunikations- und Netzwerktechnologien erforderlich, die zusammenarbeiten.

Mit dem IIoT wird die Selbstorganisation von industriellen Prozessen durch die direkte Kommunikation von Maschinen, Anlagen, Waren und Menschen möglich. Es lassen sich nicht mehr nur einzelne Produktionsschritte, sondern ganze Wertschöpfungsketten automatisieren und wesentlich effizienter gestalten.

Obwohl IoT und IIoT in vielen Bereichen auf gleichen Konzepten und Technologien beruhen, kann meistens eine Abgrenzung der beiden Begriffe erfolgen. Beim IoT stehen häufig menschliche Interaktionen mit Geräten und Objekten im Vordergrund, wie z.B. beim Smart Home. Geräte können mit dem Benutzer interagieren und diesen beim Eintreten von bestimmten Ereignissen informieren oder warnen. Benutzer können die Geräte aus der Ferne steuern oder überwachen. Das IIoT hat hauptsächlich die Aufgabe, Produktionsprozesse zu steuern und zu überwachen und dies bei Bedarf auch aus der Ferne.

IoT und IIoT haben gemeinsam, dass jeweils intelligente und vernetzte Geräte (z.B. als Cyber-Physical Systems) verfügbar sein müssen. Die IoT-Geräte haben zum Ziel, den Komfort für deren Benutzer zu steigern und sollen gleichzeitig kostengünstig sein. IIoT-Geräte sind für den Einsatz im industriellen Umfeld konzipiert und verrichten selbst unter rauen Umgebungsbedingungen zuverlässig ihre Arbeit.

Unterschiede zwischen IoT und IIoT gibt es weiterhin in der Art der Vernetzung und Kommunikation. Im IoT bildet das Internet in der Regel das Rückgrat der Vernetzung. Geräte werden meist über einfache und pragmatische, aber häufig auch über herstellerspezifische Kommunikationsprotokolle angeschlossen.

Für den Anschluss industrieller Sensoren und Aktoren an ein IIoT wird die Nutzung standardisierter Industrieschnittstellen, wie z.B. Modbus TCP oder OPC UA angestrebt. Auf der Ebene des IP-Netzwerks werden beim IIoT auch eher lokale Systeme im unternehmensspezifischen Intranet favorisiert. Sowohl in IoT als auch in IIoT werden aber die in einem IP-Netzwerk üblichen Kommunikationsprotokolle genutzt.

https://bit.ly/3kFqQhL

Tabelle 5.3 listet die wesentlichen Unterschiede zwischen dem IoT und dem IIoT auf.

Tabelle 5.3 Wesentliche Unterschiede zwischen IoT und IIoT

Charakteristik	Internet of Things (IoT)	Industrial Internet of Things (IIoT)
Zielstellung	benutzerzentrierte Anwendungen im privaten Bereich oder im nicht industriellen Sektor (Medizin, Gebäude)	Steuerung und Überwachung industrieller Prozesse und Abläufe
Art der Geräte	CPS-Geräte (CPS ready), teilweise auch andere Geräte	Geräte mit zumeist klassischen Industrieschnittstellen
Vernetzung	globale Vernetzung über das Internet	Vernetzung lokal, teilweise auch global über das Internet
Kommunikation auf Geräteebene	einfache Internetprotokolle, wie z. B. HTTP-REST, MQTT	alle standardisierten Industrieprotokolle, teilweise auch für IP-Netzwerke und/oder das Internet geeignet (Modbus TCP, OPC UA)
Kommunikation auf Anwendungsebene	Nutzung von Protokollen aus der Internet- und Webwelt	

Die praktische Umsetzung von IoT und IIoT erfolgt durch spezifische Software-, Hardware-, Kommunikations- und Netzwerktechnologien, die als Plattform zusammenarbeiten. Die Plattform läuft auf einem Server oder einem verteilten Servercluster (Cloud, siehe Abschnitt 5.1.3) im lokalen oder globalen Netzwerk.

https://bit.ly/2UYS1JJ

Alle IoT-/IIoT-Plattformen sind vom Grundsatz her Mehrnutzersysteme, sodass jeder Nutzer seine eigenen IoT-/IIoT-Projekte erstellen und betreiben kann. Nur wenige Hersteller bezeichnen ihre Plattform als IIoT-Plattform (z. B. Predix von GE, ThingWorx von PTC). Meist werden die Plattformen als IoT-Plattform bezeichnet, auch wenn das Hauptanwendungsgebiet im Industriebereich liegt (z. B. Bosch IoT Suite oder Mindsphere von Siemens).

Bild 5.11 veranschaulicht die vereinfachte Grundstruktur einer IoT- bzw. IIoT-Plattform.

Über eine *interne Geräteschnittstelle* können die realen verteilten Geräte angeschlossen werden. Dabei unterscheidet man zwei Varianten:

- Geräte, die bereits *CPS-ready* (CPS-Geräte) und hinsichtlich ihrer Vernetzung mit der Plattform kompatibel sind. Dazu gehören z. B. Sensoren und Aktoren, die bereits eine MQTT-Schnittstelle besitzen (siehe Abschnitt 5.3.2.3).
- Viele Industriegeräte, wie z. B. Antriebe, Steuerungen, Sensoren und Messsysteme, die typische industrielle Kommunikationsschnittstellen besitzen (CAN,

PROFINET, EtherCAT usw.) müssen über spezielle Gateways (Protokollumsetzer) an die Plattform angeschlossen werden.

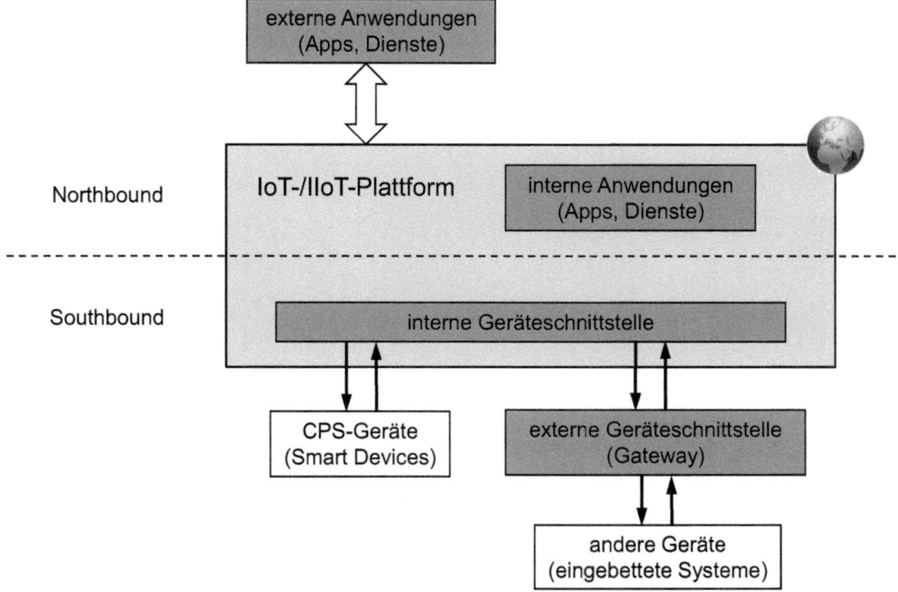

Bild 5.11 Vereinfachte Grundstruktur einer IoT-/IIoT-Plattform

In Beispiel 5.5 wird der Einsatz eines IIoT für vernetzte Arbeitsmaschinen dargestellt.

Die meisten IoT-/IIoT-Plattformen bringen bereits intern eine Reihe von *Apps* (App - Application) mit, die auf die Hauptzielgruppe der Plattform abgestimmt sind. Darüber hinaus gibt es meist aber auch zusätzliche APIs (API - Application Programming Interface), die eine Integration externer Anwendungen erlauben.

Als *Northbound* wird in Bild 5.11 der obere Teil bezeichnet, der es der Plattform erlaubt, mit Komponenten einer höheren Ebene zu kommunizieren. Der *Southbound*-Teil kommuniziert aus Sicht der Plattform mit den Komponenten (Geräten) einer unteren Ebene. Beide Begriffe stammen aus dem Bereich der Rechnernetzwerke.

Beispiel 5.5: BODAS-Connect-Lösung für mobile Arbeitsmaschinen [19]

Mit *BODAS Connect* bietet Bosch Rexroth eine offene, skalierbare End-To-End-Lösung, mit der sich mobile Arbeitsmaschinen auf Basis der IIoT-Plattform Bosch IoT Suite vernetzen lassen. Mit dieser Lösung lassen sich Informationen der Maschinen gezielt abrufen. Software-Updates können so auf Knopfdruck aufgespielt werden, auch ohne Servicepersonal vor Ort. So setzt z. B. HOLMER (Weltmarktführer im Bereich selbstfahrender Zuckerrübenvollernter) auf *BODAS Connect*, um die Ausfallursachen seiner mobilen Arbeitsmaschinen schnell zu analysieren und zu beheben.

Bild 5.12 Über die Bosch IoT Suite und das Internet vernetzte mobile Arbeitsmaschinen (© Bosch Rexroth AG)

5.1.3 Cloud-Computing

Im Bereich der Informations- und Betriebswirtschaft ist die Auslagerung von informationstechnischen Dienstleistungen an Dritte und deren Nutzung auf Mietbasis seit mehreren Jahren üblich. Dabei werden sowohl komplette IT-Infrastrukturen wie auch Serverplattformen oder auch einzelne Softwarepakete von Drittanbietern genutzt. Die Gründe für solche ausgelagerten Mietlösungen liegen insbesondere in der Umverteilung vom Investitions- zum Betriebsaufwand, in der flexiblen Kapazitätsbeanspruchung on demand (Skalierbarkeit) sowie in der Möglichkeit zur Schaffung komplett neuer Geschäftsmodelle.

https://bit.ly/3rr13Ly

Mit der technischen Weiterentwicklung der Rechen- und Netzwerktechnik in den letzten Jahren und insbesondere der weltweiten Internetvernetzung von Ressourcen hat sich dieser Trend unter dem Begriff *Cloud-Computing* weiter verstärkt. Alle Indikatoren und Prognosen gehen davon aus, dass sich diese Entwicklung ungebrochen fortsetzt und dass sich Cloud-Computing als ein wesentliches Geschäftsfeld auch für die Digitalisierung der Produktion etablieren wird.

Seit ca. 2012 ist Cloud-Computing in Zusammenhang mit Industrie 4.0, Cyber-Physical Production Systems (CPPS) und dem Internet of Things (IoT) bzw. dem Industrial Internet of Things (IIoT) in der Industrieautomatisierung eine stark im Fokus stehende Thematik. Mit Blick auf die hochautomatisierten Bereiche in der Halbleiter- und Automobilproduktion erwartet man, dass mit einer verstärkten informationstechnischen Durchdringung und sensorgestützten Vernetzung des Wertschöpfungsprozesses Cloud-Technologien erheblich an Bedeutung gewinnen werden.

5.1.3.1 Was ist Cloud-Computing?

Cloud-Computing ist die Bereitstellung von gemeinsam nutzbaren und flexibel skalierbaren IT-Leistungen durch IT-Ressourcen über Netze. ■

Typische Merkmale sind die Bereitstellung in Echtzeit als *Self-Service* auf Basis von Internettechnologien und die *Abrechnung nach Nutzung*. Der Cloud-Begriff ist eines der ältesten Sinnbilder der Informationstechnik und steht als solcher für Rechnernetze, deren Inneres unbedeutend oder unbekannt ist.

Dienstleistungen aus der Cloud werden entsprechend Bild 5.13 in drei Ebenen unterteilt:

- **IT-Basisinfrastruktur bzw. Hardwarekomponenten als Dienst (Infrastructure as a Service – IaaS):** Bei IaaS werden IT-Ressourcen, wie z. B. Rechenleistung, Datenspeicher oder Netze, als Dienst angeboten. Ein Cloud-Kunde kauft diese virtualisierten und in hohem Maß standardisierten Services und baut darauf eigene Services zum internen oder externen Gebrauch auf.
- **Technische Frameworks als Dienst (Platform as a Service – PaaS):** Ein PaaS-Anbieter stellt eine komplette Plattform bereit und bietet dem Kunden auf der Plattform standardisierte Schnittstellen an, die von Diensten des Kunden genutzt werden. So kann die Plattform z. B. Mandantenfähigkeit, Skalierbarkeit, Zugriffskontrolle, Datenbankzugriffe als Service zur Verfügung stellen.
- **Anwendungen als Dienst (Software as a Service – SaaS):** Sämtliche Angebote von Anwendungen, die den Kriterien des Cloud-Computings entsprechen, fallen in diese Kategorie. Dem Angebotsspektrum sind hierbei keine Grenzen gesetzt. Als Beispiele seien Kontaktdatenmanagement, Finanzbuchhaltung, Textverarbeitung oder Kollaborationsanwendungen genannt.

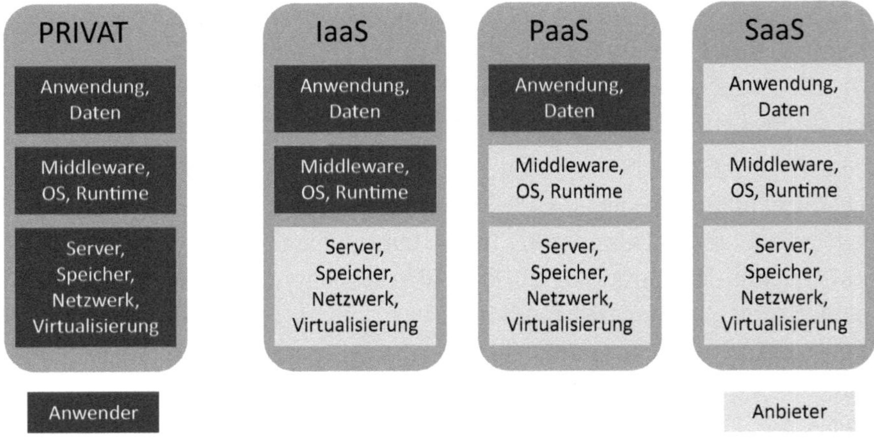

Bild 5.13 Dienstmodelle in der Cloud in Gegenüberstellung zur privaten Stand-alone-Nutzung

https://bit.ly/2V4fOYD

Bild 5.13 illustriert die unterschiedlichen Cloud-Dienstmodelle in Gegenüberstellung zu einer privaten und lokal installierten Lösung. Eine ausführliche Darstellung der Thematik finden Sie in [20].

Folgende fünf Eigenschaften charakterisieren einen Cloud-Dienst:

- **On-Demand-Self-Service:** Die Provisionierung der Ressourcen (z. B. Rechenleistung, Speicher) läuft automatisch ohne Interaktion mit dem Anbieter ab.
- **Broad Network Access:** Die Dienste sind mit Standardmechanismen über das Netz verfügbar und nicht an einen bestimmten Client gebunden.
- **Resource Pooling:** Die Ressourcen des Anbieters liegen in einem Pool vor, aus dem sich viele Anwender bedienen können (Multi-Tenant-Modell). Dabei wissen die Anwender nicht, wo sich die Ressourcen befinden, sie können aber vertraglich den Speicherort, also z. B. Region, Land oder Rechenzentrum, festlegen.
- **Rapid Elasticity:** Die Dienste können schnell und elastisch zur Verfügung gestellt werden, in manchen Fällen auch automatisch. Aus Anwendersicht scheinen die Ressourcen daher unendlich zu sein.
- **Measured Services:** Die Ressourcennutzung kann gemessen und überwacht werden und entsprechend bemessen auch den Cloud-Anwendern zur Verfügung gestellt werden.

In Beispiel 5.6 wird eine industrielle Cloud-Anwendung dargestellt.

Nach der *Cloud Security Alliance* (CSA) hat Cloud-Computing neben der vorangehend erwähnten Charakteristik noch folgende wichtige Eigenschaften:

- Eine serviceorientierte Architektur ist eine der Grundvoraussetzungen für Cloud-Computing.

- In einer Cloud-Umgebung teilen sich viele Anwender gemeinsame Ressourcen, die deshalb mandantenfähig sein muss.
- Es werden nur die Ressourcen bezahlt, die auch tatsächlich in Anspruch genommen wurden (Pay per Use), wobei es auch Flatrate-Modelle (Pauschaltarif) geben kann.

Beispiel 5.6: Cloud-basierte Datenanalyse und Condition Monitoring [21]

Das Fraunhofer IOSB hat eine Cloud-basierte Plattform für Datenanalyse und Condition Monitoring entwickelt, über die Betriebe ihre Daten in Echtzeit analysieren lassen können. Betrieben ist es damit möglich, ihre aktuellen Messwerte zyklisch in einen am IOSB sicher gehosteten Cloud-Dienst zu laden. Hierzu können verschiedene Schnittstellen, wie beispielsweise OPC UA, aber auch einfache Formate wie CSV oder Excel-Dateien verwendet werden. Betreiber haben die Möglichkeit, jederzeit über einen Webbrowser (Webapplikationen) detaillierte Informationen über den Prozesszustand und das Condition Monitoring abzurufen. Die entwickelte Lösung der Cloud-basierten Anlagenüberwachung wird erfolgreich in der Überwachung von Trinkwassernetzen eingesetzt.

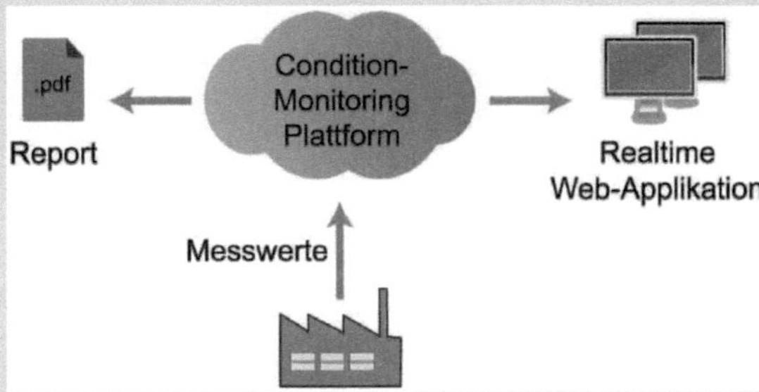

Bild 5.14 Cloud-basierte Plattform für Datenanalyse und Condition Monitoring (© Fraunhofer-Institut für Optronik, Systemtechnik und Bildauswertung IOSB)

Man unterscheidet beim Cloud-Computing weiterhin zwischen den folgenden Typen einer Cloud:

https://bit.ly/3iDl65Q

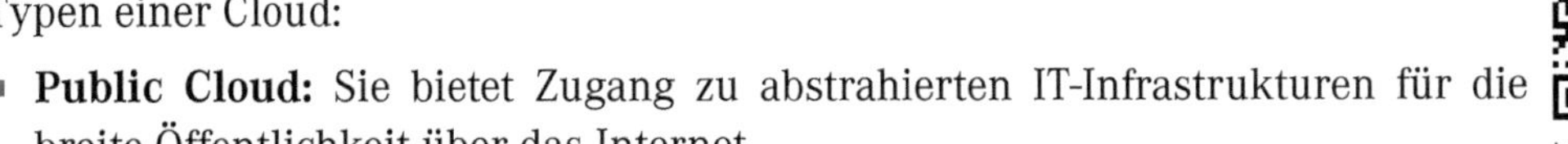

- **Public Cloud:** Sie bietet Zugang zu abstrahierten IT-Infrastrukturen für die breite Öffentlichkeit über das Internet.
- **Private Cloud:** Sie bietet Zugang zu abstrahierten IT-Infrastrukturen innerhalb der eigenen Organisation (Behörde, Firma, Verein).
- **Hybrid Cloud:** Sie bietet kombinierten Zugang zu abstrahierten IT-Infrastrukturen nach den Bedürfnissen ihrer Nutzer.

Insbesondere die Private Cloud und auch die Hybrid Cloud dürften für den Einsatz in der Produktionsautomatisierung für die Zukunft sehr interessant sein.

In der Industrieautomatisierung wird der Cloud-Begriff nicht immer im korrekten IT-definierten Sinn verwendet, sondern teilweise als Marketingbegriff, um auf die Einordnung eines Produkts in den neuen Produktionstrend Industrie 4.0 zu verweisen. Teilweise werden nur ein Server bzw. ein Servercluster oder einfach im Netz verteilte IT-Ressourcen als Cloud oder Cloud-basiert bezeichnet.

Im Zusammenhang mit dem Einsatz von Cloud-Computing in Industrie 4.0 und CPPS sind die Begriffe *Edge-Computing* und *Fog-Computing* entstanden, die insbesondere die Besonderheiten eines Cloud-Computings für IoT und IIoT berücksichtigen.

https://bit.ly/3kKeGnV

Edge-Computing: Beim Edge-Computing werden Daten dezentral in der Netzwerkperipherie verarbeitet, an dem Ort, wo sie generiert werden. Die Bedeutung dieser Technologie steigt mit der Menge an Daten, die durch das IoT/IIoT erzeugt wird. Ein *Edge Device* (z. B. Sensor, Aktor als CPS) kann eine Vorverarbeitung seiner Daten ohne größere Verzögerung vor Ort durchführen. Nach einer Analyse löscht das Edge Device echtzeitrelevante Daten und leitet nur noch die daraus abgeleiteten Erkenntnisse an die Cloud weiter. Edge-Computing bildet damit eine Zwischenschicht zwischen der Cloud und den im IoT vernetzten Geräten. Es hat zum Ziel, die Verzögerungszeit zu minimieren, die Netzüberlastung zu verhindern und die reibungslose Funktionalität von zeitsensiblen Anwendungen zu ermöglichen.

https://bit.ly/2UyLky3

Fog-Computing: Fog-Computing fügt zwischen den Edge Devices und der Cloud eine weitere Schicht mit *Fog Nodes* ein. Dabei handelt es sich um kleine, lokale Rechner (z. B. Router, Proxy, Steuerungsrechner) in den Zugangsbereichen der Cloud. Diese Fog Nodes sammeln die Daten der Edge Devices. Sie selektieren die lokal oder dezentral zu verarbeitenden Daten und leiten sie zu zentralen Servern weiter oder verarbeiten sie direkt selbst. Verschiedentlich werden Fog Nodes auch als *Edge Gateways* bezeichnet.

Oft sind die Konzepte des Cloud-, Edge- und Fog-Computings miteinander kombiniert, um von den jeweiligen Vorteilen zu profitieren.

Bild 5.15 illustriert die Abgrenzung zwischen Cloud, Edge und Fog durch ein 3-Schichten-Modell, das auch als dezentralisiertes Datenarchitekturmodell des IoT betrachtet werden kann.

Edge- und Fog-Computing werden zukünftig für CPPS und für das IIoT eine wesentliche Rolle bei der zeitgerechten Bewältigung der dort anfallenden großen Datenmengen spielen (z. B. für die vorbeugende Wartung oder das maschinelle Lernen).

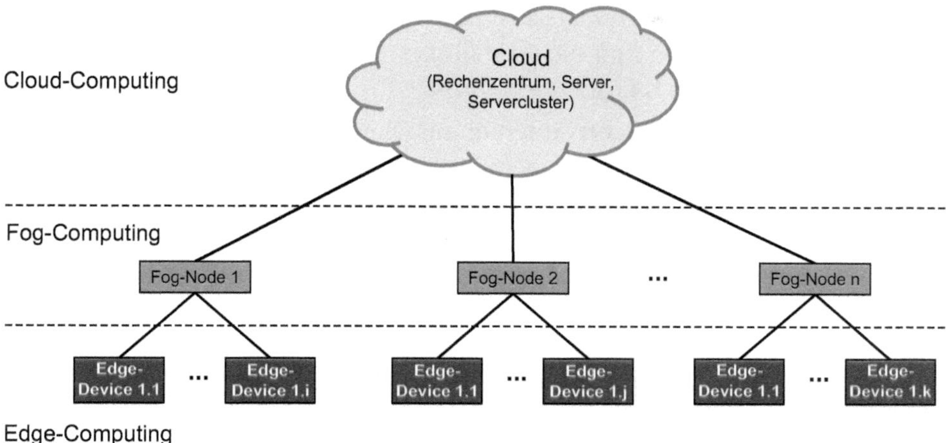

Bild 5.15 3-Schichten-Modell für das IoT mit Cloud-, Fog- und Edge-Computing

5.1.3.2 Anwendungen in der Industrial Cloud

Betrachtet man die Entwicklung des Cloud-Computings für die Produktions- bzw. Fertigungsautomatisierung und konzentriert sich dabei auf die Kernfunktionalitäten, die entsprechend der Automatisierungshierarchie für eine Automatisierung eines technischen Prozesses erforderlich sind (Messen, Steuern, Regeln, Bedienen, Leiten, Koordinieren, Planen, Sichern), so stellt man fest, dass sich aktuell nur wenige realisierte Projekte mit dieser Problematik befassen. Die meisten Projekte beinhalten Themen aus dem Umfeld der Automatisierung, die sowohl bezüglich ihres Zeitverhaltens als auch hinsichtlich ihres Einsatzes nicht kritisch sind.

Es zeigt sich aber, dass bereits viele Ideen für die Umsetzung einer Cloud-basierten Automatisierung und dabei insbesondere auch für die Kernautomatisierung unter zeit- und einsatzkritischen Bedingungen in Patentschriften, wissenschaftlichen Beiträgen und Forschungsprojekten niedergelegt sind. Im Folgenden soll der Trend für eine zukünftige Anwendung des Cloud-Computings in der Industrieautomatisierung anhand einiger Lösungen und Projekte aufgezeigt werden. Ausführliche Informationen dazu finden Sie in [22].

Bezogen auf die Automatisierungsfunktionen bzw.-ebenen in der klassischen Automatisierungspyramide können die Lösungen und Projekte entsprechend Bild 5.16 in drei Anwendungsbereiche eingeteilt werden:

- **Automatisierungsdienste:** Zielstellung ist die Realisierung von Automatisierungsfunktionen der höheren Automatisierungsebenen als Automatisierungsdienste und deren Ausführung, Verteilung und Management unter Nutzung von Cloud-Computing.

- **Steuerungen in der Cloud:** Zielstellung ist die Verlagerung von Industriesteuerungen in eine Cloud und die Ausführung der Steuerungen bzw. der Steuerungsprogramme als Dienst.
- **Big Data-Analyse von Echtzeitdaten:** Auf allen Automatisierungsebenen, aber insbesondere auf den prozessnahen Ebenen, fallen sehr große Mengen an Echtzeitprozessdaten an, deren Analyse zu einer Verbesserung der Effizienz des gesamten Automatisierungssystems führen kann. In diese Kategorie fallen deshalb Lösungen, die parallel zu allen Ebenen diese Daten sammeln, auswerten und die unter Umständen in die Ebenen auch direkt steuernd eingreifen.

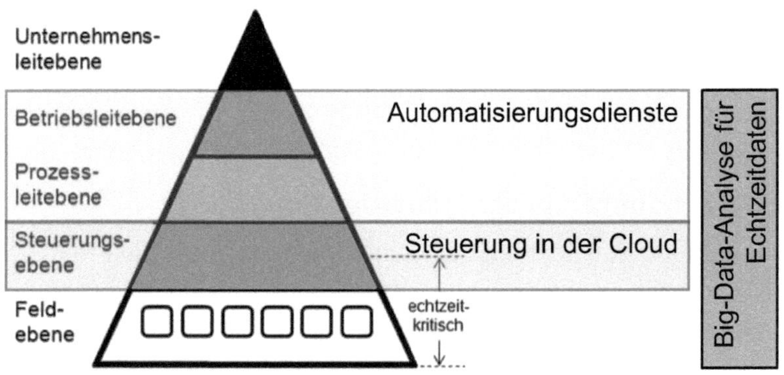

Bild 5.16 Anwendungsbereiche für Industrial Cloud-Lösungen

Automatisierungsdienste: *Serviceorientierte Architekturen* (SOA) und *Dienstschnittstellen* bilden eine Grundlage, um darauf aufbauend Cloud-basierte Automatisierungssysteme zu schaffen. Im industriellen Produktbereich, insbesondere in der Gebäudeautomatisierung, finden sich zunehmend Lösungen, die Cloud-basierte Dienste für die Realisierung einiger Funktionen der höheren Automatisierungsebenen einsetzen.

Automatisierungsdienste werden in Abschnitt 5.2.3 noch im Einzelnen behandelt.

Steuerungen in der Cloud: Es ist davon auszugehen, dass zukünftig auch zeit- und einsatzkritische Funktionen in eine *Industrial Cloud* ausgelagert werden. Grund dafür sind die allgemeinen Anforderungen aus der Industrie 4.0, nach denen die Produktion der Zukunft auf selbstorganisierenden und wandelbaren Systemen basiert. Um auch auf den prozessnahen Ebenen (Steuerung, Regelung) online und mit höchster Flexibilität eingreifen zu können, muss z. B. die IT-Kapselung der Steuerungsfunktionalität in einer Hardware aufgehoben werden, damit diese als Softwareinstanz in einer Cloud im Sinne einer Wandelbarkeit beeinflusst werden kann. Entsprechende Projekte konzentrieren sich dabei im Wesentlichen auf zwei Schwerpunkte:

(1) Verlagerung einer klassischen SPS als virtualisierte Steuerung in eine Cloud (PLC as a Service)

(2) Verlagerung der Steuerungsprogramme/-algorithmen als Dienste in eine Cloud (Control as a Service)

https://bit.ly/2ToB3nB

Entsprechend dem *Schwerpunkt* **(1)** wurde im Projekt piCASSO [23] eine skalierbare Steuerungsplattform für CPPS entwickelt. Diese Steuerungsplattform bietet skalierbare Rechenleistung, die abhängig von der Komplexität der Algorithmen automatisch zur Verfügung gestellt wird. So werden z. B. SPS-Steuerungen als virtuelle Steuerungen in eine Cloud verlagert. Dabei sollen die strengen Anforderungen der Produktionstechnik, wie Echtzeitfähigkeit, Verfügbarkeit und Sicherheit, weiterhin erfüllt werden können.

https://bit.ly/2VeS18B

Im Projekt CICS [24] mit dem *Schwerpunkt* **(2)** werden keine virtualisierten SPS-Steuerungen eingesetzt, sondern Steuerungsprogramm, Runtime-Maschine und E/A-Konfiguration werden als separate und webfähige Softwareinstanzen (CICS-Steuerung) aus der klassischen SPS herausgelöst und flexibel in einer Cloud verteilt. Die Steuerungsausführung erfolgt wahlweise Client- und/oder serverbasiert. Bild 5.17 zeigt als Beispiel den vereinfachten Aufbau einer serverseitigen CICS-Steuerung [25].

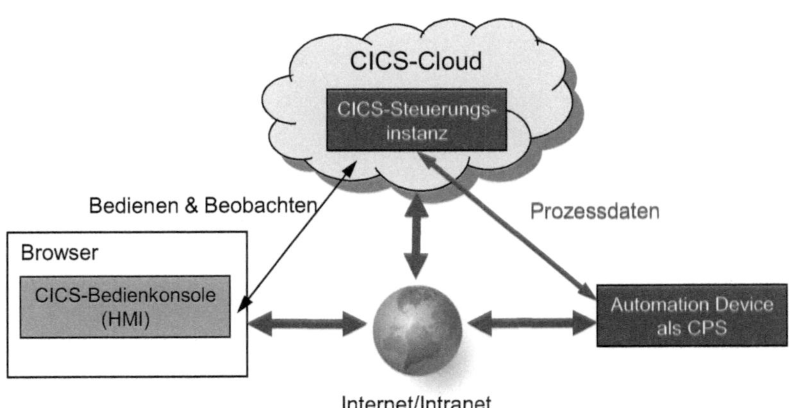

Bild 5.17 Grundstruktur einer serverseitigen, Cloud-basierten CICS-Steuerung

Der Anschluss der Automatisierungsgeräte (CPS-ready) an die Steuerung erfolgt über schnelle Webkonnektoren, mit denen über schlanke Internetprotokolle zu Industrieschnittstellen (OPC UA, Modbus TCP usw.) kommuniziert werden kann.

Es können beliebig viele CICS-Steuerungsinstanzen dynamisch erzeugt werden. Eine Steuerungsinstanz arbeitet im Prinzip wie eine klassische SPS mit IEC 61131-Steuerungsprogramm. Bei Nutzung eines Edge- bzw. Fog-Computings werden im üblichen Intranet Reaktionszeiten von ca. 30 bis 50 ms erreicht. Als CICS-

Cloud wird für eine Prototypanwendungen (Steuerung einer Montagestation für Modellautos) die IoT-Plattform FlexIOT [26] eingesetzt.

https://bit.ly/3xUbyK4

Big Data-Analyse von Echtzeitdaten: In der IT-Welt ist der Einsatz von Big Data-Lösungen (BD-Lösungen) zur Verarbeitung und Analyse von sehr großen unstrukturierten bzw. semistrukturierten Datenmengen mittels Cloud-Technologien seit mehreren Jahren üblich, und es gibt eine Vielzahl entsprechender Projekte und Produkte am Markt.

https://bit.ly/3kTlf6P

Im Zuge der zunehmenden Integration von Automatisierungssystemen in CPPS werden immer mehr Maschinen- und Betriebsdaten allgegenwärtig in lokalen und globalen Netzen in Echtzeit zur Verfügung stehen. Die Auswertung dieser Echtzeitprozessdaten besitzen ein hohes Potenzial für die zukünftige Verbesserung der Betriebseffizienz von Maschinen und Anlagen. Der Umfang dieser Daten, teils größer als 10^{12} Datensätze, übersteigt aber häufig das bezüglich Speicherung und Analyse technisch und finanziell Machbare der Betreiber von Anlagen.

Seit ca. 2012 wird deshalb auch, was die Automatisierung technischer Prozesse angeht, verstärkt die Nutzung ausgelagerter BD-Lösungen in der Cloud diskutiert. Dies betrifft z. B. Themen wie vorbeugende Wartung, kollaboratives Engineering, Versionsmanagement, Optimierungsservice, automatische Datenanalyse. Bekannte BD-Lösungen stammen insbesondere aus der Prozessindustrie (z. B. Stahlerzeugung). Auch für die Abtragssimulation via Cloud für Werkzeugmaschinen, die Datenspeicherung/-auswertung für Windparks sowie weitere Anwendungsbereiche liegen BD-Lösungen vor.

Für die verstärkte Nutzung von BD-Lösungen für CPPS und Industrie 4.0 sind aber unter anderem noch folgende Defizite zu beseitigen [27]:

- Die Latenzzeiten bei der Übermittlung von Echtzeitdaten müssen reduziert werden.
- Der unzureichenden Verfügbarkeit von Werkzeugen für die Datenauswertung muss entgegengewirkt werden.
- Es fehlen standardisierte Schnittstellen, um Prozessdaten webbasiert in einer Cloud zu speichern.
- Es fehlen Standardisierung, Informationsmodelle sowie Modellbildung auf Produktions- und Geschäftsebene.

In Beispiel 5.7 wird eine Big Data-Lösung für Echtzeitdaten dargestellt.

Beispiel 5.7: Cloud-basierte Big Data-Analyse [28]

Beckhoff hat eine BD-Lösung für die Energieüberwachung von Gebäuden (Smart Metering) entwickelt, bei der Echtzeitprozessdaten in einer Cloud gespeichert und analysiert werden. Bild 5.18 zeigt die Komponentenstruktur dazu.

Die Lösung basiert auf der MS Azure Cloud und nutzt OPC UA für die Datenübertragung zwischen einer Beckhoff-SPS und der Cloud. In der Cloud werden spezielle statistische Analyseverfahren ausgeführt und per Webbrowser visualisiert. Betreiber, Eigentümer und Bewohner von Gebäuden können die Analyseergebnisse als Entscheidungsbasis für eine optimale Energieversorgung nutzen.

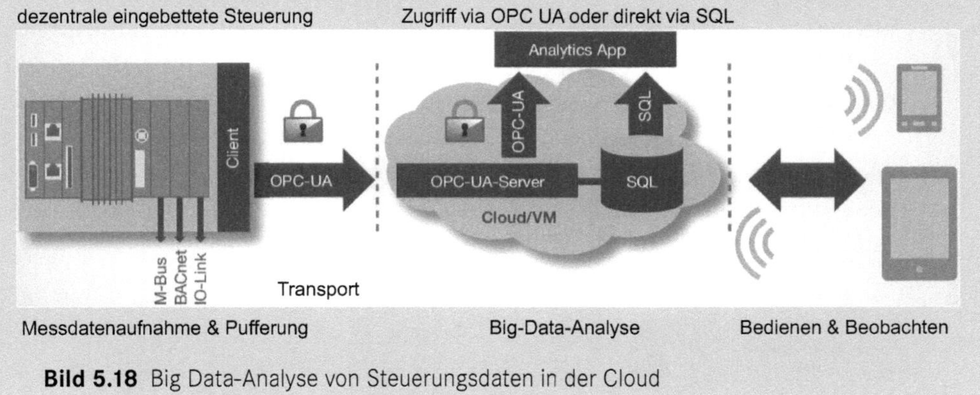

Bild 5.18 Big Data-Analyse von Steuerungsdaten in der Cloud

5.2 Das neue Automatisierungsmodell

5.2.1 CPS-basierte Automation

Die heutige Fabrik folgt einer strikt hierarchischen Informationsstruktur. Auf den oberen Ebenen sind die Produktionsplanung und -leitung angesiedelt, darunter die Ebenen der Anlagenführung und -steuerung und auf unterster Ebene findet man die Feldebene mit den Sensoren und Aktoren der Anlagen (siehe Bild 1.1). Zwar wurden diese Ebenen über die letzten Jahrzehnte mehr und mehr miteinander vernetzt, aber die wichtigste Systemintegration vollzog sich eher in der Horizontalen.

In Cyber-Physical Production Systems (CPPS) werden Daten, Dienste und Funktionen dort gehalten, abgerufen und ausgeführt, wo es im Sinne einer flexiblen, effizienten Entwicklung und Produktion den größten Vorteil bringt. Das wird nicht länger notwendigerweise auf den klassischen Automatisierungsebenen sein. Zum Beispiel könnten Prozessdaten statt über Sensoren auf der Feldebene auch über Dienste in einer Cloud gewonnen werden.

https://bit.ly/3kCjQCs

Der Einsatz von CPPS bzw. eines Netzwerkes aus Cyber-Physical Systems (CPS) wird zwangsläufig neue Architekturansätze erfordern. Die heutige pyramidenartige Struktur, die durch eine starke horizontale Vernetzung sowie eine schwache vertikale Kommunikation gekennzeichnet ist, wird durch eine *domänenorientierte Netzwerkstruktur* (Cloud) abgelöst werden, die prinzipiell beliebige Kommunikationswege über alle Fabrikebenen zulässt.

https://bit.ly/2W0hsLr

Man geht deshalb davon aus, dass die heute noch überwiegend existierende Automatisierungspyramide durch die Einführung vernetzter, dezentraler Systeme schrittweise abgelöst wird und die verschiedenen Ebenen sowohl für die Struktur der Hardware und Vernetzung als auch für die Informationsverarbeitung und das Engineering nicht weiter existieren werden. Dienste, Daten und Hardwarekomponenten können auf beliebige Knoten des entstehenden Netzes verteilt werden und bilden somit abstrakte funktionale Module, aus denen sich das Automatisierungssystem aufbaut. Damit löst sich die klassische Automatisierungspyramide zu einer flachen „Automatisierungswolke" auf, die dann als *CPS-based Automation* bezeichnet werden kann [6]. Bild 5.19 veranschaulicht die Transformation der klassischen Automatisierungspyramide zur CPS-based Automation.

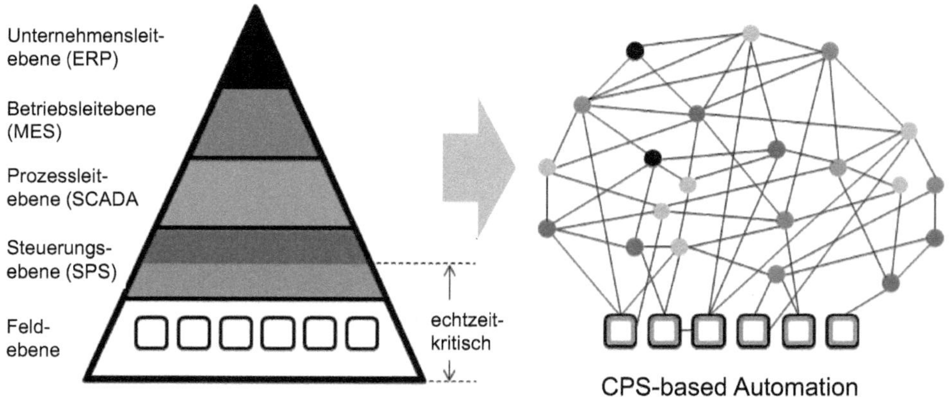

Bild 5.19 Transformation der klassischen Automatisierungspyramide zur CPS-based Automation

5.2.1.1 Automatisierungsmodell

Im neuen *CPS-basierten Automatisierungsmodell* gibt es nur noch drei prinzipielle Bestandteile:

- **CPS-Komponenten:** Alle Automatisierungsgeräte (Hardware) sind als CPS-Komponente ausgeführt.
- **Automatisierungsdienste:** Alle Automatisierungsfunktionen (Steuern, Leiten, Führen, Planen usw.) sind als Dienste (siehe Abschnitt 5.2.3) realisiert.

- **Automatisierungs-Cloud:** Die CPS-Komponenten und die Automatisierungsdienste werden für eine definierte Automatisierungslösung über eine oder mehrere öffentliche und/oder private Automatisierungs-Clouds vernetzt.

Bild 5.20 zeigt die aufgeführten Bestandteile der CPS-based Automation. In der CPS-based Automation werden Daten und Dienste dort gespeichert und ausgeführt, wo sie den größten Nutzen für eine flexible Produktion bringen.

https://bit.ly/3rpMOa2

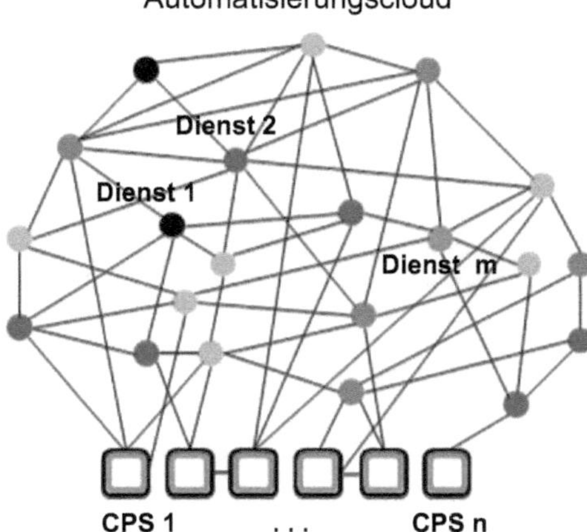

Bild 5.20 Bestandteile der CPS-Based Automation

Für eine vollständige Umsetzung der neuen Automatisierungsstruktur in der Industrie ist aber noch eine Reihe von Herausforderungen zu bewältigen. Dazu gehören insbesondere die Schaffung von standardisierten Schnittstellen zur Vernetzung von CPS und Diensten:

- **CPS/CPS-Schnittstelle:** Für diese Schnittstelle existieren bereits einige standardisierte Kommunikationsprotokolle für die globale M2M-Kommunikation, wie z. B. MQTT (siehe Abschnitt 5.3.2.3), die auch für CPS genutzt werden können. Für lokale Netze sind teilweise auch die bekannten Ethernet-basierten Echtzeitbussysteme einsetzbar (siehe Abschnitt 3.4).
- **CPS/Dienst-Schnittstelle:** Auch hier stehen bereits Kommunikationsstandards zur Verfügung, die aktuell im Rahmen von Industrie 4.0/CPPS-Anwendungen erprobt werden. Dazu gehört z. B. OPC UA (siehe Abschnitt 5.3.1.1).
- **Dienst/Dienst-Schnittstelle:** Da es bisher keine allgemein anerkannte und einheitliche Definition für einen Automatisierungsdienst gibt (siehe Abschnitt 5.2.3), ist auch noch offen, wie diese Dienste untereinander auf Basis eines standardisierten Protokolls kommunizieren könnten. Einige Lösungen dazu, wie z. B. DPWS (DPWS – Device Profiles for Web Services), liegen zwar vor, haben sich aber bisher in der Industrie nicht durchgesetzt.

https://bit.ly/3Bn8rwa

5.2.1.2 IoT-/IIoT-Plattformen

https://bit.ly/2Tu3WPs

Für die Umsetzung von Automatisierungslösungen auf Basis der Struktur nach Bild 5.20 werden entsprechend aufgebaute IoT-/IIoT-Plattformen genutzt. 2019 waren weltweit ca. 500 solcher Plattformen mit unterschiedlicher Komplexität und für verschiedene Anwendungsbranchen am Markt verfügbar.

Aus struktureller Sicht ergibt sich für den Aufbau einer Automatisierungslösung mit einer IoT-/IIoT-Plattform die in Bild 5.21 dargestellte Komponentenstruktur.

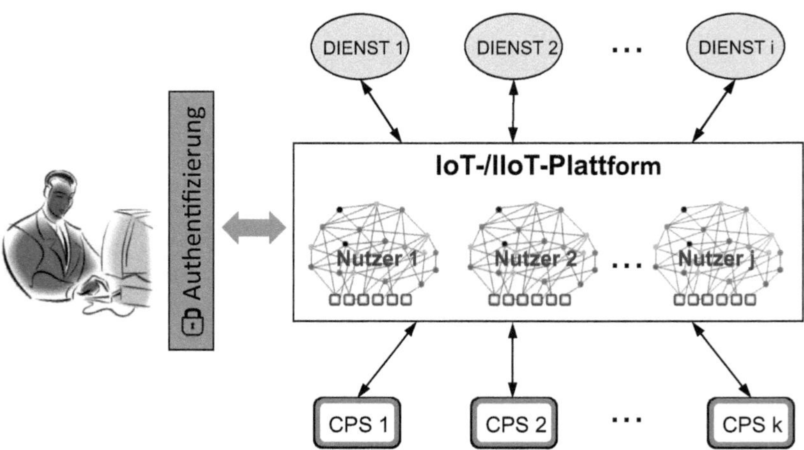

Bild 5.21 Komponentenstruktur einer Automatisierungslösung auf Basis einer IoT-/IIoT-Plattform

Unterschiedliche Anwender können nach Authentifizierung in der Plattform ihre nutzerspezifischen Automatisierungslösungen projektieren. Mit der Plattform sind 1...k Geräte und Stationen bzw. Aktoren und Sensoren als CPS-Komponenten verbunden. Es werden 1...i Dienste über die Plattform bereitgestellt, die in einem Automatisierungsprojekt genutzt werden können.

https://bit.ly/36MBoUm

Die Automatisierungslösung eines beliebigen Nutzers j besteht aus m_j CPS-Komponenten und n_j Diensten, die über die Plattform zu einem Funktionalsystem zusammengefügt werden. Die Ausführung dieses Funktionalsystems erfolgt gleichfalls über die Plattform bzw. in Kombination mit dem Webbrowser eines Operators.

In Beispiel 5.8 wird eine CPS-basierte Automatisierungslösung dargestellt.

https://bit.ly/3rpd8Rv

Beispiel 5.8: Prototyp einer CPS-basierten Fertigungszelle [29]

Auf der Fachmesse SPS/IPC/Drives 2016 in Nürnberg stellten die Forschungspartner HS Düsseldorf und Universität Augsburg/Fraunhofer IKS den Prototyp einer Fertigungszelle vor, die durch Cloud-basierte Steuerungsdienste betrieben wird. Die Zelle besteht aus zwei Prüf- und Bearbeitungsstationen sowie einem Beschickungsroboter.

Die Automatisierungslösung nutzt für Engineering und Betrieb die IoT-/IIoT-Plattform FlexIOT [26] und orchestriert über die Plattform 26 Automatisierungsdienste mit drei CPS-Komponenten zu einem automatisierungstechnischen Funktionalsystem. Als Dienste fungieren z. B. Visualisierungs- und Bediendienste sowie IEC 61131-basierte Steuerungsdienste. Die Sensoren/Aktoren aus der Fertigungszelle mit insgesamt 60 Prozessdaten sind über drei IoT-Gateways mit der FlexIOT-Plattform verbunden.

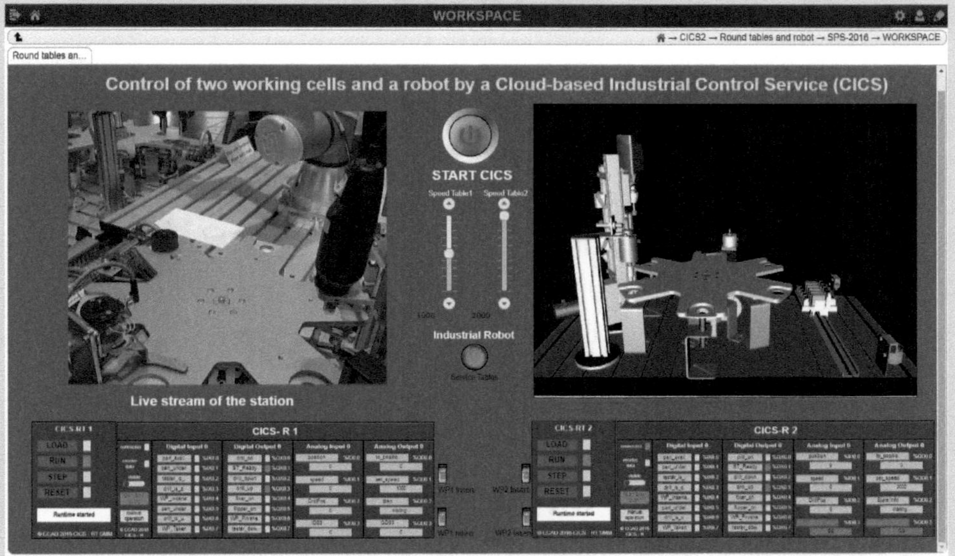

Bild 5.22 Bedienoberfläche im Webbrowser für die Fertigungszelle

Die verfügbaren IoT-/IIoT-Plattformen lassen sich im Wesentlichen in drei Gruppen einteilen:

https://bit.ly/3BsnG73

1. Große IoT-Plattformen aus dem IT-Bereich, die sich für Anwendungen zur Automatisierung technischer Prozesse öffnen und umfangreiche und komplexe Lösungen mit einem hohen IT-Anteil (Analyse, künstliche Intelligenz usw.) ermöglichen. Dazu gehören z. B. IBM Watson IoT Platform (IBM), MS Azure (Microsoft) und Google Cloud IoT (Google).
2. Große IIoT-Plattformen, die speziell für die Digitalisierung von Produktionsprozessen entwickelt wurden und die auch komplexe Produktions- und Geschäftsprozesse abbilden können. Dazu gehören z. B. Thingworx (PTC), Bosch IoT Suite (Bosch) und MindSphere (Siemens).

3. Kompakte und schlanke IIoT-Plattformen für unterschiedliche Anwendungen zur Automatisierung von Produktionsprozessen, insbesondere für Visualisierungs- und Bedienzwecke sowie zum Teil auch für Datenanalyse. Beispiele für solche Plattformen sind Carriots (Altair), Ayla (Murata) und Bolt IoT (Inventrom).

Tabelle 5.4 Ausgewählte Eigenschaften einiger großer IIoT-Plattformen hinsichtlich Vernetzung/Programmierung [30]

Name der Plattform	Verfügbar seit	Datenübertragung	Kommunikationsprotokolle	Sprachen/ Frameworks	Unterstützte Datenbanken
ThingWorx	2009	Mobilfunk, WLAN, LAN, Kabel, Satellit, NFC, Bluetooth, ZigBee	OPC UA, MQTT, CoAP, DDS, XMPP, OMA-DM, WebSocket, TLS/SSL, VPN, ESB, native Anbindung	Java, JavaScript, C, C++	SQL
Bosch IoT Suite	2014	Mobilfunk, WLAN, LAN, NFC, Bluetooth, ZigBee	OPC UA, MQTT, CoAP, XMPP, Lightweight M2M, OMA-DM, TR-069, VPN, ESB	Java, JavaScript	SQL, TimeSeries, Graph-DB
MindSphere	2016	LAN	OPC UA, TLS/SSL	Java, JavaScript	SQL, TimeSeries, Graph-DB

Tabelle 5.5 Ausgewählte Eigenschaften einiger kompakter und schlanker IIoT-Plattformen hinsichtlich ihrer praktischen Anwendbarkeit [31]

Name der Plattform	Verfügbar seit	Bedienbarkeit	Geräteanbindung	Testzugang	Integration eigener Funktionen
Carriots	2013	einfach, über Drag & Drop	über eingebettete Systeme (Raspberry Pi, Arduino usw.)	persönlicher Testzugang	über Nutzung von APIs
Ayla	2014	einfach, über Drag & Drop	über spezielles Design Kit	persönlicher Testzugang	über Ayla SDK
Bolt IoT	2016	schwierig, gerichtet an Entwickler	über spezielles Gateway (Bolt Card)	freier Testzugang	über HTML, JavaScript
FlexIOT	2019	einfach, über Drag & Drop	über Virtual Devices (OPC UA, OPC DA, Modbus TCP, MQTT)	freier Testzugang	über JavaScript-API

Tabelle 5.4 veranschaulicht einige ausgewählte Eigenschaften hinsichtlich Vernetzung und Programmierung für große IIoT-Plattformen nach einer Studie in [30]. Diese Studie basiert im Wesentlichen auf den Angaben der Hersteller der jeweiligen Plattformen.

In der Analyse nach [31] wurden kompakte und schlanke IIoT-Plattformen hinsichtlich ihrer praktischen Anwendbarkeit als HMI/SCADA-Systeme für automatisierungstechnische Anwendungen untersucht. Tabelle 5.5 listet dazu einige ausgewählte Ergebnisse auf.

5.2.2 Referenzarchitekturen für Industrie 4.0 und IIoT

Sowohl in Deutschland als auch in den USA entstanden zwei Vorschläge für eine Referenzarchitektur bzw. ein Referenzmodell zur Automatisierung technischer Prozesse unter den neuen Bedingungen der Digitalisierung der Produktion. Beide Vorschläge werden im Folgenden beschrieben, und es werden die Unterschiede diskutiert.

5.2.2.1 Referenzarchitektur für Industrie 4.0

Im April 2015 wurde das *Referenzarchitekturmodell Industrie 4.0* (RAMI 4.0) durch den ZVEI veröffentlicht [32]. Das Modell umfasst alle Aspekte eines Industrie 4.0-Produktionsprozesses, kombiniert verschiedene Nutzersichten und schafft ein allgemeines Verständnis für Industrie 4.0. Bild 5.23 zeigt dieses Modell.

https://bit.ly/2V6mCFu

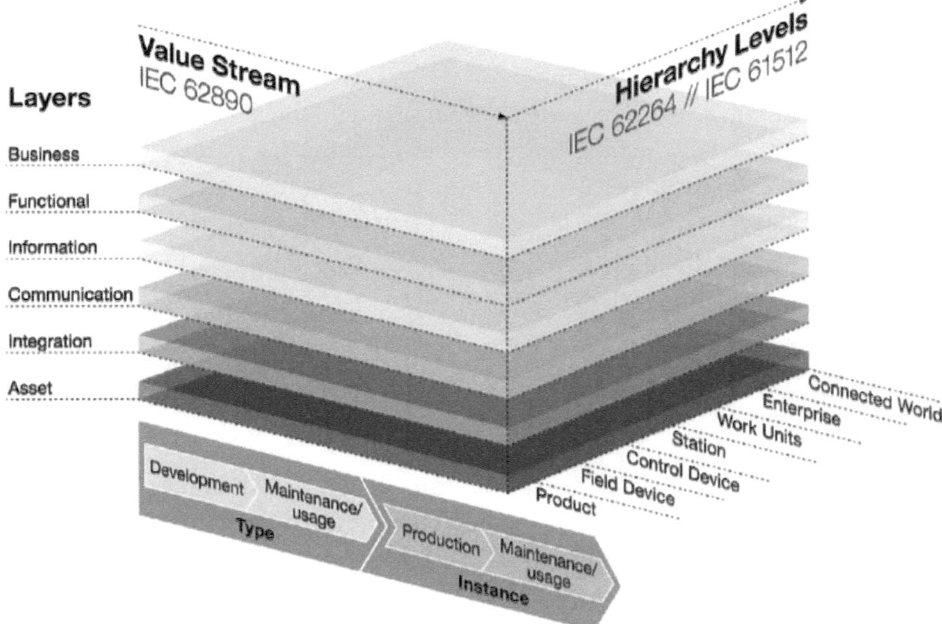

Bild 5.23 Referenzarchitekturmodell RAMI 4.0 für Industrie 4.0

RAMI 4.0 besteht aus einem dreidimensionalen Koordinatensystem mit den folgenden Achsen:

- **Hierarchy Levels:** Diese Achse bildet im Wesentlichen die Hierachiestufen nach IEC 62264 aus der klassischen Automatisierungspyramide ab (siehe Bild 5.16 links). Dabei sind zusätzlich auf der untersten Ebene das *Produkt* (Product) und auf der obersten Ebene der Zugang in das Internet mit *Connected World* berücksichtigt.

- **Value Stream:** Diese Achse berücksichtigt den Lebenszyklus von Anlagen und Produkten. Grundlage hierzu ist die IEC 62890 (Life Cycle Management). Unterschieden wird zusätzlich zwischen *Typ* und *Instanz*. Aus einem Typ wird eine Instanz, wenn die Entwicklung und Prototypfertigung abgeschlossen ist und in der Fertigung das eigentliche Produkt hergestellt wird.
- **Vertical Layers:** Mit dieser Achse wird die IT-Repräsentanz, z. B. einer Maschine, strukturiert in sechs Schichten beschrieben. Diese IT-Repräsentanz bezeichnet man auch als digitales Abbild oder *digitalen Zwilling* (Digital Twin). Als *Asset* werden in dieser Schicht die physikalischen Objekte bzw. Elemente im Produktionsprozess verstanden.

RAMI 4.0 beschreibt den *Lösungsraum* von Industrie 4.0 mit Berücksichtigung folgender Perspektiven:

- Produktions- und Logistikwertschöpfungsnetz in Form von firmeninternen und -übergreifenden Wertschöpfungsstufen
- Berücksichtigung des gesamten Lebenszyklus (Entwicklung/Engineering, Produktion, Betrieb/Nutzung/Service, Verschrottung/Recycling/Rückbau) aller betroffenen Betrachtungsgegenstände (insbesondere Produkt und Produktionssystem/Anlage)
- Betrachtung des Produktionssystems (Anlage, Fabrik), bestehend aus Produktionsmitteln einschließlich der Logistik
- Analyse der immer weiterwachsenden Datenmengen während der Nutzung von Produkten und der bedarfsgerechten Bereitstellung für den einzelnen Nutzer/Konsumenten

Damit gibt das RAMI-Modell eine Orientierung, in das die Anforderungen der Anwenderindustrie gemeinsam mit nationalen und internationalen Standards eingetragen werden können, um Industrie 4.0 zu definieren und weiterzuentwickeln.

https://bit.ly/2UqfHqJ

Das Referenzarchitekturmodell gibt dem Automatisierungstechniker keine direkten Hinweise zur praktischen Umsetzung einer Industrie 4.0-Lösung. In der Folgezeit wurde jedoch als zumindest teilweise Präzisierung das Konzept für eine *Industrie 4.0-Komponente* (I40-Komponente) innerhalb von RAMI 4.0 entwickelt. Bild 5.24 zeigt die Struktur einer solchen I40-Komponente [33].

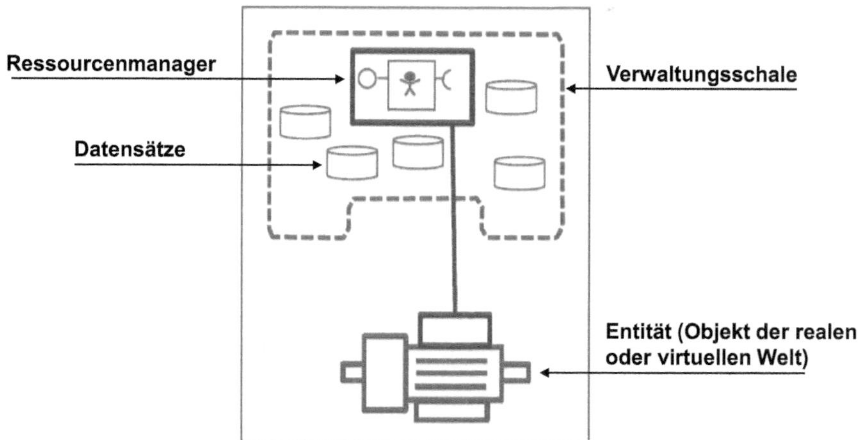

Bild 5.24 Industrie 4.0-Komponente als Präzisierung von RAMI 4.0

Eine I40-Komponente besteht demnach aus folgenden Teilen:

- **Entität:** Sie ist ein Objekt (Gegenstand) der realen oder virtuellen Welt, z. B. Sensor, Aktor, Maschine, Objekt der Informationswelt.
- **Verwaltungsschale:** Sie verwaltet die in einem Systemumfeld vorhandenen, zu einem Objekt gehörenden Informationen. Die Verwaltung ist in diesem Systemumfeld zusammenhängend und konsistent. Die Verwaltungsschale besitzt genau einen Ressourcenmanager. In verschiedenen Systemumgebungen kann es verschiedene Verwaltungsschalen zum selben Objekt geben.
- **Ressourcenmanager:** Er ist ein vollwertiger Teilnehmer in einem I40-Dienstsystem. Der Ressourcenmanager organisiert den Zugriff von extern auf die Informationen in der Verwaltungsschale und die interne Informationsverwaltung. Im Onlinemodus ist er für den Datenaustausch mit der kommunikationsfähigen Entität verantwortlich.
- **Datensätze:** Alle Informationen, die eine I40-Komponente benötigt, sind in verschiedenen Datensätzen (Datenspeicher) abgelegt.

Die I40-Komponente ordnet sich vollumfänglich in RAMI 4.0 ein und repräsentiert praktisch die Vertical Layers des Modells (siehe Bild 5.23) und damit die IT-Repräsentanz bzw. das digitale Abbild der Entität (wenn es sich um ein Objekt der realen Welt handelt).

Für die praktische Umsetzung einer I40-Komponente gibt es unterschiedliche Ansätze, die sich insbesondere hinsichtlich ihrer Komplexität unterscheiden.

https://bit.ly/3wYp7qm

Im Projekt openAAS [34] wurde z. B. eine komplexe Verwaltungsschale auf Basis industrieller Standards wie UML (Unified Modelling Language), CAEX (Computer Aided Engineering Exchange) und OPC UA entwickelt. Die Lösung ist prinzipiell offen für verschiedene Technologieanbindungen und steht als Open Source zur Verfügung.

https://bit.ly/36ScOkT

In Beispiel 5.9 ist eine weitere Variante einer Verwaltungsschale als Bestandteil einer I40-Komponente skizziert, die auf der Grundlage eines *Virtual Devices* eine schlanke, aber proprietäre Lösung vorstellt.

In beiden Varianten der vorgestellten Verwaltungsschalen kommunizieren diese untereinander über Dienste (siehe Abschnitt 5.2.3). Da aber bisher noch keine standardisierte Dienstschnittstelle für die Automatisierung vorliegt, können sich die Dienstdefinitionen und -schnittstellen in unterschiedlichen Varianten von Verwaltungsschalen erheblich voneinander unterscheiden.

Es gibt noch weitere Projekte zur Schaffung von I40-Komponenten bzw. dazugehörigen Verwaltungsschalen (unter anderem BaSys 4.0, IC4F, SAP AIN) [35], deren Zielsetzung aber mehr die generelle Implementierung von Industrie 4.0-Anwendungen ist.

In Beispiel 5.9 wird eine I40-Komponente mit einer schlanken Verwaltungsschale dargestellt.

Beispiel 5.9: Eine SPS als Industrie 4.0-Komponente [36]

Im Rahmen des Forschungsprojekts Cloud-Based Industrial Control Services (CICS) wurde das Konzept für die Nutzung einer SPS als I40-Komponente im Sinne von RAMI 4.0 entwickelt. Bild 5.25 zeigt dazu die Komponentenstruktur dieser I40-Komponente.

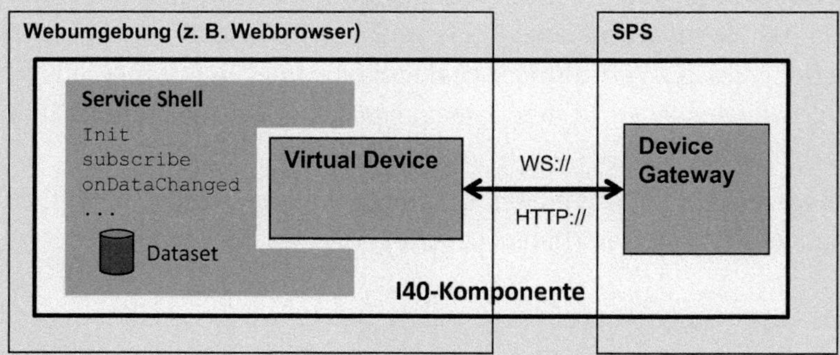

Bild 5.25 Komponentenstruktur für eine SPS als I40-Komponente

Als Ressourcenmanager fungiert in dieser I40-Komponente ein *Virtual Device* als digitales Abbild der SPS. Die *Service Shell* übernimmt wesentliche Funktionen der Verwaltungsschale, und das *Device Gateway* schafft die Voraussetzungen zur Kommunikation der SPS als Entität über die Protokolle HTTP und WebSocket (WS) mit dem Ressourcenmanager. Der in die Service Shell integrierte Datensatz bzw. mehrere Datensätze beinhalten erforderliche Parametrierungs- und Verwaltungsinformationen der I40-Komponente.

Im Rahmen von prototypischen Implementierungen (z. B. Steuerung einer Fertigungszelle) wurde die Praxistauglichkeit des Konzepts nachgewiesen. ■

5.2.2.2 Industrial Internet Reference Architecture

Die erste Version der *Industrial Internet Reference Architecture* (IIRA) des Industrial Internet Consortiums (IIC) [37] wurde im Juni 2015 veröffentlicht. Die Referenzarchitektur dient der grundlegenden Definition von Industrial Internet Systems (IIS). IIS werden definiert als Ende-zu-Ende-Anwendungssysteme für industrielle Aufgaben. Sie beinhalten technische Komponenten ebenso wie die Interaktionen mit Nutzern.

https://bit.ly/3wPHqOF

Die Beschreibung der IIRA basiert auf den grundlegendenKonventionen und Prinzipien des internationalen Standards für Softwaresysteme ISO/IEC/IEEE 42010. Hieraus übernimmt das IIRA grundlegende Architekturkonstrukte, wie z. B. Concern (Belang, Angelegenheit), Stakeholder (Interessenvertreter) und Viewpoint (Blickwinkel).

Die Viewpoints sind die grundlegenden Ebenen beim Aufbau der IIRA. Dabei werden vier Viewpoints für die Beschreibung genutzt (siehe Bild 5.26):

- **Business Viewpoint:** Hierbei handelt es sich um alle betriebswirtschaftlichen Belange beim Aufbau eines IIS sowie die regulatorischen Rahmenbedingungen.
- **Usage Viewpoint:** Hierbei handelt es sich um alle Belange zur Nutzung eines IIS. Eine typische Repräsentation ist die Beschreibung von Bedienabläufen.
- **Functional Viewpoint:** Hierbei handelt es sich um alle funktionalen Komponenten eines IIS. Dabei spielen deren Zusammenhänge, Struktur, Schnittstellen und Interaktionen eine Rolle. Ebenfalls von Relevanz sind auf dieser Ebene die Interaktionen eines IIS mit seiner Umwelt.
- **Implementation Viewpoint:** Hierbei handelt es sich um alle benötigten Technologien zur Umsetzung eines IIS. Dabei stehen funktionale Komponenten, deren Vernetzung und Kommunikationsschnittstellen sowie auch deren Produktlebenszyklen im Fokus.

In einem weiteren Teil der IIRA werden Schlüsselbelange (Systemeigenschaften) und Querschnittsfunktionen für ein IIS beschrieben. Dazu gehören z. B. Vernetzung, Integrierbarkeit und Interoperabilität, Datenverwaltung, Datenanalyse, robuste Steuerungen, Ad-hoc- und Plug-and-play-Fähigkeiten, Zuverlässigkeit, funktionale Sicherheit, IT-Sicherheit und Datenschutz.

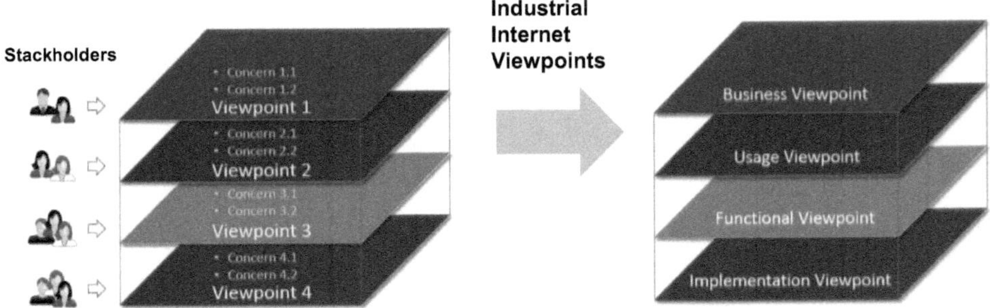

Bild 5.26 Die Viewpoint-Grundebenen der IIRA [37]

Betrachtet man im IIRA z. B. den *Functional Viewpoint* unter dem Aspekt der funktionellen Bereiche sowie der Systemeigenschaften und übergreifender Querschnittsfunktionen, erhält man das in Bild 5.27 dargestellte Architekturteilschema.

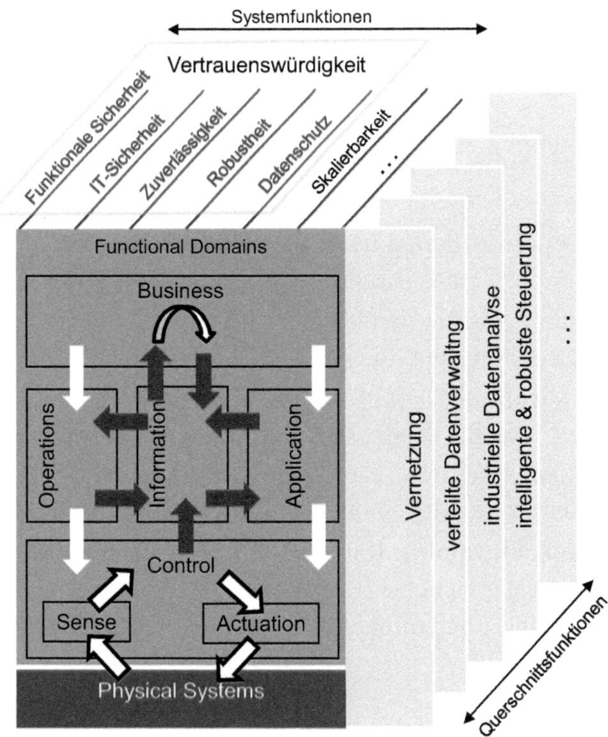

Bild 5.27 Architekturteilschema für die Ebene Functional Viewpoint im IIRA [37]

Weitere Ausführungen im IIRA beschäftigen sich ausführlich mit den Eigenschaften und Anforderungen der anderen drei Viewpoints. Modelle bzw. Konzepte für einzelne wichtige Elemente, wie z. B. der I40-Komponente in RAMI 4.0 sind im IIRA nicht behandelt. Insbesondere gibt es in der IIRA keinen Anspruch darauf, einzelne Objekte (Produkte) eindeutig zu identifizieren und sie in eine global vernetzte Infrastruktur (z. B. IIoT) in ihrem gesamten Lebenszyklus einzuordnen.

In Beispiel 5.10 wird eine Testanwendung basierend auf der IIRA dargestellt.

Beispiel 5.10: Intelligente städtische Wasserversorgung [38]

Im Rahmen verschiedener Testszenarien des IIC wurde basierend auf der IIRA eine intelligente städtische Wasserversorgung (WV) aufgebaut. Die Testanwendung nutzt unter anderem auch das Industrial Internet Connectivity Framework (IICF) und das Industrial Internet Security Framework (IISF). Beide Frameworks sind Entwicklungen des IIC. Bild 5.28 illustriert an einer vereinfachten Struktur den Aufbau der Testanwendung.

In der Anwendung wurde ein intelligenter Cloud-Service entwickelt. Es werden IoT-Gateways eingesetzt, um die WV-Objekte (Wasseruhr, Sensoren usw.) sicher mit dem Cloud-Service zu verbinden. Der Service steuert die WV und stellt erweiterte Wartungsfunktionen bereit, um die Wasserqualität zu überwachen und eine optimierte Wasserverteilung während der Spitzenlast sicherzustellen. Die Testanwendung ist in China zur Erprobung im Einsatz. Es wurden bisher ca. 1500 Wasserpumpen aus über 100 Gemeinden angeschlossen.

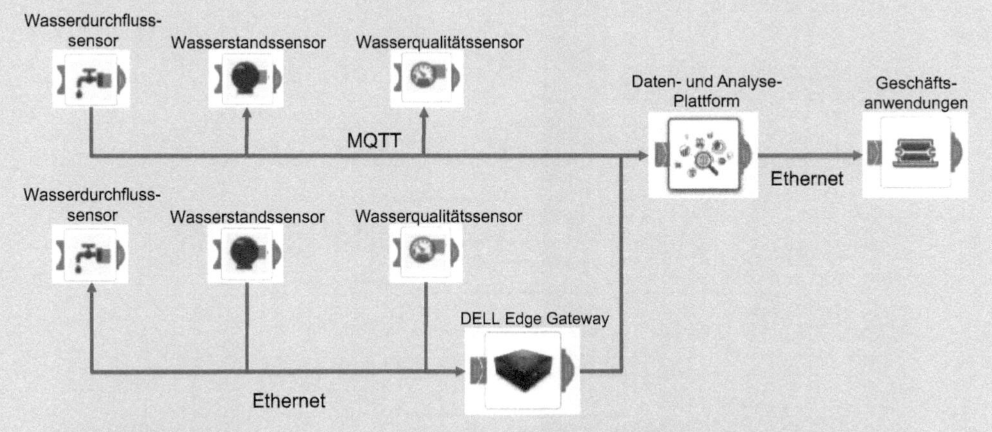

Bild 5.28 Vereinfachte Struktur der intelligenten städtischen Wasserversorgung

5.2.2.3 Vergleich von RAMI 4.0 mit IIRA

Die Referenzarchitekturen RAMI 4.0 und IIRA beschreiben den logischen Aufbau von Gesamtsystemen und Prozessen im Umfeld des IIoT. Der Fokus liegt dabei auf der einheitlichen Definition von Abstraktionsebenen und semantischen Zusammenhängen. Beide Architekturen berücksichtigen dabei verschiedene Aspekte und strukturieren das Gesamtsystem hierarchisch mit Schichten.

Es gibt darüber hinaus zwischen den beiden Architekturen in Teilbereichen vielfach Gemeinsamkeiten, aber vom Grundsatz her unterscheiden sich beide Architekturen doch erheblich. In Tabelle 5.6 sind die wesentlichen Unterschiede zwischen den beiden Referenzarchitekturen aufgeführt.

https://bit.ly/3rxvWyg

Tabelle 5.6 Wesentliche Unterschiede zwischen den Referenzarchitekturen RAMI 4.0 und IIRA

Charakteristik	RAMI 4.0	IIRA
Fokus	Fertigungsprozesse und Produktlebenszyklus	umfasst den gesamten Industriebereich
Basis-standards	Industriestandards IEC 62264/ IEC61512 und IEC 62890	Software-Engineering-Standard ISO/IEC/IEEE 42010
Vernetzung	Vernetzung basiert auf den I40-Komponenten; die I40-Komponenten sind vernetzt, aber nicht immer global	Vernetzung basiert auf dem Industrial Internet Connectivity Framework; Internet ist das Fundament der Vernetzung von IIRA-Dingen
IT-Sicherheit	IT-Sicherheit ist einer der Schwerpunkte.	IT-Sicherheit ist ein Schlüsselelement der Referenzarchitektur.

Gemeinsamkeiten zwischen RAMI 4.0 und IIRA findet man immer dann, wenn man im Detail einzelne Sichten (Viewpoints) und/oder Ebenen/Schichten miteinander vergleicht. Bild 5.29 veranschaulicht z.B. die Übereinstimmungen bzw. Zuordnungen bezogen auf die Functional View in der IIRA.

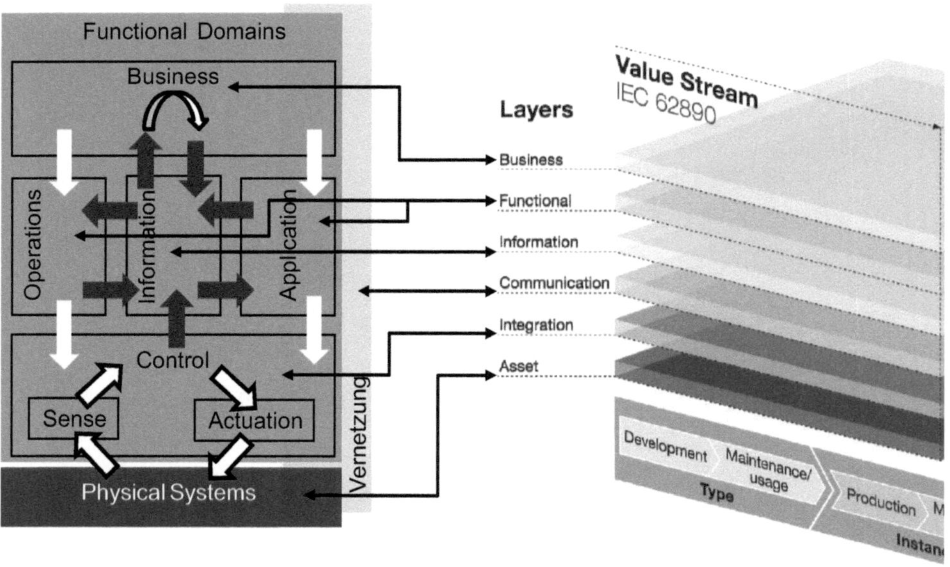

Bild 5.29 Funktionale Übereinstimmungen der Layers im RAMI 4.0 mit der IIRA [39]

Entsprechend Bild 5.29 kann man zwischen den Layern (der IT-Repräsentanz) im RAMI 4.0 und der Functional View in der IIRA eine mehr oder weniger gute Übereinstimmung bzw. Zuordnung konstruieren. Inwieweit diese aber bei praktischen Implementierungen Auswirkungen z.B. bezüglich der Interoperabilität hat, muss erst die Zukunft noch zeigen. Beide Organisationen, Plattform Industrie 4.0 und

Industrial Internet Consortium, haben aber seit 2017 eine enge Zusammenarbeit vereinbart, um die globale Interoperabilität zu fördern und das IIoT voranzutreiben.

5.2.3 Das Dienstparadigma in der Automatisierung

Eine einheitliche und standardisierte Definition des Dienstbegriffs im technischen Sinn ist bisher nicht vorhanden. In der Regel bezieht man sich auf Definitionen bzw. Erläuterungen aus der Informatik, obwohl auch hier ein Dienst je nach Anwendungskontext (Netzwerkdienst, Kommunikationsdienst, Rechnerprozess als Dienst usw.) unterschiedlich definiert wird.

Im Folgenden wird von einem Dienstbegriff nach [40] und [41] ausgegangen, da dieser auch meist in der Automatisierungstechnik genutzt wird.

Unter einem *Dienst* (Service) versteht man eine technisch autarke Einheit (Entität), die abgegrenzte Funktionalitäten zu einem technischen Aspekt bündelt und diese über eine Schnittstelle zur Verfügung stellt.

5.2.3.1 Dienste in der Automatisierungstechnik

Das Dienstparadigma als informationstechnisches Konzept wird bereits seit vielen Jahren für die Automatisierung technischer Prozesse eingesetzt. Ein einfaches Beispiel ist das Kommunikationsmodell Client-Server, das für den Datenaustausch zwischen zwei Teilnehmern Dienste nutzt (siehe Bild 1.20). Eine Reihe von Kommunikationssystemen in der Automatisierungstechnik nutzen diese Client-Server-Dienststruktur (z. B. INTERBUS, Modbus TCP, OPC), und auch das HTTP-Protokoll aus der Webwelt arbeitet nach dem Cient-Server-Prinzip (siehe Bild 3.28).

Idealerweise sollte ein Dienst technische Funktionen so weit abstrahieren, dass es nicht notwendig ist, die dahinterstehende Technik zu verstehen. Er sollte zudem auch genau definieren, welche Funktionen er anbietet.

Nutzt eine Softwarearchitektur primär Dienste zur Realisierung der Funktionen, so wird diese als *serviceorientierte Architektur* (SOA) bezeichnet. Mit der zunehmend stärkeren Informatisierung der Automatisierungstechnik werden SOA-Strukturen auch verstärkt für Automatisierungslösungen insbesondere in den mittleren und oberen Automatisierungsebenen eingesetzt.

https://bit.ly/3iOo87p

Ein Beispiel für die Nutzung von SOA-Strukturen für die Automatisierung technischer Prozesse ist die Entwicklung des *Device Profiles for Web Services* (DPWS) [42]. Das DPWS spezifiziert einen Standard, mit dem es möglich ist, Dienste auf eingebetteten Systemen mit eingeschränkten Ressourcen einzusetzen. Auf Basis von DPWS können vernetzte eingebettete Systeme (auch SPS-Steuerungen) Folgendes:

- sicher miteinander kommunizieren
- dynamisch entfernte Geräte bzw. Dienste entdecken
- selbstständig Dienste beschreiben
- Ereignisse auslösen bzw. Ereignisse anderer Dienste abonnieren

Bild 5.30 zeigt das dabei zugrunde liegende Basismodell.

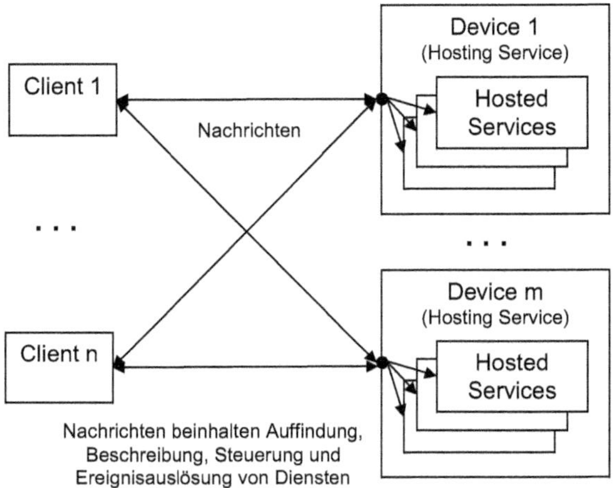

Bild 5.30 Basismodell für DPWS

In DPWS wird zwischen *Geräten* (Devices) und *Diensten* (Services) unterschieden. Ein Gerät stellt einen *Hosting Service* (gerätespezische Daten und Gerätefunktionen) und *Hosted Services* (ausführbare Operationen) bereit.

Bisher spielt DPWS in der automatisierungstechnischen Praxis keine Rolle. Dies liegt unter anderem an den für DPWS genutzten Microsoft-Webdienstprotokollen, die sehr schwergewichtig und komplex sind. Die erreichbaren Übertragungszeiten von z. B. Prozessdaten über ein globales Netzwerk liegen daher bei DPWS tendenziell im oberen Zeitbereich (im Sekundenbereich).

Eine serviceorientierte Architektur lässt sich sehr unterschiedlich umsetzen. Für eine Implementierung kann sich als Richtlinie das *OASIS SOA Referenzmodell* (OASIS - Organization for the Advancement of Structured Information Standards) als hilfreich erweisen. Dieses Modell wurde 2006 veröffentlicht und ist ein abstraktes Rahmenwerk, das dazu dient, wichtige Entitäten und die Beziehungen zwischen diesen innerhalb einer serviceorientierten Umgebung zu verstehen [43].

Das Referenzmodell wird unter anderem auch als eine der Grundlagen für eine serviceorientierte Architektur im Rahmen von Industrie 4.0 gesehen [44].

In Beispiel 5.11 wird eine SOA-Anwendung in der Automatisierungstechnik dargestellt.

Beispiel 5.11: Serviceorientierte Automatisierungsstruktur [45]

Das System *FourZero* der Firma Automation of Things ermöglicht SOA auf den unteren Automatisierungsebenen (Steuerung, Regelung, Überwachung). Dazu verwendet *FourZero* den Steuerungsstandard IEC 61499 und kombiniert diesen mit den Konzepten von SOA. FourZero integriert die Funktionalität von Middleware in die Steuerungsprogrammierung.

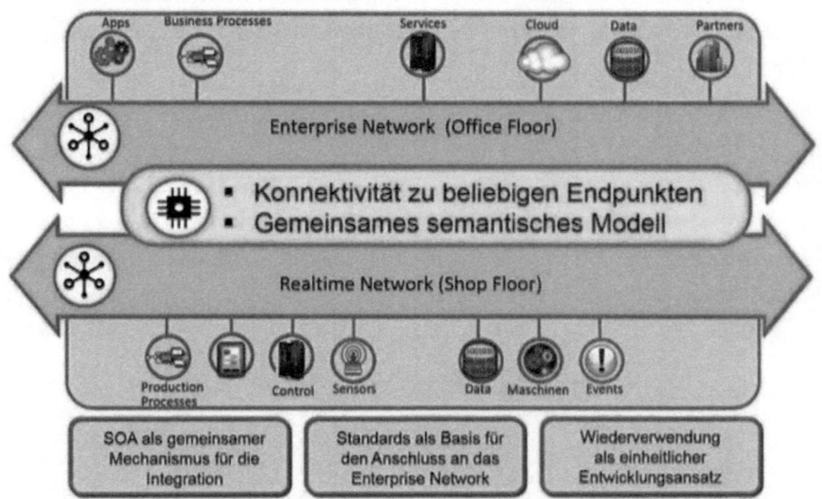

Bild 5.31 SOA-Komponentenstruktur von FourZero (© Automation of Things Europe GmbH/ZVEI - Zentralverband Elektrotechnik- und Elektronikindustrie e.V.)

Die Programmierung mit *FourZero* ist ereignisbasiert und aufgabenorientiert. Durch die FourZero-Architektur können eingebettete Geräte wie intelligente Sensoren, Aktoren und intelligente E/A-Knoten als verteilte Steuerung eingesetzt werden. Eine Open-Plattform-SPS übernimmt zusätzliche Aufgaben als Service-Provider. ■

Für Geschäftsanwendungen sind SOA-Implementierungen häufig sehr kompliziert, zentralisiert und schwergewichtig. In Zusammenhang mit neueren Entwicklungen des IoT werden deshalb leichtgewichtige, hochflexible und dezentralisierte SOA-Implementierungen auf Basis einer *weborientierten Architektur* (WOA) zunehmend an Bedeutung gewinnen.

https://bit.ly/3BPsSSy

Erste Ansätze zur Nutzung von WOA für Automatisierungssysteme kamen aus der Gebäudeautomatisierung. Doch auch für Industrie 4.0 wird zunehmend auf WOA und moderne Verfahren aus dem Web 2.0-Umfeld, wie z. B. REST und JSON (siehe Abschnitt 5.3.2), gesetzt, um entsprechende servicebasierte Software-Ecosysteme, wie z. B. IIoT-Plattformen, zu schaffen [46, 47].

5.2.3.2 Automatisierungsfunktionen als Service

In der IT-Welt bieten SOA-Strukturen eine der wesentlichen Voraussetzungen für Geschäftsmodelle, mit denen IT-Dienstleistungen zeit- und/oder ressourcengesteuert kostenpflichtig angeboten werden. In der Automatisierungstechnik werden SOA-Strukturen zwar gleichfalls eingesetzt, bisher aber praktisch nur für funktionale Zwecke. Daraus resultieren noch keine serviceorientierten Geschäftsmodelle. Im Gegenteil, SOA-Komponenten werden meist in klassischer Art und Weise mittels einer Lizenz vertrieben.

Durch die Digitalisierung der Produktion, Industrie 4.0, Internet of Things und Cloud-Computing wird das Dienstparadigma als neues Geschäftsmodell aber auch für die Automatisierung technischer Prozesse in allen Branchen zunehmend artikuliert. Dabei orientiert man sich an den bekannten Dienstmodellen aus der Informationstechnik (siehe Bild 5.13) und versucht, diese auf automatisierungstechnische Funktionen wie z. B. Datenanalyse, Bedienen & Beobachten und Steuerung zu übertragen.

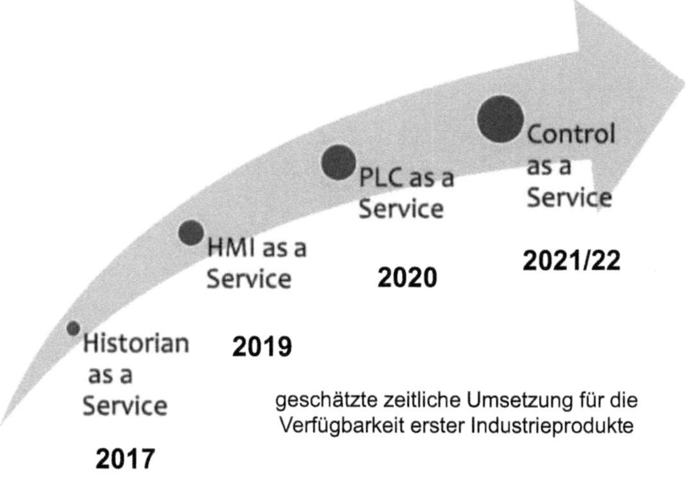

Bild 5.32 Meilensteine für die Nutzung von Automatisierungsdiensten aus der Cloud

Nach [48] soll sich die Nutzung von Diensten für klassische Automatisierungsfunktionen nach dem Dienstmodell Software as a Service (SaaS, siehe Abschnitt 5.1.3.1) entsprechend Bild 5.32 entwickeln.

Aktuell befindet sich die Automatisierungsbranche aber erst am Anfang dieser Entwicklung. Im Rahmen von verschiedenen Forschungsprojekten wurde aber die prinzipielle Machbarkeit der in Bild 5.32 aufgeführten Dienstmodelle bereits nachgewiesen.

Die in Bild 5.32 eingetragenen Jahreszahlen zeigen eine geschätzte zeitliche Umsetzung in die industrielle Praxis (aus meiner Sicht).

5.2.3.3 Smart Services

Neue Geschäftsmodelle nach dem Dienstparadigma, wie sie in Industrie 4.0 vorgesehen sind, sollen auf *Smart Services* basieren. Nach [49] besitzt ein Smart Service folgende Kennzeichen:

https://bit.ly/2TrJbUz

- Smart Services sind technische Systeme, die bewusst in Produkten oder Dienstleistungen implementiert werden, zum Zwecke der Erfüllung spezifischer Aufgaben speziell im Umfeld von IT-basierten Dienstleistungen. Sie sind gekennzeichnet durch eine Verbindungsmöglichkeit (synchron, asynchron) zu einer technisch geeigneten Serviceinfrastruktur, die ein agiles Verhalten im Sinne von Proaktivität, Lernfähigkeit und Effektivität ermöglicht.
- Sie können als technisches Dienstleistungssystem in einer Ausprägungsbandbreite bis hin zum intelligenten autonomen System entweder beim Endkunden direkt oder indirekt mithilfe von Dienstleistungsanbietern wirksam werden.
- Sie erfüllen alle herrschenden Kriterien ethischer Nutzungsprinzipien, soziotechnischer Vertrauenswirksamkeit und technischer Sicherheit für alle an Smart Services angebundene Nutzergruppen.
- Entwickler von Smart Services suchen mithilfe eines ständigen Diskurses mit den Smart Service-Nutzergruppen die Entwicklungs- und Anwendungsprinzipien zu verbessern und offenzulegen.

Will man Automatisierungsfunktionen als Smart Service im Rahmen eines Geschäftsmodells anbieten, muss man also geeignete wohldefinierte und transparente Schnittstellen schaffen und diese offenlegen, um Drittanbietern auch die Möglichkeit zu geben, ihre Geschäftsmodelle an diese Schnittstellen zu koppeln.

Im Maschinen- und Anlagenbau sind Smart Services häufig datenbasierte, individuell konfigurierbare Angebote aus Dienstleistungen, digitalen Diensten und Produkten, die häufig über Plattformen angeboten werden. Als Serviceplattformen kommen dabei Cloud-Plattformen (z. B. MS Azure, AWS) oder auch IoT-Plattformen (z. B. Mindsphere, ADAMOS) zum Einsatz.

https://bit.ly/3rnYRVp

Smart Services basieren meist auf einer SOA-basierten technischen Infrastruktur. SOA als technische Basis ist aber nicht zwingend erforderlich. Aus Sicht eines Geschäftsmodells könnten Smart Services auch mit anderen technischen Infrastrukturen realisiert werden.

Nach [50] stehen für den Maschinen- und Anlagenbau insbesondere folgende Smart Service im Fokus:

- **Remote Service:** Remote Services sind technische Dienstleistungen, die mittels Onlineverbindungen an einem entfernten Ort erbracht werden. Der Schwerpunkt liegt dabei auf proaktiven Diensten und multimedialer Kommunikation. Die wichtigsten Einsatzgebiete sind die Unterstützung der Instandhaltung und die Prozessoptimierung beim Einsatz von Maschinen.
- **Prozessoptimierung:** Über genauere Sensorik und bessere Datennutzung wird ein detailliertes Wissen über Verschleißgrenzen, potenzielle Nutzungsdauern und Maschinenlaufzeiten gesammelt. Diese gesammelten Informationen stehen dann zur Verfügung, wenn etwa Wartungsintervalle oder -abläufe optimiert werden sollen.
- **Vorbeugende Instandhaltung:** Dieser Service dient als Indikator zur Vorhersage und Meldung unerwarteter Vorfälle in der Produktion, um bevorstehende Maschinenausfälle zu vermeiden.
- **Service Monitoring:** Digitale Informationen aus vielen Quellen und Orten, die mit dem Produkt und dem Prozess in Zusammenhang stehen, treiben die Fertigungswelt an. Service Monitoring dient dabei der Echtzeitbeobachtung von Merkmalen und Funktion der Maschinen und Anlagen.

https://bit.ly/2TopfSk

In Beispiel 5.12 wird ein Smart Service im Anlagenbau dargestellt.

Beispiel 5.12: ThyssenKrupp Hololens – verringerte Wartungszeit bei Aufzügen [51]

ThyssenKrupp Elevators gehört zu den Vorreitern beim Einsatz der AR-Brille *MS HoloLens* (AR – Augmented Reality). Die Servicetechniker sind mit der Brille in der Lage, die spezifischen Kenndaten eines Aufzuges bereits vor einem Einsatz zu visualisieren. Vor Ort ermöglicht *HoloLens* durch eine Cloud-Anwendung jederzeit Zugang zu allen technischen Informationen des Aufzugs, Expertenunterstützung per Bildübertragung, und das alles mit dem Vorteil, jederzeit beide Hände frei zu haben. Erste Erfahrungen haben gezeigt, dass die Arbeit bis zu viermal schneller erledigt werden kann. ■

Viele der von Herstellern als Smart Service bezeichneten Dienstleistungsprodukte sind allerding häufig noch Marketingbegriffe und erfüllen nur unzureichend die vorangehend erwähnten Kriterien eines Smart Service.

5.3 Kommunikation

https://bit.ly/3kHi1V0

Es ist unbestritten, dass für Industrie 4.0 und das Industrial Internet of Things (IIoT) eine effiziente und sichere Kommunikation und Vernetzung aller beteiligten Entitäten (reale und virtuelle Objekte, Dienste usw.) eine wesentliche Grundlage bilden. Betrachtet man die beiden Referenzarchitekturen RAMI 4.0 und IIRA hinsichtlich des Aspekts der Kommunikation, so lässt sich kein allgemeingültiges Kommunikationsmodell erkennen. Kommunikation und Vernetzung werden als Querschnittsfunktionalitäten definiert, die aber nicht weiter spezifiziert werden. Es gibt dabei durchaus Unterschiede in der Betrachtung der Kommunikation zwischen RAMI 4.0 und IIRA:

- **RAMI 4.0:** Kommunikation und Vernetzung ist im RAMI 4.0 in der Achse *Vertical Layers* (siehe Bild 5.23) als Querschnittsfunktion festgelegt. Man bezeichnet Kommunikation und Vernetzung dabei auch als *Netzkommunikation* [52]. Ein Referenzmodell für die Netzkommunikation steht aber noch nicht zur Verfügung. Man hat sich bei RAMI 4.0 allerdings sehr frühzeitig auf OPC UA als Kommunikationssystem für die oberen Teile der Achsen *Layers* und *Value Stream* festgelegt [39]. Durch die Einführung der I40-Komponente (siehe Bild 5.24) spricht man bei RAMI 4.0 auch von *I40-Kommunikation* zwischen den I40-Komponenten.
- **IIRA:** Kommunikation und Vernetzung sind als Querschnittsfunktion (Connectivity) im Architekturteilschema für die Ebene *Functional Viewpoint* im IIRA verankert (siehe Bild 5.27). Alle weiteren Ausführungen dazu führen aber dann in der IIRA-Ebene *Implementation Viewpoint* zu einer hierarchischen Datenbusstruktur der Kommunikation [37], die aus dem klassischen Automatisierungsmodell mit Feldbus, Bereichsbus, Fabrikbus usw. hinreichend bekannt ist. Die IIRA gibt keinen Hinweis auf konkrete Protokolle und Schnittstellen.

Die strukturierte Beschreibung der Kommunikation und Vernetzung für Industrie 4.0 und IIoT basiert in diesem Kapitel im Wesentlichen auf dem *Industrial Internet of Things Connectivity Framework* (IICF) [53]. Dieses Framework wurde 2018 durch das IIC veröffentlicht und in [54] dem OSI-Referenzmodell angepasst. Bild 5.33 zeigt das IICF, bezogen auf die sieben Schichten des OSI-Referenzmodells (siehe Abschnitt 1.3.1.1).

Die Beschreibung der Kommunikationsprotokolle TCP, UDP und IP (Schicht 4 und 3) erfolgte bereits in Abschnitt 3.3.1. In Abschnitt 5.3.1 und Abschnitt 5.3.2 werden deshalb nur die aktuell im Fokus stehenden Anwendungsprotokolle des IIoT (Schicht 7) und in Abschnitt 5.4 einige spezifische Erweiterungen/Ergänzungen für Industrie 4.0/IIoT in den Schichten 1 und 2 behandelt. Da das Connectivity Framework nach Bild 5.33 grundsätzlich auf dem Schichtenmodell der Internet-Protokoll-Suite basiert, sind die Schichten 5 und 6 nicht ausgefüllt (siehe Abschnitt 3.3.1.1). In Bild 5.33 links ist die Zuordnung der Inhalte zu Abschnitt 5.3.1, Abschnitt 5.3.2 und Abschnitt 5.4 aufgezeigt.

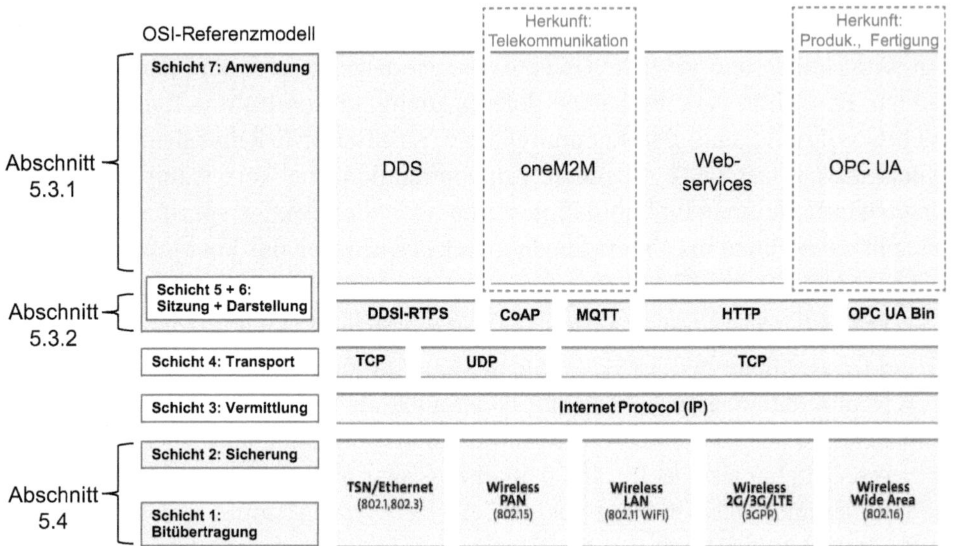

Bild 5.33 Das Industrial Internet of Things Connectivity Framework, bezogen auf das OSI-Referenzmodell

5.3.1 Obere Anwendungsschicht

In diesem Abschnitt werden, bezogen auf das Connectivity Framework, nach Bild 5.33 im Wesentlichen die beiden Kommunikationssysteme OPC UA und DDS behandelt.

https://bit.ly/36S09yw

Webservices (WS) als allgemeines und sehr umfangreiches Kommunikationssystem, basierend auf W3C-standardisierten Webprotokollen, kommt insbesondere im Business-to-Business-Bereich sowie auch in der industriellen Planungsebene (z. B. in ERP-Systemen) zur Anwendung. Für Industrie 4.0, IIoT und CPS-Integration spielt es nur dann eine Rolle, wenn WS-Protokolle im jeweiligen Anwendungskontext genutzt werden, z. B. bei DPWS (siehe Abschnitt 5.2.3.1). WS werden deshalb hier nicht speziell betrachtet. Eine kompakte Übersicht zu Webservices finden Sie in [55].

Auch auf *oneM2M* wird nicht weiter eingegangen, da das System eher für die Kommunikation über fachliche Domain-Grenzen hinweg aus Sicht von Telekommunikationsunternehmen konzipiert ist [56]. Eine Akzeptanz für eine Automatisierung im Sinne von Industrie 4.0 und RAMI 4.0 ist bisher nicht erkennbar.

5.3.1.1 OPC UA

OPC UA als offenes und standardisiertes Kommunikationssystem wurde in seinen Grundzügen bereits in Abschnitt 2.3.3 behandelt. Im Folgenden sollen diese Ausführungen um einige Aspekte bezüglich Industrie 4.0 und RAMI 4.0 ergänzt werden.

Die Umsetzung der CPS-basierten Automatisierung technischer Prozesse sowie Industrie 4.0 erfordert Standards auf mehreren Ebenen, um modulare Produktionsanlagen gemäß der Vision von Industrie 4.0 aufbauen zu können. OPC UA ist dabei ein wichtiger Standard, der dabei hilft, die Kommunikation zwischen Geräten und Anlagenteilen herstellerunabhängig und sicher zu gestalten. Durch den industriegetriebenen Standardisierungsprozess ist eine hohe Akzeptanz seitens industrieller Anwender für OPC UA als plattform- und herstellerunabhängige Kommunikationstechnologie für Industrie 4.0-Lösungen erkennbar. Die Informationsmodelle innerhalb des OPC UA Standards bieten darüber hinaus die Grundlage zur Realisierung einer semantischen Interoperabilität.

Für die Umsetzung von RAMI 4.0 wurde deshalb auch OPC UA als Empfehlung für die Umsetzung des Kommunikationslayers gelistet. Bild 5.34 veranschaulicht die Anwendung von OPC UA in RAMI 4.0. nach [57].

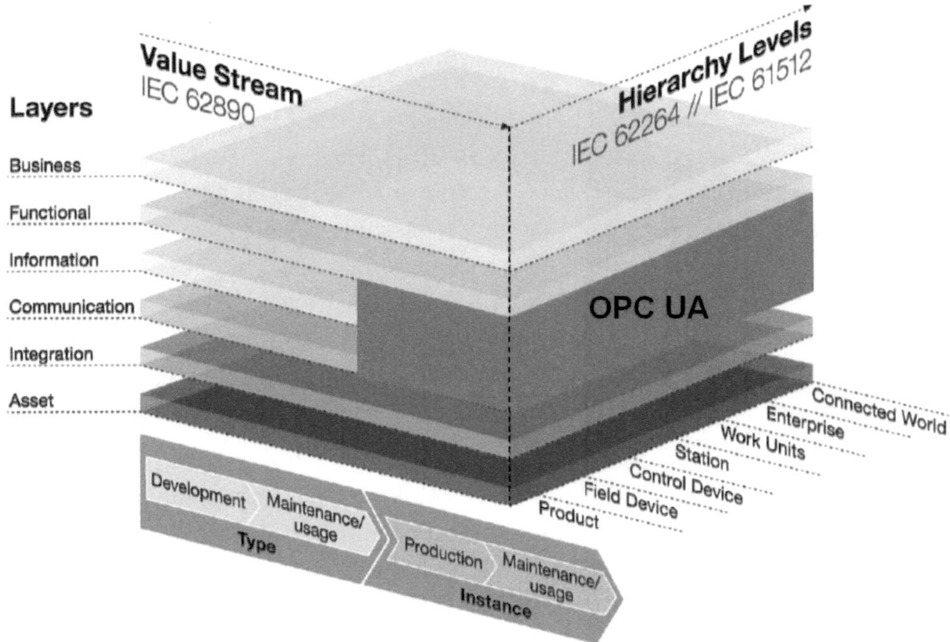

Bild 5.34 OPC UA im Referenzarchitekturmodell RAMI 4.0

Wie in Bild 5.34 dargestellt, ist OPC UA sowohl im Information als auch im Communication Layer verortet, bezieht sich im Value Stream auf die Instanzen von Komponenten, Maschinen und Anlagen und soll alle Hierarchy Levels umfassen.

Hinsichtlich der Einordnung und Bedeutung von OPC UA in RAMI 4.0 gibt es aber aktuell durchaus noch unterschiedliche Auffassungen (siehe dazu z.B. den RAMI Communication Stack nach [39]).

Im November 2016 hat die Plattform Industrie 4.0 eine Checkliste veröffentlicht, die die Produkthersteller befähigt, ihre Produkte in den Kategorien *Industrie 4.0 Basic*, *Ready* oder *Full* einzustufen: Bereits die niedrigste Stufe listet bei dem Kriterium I40-Kommunikation die Anforderung auf, dass das Produkt im Netzwerk online per TCP/UDP oder IP mit mindestens dem Informationsmodell von OPC UA ansprechbar sein muss [58].

Betrachtet man OPC UA mehr im Fokus von IIoT, so ergibt sich allerdings eine etwas andere Situation: OPC UA wurde Anfang 2000 ohne Berücksichtigung der heute für das IoT und IIoT üblichen Webtechnologien entwickelt. Es wurde zwar bereits eine serviceorientierte Architektur berücksichtigt, diese ist aber strikt auf eine schwergewichtige, zentralisierte, serverbasierte Struktur ausgerichtet. Eine leichtgewichtige und *weborientierte Architektur* (WOA, siehe Abschnitt 5.2.3.1) ist bei OPC UA nur mit zusätzlichem Aufwand zu realisieren. So kann z.B. ein Webclient (Browser) keine schnelle direkte Verbindung zu einem OPC UA-Server aufbauen, sondern es ist ein zwischengeschaltetes Gateway bzw. eine Brückenkomponente erforderlich. Beispiel 5.13 soll diese Situation verdeutlichen.

https://bit.ly/3xXwQ9p

https://bit.ly/3xXwXIl

Prinzipiell wäre es auch möglich, mittels eines OPC UA-Clients in der Cloud über HTTP und das Webserviceprotokoll auf den OPC UA-Server zuzugreifen (siehe Bild 2.35). Diese Methode ist aber wegen der Schwergewichtigkeit des Webserviceprotokolls relativ langsam (mehrere 100 ms), sodass dies für die Übertragung einzelner Prozessdaten in den meisten Fällen wenig effizient ist. In neueren Versionen kennt OPC UA jedoch mit der Publisher-Subcriber-Erweiterung (Pub-Sub-Funktionalität) auch eine Datenübertragung per MQTT (siehe Abschnitt 5.3.2.3). Im Einzelfall muss jedoch stets geprüft werden, welche Latenzzeiten damit erreicht werden können und ob der jeweilige OPC UA-Server die Pub-Sub-Funktionalität überhaupt unterstützt.

Generell ergibt sich die Frage, ob für einfache CPS- bzw. I40-Komponenten, die nur ein begrenztes Prozessdatenvolumen übertragen müssen und auch kein UA-Informationsmodell benötigen (Sensoren, Aktoren oder auch einfache Steuerungen), überhaupt eine schwergewichtige OPC UA-Schnittstelle erforderlich ist. Für diese Fälle ist sicher ein direkter MQTT-Adapter, z.B. realisiert als Funktionsbaustein auf einer SPS, die wesentlich effizientere Lösung [59].

In Beispiel 5.13 wird die Anbindung einer SPS an eine IIoT-Plattform über OPC UA dargestellt.

Beispiel 5.13: Übertragung von Prozessdaten aus einem Automatisierungssystems mittels OPC UA in eine Cloud

Ein Automatisierungssystem besteht aus einer Steuerung (SPS), einem Leit- und Visualisierungsrechner (SCADA/HMI) und einem Auftragssystem (MES). Aus der SPS sollen Prozessdaten in kurzen Zeitabständen über eine IIoT-Plattform in eine Cloud übertragen werden. Die Daten können dann von dort browserbasiert für Monitoring, Analyse und für ein Dashboard genutzt werden.

Zur Übertragung der Prozessdaten vom OPC-Server wird in Bild 5.35 ein OPC UA-Gateway genutzt, mit dem das OPC-Protokoll auf ein Webprotokoll (z. B. MQTTWS, siehe Abschnitt 5.3.2.3) umgesetzt wird. Das OPC UA-Gateway kann z. B. in einem eingebetteten System (Raspberry Pi) oder IPC erstellt werden. Damit lassen sich dann Latenzzeiten von ca. 25 ms für die Übertragung eines Prozessdatums in die Cloud erzielen [60].

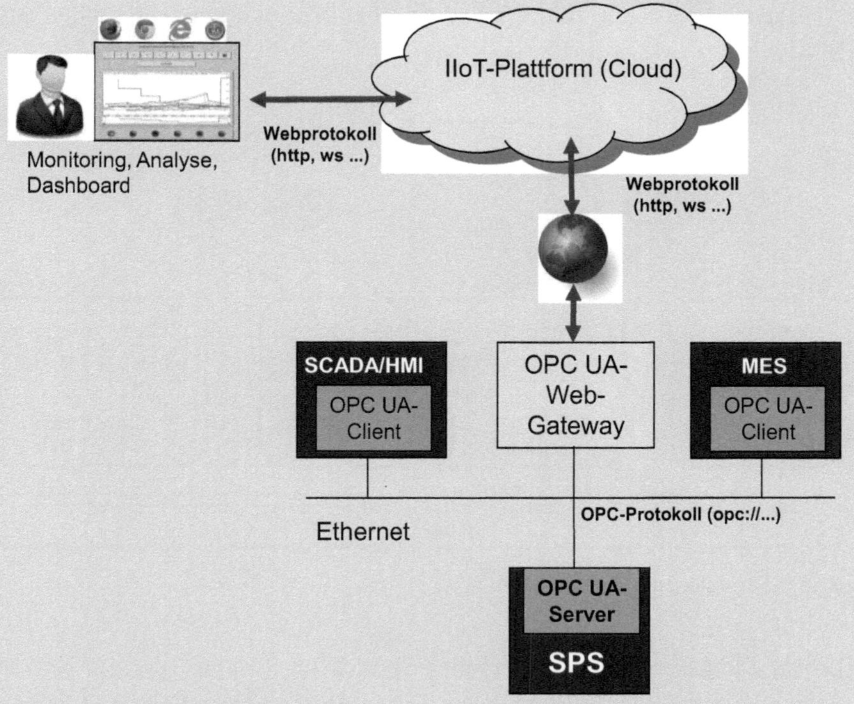

Bild 5.35 Komponentenstruktur für die Anbindung eines Automatisierungssystems an eine Cloud über OPC UA

5.3.1.2 DDS

Data Distribution Service for Real-Time Systems (DDS) ist ein Standard der Object Management Group (OMG) für ein Kommunikationssystem, um in einem IP-Netz Echtzeitdaten zwischen Komponenten effizient, zuverlässig und robust übertragen zu können.

https://bit.ly/3iwKav2

Die erste DDS-Spezifikation wurde 2004 veröffentlicht. Einsatzgebiete sind insbesondere kritische Industrie- und Infrastrukturbereiche wie Luftfahrt, Verteidigung, Medizintechnik, autonome Fahrzeuge und Transport. DDS wird besonders in den USA als Alternative zu OPC UA favorisiert. In Europa sind keine größeren Anwendungen von DDS in der Produktionsautomatisierung bekannt.

DDS ist wie auch OPC UA nicht nur eine Kommunikationsschnittstelle, sondern eine Verteilungsplattform (Middleware) zur Datenkommunikation in dynamischen, verteilten Systemen. Die DDS-Middleware verbindet hierzu die Datenzentriertheit mit der Publisher-Subscriber-Methode (siehe Abschnitt 1.3.3), sodass für die Anwendungen nur die Daten und ihre Eigenschaften im Vordergrund stehen.

Ein DDS-System baut auf einem globalen gemeinsamen Datenraum auf (Global Data Space – GDS), in dem Anwendungen typisierte Daten als Publisher veröffentlichen können oder als Subscriber die Option haben, solche Daten zu abonnieren, wenn sie diese benötigen. Bild 5.36 veranschaulicht den konzeptionellen Aufbau von DDS.

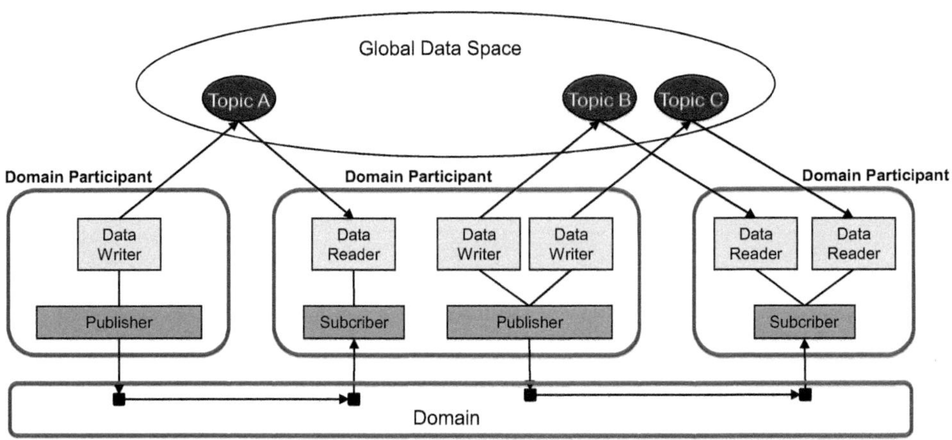

Bild 5.36 Konzeptioneller Aufbau von DDS

Der *Global Data Space* ist ein virtueller Bereich im System (bzw. im Netzwerk), über den die einzelnen Anwendungen Daten austauschen können. Diesen GDS teilen sich diverse Anwendungen, die in Bild 5.36 als *Domain Participants* bezeichnet sind.

Ein Domain Participant repräsentiert einen konkreten Teilnehmer in einer *DDS-Domäne*, wobei es sich bei einer Domäne um eine logische Gliederung des GDS handelt. Eine DDS-Domäne wird durch eine eindeutige Zahl (Unique ID) identifiziert. Ein Domain Participant kann nun entweder als *Publisher* Objekte zur Veröffentlichung von Daten oder als *Subscriber* Objekte zum Abonnieren von Daten besitzen.

Ein *Topic* bildet eine Assoziation zwischen einem bestimmten Datentyp, einer Menge von Eigenschaften und einem eindeutigen Namen und ist damit die Einheit der auszutauschenden Daten. Die Domain stellt einen Namensraum im GDS dar, in dem der Name des Topics eindeutig ist und auf die eine Anwendung über den Domain Participant zugreifen kann. Für jedes Topic gibt es spezifische *DataWriter* und *DataReader*, die die direkten Sende- und Empfangsschnittstellen von Daten für die Anwendungen repräsentieren.

DDS ist objektorientiert, und die Komponenten eines DDS-Systems sind als Klassen definiert, wovon die wichtigsten in Bild 5.37 als UML-Diagramm dargestellt sind. Die bisher beschriebenen Komponenten wie Topic, DataWriter, DataReader usw. finden sich darin als Klassen wieder.

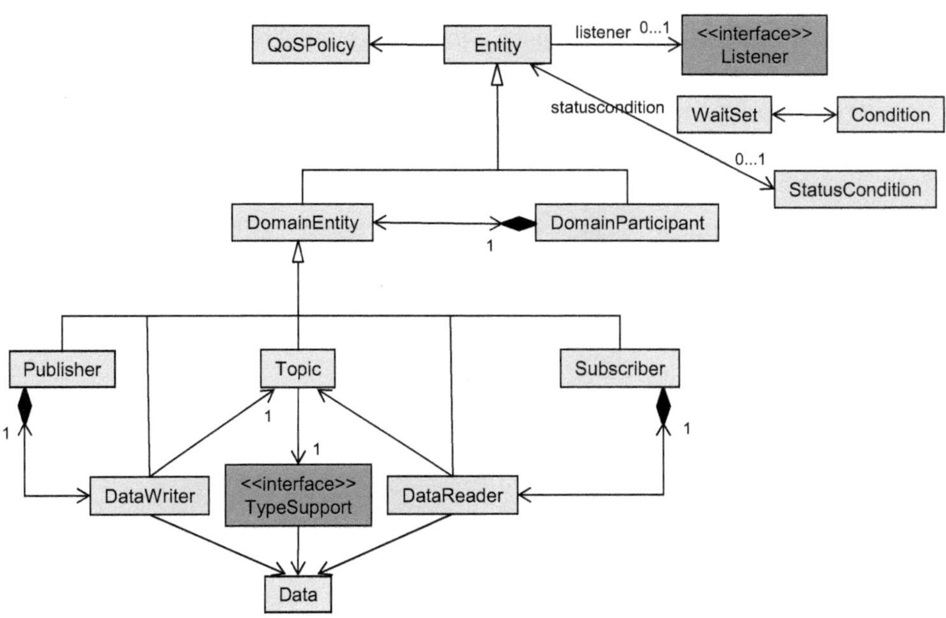

Bild 5.37 UML-Klassenmodell von DDS

Die einzelnen DDS-Entitäten - wie Publisher, Subscriber, Data Writer, Data Reader usw. - müssen nicht programmiert werden. Die Struktur der Daten eines Topics werden mithilfe der *Interface Description Language* (IDL) projektiert, aus der dann mithilfe eines Codegenerators alle für die Applikation notwendigen Softwareartefakte in unterschiedlichen Programmiersprachen erzeugt werden können.

Mit IDL lehnt sich DDS an die objektorientierte Middleware CORBA (Common Object Request Broker Architecture) an, die von der OMG bereits 1990 entwickelt wurde. CORBA/IDL haben sich in der Produktionsautomatisierung aufgrund der sehr abstrakten und komplexen Spezifikation jedoch nicht durchsetzen können.

Eines der markantesten Merkmale von DDS sind die vielfältigen Konfigurationsmöglichkeiten der *Dienstgüte* (QoS – Quality of Service). Es kann dabei ein breites Spektrum von QoS-Eigenschaften, wie beispielsweise die Datenverfügbarkeit, Datenbereitstellung, Datenaktualität oder Ressourcennutzung für jedes Topic, projektiert werden.

Für DDS gibt es verschiedene Implementierungen. Die Implementierung *Connext DDS* (von RTI) versteht sich als Connectivity Framework für das Industrial Internet, wobei in den Aussagen von RTI insbesondere die Echtzeitfähigkeit im Bereich von wenigen Millisekunden bis Mikrosekunden hervorgehoben wird [61].

In Beispiel 5.14 wird die Anwendung von DDS als Echtzeitkommunikationssystem in der Medizin dargestellt.

Betrachtet man als Industrial Internet das globale Netz (Internet), sind Aussagen zur Echtzeitfähigkeit von DDS jedoch nur bedingt möglich, da unabhängig vom anwendungsspezifischen Kommunikationssystem bzw. der Middleware (DDS, OPC UA oder andere Systeme) die Übertragungszeiten im Netz selbst der dominierende Einfluss auf die Zeitdeterministik sind. Die jeweilige Middleware hat darauf praktisch keinen Einfluss.

Die Aussage zu Connext DDS als Connectivity Framework für Industrial Internet einerseits und dessen Echtzeitfähigkeit bis in den µs-Bereich andererseits muss deshalb sehr relativiert werden und hängt letztendlich von den Eigenschaften des zugrunde liegenden Kommunikationsnetzwerkes ab.

Beispiel 5.14: Minimalinvasive Roboterchirurgie [62]

In einer Anwendung für die minimalinvasive Technologie für Roboterchirurgie werden drei Roboter eingesetzt, damit ein Chirurg an einem schlagenden Herzen operieren kann (Bild 5.38). Damit das funktioniert, darf das Herz augenscheinlich nicht schlagen. Folglich muss sich das robotergestützte chirurgische Gerät synchron mit dem schlagenden Herzen bewegen, sodass es während der Operation wirkt, als würde das Herz stillstehen.

RTI Connext DDS stellt bei dieser Anwendung die Kommunikationsinfrastruktur zwischen den drei MIRO-Robotern, dem Endoskop, den Robotersteuerungen des Chirurgen und den Benutzeroberflächen des Chirurgen und des Technikers bereit, um die Synchronisation und Koordination zwischen ihnen zu sichern. Mithilfe von DDS für medizinische Anwendungen war es möglich, eine deterministische Lösung zu implementieren, die zwischen 1 und 3 kHz arbeitet und so die Entwicklung von verteilten haptischen geschlossenen Regelkreisen ermöglicht.

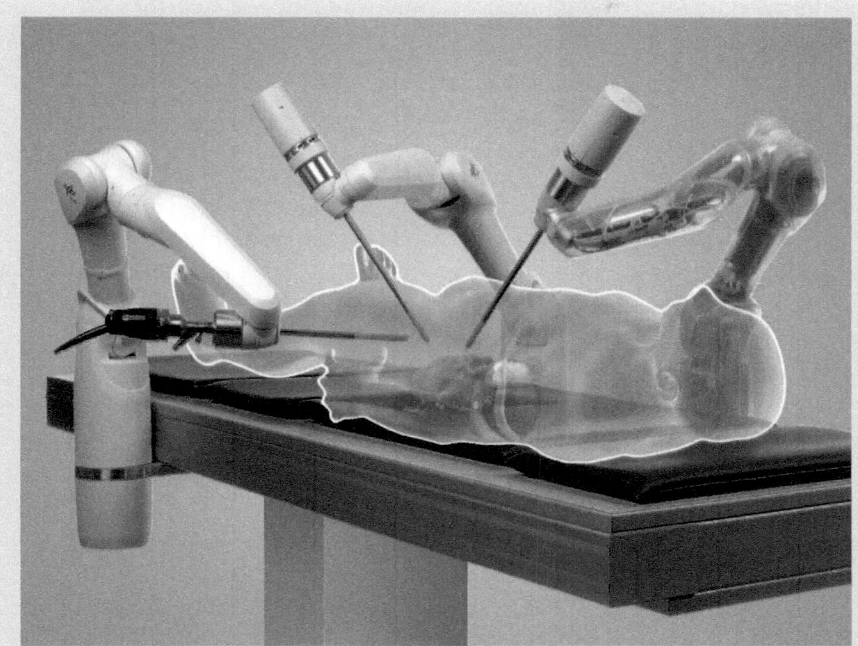

Bild 5.38 Drei MIRO Lab-Roboter, koordiniert durch *RTI Connext DDS* (© Real-Time Innovations (RTI)/Deutsches Zentrum für Luft- und Raumfahrt e. V. (DLR))

5.3.1.3 OPC UA versus DDS

Entsprechend der Einordnung von OPC UA und DDS in die oberen Kommunikationsschichten des IICF nach Bild 5.33 wird damit eine Vergleichbarkeit beider Systeme als zukünftiges Kommunikationssystem für das Industrial Internet bzw. Industrie 4.0 suggeriert. Dies ist jedoch wegen der Verschiedenartigkeit beider Systeme so nicht ohne Weiteres möglich.

OPC UA: OPC UA spezifiziert ein plattform- und herstellerunabhängiges, serviceorientiertes Architektur-Framework. Die OPC Foundation positioniert OPC UA als eine Schlüsseltechnologie und als einen Standard für Daten- und Informationsaustausch für Industrie 4.0, bei dem die Interoperabilität im Vordergrund steht. Im Unterschied zu anderen Systemen und Protokollen definiert OPC UA daher auch ein domänenspezifisches Datenmodell und ist dienstorientiert (Client/Server) und nicht datenorientiert. OPC UA unterstützt keine Konfiguration der Dienstgüte.

DDS: DDS ist eine datenzentrierte Pub-Sub-Middleware für Echtzeitanwendungen, die vor allem für sehr hohen Durchsatz, geringe Latenzen, viele verteilte Kommunikationspartner und für Einsatzgebiete optimiert ist, bei denen Anforderungen an die funktionale Sicherheit eine signifikante Rolle spielen. DDS wird vom IIC und der OMG als zukünftiges Kommunikationssystem für das IIoT vorangetrieben.

https://bit.ly/3hRhXA6

In Tabelle 5.7 sind ausgewählte Eigenschaften von OPC UA und DDS im Vergleich aufgeführt.

Tabelle 5.7 Ausgewählte Eigenschaften von OPC UA und DDS im Vergleich

Eigenschaften	OPC UA	DDS
Architektur	Client-Server-basierte Dienststruktur	datenzentrierte Publisher-Subscriber-Middleware
Echtzeitfähigkeit	konzipiert für hohe Interoperabilität, weniger für Echtzeitbetrieb	konzipiert für Echtzeitanwendungen in Netzen mit hohem Durchsatz und geringen Latenzzeiten
Dienstgüte	nicht konfigurierbar	vielfältige Konfigurationsmöglichkeiten der Dienstgüte
Datenmodell	domänenspezifische Datenmodelle (Companion Specifications) sind möglich	keine branchenspezifischen Companion Specifications
Offenheit	plattform- und herstellerunabhängig, Open Source bedingt verfügbar	plattform- und herstellerunabhängig, Open Source verfügbar
Aufwand für Anwender	ohne Datenmodell geringe Einstiegshürde; übersichtliche Anwendung	hohe Komplexität; erfordert tiefe Systemkenntnisse
Geräteanbindung	Automatisierungsgeräte besitzen häufig bereits eine OPC UA-Schnittstelle.	Geräte mit bereits integrierter DDS-Schnittstelle stehen kaum zur Verfügung.
Datensicherheit	unterstützt alle Sicherheitsmechanismen	keine Authentifizierung, keine Nachrichtenverschlüsselung
Standardisierung	IEC 62541	Standard der OMG
Einsatzgebiet	Produktion	Luftfahrt, Medizin, Verkehr, Militär

Als Fazit des Vergleichs von OPC UA mit DDS kann festgestellt werden, dass aktuell beide Systeme ihre Daseinsberechtigung haben und es primäre Aufgabe des Anwenders ist, die für den jeweiligen Einsatzkontext am besten passende Lösung auszuwählen.

Im April 2016 haben die OMG und die OPC Foundation eine Kooperation angekündigt, um gemeinsam an einer Integration beider Kommunikationsstandards zu arbeiten. Zielstellung ist dabei, dass ein OPC UA-Teilnehmer mit Pub-Sub-Fähigkeiten als Domain Participant im DDS arbeitet [63].

Als Kommunikationssystem ist beiden Systemen – OPC UA und DDS – gemeinsam, dass bei der originären Entwicklung Web- und Internettechnologien wegen des Zeitfaktors nicht berücksichtigt werden konnten. Anfang der 2000er Jahre standen die modernen Webtechnologien nur in Ansätzen zur Verfügung. Hieraus ergibt sich die Frage, ob nicht Kommunikationssysteme und -protokolle, die bereits vom Grundsatz her auf diesen neuen Technologien beruhen, für das Industrial Internet of Things wesentlich besser geeignet wären. Diese Frage kann aber sicher erst in der Zukunft beantwortet werden.

5.3.1.4 Alternative Kommunikationsschnittstellen

Im Folgenden werden zwei neuere, konsequent webtechnologiebasierte Kommunikationsschnittstellen für die oberen Kommunikationsschichten nach Bild 5.33 behandelt, die für pragmatische und schlanke Industrie 4.0-Lösungen und/oder für das IIoT durchaus an Bedeutung gewinnen könnten.

PLC4X

PLC4X ist ein Protokolladapter für das IIoT als Open Source-Projekt und wird bei der Apache Software Foundation als Top-Level-Projekt gelistet [64]. PLC4X soll insbesondere die Kommunikation von speicherprogrammierbaren Steuerungen (SPS) in das IIoT gewährleisten und tritt für dieses Anwendungsfeld als Konkurrent zu OPC UA auf. Über ein einheitliches Programmier-Interface (API) kann PLC4X mit Steuerungen unterschiedlicher Hersteller und mit verschiedenen Industrieprotokollen kommunizieren.

https://bit.ly/2V24U5M

Für PLC4X existiert eine Vielzahl frei verfügbarer Integrationsmodule, die ständig über die Nutzergruppe erweitert werden. Adapter stehen bereits für bekannte Feldbusprotokolle wie Ethernet/IP, Siemens S7, Modbus TCP und andere sowie auch für OPC UA zur Verfügung. In Verbindung mit weiterer Open Source-Software von Apache können vollständige, auf Webtechnologie basierende Frameworks bzw. Ökosysteme für das IIoT aufgebaut werden. Bild 5.39 veranschaulicht dies an einem Beispiel.

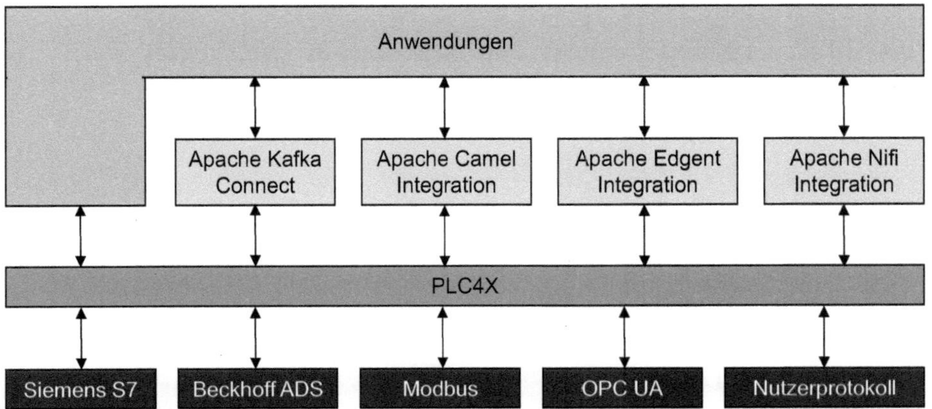

Bild 5.39 Beispiel eines Apache-Ökosystems für IIoT [65]

Zusammen mit den im Bild 5.39 aufgeführten Apache-Softwaremodulen kann ein skalierbares, zuverlässiges und flexibles Ökosystem als Open Source für das IIoT realisiert werden. Im Beispiel werden neben PLC4X folgende Apache-Komponenten genutzt:

- **Apache Kafka:** System zur ereignisbasierten Verarbeitung von Datenströmen (Streams)
- **Apache Camel:** Routing- und Konvertierungssoftware für nachrichtenorientierte Middleware
- **Apache Edgent:** Programmiermodell und Runtime-System für eingebettete Systeme zur lokalen Echtzeitanalyse von Datenströmen
- **Apache Nifi:** Automatisierung des Datenflusses zwischen verschiedenen Quellen und Systemen (Datenlogistikplattform)

Aus Bild 5.39 wird aber auch die Problematik für die Automatisierungsbranche deutlich: Es werden verschiedene komplexe IT-Systeme eingesetzt und miteinander verbunden, die ein tiefes Systemwissen sowie entsprechende Anwendungserfahrungen erfordern, das in der Automatisierungsbranche üblicherweise nicht vorhanden ist.

https://bit.ly/2TqvftP

Woopsa

Das *Web Object Oriented Protocol for Software and Automation* (Woopsa) ist ein einfaches und leichtgewichtiges Kommunikationssystem für das IIoT und Industrie 4.0, das ähnlich wie OPC UA auch domänenspezifische Datenmodelle ermöglichen soll. Die Datenkommunikation ist grundsätzlich Client-Server-basiert, nutzt aber auch eine ereignisbasierte Pub-Sub-Methode. Woopsa ist ein Open Source-Projekt, entwickelt durch die Firma Objectis. Die erste Version wurde 2015 veröffentlicht [66].

Bild 5.40 zeigt das einfache und pragmatische Klassenmodell in UML-Notation von Woopsa.

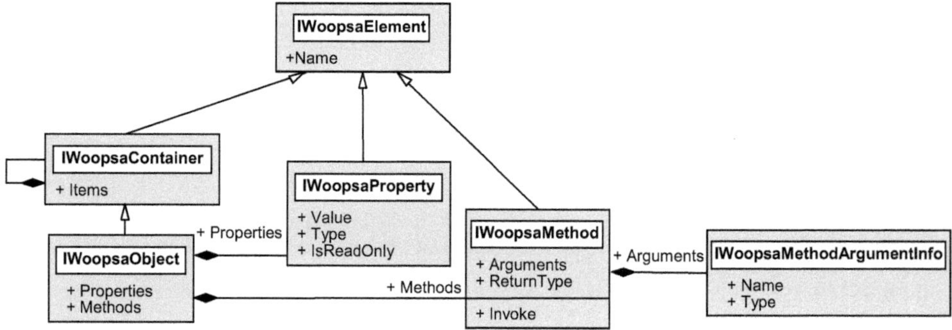

Bild 5.40 UML-Klassenmodell von Woopsa

Die Datenübertragung in Woopsa erfolgt mit HTTP und JSON (JavaScript Object Notation) über ein REST-Interface (siehe Abschnitt 5.3.2.1). Ein erstes Gateway für eine Beckhoff-SPS steht zur Verfügung.

Durch die Nutzung von HTTP als Übertragungsprotokoll ist Woopsa zwar für alle Webtechnologien einfach anwendbar, aber hinsichtlich seiner Zeitcharakteristik auch relativ langsam. In der Spezifikation wird für den Pub-Sub-Betrieb eine minimale Abtastrate von 100 ms empfohlen.

5.3.2 Untere Anwendungsschicht

Als Kommunikationsprotokolle in der unteren Anwendungsschicht eines Connectivity Frameworks für das Industrial Internet steht eine Reihe von möglichen Lösungen zur Verfügung. Im Folgenden werden aber im Wesentlichen nur die im IICF aufgeführten Protokolle behandelt (siehe Bild 5.33).

Generell muss dazu bemerkt werden, dass die Betrachtung der Kommunikation für IIoT/Industrie 4.0 in der Fachliteratur sehr unterschiedlich erfolgt. Es gibt Überschneidungen zwischen den Protokollen der Anwendungsschicht, und verschiedentlich werden Kommunikationsprotokolle auch mit einer Kommunikations-Middleware gleichgesetzt. Eine einheitliche Systematik zur Behandlung der Kommunikation für IIoT/Industrie 4.0 ist erst noch im Entstehen.

Auf die beiden Protokolle *DDS-RTPS* (RTPS - Realtime Publish-Subscribe Wire Protocol) und *OPC UA Binary* aus Bild 5.33 wird nicht speziell eingegangen, da beide Kommunikationsprotokolle praktisch nur in Verbindung mit DDS bzw. OPC UA eingesetzt werden.

Zusätzlich zum IICF in Bild 5.33 wird das Protokoll *WebSocket* in diesen Abschnitt mit aufgenommen, da dieses aus meiner Sicht eines der wichtigsten Webprotokolle für leichtgewichtige und schnelle IIoT-Systeme ist.

5.3.2.1 HTTP und REST

Das Webprotokoll HTTP wurde bereits in Abschnitt 3.3.2.2 in seinen Grundzügen behandelt. Dabei konzentrierten sich die Betrachtungen auf HTTP als Basisprotokoll für die Übertragung von Webseiten im Internet. Bild 5.41 zeigt dazu nochmals die grundsätzliche Arbeitsweise von HTTP.

HTTP basiert auf einem Request-Response-Modell, bei dem Nachrichten zwischen einem Client und einem entfernten Server über ein Netzwerk ausgetauscht werden. Ein Server kann eine Response-Nachricht nur als Antwort auf eine Request-Nachricht versenden. Für übliche Webanwendungen werden dabei eigentlich nur die HTTP-Methoden `GET` und `POST` verwendet. HTTP ist jedoch ein leistungsfähiges Protokoll und kann für IIoT wesentlich mehr leisten.

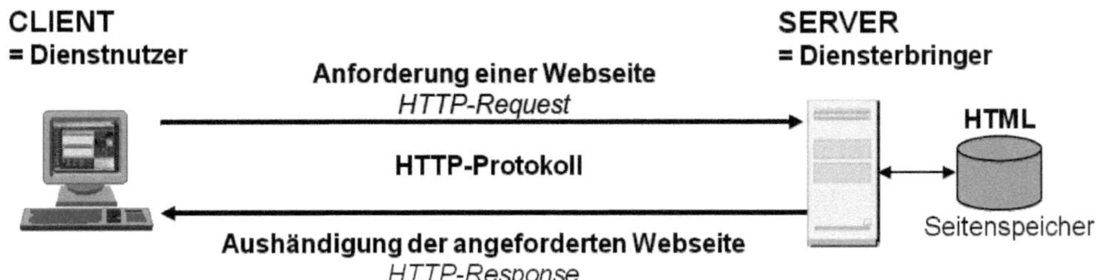

Bild 5.41 Grundprinzip von HTTP im Web

Im Jahr 2000 wurde in der Dissertation von R. T. Fielding der Softwarearchitekturstil *Representational State Transfer* (REST) für netzwerkbasierte System beschrieben, der in der Folgezeit mit dem HTTP-Protokoll unter der Bezeichnung *RESTful HTTP* vielfach umgesetzt wurde [67]. Prinzipiell lässt sich REST zwar auch mit anderen Protokollen umsetzen, aber nur die Umsetzung mit HTTP hat bisher Bedeutung erlangt.

Die Grundprinzipien von REST können wie folgt charakterisiert werden [68]:

- **Eindeutige Identifikation von Ressourcen:** Jede Ressource benötigt zur Identifikation einen eindeutigen Schlüssel. Für das Web eignet sich der Uniform Resource Identifier (URI) als Identifikator. Der URI kann nach RFC 3986 eine URL (Uniform Ressource Locator) sein, muss es aber nicht. Alle einheitlichen Bezeichner für Ressourcen bilden einen globalen Namensraum.
- **Verwendung von Hypermedia:** Ein wesentliches Merkmal von Hypermedia stellen Links zur Verknüpfung verschiedener Medien dar. Links sind vor allem durch HTML sehr gut bekannt. Sie dienen der Ausführung von Aktionen und der Navigation im Web. HTML ist daher ein klassisches Hypermediaformat. Die für den Client möglichen Aktionen und Navigationspfade werden vom Server über Hypermedia angeboten. Mit Links können auch Ressourcen in anderen Systemen referenziert werden.
- **Verwendung von HTTP-Standardmethoden:** Links benötigen nicht nur einen URI, sondern auch eine einheitliche Schnittstelle, deren Semantik und Verhalten allen Clients bekannt ist. Dies ist bei HTTP der Fall. Die Schnittstelle besteht deshalb im Wesentlichen aus den HTTP-Methoden `GET`, `HEAD`, `POST`, `PUT` und `DELETE` (siehe Tabelle 5.8).
- **Unterschiedliche Repräsentationen von Ressourcen:** Mit den genannten Eigenschaften von REST können Clients eine Ressource über deren URI identifizieren und mit den HTTP-Methoden aufrufen. Die Clients müssen aber auch wissen, wie sie mit den zurückgegebenen Daten umgehen sollen. Die Clients geben deshalb Formate (Repräsentationen) an, wie z. B. XML oder JSON, die sie bei der Kommunikation verwenden wollen.

- **Statuslose Kommunikation:** REST-konforme Anwendungen besitzen keinen Sitzungsstatus, der serverseitig über mehrere Client-Anfragen hinweg vorgehalten wird. Stattdessen muss der Kommunikationszustand im Client oder in der Repräsentation der Ressource gespeichert werden. Hierdurch wird die Kopplung zwischen Client und Server verringert. Statuslose Kommunikation ist ebenfalls eine Voraussetzung dafür, dass jeder URI als Einsprungspunkt dienen kann.

Tabelle 5.8 Wichtige Methoden von RESTful HTTP

HTTP-Methode	Beschreibung
DELETE	Löschung der angegebenen Ressource
GET	Abforderung der angegebenen Ressource vom Server
HEAD	Abforderung von Metadaten zu einer Ressource
POST	Hinzufügen einer neuen (Sub-)Ressource unterhalb der angegebenen Ressource: Da die neue Ressource noch keinen URI besitzt, adressiert der URI die übergeordnete Ressource. Als Ergebnis wird der neue Ressourcenlink dem Client zurückgegeben.
PUT	Die angegebene Ressource wird angelegt. Wenn die Ressource bereits existiert, wird sie geändert.

In Beispiel 5.15 wird die Abfrage eines Prozessdatums mit REST dargestellt.

Beispiel 5.15: RESTful-basierte Abfrage von Temperaturen für Smart Home

In einem Gebäude sollen die Werte von Temperatursensoren für die Analyse in einer Cloud gespeichert werden. Die Abfrage erfolgt über RESTful HTTP entsprechend Bild 5.42. Im GET-Request wird der Ressourcen-URI und das gewünschte Rückgabeformat JSON angegeben. Der Server gibt den angeforderten Temperaturwert von Sensor 1 sowie zusätzlich einen Ressourcen-URI (Link) für Diagnoseinformationen als JSON-Objekt zurück.

```
Request an den Server:
Get /sensors/sensor1
Host: home.example.de
Accept: application/json
...
Response vom Server an den Client:
HTTP/1.1 200 OK
Content-Typ: application/json
Content-Length: ...
{
  "sensor": {
    "sensor_id": "sensor1",
      "temperature": {
        "unit": "Grad",
        "value": 24.0
```

```
        },
        "link": {
          "diagnosis": "/sensors/sensor1/diagnosis"
        }
      }
    }
```

Bild 5.42 Abfrage von Temperaturwerten über RESTful HTTP

Der REST-Architekturstil definiert das Web als ein System verteilter Ressourcen, die über HTTP kommunizieren und durch Links miteinander verbunden sind. Aus diesem Grund ist HTTP auch das passende Protokoll für eine REST-API. Im Zentrum einer REST-API stehen die Ressourcen, die durch Links erreichbar und miteinander vernetzt sind. Um den Zustand einer Ressource zu ändern, muss deren Repräsentation geändert und an die Ressource geschickt werden. Die Ressource entscheidet dann, ob und wie sie ihren Zustand ändert.

Wegen vieler Vorteile von REST setzen die meisten IoT- und/oder IIoT-Plattformen RESTful HTTP als Kommunikationsprotokoll mehr oder weniger intensiv ein.

5.3.2.2 WebSocket

Die Realisierung einer I40-Kommunikation mit RESTful HTTP ergibt insbesondere bei Forderungen nach einer Echtzeitdatenübertragung erhebliche Probleme. HTTP als zustandsloses Protokoll ermöglicht nicht den Aufbau eines bidirektionalen Kanals, über den ereignisgesteuert veränderte Prozesswerte bzw. Alarme jederzeit vom Server zum Client übertragen werden können. Damit ist auch ein Pub-Sub-Betrieb nur eingeschränkt möglich.

https://bit.ly/3wUZKG2

WebSocket (WS) ist ein auf TCP basierendes Netzwerkprotokoll, das entworfen wurde, um eine bidirektionale Verbindung zwischen einer Webanwendung, z. B. einem Webbrowser und einem WebSocket-Server bzw. einem Webserver, der auch WebSocket unterstützt, herzustellen. Das Protokoll wurde 2011 von der IETF in der RFC 6455 standardisiert. Mittlerweile unterstützen praktisch alle Webbrowser das WebSocket-Protokoll [69].

Bild 5.43 illustriert das Grundprinzip einer WebSocket-Verbindung.

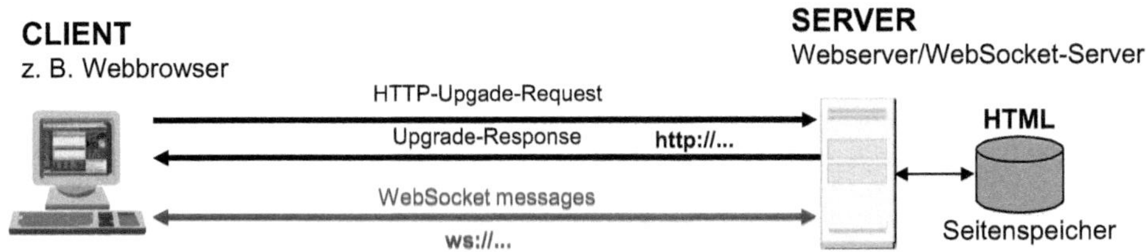

Bild 5.43 Grundprinzip einer WebSocket-Verbindung

Zu Beginn jeder Verbindung führen Server und Client einen *Handshake* durch. Dieser ähnelt dem HTTP-Header und ist vollständig abwärtskompatibel zu diesem, was die Nutzung des Standard-HTTP-Ports 80 sowohl für normale HTTP-Kommunikation als auch für die WebSocket-Nutzung ermöglicht.

Nach einem Upgrade-Handshake mit dem HTTP-Protokoll (http://...) wird eine bidirektionale WebSocket-Verbindung (ws://...) zwischen dem Client und dem Server hergestellt, über die asynchrone Nachrichten ausgetauscht werden können.

Bild 5.44 und Bild 5.45 zeigen Ausschnitte aus dem Ablauf eines Handshakes in der IIoT-Plattform FlexIOT [70].

```
GET ws://85.214.218.90:8082/wpg/api/wsock HTTP/1.1
Host: 85.214.218.90:8082
Connection: Upgrade
Upgrade: websocket
Origin: http://flexiot.de
Sec-WebSocket-Version: 13
Sec-WebSocket-Key: KLUqnlMkNPKyWVruseordA=
....
```

Bild 5.44 Anfrage des Clients für eine WS-Verbindung

```
HTTP/1.1 101 Switching Protocols
Connection: Upgrade
Date: Tue, 07 Jul 2020 15:11:36 GMT
Sec-WebSocket-Accept: jyM/cs1qIYMusI3y8mlcxiOLFJw=
Server: Apache-Coyote/1.1
Upgrade: websocket
```

Bild 5.45 Antwort des Servers nach Aufbau der WS-Verbindung

Der Client sendet den in Bild 5.44 angegebenen HTTP-Header an den Server und verlangt ein Upgrade der Verbindung auf WebSocket. Der Server sendet den in Bild 5.45 aufgeführten HTTP-Response zurück zum Client und informiert ihn damit, dass jetzt eine WebSocket-Verbindung aufgebaut wurde.

In Beispiel 5.16 wird eine IIoT-Plattform basierend auf WOA und WebSocket dargestellt.

https://bit.ly/3hVP6KS

Für Industrie 4.0 und das Industrial Internet ist das WebSocket-Protokoll eines der wichtigen Protokolle zum Aufbau von flexiblen und weborientierten Servicearchitekturen nach dem WOA-Prinzip (siehe Abschnitt 5.2.3.1). Damit lassen sich schwergewichtige und zentrale Server vermeiden und schnelle Echtzeitdatenübertragungen zwischen vielen verteilten Webanwendungen realisieren. Prozessdaten von Maschinen und Anlagen müssen nicht über aufwendige Server zentral gesammelt werden, sondern Webclients (Browser) können sich direkt mit CPS- bzw. I40-Komponenten verbinden und deren Daten lokal verarbeiten, analysieren und visualisieren (siehe auch Beispiel 5.16).

Beispiel 5.16: Prozessdatenverarbeitung in der IIoT-Plattform FlexIOT

Die meisten bekannten IoT-/IIoT-Plattformen arbeiten mit großen, skalierbaren Servern und sammeln die Prozessdaten von Millionen von Geräten (AWS, Azure, Mindsphere usw.). Dies ist für die Analyse von Massendaten (Big Data-Analyse) sicher sinnvoll. Für die Bedienung, Visulaisierung und Überwachung von Anlagen, Maschinen und Geräten ist dies aber aufwendig, langsam und unsicher.

Bild 5.46 veranschaulicht an einer Prinzipstruktur die Arbeitsweise der auf WOA und WebSocket basierenden IIoT-Plattform FlexIOT. Prozessdaten für Bedienung/Visualisierung/Überwachung können direkt zwischen dem Webclient des Nutzers und den angeschlossenen Geräten in Echtzeit über WebSocket übertragen werden. Falls notwendig, können lokale Prozessdaten auch lokal bleiben und müssen nicht an Dritte (Plattformbetreiber) weitergeleitet werden. Automatisierungsfunktionen werden über FlexIOT als Dienste ausgeführt. Alle Geräte (Sensoren, Aktoren, Steuerungen usw.) fungieren als CPS-Komponenten bzw. I40-Komponenten und sind mit einer WebSocket-Schnittstelle ausgerüstet.

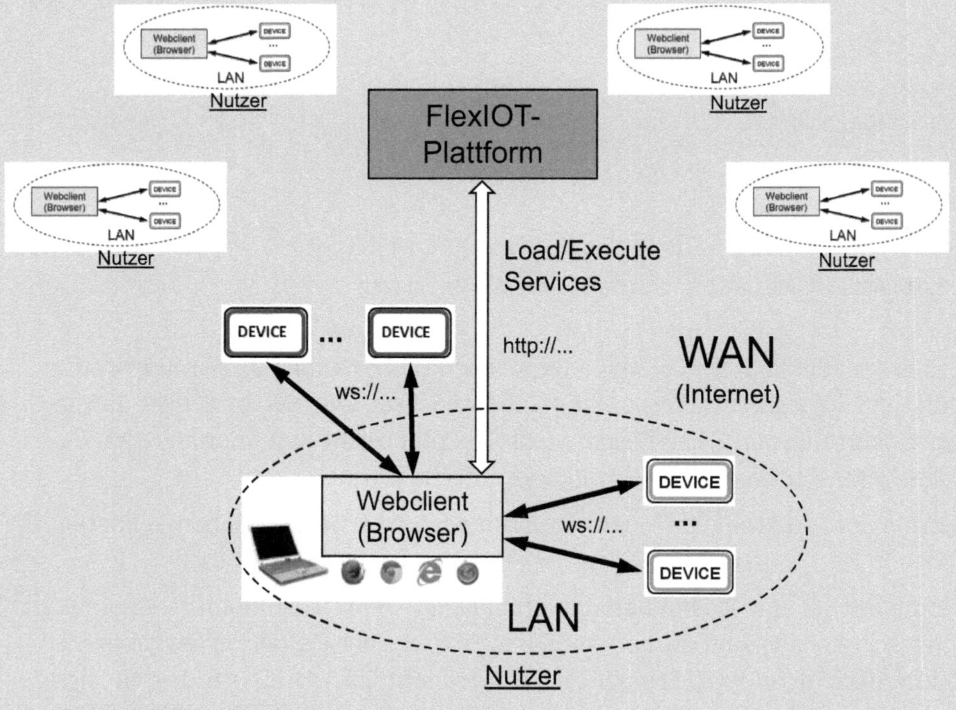

Bild 5.46 Prinzipstruktur der IIoT-Plattform FlexIOT

Automatisierungstechnische Geräte, Maschinen und Anlagen lassen sich sehr einfach mit einer WS-Schnittstelle aufrüsten. Für die Erstellung sind verschiedene Programmiersprachen geeignet (z. B. C/C++, Java, C#). Selbst mit SPS-Programmiersprachen nach IEC 61131-3 können WebSocket-Gateways in Form von Funktionsbausteinen einfach realisiert werden. In [59] wird z. B. ein WebSocket-Funktionsbaustein – realisiert in ST – für SPS-Steuerungen mit PC WORX (Phoenix Contact) bzw. CoDeSys (3S) beschrieben, der in jedes SPS-Programm eingebunden werden kann und beliebige Daten aus dem SPS-Programm über das WebSocket-Protokoll zugänglich macht.

In der Studie nach [71] erfolgte eine Evaluierung des Zeitverhaltens von WebSocket im Vergleich zu anderen Protokollen, die gleichfalls durch Webbrowser unterstützt werden. Dazu gehören *HTTP/2* (aktuelles HTTP-Protokoll seit Februar 2020) und *WebRTC* (Web Real-Time Communication). Die Evaluierung ergab für die Latenzzeiten folgende Relationen:

WebRTC : **WebSocket** : HTTP/2 = 1 : **2,5** : 4

Auf Basis dieser Ergebnisse wird in der Studie für eine schnelle webbrowserbasierte Kommunikation eine Kombination aus WebRTC und WebSocket vorgeschlagen.

5.3.2.3 MQTT

Das Protokoll *Message Queue Telemetry Transport* (MQTT) [72], ist ein 1999 von IBM/Arcom entwickeltes, leichtgewichtiges Kommunikationsprotokoll für M2M-Kommunikation. Die erste Anwendung war die Fernüberwachung einer Ölpipeline.

https://bit.ly/3i0ripr

MQTT wurde entwickelt, um mit limitierten Infrastrukturnetzen und energiesparenden Geräten mit einer begrenzten Leistung eine zuverlässige Nachrichtenvermittlung zu ermöglichen.

Das Protokoll ist Open Source und wird seit 2013 durch die OASIS verwaltet; es ist in ISO/IEC 20922 standardisiert. Die aktuelle Version seit 2019 ist MQTT v5.0, meist kommt aber noch die Version MQTT v3.1.1 zum Einsatz.

Die Kommunikationsarchitektur von MQTT wird durch das *Publisher-Subscriber-Modell* (siehe Bild 1.25) beschrieben und steht hinter den Anforderungen von MQTT, ein skalierbares System mit einer hohen Flexibilität und einer geringen Komplexität zu sein. Das Schema dieser Architektur ist in Bild 5.47 veranschaulicht.

Ein *MQTT-Broker* ist ein zentralisierter Server, der Nachrichten zwischen den verschiedenen Clients vermittelt, nachdem sich diese mit dem Broker verbunden haben. Ein Client, der Nachrichten an den Broker sendet, wird als *Publisher* und ein Client, der diese Nachrichten beim Broker abonniert, wird als *Subscriber* bezeichnet.

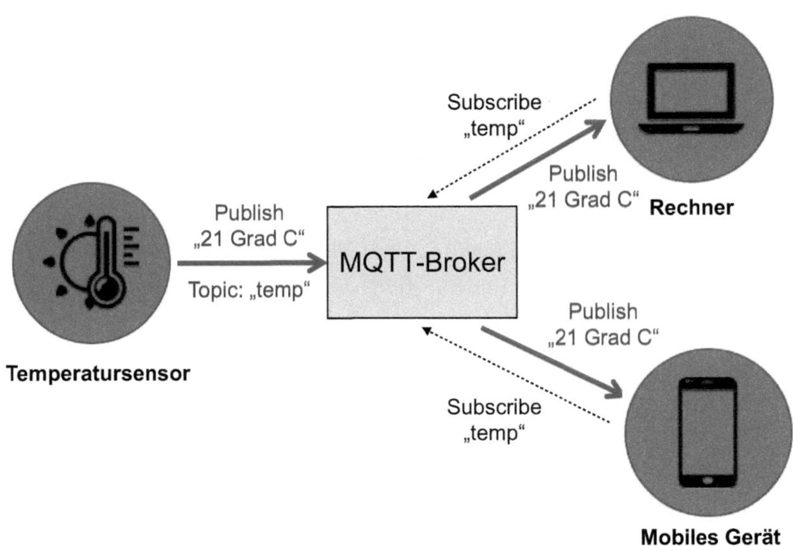

Bild 5.47 Architekturschema von MQTT

Wenn der Broker Nachrichten vom Publisher bekommt, liefert er diese an die Clients aus, die diese Nachrichten abonniert haben. Es ist möglich, dass mehrere Clients gleichzeitig Nachrichten veröffentlichen, und der Broker kann Nachrichten auch an mehrere Abonnenten (Subcriber) zur selben Zeit übertragen. Ein Client ist damit entweder ein Publisher, ein Subscriber oder beides gleichzeitig.

MQTT-Nachrichten bestehen immer aus einem *Topic* und dem Nachrichteninhalt. Topics werden genutzt, um die Kommunikation zwischen den unterschiedlichen Teilnehmern (Clients) zu organisieren bzw. die Teilnehmer zu adressieren und haben eine hierarchische Struktur. Bild 5.48 zeigt einige Beispiele für MQTT-Topics.

Bild 5.48 Beispiele für MQTT-Topics

Ein Client kann entweder ein (oder mehrere) spezifische Topics abonnieren oder mithilfe von Wildcards ganze Teile der Hierarchie auf einmal abonnieren. Das Zeichen „+“ gilt dabei als Wildcard für eine einzelne Hierarchieebene und das Zeichen „#“ für alle folgenden Hierarchieebenen inklusive aller Unterebenen.

Mit einem QoS-Parameter lässt sich bei MQTT angeben, mit welcher Sicherheit eine Nachricht ankommen soll. Dabei bedeuten:

- QoS = 0: Die Nachricht kommt höchstens einmal an.
- QoS = 1: Die Nachricht kommt mindestens einmal an.
- QoS = 2: Die Nachricht kommt genau einmal an.

In Beispiel 5.17 wird die Anwendung von MQTT dargestellt.

Beispiel 5.17: Evaluierung und Test von SPS-Programmen mit Technologiemodellen aus der Cloud [73]

Im Projekt *Cloud-based Blended Learning Lab* (CBLL) wurde für die Evaluierung von SPS-Programmen und die SPS-Ausbildung ein CloudIO-Gateway entwickelt, das die digitalen und analogen E/As einer beliebigen SPS über MQTT over WebSocket in die Cloud bringt (Bild 5.49). Über einen Webbrowser können dann 2D-/3D-Technologiemodelle (erstellt mit Webtechnologien) gleichfalls aus der Cloud geladen und mit der realen SPS verbunden werden.

Mit der vorgestellten Methode können SPS-Programme auf der realen SPS mit beliebigen Technologiemodellen validiert und verifiziert werden. Neben der SPS wird nur noch ein PC/Tablet/Smartphone mit Internetanschluss benötigt, um die Technologiemodelle zu verwenden. Softwareinstallationen oder Lizenzen werden vor Ort beim Nutzer nicht mehr benötigt.

Durch die Nutzung von MQTTWS als Kommunikationsprotokoll zwischen CloudIO und Webbrowser können im Verhalten des Technologiemodells Reaktionszeiten von ca. 50 ms erreicht werden.

Bild 5.49 Testaufbau mit einer SPS von Phoenix Contact, die das Modell eines Tanksystems aus der Cloud im Webbrowser steuert

Mit dem QoS-Parameter kann sichergestellt werden, dass Nachrichten auch bei schlechter Netzwerkverbindung ankommen. Je höher die QoS, desto höher ist aber auch die benötigte Servicezeit des Brokers für die Nachrichtenverteilung. Deswegen sollte die Wahl der QoS immer dem Problem angepasst werden. Die QoS kann individuell zwischen Publisher und Broker bzw. Broker und Subscriber festgelegt werden.

https://bit.ly/3zlHRBT

MQTT kann auch über WebSocket (MQTTWS – MQTT over WebSocket) übertragen werden. Für die Übertragung werden die MQTT-Nachrichten in ein oder mehrere WebSocket-Frames verpackt und mittels TCP übertragen. MQTTWS ist damit in der Lage, eine direkte Verbindung zwischen einem Webbrowser und einem IoT-Gerät über MQTT herzustellen.

https://bit.ly/3Bu4wh2

MQTT findet zunehmend Anwendung für Industrie 4.0/IIoT-Lösungen, insbesondere als Zubringerprotokoll für Sensoranbindungen an eine Cloud oder auch für die Übertragung von Prozessdaten für Analysezwecke aus SPS-Steuerungen. Eine Reihe klassischer SPS-Steuerungen können über Funktionsbibliotheken und/oder Plug-ins als MQTT-Client arbeiten, z. B. Siemens S7-Steuerungen, TwinCat 3 (Beckhoff), PLCnext (Phoenix Contact). Einige Steuerungssysteme besitzen auch bereits eine native MQTT-Schnittstelle, z. B. Modicon M262 (Schneider Electric), EZRack (UITCOR), Unistream-Serie (Spectra).

Im MQTT-Protokoll sind weder der zu verwendende Topic-Namensraum noch die Payload-Darstellung der Daten definiert, die im Pub-Sub-Verfahren ausgetauscht werden. Auch die Implementierung von Zustandsinformationen ist nicht weiter spezifiziert. Diese Thematik wurde 2016 von der Eclipse-Open-Source-Gemeinschaft aufgegriffen und die *Sparkplug-Spezifikation* entwickelt [74]. Mit MQTT Sparkplug soll nun auch mit MQTT standardisierte Interoperabilität im industriellen Anwendungsumfeld gewährleistet werden.

5.3.2.4 CoAP

https://bit.ly/36S2Tfi

Das *Constrained Application Protocol* (CoAP) definiert ein Anwendungsprotokoll, das seit 2014 durch die IETF unter RFC 7252 standardisiert ist. Verwendung findet CoAP in eingeschränkten Netzwerken und für eingebettete Systeme, z. B. in *Low Power Wireless Personal Area Networks (*LoWPAN). Es steht für geringen Overhead und ist für M2M-Kommunikation konzipiert worden [75]. Es gibt von CoAP eine Vielzahl an Implementierungen in unterschiedlichen Programmiersprachen, so z. B. Client-Server-Imlementierungen in C (libcoap), in JavaScript (node-coap) und in Python (CoAPy).

Gegenüber dem üblichen RESTful HTTP (siehe Abschnitt 5.3.2.1) zeichnet sich CoAP durch folgende Besonderheiten aus:

- **UDP:** Es benutzt UDP als Transportprotokoll. Alternativ kann es aber auch mit TCP genutzt werden.

- **DTSL:** Zur Transportverschlüsselung setzt CoAP DTLS (Datagram Transport Layer Security) ein, das auch UDP nutzen kann.
- **Observer:** Es gibt eine Observer-Funktionalität, die es dem Client ermöglicht, einen Benachrichtigungswunsch über Änderungen einzelner Ressourcen beim Server zu hinterlegen.

CoAP nutzt wie auch HTTP das Request-Response-Modell, sendet aber die Methodenaufrufe nicht als ASCII-Text, sondern als kurzen *Binärcode*. Damit realisiert CoAP durch kleinere Ethernet-Pakete und geringeren Protokollballast eine sehr effiziente Datenübertragung.

Im direkten Vergleich zu MQTT ergeben sich nach [76] bei CoAP hinsichtlich der Zeitverhältnisse bei niedriger Serverlast vergleichbare Antwortzeiten. Bei hoher Serverlast (> 60 %) liegen die Antwortzeiten von CoAP aber wesentlich über denen von MQTT.

Man spricht CoAP im IoT-Bereich eine hohe Marktdynamik zu und rechnet zukünftig mit weiteren Erweiterungen, wie z. B. der Einführung eines Pub-Sub-Modells [77].

5.3.3 MQTT versus OPC UA und DDS

In [78] findet sich eine interessante Untersuchung zu einem Vergleich von MQTT, OPC UA und DDS hinsichtlich ihrer Kommunikationseigenschaften für einen Anwendungsfall Schokoladenfabrik (Use Case). Die Ergebnisse dieser Untersuchung sollen hier in kompakter Form dargelegt werden, da diese die aktuelle Problematik für eine Industrie 4.0- bzw. IIoT-Kommunikation deutlich machen.

Der Anwendungsfall betrachtet eine Industrieumgebung entsprechend den Industrie-4.0-Prinzipien zur Produktion von selbst definierten Schokoladenriegeln. Die automatisierte Schokoladenfabrik besteht im Wesentlich aus den Komponenten *RecipeGenerator*, *MES*, *Visualisation* und *fünf Station-Controllern*. Die Komponenten werden für ihre Kerneigenschaften durch Softwarepakete simuliert. Als Kommunikationssystem für den Anwendungsfall werden wahlweise MQTT, OPC UA und DDS betrachtet. Anhand von Kenngrößen und Messwerten werden die Kommunikationseigenschaften bewertet.

Zur Simulation des Anwendungsfalls wurden Desktop-PCs mit Linux sowie Raspberry Pi verwendet. Als Kommunikationssoftware wurde eingesetzt:

- **MQTT:** Mosquitto v0.15 Client-Libraries und Mosquitto MQTT-Broker
- **OPC UA:** C++ based OPC UA Client/Server SDK Bundle v1.4.3 von Unified Automation
- **DDS:** RTI Connext DDS Professional v5.1.0

Die Evaluierung auf Basis von Kenngrößen der Kommunikation für die drei ausgewählten Kommunikationssysteme ist in Tabelle 5.9 aufgeführt.

Tabelle 5.9 Eigenschaften der Kommunikationssysteme auf Basis von Kenngrößen

Kenngröße	MQTT	OPC UA	DDS
Open Source-Implementierung	++	–	+
Kommerzielle Implementierung	+	++	++
Echtzeitfähigkeit	–	–	++
Nachrichtenverschlüsselung	–	++	–
Verbindungsverschlüsselung	++	++	++
Authentifizierung	+	++	–
Integrität von Nachrichten	–	++	–
Realisierbarkeit von Redundanzen	++	++	++
QoS-Unterstützung	+	–	++

++ Merkmal vorhanden und nach technischem Stand optimal realisiert
\+ Merkmal vorhanden, jedoch nach technischen Stand nicht optimal
– Merkmal nicht vorhanden

Ermittelt man eine Gesamtbewertung für die Kommunikationssysteme aus Tabelle 5.9, so ergibt OPC UA die besten Ergebnisse hinsichtlich der aufgeführten Kenngrößen. Tabelle 5.10 zeigt die Ergebnisse der Evaluierung für die drei ausgewählten Kommunikationssysteme auf Basis von Messgrößen.

Tabelle 5.10 Eigenschaften der Kommunikationssysteme auf Basis von Messgrößen

Messgröße	MQTT (QoS = 2)	OPC UA	DDS
Propagationszeit	o	–	+
Paketanzahl	–	o	++
Erzeugtes Datenvolumen	+	–	++
Durchschnittliche Paketgröße	++	–	+
Netzwerklast	+	–	+
Overhead	++	–	-
Anzahl Quellcodezeilen für den Anwendungsfall	++	+	–

++ bester Messwert in diesem Bereich
\+ Der Messwert liegt zwischen den Stufen ++ und o.
o Werte des Kommunikationssystems im Durschnitt
\- Der Messwert liegt zwischen den Stufen o und –.
– Schlechtester Messwert in diesem Bereich

Ermittelt man eine Gesamtbewertung für die Kommunikationssysteme aus Tabelle 5.10, so ergibt MQTT die besten Ergebnisse hinsichtlich der aufgeführten Messgrößen. Beide Tabellen gemeinsam zeigen aber deutlich, dass es für den Anwendungsfall keinen eindeutigen Favoriten bei den betrachteten Kommunikationssystemen gibt. Je nach Anforderung der Anwendung bietet mal das eine und mal das andere System eine optimale Lösung.

Das Beispiel zeigt anschaulich die generelle Problematik in der Automatisierungswelt für eine I40- bzw. Industrial Internet-Kommunikation: In der bisherigen klassischen hierarchischen Automatisierungspyramide (siehe Bild 5.19 links) gibt es eine relativ übersichtliche Kommunikationstrukturierung. Auf den unteren Ebenen werden klassische oder Ethernet-basierte Feldbussysteme eingesetzt. Die Anzahl dieser Kommunikationssysteme ist überschaubar (< 50). Die Systeme sind auf lange Zeit stabil, werden vom Hersteller proprietär gemanagt und haben klar definierte Eigenschaften. Auf den oberen Ebenen kommt zumeist eine TCP/IP-basierte Kommunikation zur Anwendung, aber auch hier mit einer überschaubaren Anzahl standardisierter Industrieprotokolle.

Durch die Vision von Industrie 4.0 für eine selbstorganisierende und adaptive Produktion mit allgegenwärtiger Vernetzung werden klassische Strukturen und Funktionalitäten aufgebrochen und mehr und mehr als Software im Netz (Cloud) und als Dienste entsprechend einer CPS-basierten Automatisierung (siehe Abschnitt 5.2.1) verteilt. Dies ist mit den bisherigen Kommunikationsprotokollen der Automatisierungstechnik nicht realisierbar. Dazu werden Protokolle und Systeme aus der Informationstechnik und durch die Forderung nach globaler Vernetzung auch aus der Webwelt benötigt. Für diesen Bereich gibt es aber eine Vielzahl unterschiedlicher Lösungen, die sich zudem auch noch permanent weiterentwickeln. Bild 5.50 veranschaulicht die Problematik.

Den meist monolithischen, herstellerspezifischen klassischen Kommunikationssystemen für die Produktionsautomatisierung stehen für Industrie 4.0 und Industrial Internet eine Vielzahl verschiedener IT-basierter Kommunikationssysteme und technologien gegenüber, mit denen je nach Anwendung und Anforderung unterschiedliche Kommunikationssystem realisiert werden können (siehe KS 1, KS 2 und KS 3 in Bild 5.50). Ein großes Problem bei diesen Lösungen ist aber das *Floating der entsprechenden IT-Standards*. Hier muss mit Änderungen bzw. Weiterentwicklungen im Zyklus von zwei bis drei Jahren gerechnet werden.

Ein Szenario aus [79] verdeutlicht, welche Technologien zukünftig unter Umständen auch durch einen Automatisierungstechniker beherrscht werden müssen. Im Szenario wird ein typischer Fall einer sensorischen Temperaturüberwachung aus der Branche Hausautomation, Lebensmittel, Logistik beschrieben, bei dem Temperaturmessdaten von zehn Sensoren in einer Cloud gespeichert und mit einem Webbrowser angezeigt werden können. Zur Umsetzung des Szenarios sind folgende Technologien kombiniert:

- **AWS:** IoT-Plattform von Amazon
- **MQTT:** Kommunikationsprotokoll
- **KairoDB:** Zeitreihendatenbank
- **Grafana:** Anzeige der Sensordaten im Webbrowser

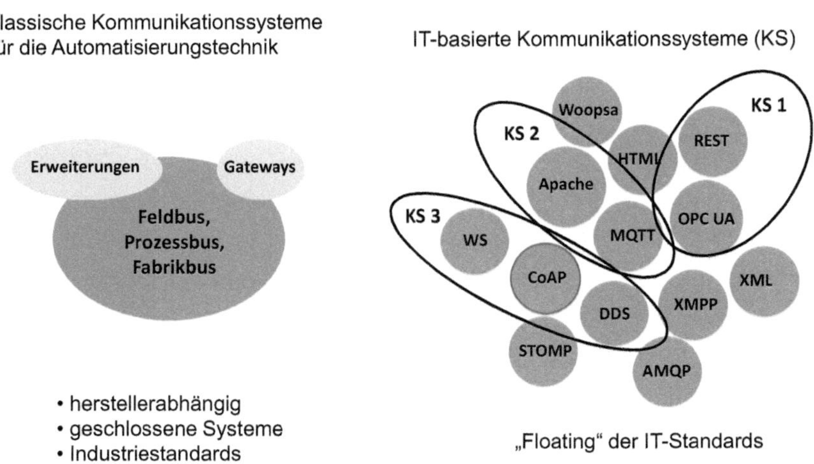

Bild 5.50 Klassische und IT-basierte Kommunikationssysteme für die Automatisierungstechnik

Ein entsprechender Entwickler muss mit folgenden Werkzeugen umgehen können:

- **Apache Maven:** Build-Management-Werkzeug
- **GitHub:** netzbasierter Dienst zur Versionsverwaltung von Softwareprojekten
- **AWS IoT Device SDK:** Software Development Kit von Amazon für verschiedene Programmiersprachen
- **AWS Lambda:** Datenverarbeitungsservice von AWS
- **Java und Python:** Programmiersprachen
- **Apache Cassandra:** Datenbankverwaltungssystem
- **Yum:** Paketverwaltungssystem für Linux
- **Putty:** Secure Shell-(SSH-)Client für Windows

Im Ergebnis erhält man dann das in Bild 5.51 dargestellte IoT-Sensor-Dashboard im Webbrowser.

Für Automatisierungstechniker wird es wohl eine Illusion bleiben, dass für Industrie 4.0 das Kommunikationsproblem auf einheitliche und konsistente Art und Weise gelöst werden kann. Das Gegenteil ist der Fall, automatisierungstechnische Hersteller und Anwender müssen sich auf ein reiches Spektrum von IT-basierten Kommunikationslösungen einstellen und diese immer wieder auf ihre Nutzbarkeit hin prüfen, um eine für ihre jeweilige Anwendung optimale Lösung zu finden.

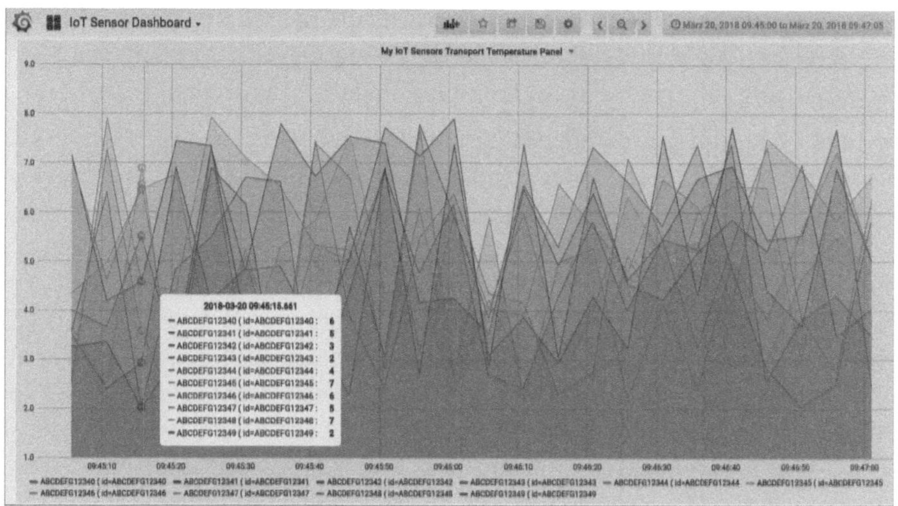

Bild 5.51 Dashboard für Temperaturmessungen mit zehn Sensoren [78]

■ 5.4 Vernetzung

Dieser Abschnitt beschäftigt sich mit einigen Besonderheiten der Datenübertragung und physikalischen Vernetzung in den unteren Netzzugriffsschichten (siehe Bild 5.33). Für Industrie 4.0 und das Industrial Internet wird dabei insbesondere den folgenden Technologien ein hohes Zukunftspotenzial zugesprochen:

- zeitdeterministisches Ethernet
- drahtlose und mobile Vernetzung
- Verbesserungen des Übertragungsmediums

5.4.1 Zeitdeterministisches Ethernet

5.4.1.1 TSN

Time-Sensitive Networking (TSN) wird derzeit als die Zukunftstechnologie von der IEEE entwickelt, die konventionelles Ethernet nach IEEE 802.1 und IEEE 802.3 um einen Grad an Determinismus bei der Datenübertragung ergänzt, wie es bisher nicht möglich war. Konkret bedeutet dies ein zukünftiges Ethernet mit

https://bit.ly/2UVI1kt

- berechenbaren und garantierten Ende-zu-Ende Latenzen,
- stark begrenzten Latenzschwankungen (Jitter) und
- extrem geringem Paketverlust.

Einige wesentliche Grundlagen von TSN wurden bereits in Abschnitt 3.4.3 behandelt. In diesem Abschnitt soll mehr auf die Bedeutung und Nutzung von TSN für die Vernetzung von Cyber-Physical Systems eingegangen werden.

Bei einer Reihe von Anwendungsfeldern in der Automatisierungstechnik, wie z. B. der Antriebstechnik, Steuerungstechnik oder Übertragungstechnik, werden garantierte Reaktionszeiten benötigt. Bei diesen Anwendungsfeldern liegen die Zykluszeiten für die Übertragung zeitkritischer Prozessdaten bei teils deutlich unter 1 ms. Um solche Reaktionszeiten mit Ethernet heute erreichen zu können, werden typischerweise Ethernet-basierte Echtzeitbussysteme, wie z. B. PROFINET, EtherCAT (siehe Abschnitt 3.4), eingesetzt. Diese Bussysteme basieren zwar auf konventionellem Ethernet, erweitern dieses allerdings zwecks Gewährleistung der Reaktionszeit in meist zueinander inkompatibler Form. So sind z. B. in der IEC 61784-Norm acht zueinander inkompatible Ethernet-basierte Echtzeitbussysteme „standardisiert". Als Folge ist der Markt der Echtzeit-Ethernet-Lösungen stark fragmentiert und aufgrund der Inkompatibilität der vorherrschenden Insellösungen in seiner Entwicklungsfähigkeit gelähmt.

TSN hat hier prinzipiell das Potenzial, durch eine einheitliche, von der IEEE *standardisierte Bitübertragungs- und Sicherungsschicht* den Markt für Echtzeit-Ethernet für eine breite Nutzung und Homogenisierung zu öffnen. Als Weiterentwicklung von Ethernet skaliert TSN bis auf die Feldebene und ergänzt Ethernet um Anforderungen nach maschinennaher Datenkommunikation. So wird die Konvergenz von IT- und Cloud-Verbindungen mit industrieller Datenkommunikation möglich.

https://bit.ly/3xZJxAS

Die Vision von Industrie 4.0/IIoT für eine intelligente Produktionsumgebung erfordert es, das CPS-Komponenten wie Fertigungsmaschinen, Fördereinrichtungen und Werkstücke in Echtzeit in ständigem Kontakt zueinanderstehen, um so den Produktionsprozess zu automatisieren. Ermöglicht wird dies durch eine allumfassende Vernetzung der an der Produktion beteiligten Sensoren und Aktoren sowie durch eine verstärkte Einbindung der (lokalen) Cloud, wo beispielsweise auch speicherprogrammierbare Steuerungen (SPS) als Dienste und/oder virtuelle Steuerungen laufen können. Bild 5.54 illustriert eine solche Netzwerkstruktur für die Industrie 4.0-Fabrik.

Mit der Struktur nach Bild 5.52 könnte auch das neue Automatisierungsmodell der CPS-basierten Automation (siehe Abschnitt 5.2.1.1, Bild 5.20) auf Basis eines deterministischen TSN-Netzes umgesetzt werden.

TSN ist als *Baukastensystem* konzipiert, mit dem die exakten Eigenschaften der deterministischen Datenübertragung – und die damit einhergehenden Hardware- sowie Softwareanforderungen – dem jeweiligen Bedarf angepasst werden können. Entsprechend handelt es sich bei TSN auch nicht um ein einzelnes Standarddokument, sondern vielmehr um eine umfangreiche Familie von Standards, die sich seit 2012 bei der IEEE 802 in der Entwicklung befindet. Allein die Basisstandards umfassen sieben Dokumente im Umfang von ca. 3.500 Seiten [81]. Nicht alle Standards sind aber zwingend für ein TSN-Netz erforderlich.

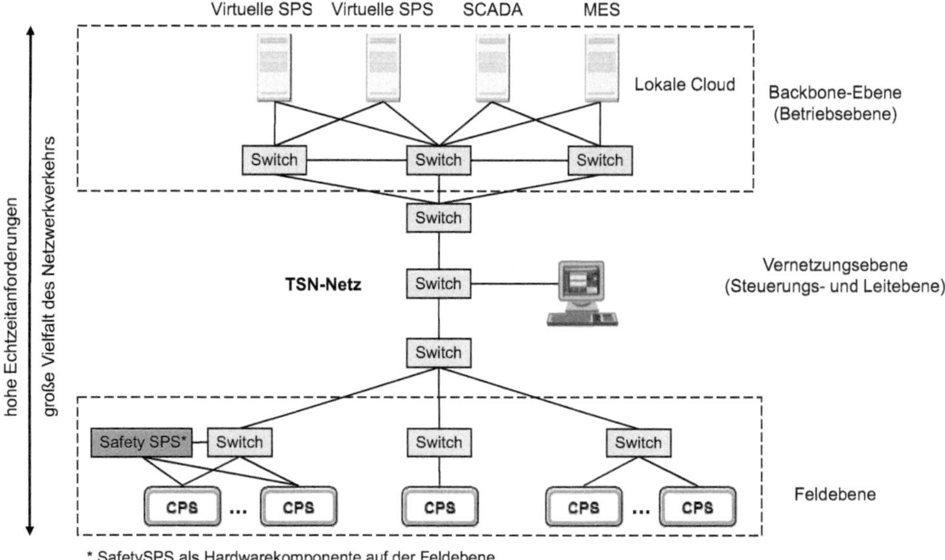

Bild 5.52 Zukünftige Netzwerkstruktur für eine Industrie 4.0-Fabrik [80]

Der *wesentliche Vorteil von TSN* liegt darin, dass es, bezogen auf das OSI-Referenzmodell, nur die Schicht 2 (Data Link Layer) verändert (siehe Bild 3.39). Höhere Schichten sind von den Funktionserweiterungen nicht betroffen. Damit ist TSN für alle weiteren auf Ethernet aufsetzenden Kommunikationsprotokolle transparent, und alle Protokolle der Schichten 3 bis 7 können von den Echtzeiteigenschaften des TSN profitieren, ohne selbst angepasst oder verändert werden zu müssen.

Um jedoch den vollen Leistungsumfang von TSN auch in den oberen Schichten des OSI-Referenzmodells nutzen zu können, arbeitet die IETF an *Deterministic Networking* (DetNet), einem zeitdeterministischen Routing für die Schicht 3 (Vermittlungsschicht), das auf TSN in Schicht 2 basiert. Kern der Arbeiten ist dabei die Schaffung einer softwaredefinierten Vernetzung (Software-Defined Networking – SDN), um hochzuverlässige und echtzeitfähige Routen durch ein IP-Netz zu ermöglichen [82].

https://bit.ly/2TqClyt

Für den breiten Einsatz zur Automatisierung technischer Prozesse gibt es bei TSN aktuell noch einige Probleme, an denen intensiv gearbeitet wird. Dazu gehören unter anderem:

- TSN benötigt entsprechende Hardwarekomponenten in den Automatisierungsgeräten. Ein Standard-Ethernet-Anschluss ist nicht TSN-fähig. Neuere Geräte werden aber bereits zunehmend mit einem TSN-fähigen Anschluss ausgerüstet.

- Noch nicht alle geplanten Standards, insbesondere für die Integration in die Software, sind abgeschlossen und stabil, sodass immer noch mit Änderungen gerechnet werden muss.
- Ein Problem stellen das Management und die komplizierte Konfiguration eines TSN-Netzes dar. Hier wird zurzeit noch an Vereinfachungen und an einer automatischen Konfiguration für die Automatisierungstechnik gearbeitet. So benötigt man z. B. Profile für TSN-Infrastrukturgeräte, die regeln, was in konkreten Anwendungsfällen zu verwenden ist.

Von einem herstellerübergreifenden interoperablen Serienstand für den praxistauglichen Einsatz in der Automatisierung ist TSN deshalb noch ein Stück entfernt. Die wichtigsten Geräte- und Systemhersteller arbeiten jedoch derzeit unter dem Gesichtspunkt des Kundennutzens und eigenen Wettbewerbsvorteils mit hoher Dynamik auf dieses Ziel hin.

5.4.1.2 OPC UA over TSN

https://bit.ly/36R9zu2

Wie bereits erwähnt, arbeitet TSN auf Schicht 2 des OSI-Referenzmodells und ist für darüberliegende Anwendungsprotokolle transparent nutzbar. Ein Beispiel dafür bildet OPC UA. Man arbeitet deshalb in der OPC Foundation unter dem Oberbegriff *OPC UA over TSN* daran, OPC UA in Kombination mit TSN als einen umfassenden echtzeitfähigen Industrie 4.0-Kommunikationsstandard zu etablieren. Dabei soll insbesondere die Publisher-Subscriber-Erweiterung von OPC UA mit TSN kombiniert werden.

Durch die Erweiterung von OPC UA mit dem Pub-Sub-Kommunikationsmodell wird die Möglichkeit geschaffen, einen periodischen Datenaustausch zwischen OPC UA-Knoten mit einer wohldefinierten Zykluszeit durchzuführen.

Bild 5.53 zeigt eine Komponentenstruktur für die Kopplung zweier OPC UA-Knoten über TSN unter Nutzung der Pub-Sub-Methode [83]. Die Pub-Sub-Erweiterung sorgt dafür, dass ein OPC UA-Server als Publisher Prozessdaten für mehrere Clients gleichzeitig (Multicast) veröffentlichen kann.

Voraussetzung eines Datenaustauschs via OPC UA PubSub über TSN ist ein Mechanismus, der TSN-Zeitpläne (Schedules) den OPC UA-Daten zuordnet. OPC UA-Server können eine zeitdeterministische Verbindung anfordern, die durch die CNC (Central Network Configuration) konfiguriert wird. Die Subscriber erhalten dann die veröffentlichten Daten vom Publisher in einem vereinbarten Zeitrahmen.

Legt man die Softwarestruktur nach Bild 5.53 über die Netzstruktur von Bild 5.52, erhält man eine mögliche Industrie 4.0-Kommunikationsinfrastruktur für die Anwendungsebene, die in der Lage ist, eine CPS-basierte Automatisierung nach Bild 5.20 zu verwirklichen. Wenn alle CPS-Komponenten im System als OPC UA-Knoten fungieren und über eine zeitdeterministische Vernetzung zu allen anderen

Elementen verfügen, dann können automatisierungstechnische Funktionen in diesem System durch beliebige Komponenten im System (auch durch eine Cloud) als Dienste ausgeführt werden.

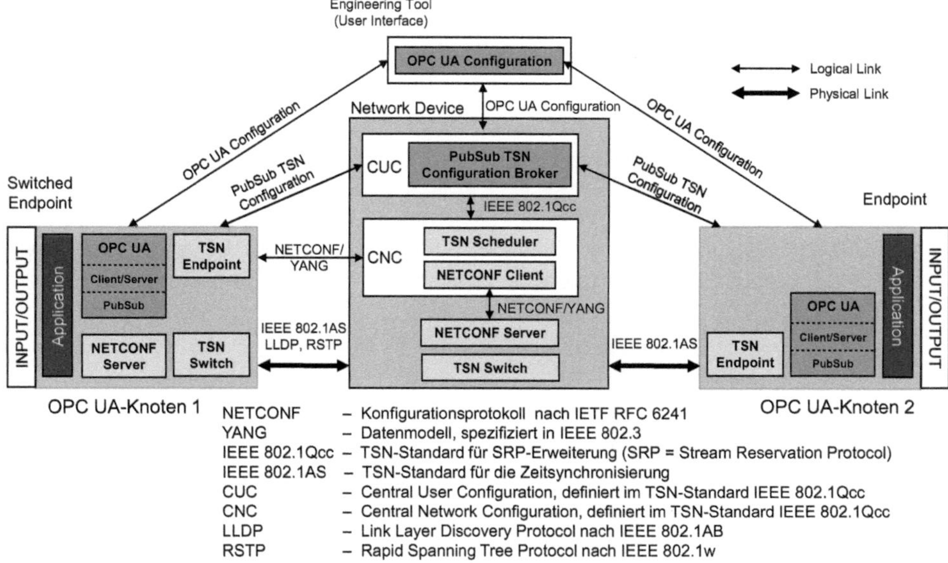

Bild 5.53 Beispielhafte Kommunikationsinfrastruktur mit OPC UA over TSN

Aus Bild 5.52 und Bild 5.53 wird aber auch anschaulich deutlich, dass eine Reihe von Hard- und Softwarekomponenten und eine aufwendige Konfiguration für eine derartige Kommunikationsinfrastruktur erforderlich sind. Es bleibt abzuwarten, wann entsprechende für die Automatisierungsindustrie tatsächlich handhabbare Hard- und Softwarekomponenten dafür zur Verfügung stehen.

5.4.1.3 DDS und TSN

Neben der OPC Foundation und der Plattform 4.0 arbeiten auch das IIC und beteiligte Firmen (RTI/USA, SoC-e/Spanien) an einer zeitdeterministischen Kommunikationsinfrastruktur für Industrie 4.0/IIoT. Die Arbeiten konzentrieren sich dabei vor allem auf eine Kombination von DDS mit TSN.

https://bit.ly/3xYzQ5v

Damit ergibt sich eine datenzentrierte Kommunikationsinfrastruktur, bei der DDS-Datenflüsse auf TSN-Streams abgebildet werden. Zusätzlich werden die verschiedenen QoS-Einstellungen von DDS mit den Traffic-Klassen von TSN kombiniert.

Da DDS aus missionskritischen Systemen (Luftfahrt, Militär) hervorgegangen ist, bleiben die erforderlichen Eigenschaften für ein zuverlässiges, betriebssicheres System erhalten, wenn DDS mit einem TSN-Netzwerk betrieben wird.

Ähnlich wie bei OPC UA over TSN unterscheidet man zwischen zeitkritischen und nicht kritischen Datenflüssen. Ein DDS-fähiges CUC-Tool (CUC – Central User Configuration, Bild 5.53) nimmt die DDS-spezifischen Informationen entgegen und setzt diese in eine Interaktion mit dem CNC-Tool (Central Network Configuration, Bild 5.53) um, damit man einen berechneten TSN-Network-Schedule erhält. Aktuell laufen Arbeiten in der OMG zu einer Standardisierung von DDS/TSN-Lösungen.

In Beispiel 5.18 wird die Anwendung von DDS over TSN dargestellt.

Beispiel 5.18: Management eines Robotersystems [84]

Das Management eines Robotersystems über eine DDS-Infrastruktur ist eine Anwendung, für die sich die Nutzung von TSN auf einer unteren Ebene anbietet. Im Anwendungsbeispiel wird in einer dezentralen Konfiguration ein Roboterarm gesteuert. Die Steuerung des Roboterarms läuft auf einem externen Rechner (Controller). Für Analysezwecke und vorausschauende Wartung überwacht und dupliziert ein weiterer Rechner (Twin) die Funktionsweise des Roboters. Alle Anwendungen können bei Unregelmäßigkeiten Alarme auslösen. Bild 5.54 zeigt Layout und Datenflüsse (DDS-Topics) im Anwendungsbeispiel.

Zur Nutzung von TSN werden in einer zukünftigen DDS-Datendefinition kritische bzw. unkritische Datenflüsse einschließlich ihrer Frequenzen und Bandbreiten gekennzeichnet. Die kritischen Datenflüsse werden dann im TSN-Netz vom TSN-Scheduler priorisiert und zeitsynchron transportiert. Im Beispiel werden so die kritischen Datenflüsse (DDS-Topics) DesiredPos, ActualPos und Alarm in gewünschter Echtzeit übertragen. HeardBeat wird als unkritischer Datenfluss im verbleibenden TSN-Best-Effort-Zeitintervall behandelt.

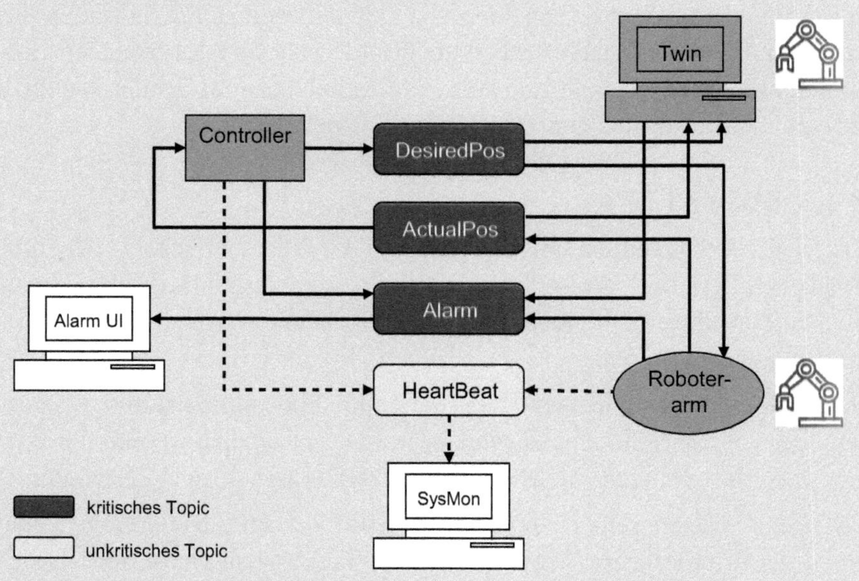

Bild 5.54 Layout und Datenflüsse im DDS-TSN-Anwendungsbeispiel

5.4.1.4 Zeitdeterministik im WAN

TSN ist im Wesentlichen eine Technologie für zeitdeterministisches kabelgebundenes Ethernet im LAN (Local Area Network). Mit OPC UA over TSN oder auch DDS/TSN lassen sich die nach dem neuen Automatisierungsmodell erforderlichen Automatisierungsdienste aus einer Cloud für Industrie 4.0-Lösungen im LAN realisieren. Nicht jedes Unternehmen wird aber organisatorisch und/oder technisch in der Lage sein, eine private Cloud (oder IIoT-Plattform) im eigenen Unternehmen zu betreiben. Vielfach werden zukünftig auch verschiedene Cloud-Anbieter genutzt werden müssen, die sich nicht im lokalen Umfeld eines Anwenders befinden. Dabei ergibt sich aber sofort die Frage nach der Zeitdeterministik im WAN (Wide Area Network).

Abhängig von der Entfernung zwischen Anwender und dem Cloud-(Server-)Standort spielen im WAN insbesondere die Verzögerungszeiten der Datenübertragung über das Medium (Latenzzeit) eine wesentliche Rolle. Bild 5.55 veranschaulicht dazu die Zeitverhältnisse für ein Szenario, bei dem ein Sensor und ein Aktor über CPS-Komponenten an ein WAN abgeschlossen sind und der Aktor über einen Automatisierungsdienst (Cloud-SPS) vom Sensor gesteuert wird.

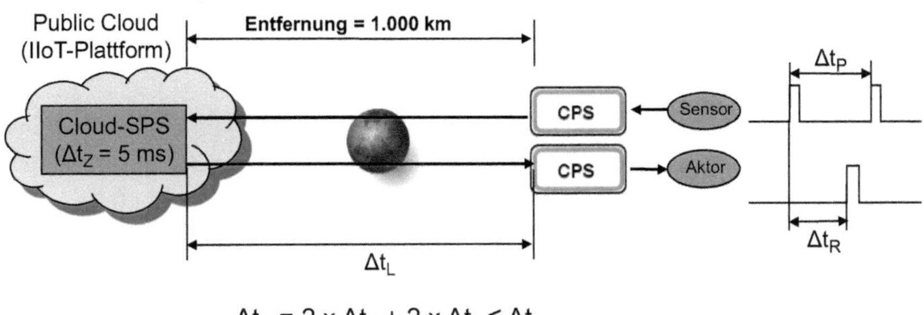

$$\Delta t_R = 2 \times \Delta t_Z + 2 \times \Delta t_L \leq \Delta t_P$$

Δt_Z – Zykluszeit der Cloud-SPS
Δt_L – Latenzzeit (Verzögerungszeit der Prozessdaten im Netz)
Δt_R – Reaktionszeit (Zeit zwischen Prozessereignis und einer zugehörigen Reaktion)
Δt_P – Prozesszeit (Zeit zwischen auftretenden Prozessereignissen)

Bild 5.55 Ausführung eines Automatisierungsdienstes (z. B. Cloud-SPS) über ein WAN

Für die *Latenzzeit* Δt_L als Verzögerungszeit für die Datenübertragung über das WAN muss die Signallaufzeit im Übertragungsmedium berücksichtigt werden. Unter Berücksichtigung des Brechungsindex des Übertragungsmediums beträgt die Lichtgeschwindigkeit z.B. für Glasfaser ca. 200 000 km/s. Damit lässt sich bei einer Langstreckenverbindung auf 1000 km eine theoretische Latenzzeit von 5 ms erreichen. Betrachtet man dazu noch weitere Verzögerungszeiten, die durch Netzkomponenten im WAN entstehen (Übertragungsverzögerung, Verarbeitungsverzögerung, Warteschlangenverzögerung usw.), so könnten mit schnellem WAN durchaus Latenzzeiten bei Entfernungen von 1000 km von ca. 10 ms erreicht werden.

Wird also eine SPS als virtuelle SPS oder Steuerungsdienst in einer Cloud (Cloud-SPS) betrieben, die 1000 km von der zu steuernden Maschine/Anlage lokalisiert ist, und wird diese SPS mit einer *Zykluszeit* Δt_Z von 5 ms betrieben, so lässt sich eine *Reaktionszeit* Δt_R von 30 ms für angeschlossene Automatisierungseinrichtungen realisieren.

Für Echtzeitbedingungen gilt, dass die Reaktionszeit des Automatisierungssystems kleiner als die *Prozesszeit* Δt_P sein muss:

$$\Delta t_R \leq \Delta t_P \qquad \text{Echtzeitbedingung}$$

Unter Prozesszeit werden dabei die Zeitabstände verstanden, mit denen im technischen Prozess Ereignisse auftreten. Für das Beispielszenario lassen sich somit über das WAN prinzipiell automatisierungstechnische Anwendungen mit einer Prozesszeit $\Delta t_P > 30$ ms (z. B. für die Prozessautomatisierung) abdecken.

https://bit.ly/36UKOgB

Neben den aufgeführten eher grundsätzlichen Überlegungen wird auch daran gearbeitet, WAN strukturell weiterzuentwickeln, um eine höhere Flexibilität, Agilität und auch eine zeitdeterministische Datenübertragung realisieren zu können. Dabei konzentrieren sich die Arbeiten vor allem auf *Software-Defined WAN* (SD-WAN) [85].

https://bit.ly/3eGMjmQ

SD-WAN kombiniert hybride Konnektivität mit zentralisierter, softwarebasierter Intelligenz, die das Netzwerk überwacht, analysiert und steuert. SD-WAN soll der erste Schritt in Richtung eines *Networks as a Servic*e (NaaS) sein, bei dem sich Teilnehmer Datenverbindungen in festgelegter Qualität (Bandbreite, Latenz, Jitter, Paketverlust usw.) für bestimmte Zwecke, z. B. für die Echtzeitdatenübertragung, mieten können. SD-WANs werden zukünftig als leistungsfähige und flexible Netzwerke für Industrie 4.0 und die Digitalisierung der Produktion bewertet.

5.4.2 Drahtlose und mobile Vernetzung

Eine Schlüsselrolle für die hochdynamische und flexible Industrie 4.0-Produktion spielen Funklösungen. Sie reduzieren aufwendige Verkabelung, ermöglichen flexible Kommunikationsansätze und helfen dabei, neue Anwendungsfelder zu erschließen.

In Abschnitt 4.2 und Abschnitt 4.3 wurden bereits wichtige funkbasierte Kommunikationssysteme, wie z. B. Bluetooth, ZigBee, Mobilfunknetze und Low Power-Weitverkehrsnetze, behandelt, die auch für die Vernetzung von CPS-Komponenten in Industrie 4.0-/IIoT-Lösungen von Bedeutung sind.

In diesem Abschnitt soll ergänzend dazu auf einige spezifische drahtlose und mobile Vernetzungstechnologien für CPS eingegangen werden, bei denen insbesondere die 5G-Mobilfunktechnik eine wesentliche Rolle spielt.

5.4.2.1 5G für Industrie 4.0

Die industriellen Anforderungen an Latenz, Zuverlässigkeit, Reichweite, Fehlertoleranz, Sicherheit und Möglichkeiten zur Lokalisierung an die Vernetzung von CPS-Komponenten für Industrie 4.0-Lösungen sind sehr hoch, sodass diese mit den üblichen Funktechnologien nur unzureichend erfüllt werden können. Mit der Mobilfunktechnik 5G (eigentlich 5G NR – 5. Mobilfunkgeneration New Radio) steht allerdings eine Technologie zur Verfügung, die für Industrie 4.0 zu einer Schlüsseltechnologie für die drahtlose Vernetzung von Produktionsanlagen werden kann.

Der 5G-Mobilfunk basiert auf LTE (Long Term Evolution – 4G-Mobilfunkstandard) und soll stufenweise weltweit ab ca. 2020 zur Verfügung stehen (siehe Abschnitt 4.3.2.4). Mit 5G lassen sich sehr breitbandige Netze mit hohen Datenraten genauso realisieren wie sehr schnelle Netze mit Fokus auf extrem kurzen Latenzzeiten oder hoher Zuverlässigkeit.

Eine besondere Rolle bei der industriellen Anwendung von 5G spielen die 5G-Campusnetze. Als *5G-Campusnetz* wird ein geografisch begrenztes, lokales, auf besondere Anforderungen wie industrielle Kommunikation angepasstes Mobilfunknetz verstanden. Dank der 5G-Technologie und der Verwendung dedizierter Frequenzen kann es die höchsten Anforderungen an die Dienstqualität hinsichtlich Latenz, Zuverlässigkeit und Verfügbarkeit der Kommunikationsnetze erfüllen. Dies macht 5G-Campusnetze für Anwendungen in verschiedenen Industriebereichen attraktiv [86].

https://bit.ly/3wWkg9k

In Kombination mit dem IoT/IIoT, der bedarfsgerechten und automatisierten Verteilung von IT-Ressourcen über lokale Cloud-Systeme und unter Nutzung von künstlicher Intelligenz (KI) stellen 5G-Campusnetze neue Technologien und Dienste bereit, die in den aktuellen kabellosen Netzen nicht realisierbar sind.

Die Leistungsparameter von 5G-Netzen können mit drei Dimensionen gekennzeichnet werden (Bild 5.56):

- **eMBB (enhanced Mobile Broadband):** Datenvolumina erreichen 10 Tbit/s/km^2 und Spitzen-Datenraten von 10 Gbit/s.
- **mMTC (massive Machine-Type Communications):** hohe IoT-Endgeräte-Dichte von einer Million/km^2 und optimierter Energieverbrauch im Bereich von 10 %, bezogen auf LTE-Systeme
- **URLLC (Ultra-Reliable Low-Latency Communications):** Latenzzeit unterhalb von 1 ms, Verfügbarkeit von 99,999 %

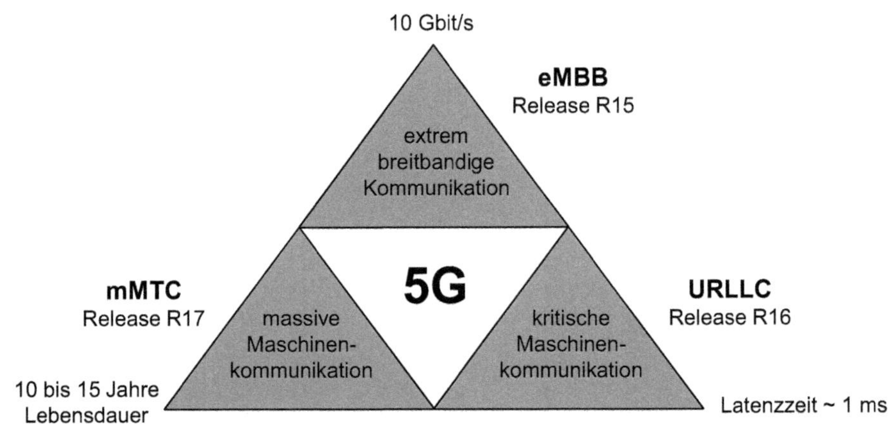

Bild 5.56 Drei Dimensionen der Leistungsparameter bei 5G

In Beispiel 5.19 wird die Anwendung von 5G in der Industrie 4.0 dargestellt.

Die genannten Leistungsparameter sind in den 5G-Releases R15, R16 und R17 niedergelegt und werden für unterschiedliche Anwendungskategorien eingesetzt, z. B. URLLC für Robotersteuerungen, mMTC für Sensornetze, eMBB für Audio-/Videoübertragung.

Will man Anwendungsszenarien mit unterschiedlichen Leistungsparametern gleichzeitig abdecken (beispielsweise hohe Bandbreite und niedrige Latenz), so bietet sich mit 5G das *Network Slicing* an. Dies bedeutet, dass man ein einziges physikalisches Funknetzwerk virtuell in mehrere *Slices*, d. h. in voneinander autonome und getrennte Netze mit dedizierten Ressourcen, unterteilt. Jedem dieser Slices lassen sich dann spezifische Eigenschaften zuweisen, die den jeweils adressierten Anwendungsanforderungen gerecht werden. Auch lässt sich so die Anzahl möglicher Anwendungsfelder jederzeit durch Hinzufügen weiterer Slices mit anderen Eigenschaften erweitern [88].

https://bit.ly/3rmM59C

Beispiel 5.19: 5G-fähiges autonomes Transportsystem [87]

ActiveShuttle von Bosch Rexroth ist ein 5G-fähiges autonomes Transportsystem, das über ein Campusnetz und die gleichfalls 5G-fähige Automatisierungssoftware ctrlX AUTOMATION mit anderen Komponenten der Fabrikautomatisierung in Echtzeit vernetzt ist. Bild 5.57 zeigt ein Fabrikszenario mit ActiveShuttle.

Das ActiveShuttle befördert Lasten von bis zu 260 kg schnell und sicher durch die Fertigung. Die mit Kleinladungsträgern beladenen Bodenroller werden vollautomatisiert mithilfe einer integrierten Hubplattform auf- und abgeladen. Das ActiveShuttle ermöglicht so vielfältige Transportkonzepte – von zyklischen Transporten bis hin zu einer verbrauchsgesteuerten Materialversorgung. Auch bei gleichzeitigem Einsatz anderer Transportfahrzeuge sowie der Anwesenheit von Personen fügt sich das Fahrzeug problemlos in das Intralogistikumfeld ein. Veränderungen im Fahrbereich meistert das ActiveShuttle dank dynamischer Kartenaktualisierung ohne Probleme.

Bild 5.57 5G-fähiges autonomes Transportsystem *ActiveShuttle* von Bosch (© Robert Bosch GmbH)

5.4.2.2 5G und TSN

Grundsätzlich bietet es sich an, in einem privaten industriellen 5G-Netz (Campusnetz) die echtzeitfähige drahtlose und mobile 5G-Vernetzung mit der drahtgebundenen TSN-Technologie zu kombinieren. Bild 5.58 illustriert in einer vereinfachten Darstellung die Kombination beider Technologien für eine zeitdeterministische Ende-zu-Ende-Kommunikation zwischen einem IIoT-Gerät (CPS-Komponente) und einer SPS [89].

https://bit.ly/3eHIE8i

Insbesondere die 5G-URLLC-Leistungsmerkmale (siehe Bild 5.56) passen gut zu den TSN-Funktionen. Die beiden Schlüsseltechnologien können kombiniert und integriert werden, um eine deterministische End-to-End-Konnektivität bereitzustellen, z. B. zwischen Eingabe-/Ausgabegeräten und deren Steuerungen, die sich möglicherweise in einer lokalen Cloud (Edge Cloud) für die industrielle Automatisierung befinden.

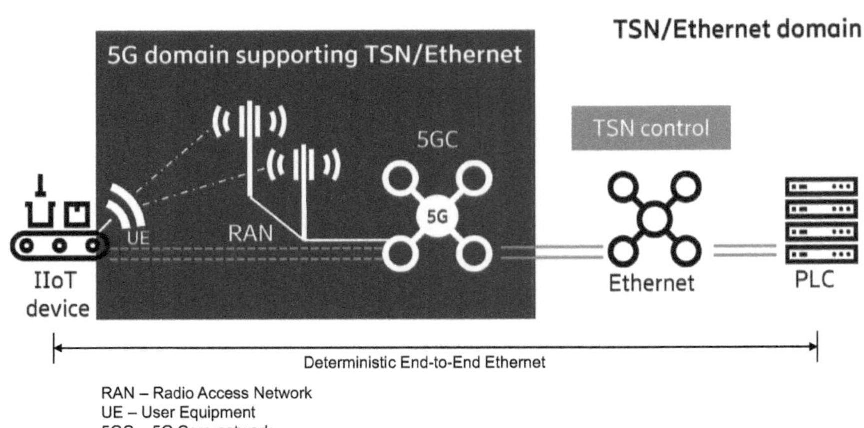

Bild 5.58 Kombination von 5G und TSN für eine zeitdeterministische Ende-zu-Ende-Kommunikation (© Ericsson)

Tabelle 5.11 zeigt einen Auszug aus den Leistungsanforderungen für Anwendungsfälle der Vernetzung in Industrie 4.0/IIoT mit geringen Verzögerungszeiten und hoher Zuverlässigkeit nach [90] im Zusammenhang mit 5G-URLLC/TSN. Die vollständige Tabelle wurde in der technischen Spezifikation TS 22.261 durch 3GPP aufgestellt und unter ETSI TS 122 261 veröffentlicht.

Tabelle 5.11 Auszug aus den Leistungsanforderungen für Anwendungsfälle der Vernetzung mit geringen Verzögerungszeiten und hoher Zuverlässigkeit

Anwendungsfall	Latenzzeit [ms]	Jitter [ms]	Datenrate [Mbit/s]	Vernetzungsdichte [n/km²]	Dienstfläche [m]
Diskrete Steuerungen	1	0,001	1…10	100000	100 × 100 × 30
Fertigungsautomatisierung	10	0,1	10	100000	100 × 100 × 30
Prozessautomatisierung (Steuerung)	50	20	1…100	1000	300 × 300 × 50
Prozessautomatisierung (Beobachtung)	50	20	1	10000	300 × 300 × 50
Energieverteilung (Mittelvoltbereich)	25	25	10	1000	100 km entlang der Stromleitung
Energieverteilung (Hochvoltbereich)	5	1	10	1000	200 km entlang der Stromleitung
Intelligente Transportsysteme	10	20	10	1000	2 km entlang der Straße
Fernsteueung	5	-	gering…10	gering	-

Tabelle 5.11 macht die unterschiedlichen Anforderungen an eine 5G/TSN-Vernetzung im Vergleich anschaulich deutlich.

Zusammen können 5G und TSN die anspruchsvollen Netzwerkanforderungen von Industrie 4.0 erfüllen. Die Kombination von 5G und TSN sind angesichts der Funktionen für höchste Zuverlässigkeit und geringe Latenz perfekt für intelligente Fabriken geeignet. Ein gewisses Maß an Integration der beiden Technologien ist jedoch erforderlich, um eine End-to-End-Ethernet-Konnektivität bereitzustellen, die den industriellen Anforderungen entspricht.

Erste Einsatzbeispiele für 5G/TSN liegen für komplexe Anwendungen in der mobilen Robotik vor (Massive Robot Collaboration), z. B. zur Steuerung eines mobilen Roboters mit sechs Armen (Hexapod), die durch 18 Servomotoren bewegt werden. Die gesamte Bewegungssteuerung und Koordinierung erfolgt dabei über eine Edge Cloud [91].

https://bit.ly/3hUo9Hz

5.4.3 Weiterentwicklungen des Übertragungsmediums

Auch in Schicht 1 des OSI-Referenzmodells (Bitübertragungsschicht), die sich mit der physikalischen Verbindung der Netzteilnehmer beschäftigt, gibt es Weiterentwicklungen, die für die Vernetzung von CPS-Komponenten im IIoT bzw. für Industrie 4.0 zukünftig eine große Rolle spielen können.

5.4.3.1 Single Pair Ethernet

Beim *Single Pair Ethernet* (SPE) handelt sich um verschiedene Standards, mit denen sich Ethernet-Verbindungen über Kupferkabel mit nur einem einzigen verdrillten Adernpaar herstellen lassen. Es existieren Standards für unterschiedliche Datenübertragungsraten bis hin zu mehreren Gbit/s (siehe Tabelle 5.12). Die maximal überbrückbaren Entfernungen variieren zwischen 15 … 1.000 m [92].

https://bit.ly/3hRTIBO

Tabelle 5.12 Bereits verabschiedete und geplante Standards für SPE

Standard	Datenübertragungsrate [Mbit/s]	Maximale Entfernung [m]	Bezeichnung
IEEE 802.3cg	10	1000	10Base-T1
IEEE 802.3bw	100	15	100Base-T1
IEEE 802.3bp	1000	15	1000Base-T1
IEEE 802.3ch	2500, 5000, 10 000	15	MultiGigBase-T1

Da nur ein einziges Adernpaar für die Übertragung der Vollduplexsignale zur Verfügung steht, werden auf dem Adernpaar die Signale gleichzeitig in beide Richtungen übertragen. Die Signale laufen im Kabel in gegensätzliche Richtungen und überlagern sich. Die Sende- und Empfangseinheiten kennen die selbst ausgesandten Signale und können daher die Empfangssignale aus dem überlagerten Gesamtsignal isolieren.

Neben der Verwendung einpaariger Kupferkabel ermöglicht Single Pair Ethernet das *Cable-Sharing*. Hierbei wird eine vierpaarige Verkabelung genutzt, um vier voneinander unabhängige SPE-Verbindungen über ein einziges Kabel herzustellen.

Analog zu Power over Ethernet für die LAN-Verkabelung (siehe Abschnitt 3.1.1.3) ist es mit SPE ebenfalls möglich, Endgeräte über das Kupferkabel mit der für den Betrieb benötigten elektrischen Energie zu versorgen. Hierfür wurde der Standard *Power over Data Line* (PoDL) geschaffen, der Leistungen bis zu 50 W auf Endgeräteseite liefern kann.

Eine wichtige Voraussetzung für den großflächigen Einsatz und somit für die erfolgreiche Vermarktung von SPE ist die durchgängige Kompatibilität von Geräten, Kabeln und Steckverbindern. Die MICE-Matrix nach DIN EN 50173-1 beschreibt dabei die externen Bedingungen einer Ethernet-Schnittstelle wie folgt:

- M = mechanische Robustheit
- I = Dichtigkeitseigenschaften
- C = chemische und klimatische Widerstandsfähigkeit
- E = elektromagnetische Sicherheit

M1I1C1E1 bedeutet z. B. eine Umgebung, wie sie in einem Bürogebäude vorzufinden ist, und M3I3C3E3 eine extreme Umgebung, wie sie in der Industrie vorkommen kann.

Für SPE haben sich 2018 in einem Auswahlprozess die folgenden zwei Steckgesichter durchgesetzt:

- **Steckverbinder nach DIN IEC 63171-1/2 für die Gebäudeverkabelung:** basiert auf dem Vorschlag von CommScope (US) und ist unter Variante 1 (LC Style) für M1I1C1E1-Umgebungen bekannt
- **Steckverbinder für die Industrie nach DIN IEC 63171-5/6:** basiert auf dem Vorschlag von HARTING (DE), ist speziell für den Einsatz in bis zu M3I3C3E3-Umgebungen konzipiert und als Variante 2 (Industrial Style) bekannt

In Bild 5.59 sind die neuen SPE-Steckgesichter abgebildet.

SPE leistet einen wichtigen Beitrag zur physikalischen Kommunikationsinfrastruktur für das IIoT und Industrie 4.0, da Ethernet damit platzsparend und kosteneffizient von der Cloud bis in die Feldebene genutzt werden kann.

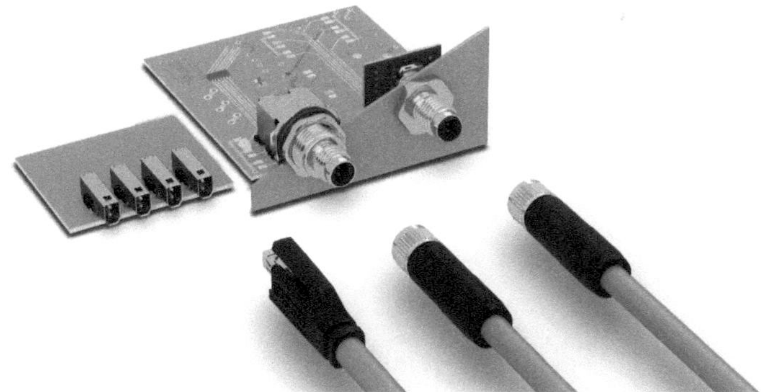

Bild 5.59 SPE-Steckgesichter für den Einsatz in IP20-Applikationen (links) und IP67-Applikationen in Bauform M8 (Mitte und rechts) (© PHOENIX CONTACT Deutschland GmbH)

5.4.3.2 Strahlende Kabel

Die ambitionierten Ziele von 5G für Industrie 4.0 zur Steuerung und Überwachung von Produktionsanlagen oder autonomen Transportfahrzeugen mittels zeitdeterministischer Funkkommunikation erfordert eine entsprechende Antennentechnik, mit der Funksignale auch unter komplizierten Verhältnissen in geschlossenen Räumen stabil und berechenbar übertragen werden. Man nutzt deshalb *strahlende Kabel* (Schlitzkabel), um in freier Sichtverbindung eine zuverlässige Datenübertragung zwischen Sender und Empfänger zu erreichen.

Der Aufbau von strahlenden Kabeln unterscheidet sich grundsätzlich von Antennen. Wie ein Koaxialkabel haben sie einen Innenleiter, der meist durch eine Schaumschicht vom Außenleiter getrennt ist. Dieser Außenleiter ist versehen mit Schlitzen, die an einer Seite des Kabels entlang seiner Länge die elektromagnetischen Wellen abstrahlen. Jeder Schlitz bildet im Prinzip eine kleine Antenne.

Die Energie des Funksignals, die in das Kabel gegeben wird, verteilt sich über die Länge des Kabels und wird über die Schlitze wieder abgegeben. Das strahlende Kabel kann so das Funksignal entlang der Strecke, auf der sich die mobilen Empfänger bewegen, direkt an diese senden.

An jeder Stelle entlang des Kabels hat jeder Empfänger eine direkte Sichtlinie zum strahlenden Kabel. Abschattung, Reflexion, Streuung und Beugung des Funksignals (siehe Abschnitt 4.1.1.1) finden viel weniger statt, da das Signal direkt zum Empfänger abgestrahlt wird. Die Ausbreitung des Funkfelds entlang des Kabels ist berechenbar und auch dann noch stabil und zuverlässig, wenn sich z.B. mehrere Fahrzeuge in einem Tunnel bewegen [93].

Bild 5.60 zeigt den Aufbau eines strahlenden Kabels.

Einer der Vorteile von strahlenden Kabeln ist es, auch lange Strecken unterbrechungsfrei mit Funk zu versorgen. Wegen der Längsdämpfung des Kabels, die mit der Höhe der Frequenz auch steigt, ist nach einer bestimmten Länge jedoch nicht mehr genügend Signalstärke vorhanden, um das Signal noch sinnvoll abstrahlen zu können. Die Länge der Kabel ist deshalb begrenzt. Außerdem können die Kabel aufgrund ihres Durchmessers nur bis zu einer bestimmten Maximalfrequenz Funksignale übertragen. Die Grenzfrequenz liegt dabei für übliche Kabeldurchmesser bei ca. 3,7 GHz.

Bild 5.60 Aufbau eines strahlenden Kabels (© Kabelwerk Eupen AG)

Mit einem speziellen Schlitzdesign z. B. des Kabels RMC78-G (Kabelwerk Eupen) und einem angepassten Kabeldurchmesser (7/8 Zoll), die das Abstrahlverhalten des Kabels optimieren, können aber auch für den gesamten 5G-Frequenzbereich 3,3 ... 3,8 GHz Anwendungen mit hoher Datenrate zuverlässig realisiert werden.

5.5 Übungsaufgaben

5.1: Wieso bezeichnet man ein Cyber-Physical System auch als System of Systems?

5.2: Erläutern Sie die Rolle der Vernetzung für ein Cyber-Physikal System.

5.3: Ein Kernelement von Industrie 4.0 ist die intelligente Fabrik, die Smart Factory. Geben Sie mindestens drei Eigenschaften an, die von einer Smart Factory erwartet werden.

5.4: Erläutern Sie den Begriff Internet of Things (IoT), und geben Sie die Kerntechnologien an, auf denen das IoT basiert. Wie unterscheidet sich das IoT vom Industrial Internet of Things (IIoT)?

5.5: Beim Cloud-Computing kennt man die Dienstmodelle IaaS, PaaS und SaaS. Geben Sie die wesentliche Charakteristik dieser drei Dienstmodelle an. In welchem Dienstmodell stellt ein Cloud-Computing-Anbieter das Betriebssystem zur Verfügung?

5.6: Man geht davon aus, dass sich zukünftig die klassische Automatisierungspyramide zu einer flachen „Automatisierungswolke" auflösen wird, die dann als CPS-based Automation bezeichnet werden kann. Aus welchen Bestandteilen besteht dieses CPS-basierte Automatisierungsmodell? Erläutern Sie die Bestandteile.

5.7: Das Referenzarchitekturmodell Industrie 4.0 (RAMI 4.0) umfasst alle Aspekte eines Industrie 4.0-Produktionsprozesses, kombiniert verschiedene Nutzersichten und schafft ein allgemeines Verständnis der Industrie 4.0. Was wird in RAMI 4.0 als I40-Komponente verstanden? Erläutern Sie die Bestandteile einer I40-Komponente.

5.8: Für die Umsetzung von Automatisierungslösungen nach dem Automatisierungsmodell CPS-based Automation werden entsprechend aufgebaute IoT-/IIoT-Plattformen genutzt. Recherchieren Sie im Internet und versuchen Sie für die IoT-Plattformen Bolt IoT (Inventrom), EvryThng IoT (EVRYTHNG) und Q-Cloud (QSC) folgende Fragen zu beantworten:

a) Wie erfolgt die Geräteanbindung an die IoT-Plattform, bzw. welche Geräte können angebunden werden?

b) Kann die Plattform um eigene Funktionen erweitert werden?

c) Gibt es für die Plattform einen kostenfreien Testzugang?

Nutzen Sie für die Beantwortung der Fragen eine Tabelle.

5.9: Das Dienstparadigma als informationstechnisches Konzept wird bereits seit vielen Jahren für die Automatisierung technischer Prozesse eingesetzt. Welche Merkmale kennzeichnen einen Dienst in der Automatisierungstechnik?

5.10: Zur strukturierten Beschreibung der Kommunikation für Industrie 4.0 und IIoT hat das IIC das Industrial Internet of Things Connectivity Framework aufgestellt. Nennen Sie mindestens je zwei Kommunikationssysteme/-protokolle aus den oberen und aus den unteren Anwendungsschichten des IICF, die nach Auffassung des IIC für Industrie 4.0/IIoT von Bedeutung sein sollen.

5.11: DDS und OPC UA sind zwei mögliche Lösungen für eine I40-Kommunikation, die jedoch auf einem unterschiedlichen Kommunikationsmodell basieren. Welches Kommunikationsmodell nutzt DDS und welches Modell nutzt OPC UA? Geben Sie mindestens jeweils zwei prinzipielle Vor- und Nachteile beider Kommunikationsmodelle an. Recherchieren Sie, falls erforderlich, dazu im Internet.

5.12: Der Softwarearchitekturstil REST in seiner Umsetzung als RESTful HTTP hat sich als ein wichtiges Kommunikationsprotokoll für Industrie 4.0/IIoT erwiesen. Nennen und erläutern Sie mindestens drei Grundprinzipien von REST.

5.13: Im IICF sind für die unteren Anwendungsschichten MQTT und CoAP als wesentliche Kommunikationsprotokolle aufgeführt. Erläutern Sie die Unterschiede zwischen beiden Kommunikationsprotokollen hinsichtlich des Kommunikationsmodells, des Transportprotokolls und des Verschlüsselungsprotokolls.

5.14: In einem Beispielszenario zur Fernsteuerung sollen Prozessdaten in Echtzeit von einer SPS direkt in einen Webbrowser zur Visualisierung und Bedienung übertragen werden. Welches Kommunikationsprotokoll würden Sie dazu verwenden? Begründen Sie Ihre Auswahl. Berücksichtigen Sie, dass die Auslösung einer Fernbedienhandlung (Drücken eines Buttons) über den Webbrowser spätestens nach 100 ms eine Reaktion am Ausgang der SPS (z.B. Motorstop) auslösen soll.

5.15: Time-Sensitive Networking (TSN) wird derzeit als die Zukunftstechnologie von Ethernet entwickelt. Nennen Sie drei Eigenschaften eines zukünftigen Ethernets, die durch TSN realisiert werden können. Auf welcher Schicht des OSI-Referenzmodells arbeitet TSN?

5.16: Man arbeitet in der OPC Foundation daran, OPC UA in Kombination mit TSN als einen echtzeitfähigen Industrie 4.0-Kommunikationsstandard zu etablieren. Welches Kommunikationsmodell soll OPC UA dazu verwenden, um mit TSN als untere Protokollschicht zu arbeiten?

5.17: Eine Antriebssteuerung soll über einen Cloud-basierten Steuerungsdienst betrieben werden. Die Aktualisierung der Prozessdaten (Prozessereignisse) erfolgt für die Antriebe zyklisch im 100 µs-Takt. Auf jedes Prozessereignis muss die Cloud-Steuerung rechtzeitig reagieren und eine Aktion auslösen. Die Verzögerungszeit im lokalen TSN-Netz beträgt 10 µs. In der Cloud werden 50 µs für die Verarbeitung benötigt. Die Datenübertragung zur Cloud nutzt ein WAN mit Kupfer- und Glasfaserleitungen. Die Signallaufzeit beträgt in diesen Leitungen ca. 200 000 km/s. Berechnen Sie die theoretisch maximale Entfernung zwischen den zu steuernden Antrieben und der Cloud, um die erforderliche Reaktionszeit einhalten zu können. Alle sonstigen Verarbeitungs-/Verzögerungszeiten auf der Strecke und im Antriebsmodul sollen vernachlässigt werden.

5.18: Was verstehen Sie unter einem strahlenden Kabel, und für welche Zwecke werden diese eingesetzt?

Literaturverzeichnis

[1] *Bolduan, G.:* Dialog der Maschinen. Max Plank Forschung, München, 28.08.2014. *https://www.mpg.de/8384010/dialog_der_maschinen* (Zugriff am 24.04.2020)

[2] *Broy, M. (Hrsg.):* Cyber-Physical Systems – Innovation durch Softwareintensive eingebettete Systeme. Springer Verlag, Heidelberg, 2010, S. 21 – 30

[3] *Peccoud, J.:* Synthetic Biology: fostering the cyber-biological revolution. Synthetic Biology, Volume 1, Issue 1, 2016, Oxford University Press. *https://doi.org/10.1093/synbio/ysw001* (Zugriff am 24.04.2020)

[4] *Lee, Edward K.:* Cyber-Physical Systems – Are Computing Foundations Adequate? Positionspapier für das NSF Workshop „On Cyber-Physical Systems“, Austin, 16.–17.10.2006

[5] *VDI/VDE-GMA:* Industrie 4.0 – Begriffe/Terms. VDI-Statusreport, Düsseldorf, April 2017

[6] *VDI/VDE-GMA:* Cyber-Physical Systems: Chancen und Nutzen aus Sicht der Automation. Thesen und Handlungsfelder, Düsseldorf, April 2013

[7] *Amberg, J.:* Industrie 4.0 und Cyber-physische Systeme – Einordnung und Praxisbeispiel. halstrup-walcher, Kirchzarten, 2014. *https://www.halstrup-walcher.de/halstrup-walcher-wAssets/docs/pressemeldungen/positioniertechnik/2015_Fachartikel_Industrie-4.0-Formatumruestung_DEU.pdf* (Zugriff am 24.07.2020)

[8] *Plenk, W.:* Cyber-physical Systems. Institut für Informationssysteme der Hochschule Hof, 2020. *https://iisys.de/forschung/forschungsgruppen/cyber-physical-system.html* (Zugriff am 29.04.2020)

[9] *Pflaum, A.:* Kurzstudie – Industrie 4.0 und CPS – Bedarfe und Lösungen aus Sicht des Mittelstands. bayme, München, 2014

[10] *Lucke, D. et al.:* Strukturstudie: Industrie 4.0 für Baden-Württemberg. Fraunhofer-Institut für Produktionstechnik und Automatisierung IPA, Stuttgart, 2014

[11] *Mert, W.:* Autonome individualisierte Produktion. hitech, 01/18, S. 42 – 43, Siemens, Wien, 2018

[12] *https://www.youtube.com/watch?v=Qyz6REaVH9g* (Zugriff am 27.04.2020)

[13] *Kagermann, H.; Wahlster, W.; Helbig, J. (Hrsg.):* Umsetzungsempfehlungen für das Zukunftsprojekt Industrie 4.0. Abschlussbericht des Arbeitskreises Industrie 4.0, acatech, Berlin, 2012 (Vorabversion)

[14] *Vollmuth, J.:* Die smarte Fabrik der Zukunft gibt es schon. Konstruktionspraxis, Vogel Communications Group, Würzburg, 18.11.2019. *https://www.konstruktionspraxis.vogel.de/die-smarte-fabrik-der-zukunft-gibt-es-schon-a-883761* (Zugriff am 01.05.2020)

[15] *Brandl, T.:* Industrie 4.0 Trends und IIC Testbeds. MKT, 32.11.2015, Bosch Rexroth. *https:// docplayer.org/10609313-Industrie-4-0-trends-und-iic-testbeds.html* (Zugriff am 04.05.2020)

[16] *Moßner, J.; Bergmann, L.; Human, S.:* Internet of Things – Definition, Technologie und Anwendung. Industry of Things, Vogel Communications Group, Würzburg, 08.11.2019. *https://www.industry-of-things.de/internet-of-things-definition-technologie-und-anwendung-a-878883* (Zugriff am 04.05.2020)

[17] *Emmer, W.:* Smart Home mit IFTT & Co: Haussteuerung via Internet. PC-WELT, München, 12.06.2017. *https://www.pcwelt.de/a/smart-home-mit-ifttt-und-co-haussteuerung-via-internet,3447053* (Zugriff am 05.05.2020)

[18] *Gorbach, G.:* ARC Technology Forecast for the Industrial Internet of Things. ARC Strategies, ARC Advisory Group, Detham, July 2014

[19] *BOSCH:* Bosch IoT Suite vernetzt Autos, Arbeitsmaschinen und Kinderwagen. Pressemitteilung, Robert Bosch GmbH, Stuttgart, 17.02.2020. *https://apps.boschrexroth.com/rexroth/de/transforming-mobile-machines/* (Zugriff am 05.05.2020)

[20] *Fröschle, H.-P.; Reinheimer, S. (Hrsg.):* Cloud Computing & SaaS. HMD – Praxis der Wirtschaftsinformatik, Ausgabe 275, dpunkt.verlag, Heidelberg, 2011

[21] *Kühnert, C.:* Cloud-basierte Datenanalyse und Condition Monitoring – Plattform für industrielle Anlagen. VisIT, S. 12 – 13, Fraunhofer IOSB, Karlsruhe, 2015

[22] *Langmann, R.; Stiller, M.:* Industrial Cloud – Status und Ausblick. HMD (2015) 52, S. 647 – 664, Springer Fachmedien, Wiesbaden, 2015

[23] *ISW der Universität Stuttgart:* Industrielle cloudbasierte Steuerungsplattform für eine Produktion mit cyber-physischen Systemen (piCASSO). – BMBFVerbundprojekt, Stuttgart, 2016. *http://www.projekt-picasso.de/projekt* (Zugriff am 08.05.2020)

[24] *Langmann, R.; Stiller, M.*: Steuerungsdienste aus der Cloud auf Basis IEC 61131. atp edition 04/2017, S. 2 – 15, DIV Deutscher Industrieverlag, München, 2017

[25] *Langmann, R.; Stiller, M.:* The PLC as a Smart Service in Industry 4.0 Production Systems. Applied Science, 2019, 9, S. 3815 – 3835, MDPI, Basel, 2019

[26] *m+iTEC:* IoT platform FlexIOT. m+iTEC Dr. Reinhard Langmann, Solingen, 2020. *http://www.flexiot.de* (Zugriff am 08. 07. 2020)

[27] *Fraunhofer Allianz Big Data:* Dokumente zum „Zukunftsworkshop Big Data – Perspektiven für die Industrie 4.0“. Schloss Birlinghoven, 23. 10. 2014

[28] *Beckhoff Automation GmbH:* From Sensor to IT Enterprise – Big Data & Analytics in the cloud. Beckhoff Automation, Verl, 2014, *ftp://ftp.beckhoff.com/Software/embPC-Control/Solution/Demo-IoT/Flyer-IoT-Sensor_to_Cloud.pdf* (Zugriff am 09. 05. 2020)

[29] *Pressemitteilung Fraunhofer ESK:* Bye, bye, SPS – Die Steuerung aus der Cloud. ke Next, 11 – 12/2016, verlag moderne industrie, Landsberg, 2016

[30] *Krause, T. et al.:* IT-Plattformen für das Internet der Dinge (IoT). Fraunhofer IAO, Fraunhofer Verlag, Stuttgart, 2017

[31] *CCAD:* WOAS-Marktanalyse. CCAD der HS Düsseldorf, internes Forschungsdokument, Düsseldorf, 2017

[32] *Hankel, M.:* Industrie 4.0: Das Referenzarchitekturmodell Industrie 4.0 (RAMI 4.0). ZVEI, Frankfurt, 2015. *https://www.zvei.org/themen/industrie-40/das-referenzarchitekturmodell-rami-40-und-die-industrie-40-komponente* (Zugriff am 21. 06. 2020)

[33] *Epple, U.:* Die Entwicklung von Industrie 4.0-Referenzmodellen und Referenzarchitekturen – aktueller Status. Tagung Normung Industrie 4.0, BMWi, Berlin, 19. 02. 2019. *https://docplayer.org/9439438-Die-entwicklung-von-industrie-4-0-referenzmodellen-und-referenzarchitekturen-aktueller-status.html* (Zugriff am 22. 06. 2020)

[34] *Palm, F.:* Projekt openAAS: Die Schale für Industrie 4.0. Computer & Automation, WEKA Fachmedien, Haar, 11. 07. 2017

[35] *Plattform Industrie 4.0:* Verwaltungsschalen in der Praxis: Projekte machen's vor. BMWi, Berlin, 2018. *https://www.plattform-i40.de/PI40/Redaktion/DE/Newsletter/2018/Ausgabe7/2018-07-newsletter-verwaltungschale-praxis.html* (Zugriff am 22. 06. 2020)

[36] *Langmann, R.; Rojas-Peña, L. F.:* A PLC as an Industry 4.0 component. Proceedings of 13th International Conference on Remote Engineering and Virtual Instrumentation (REV), S. 10 – 15, Piscataway, IEEE, 2016

[37] *Lin, S.-W.; Simmon, E.:* The Industrial Internet of Things Volume G1: Reference Architecture. Industrial Internet Consortium, Needham, 19. 06. 2020

[38] *Thingswise:* IIC – Intelligent Urban Water Supply Testbed. The Industrial Internet Consortium Journal of Innovation, Needham, 2020. *https://hub.iiconsortium.org/intelligent-urban-water-supply* (Zugriff am 24. 06. 2020)

[39] *Lin, S.-W.:* Industrial Internet & Smart Manufacturing. Präsentation, IIC-Plattform Industrie 4.0 World Tour, Burlingame, Dezember, 2017

[40] *Wikipedia:* Dienst (Informatik). *https://de.wikipedia.org/wiki/Dienst_(Informatik)* (Zugriff am 25. 06. 2020)

[41] *Bedenbender, H. et al.:* Welche Kriterien müssen Industrie 4.0-Produkte erfüllen? Leitfaden 2018, BMWi, Berlin, 2018

[42] *OASIS:* Device Profile for Web Services Version 1.1. OASIS Standard, Burlington, 2009

[43] *Herrmann, W.:* Oasis verabschiedet SOA-Referenzmodell. Computerwoche, IT-Fachverlag, München, 18. 10. 2006. *https://www.computerwoche.de/a/oasis-verabschiedet-soa-referenzmodell,582704#* (Zugriff am 26. 06. 2020)

[44] *VDI/VDE-GMA:* Industrie 4.0 Statusreport – Auf dem Weg zu einem Referenzmodell. VDI, Düsseldorf, 2014

[45] *Gees, A.:* Automation of Things bietet FourZero. KEM Konstruktion, Konradin-Verlag, Leinfelden-Echterdingen, 09.04.2018. *https://kem.industrie.de/digitalisierung/automation-of-things-bietet-fourzero/#slider-intro-2* (Zugriff am 26.06.2020)

[46] *Plattform Industrie 4.0:* Web-orientierte Architektur (WOA). Themen- und Technologiekatalog, BMWi, Berlin, 2020. *https://www.plattform-i40.de/PI40/Redaktion/DE/Standardartikel/Themen-und-Technologiekatalog/web-orientierte-architektur-woa.html* (Zugriff am 26.06.2020)

[47] *Thies, G.:* Web-orientierte Architekturen: Eine Methode zur Konzeption, Planung, Umsetzung und Bewertung. Wissenschaftliche Schriften der WWU Münster, Reihe IV, Bd.14, Münster, 2011

[48] *Gershon, S.:* Control in the Cloud: Trends in Cloud Computing and their Impact on the World of Industrial Control. Contel Technologies, Kiryat Arye, 2014. *https://www.contel.com/news-item/cloud-control/* (Zugriff am 26.06.2020)

[49] *Aschbacher, H:* Smart Services. Fachhochschule CAMPUS 02, Graz, 2017. *http://www.serviceengineering.at/blog/?page_id=274* (Zugriff am 26.06.2020)

[50] *Freitag, M.; u. a.:* Smart Services im Maschinen- und Anlagenbau. Kurzstudie, Fraunhofer IAO, Stuttgard, 2019

[51] *Steimel, B.; Steinhaus I.:* Praxisleitfaden Internet der Dinge: Neue Geschäftspotentiale mit Smart Services. Studie, Bernhard Steimel, Meerbusch, 2017. *https://www.smarter-service.com/download-assets/Praxisleitfaden_IoT_2017.pdf* (Zugriff am 26.06.2020)

[52] *Graf, U. et al.:* Netzkommunikation für Industrie 4.0. Diskussionspapier, Plattform Industrie 4.0, BMWi, Berlin, 2016

[53] *Joshi, R. et al.:* The Industrial Internet of Things Volume G5: Connectivity Framework. Industrial Internet Consortium, Needham, 28.02.2018

[54] *Wende, J. et al.:* Datenübergreifende Kommunikation interoperabel gestalten. Bitcom, Berlin, 2018

[55] *Burghardt, M.; Hagenhoff, S.:* Web Services – Grundlagen und Kerntechnologien. Arbeitsbericht Nr.22/2003, Institut für Wirtschaftsinformatik, Göttingen, 2003. *http://webdoc.sub.gwdg.de/ebook/lm/arbeitsberichte/2003/22.pdf* (Zugriff am 02.07.2020)

[56] *Diedrich, C.; Bangemann, T.; Riedl, M.:* Einordnung von oneM2M-Spezifikationen in das Konzept von RAMI und I40-Komponenten. Abschlussbericht Projekt 036/16, Institut für Automation und Kommunikation, Magdeburg, 06.12.2016

[57] *Niggemann, O.; Jasperneite, J.:* Leitfaden Industrie 4.0 – Kommunikation mit OPC UA. VDMA Verlag, Frankfurt am Main, 2017

[58] *Hoppe, S.:* Keine Industrie 4.0 ohne OPC UA. PC-Control, 01/2017, Beckhoff Automation, Verl, 2017

[59] *Rojas, L.; Langmann, R.:* Web of Things in an Industrial Environment. Proceedings of 11th Int. Conf. on Web Inf. Systems and Technologies (WEBIST-2015), Lissabon, 2015. *https://www.semanticscholar.org/paper/Web-of-Things-in-an-Industrial-Environment-Rojas-Pe%C3%B1a-Langmann/45de05ac06185b4affec9f5ecd02733d9805390b* (Zugriff am 08.07.2020)

[60] *Patel, B. N.:* Integration of Automation Devices with OPC UA into an IIoT platform. Masterthesis, Universität Duisburg-Essen, Duisburg, 2018

[61] *RTI:* Connext DDS at a Glance. Whitepaper, RTI, Sunnyvale, 2017

[62] *Duwe, R.; Niewolny, D.:* Medizinische Robotik: Auf diese Weise hilft DDS bei der Entwicklung. all-electronics.de, Hüthig, Heidelberg, 29.04.2019. *https://www.all-electronics.de/medizinische-robotik-auf-diese-weise-hilft-dds-bei-der-entwicklung/* (Zugriff am 05.07.2020)

[63] *Burke, T. J.; Schneider, S.:* OPC UA oder DDS? Das Gerangel um die Kommunikationsstandards. elektroniknet.de, WEKA Fachmedien, Haar, 20.04.2016. *https://www.elektroniknet.de/das-gerangel-um-die-kommunikations-standards-129528-Seite-3.html?page=3* (Zugriff am 05.07.2020)

[64] *Apache Software Foundation:* PLC4X. *https://plc4x.apache.org* (Zugriff am 06.07.2020)

[65] *Feinauer, J.; Mitsch, T.:* „Hands On": Siemens S7 auslesen mit PLC4X. Pragmatic Industries, Präsentation, 01.04.2020. *https://www.youtube.com/watch?v=jHoJ8YB_OCQ&feature=youtu.be* (Zugriff am 06.07.2020)

[66] *Woopsa:* Woopsa-Protokollspezifikationen, Version 1.2, Objectis, Yverdon-les-Bains, 2020. *http://www.woopsa.org/specifications* (Zugriff am 06.07.2020)

[67] *Tilkov, S. et al.:* REST und HTTP – Entwicklung und Integration nach dem Architekturstil des Web. dpunkt.verlag, Heidelberg, 2015

[68] *Spichale, K.:* API-Design – Praxishandbuch für Java- und Webservice-Entwickler. dpunkt.verlag, Heidelberg, 2015

[69] *Gorski, P. L. et al.:* WebSockets – Moderne HTML5-Echtzeitanwendungen entwickeln. Carl Hanser Verlag, München, 2015

[70] *IoT Portal FlexIOT: http://portal.flexiot.de* (Zugriff am 08.05.2020)

[71] *Shekhada, D.; Stiller, M.; Salvi, A.:* A Comparison of current Web Protocols for usage in Cloud based Automation Systems. In: *Jasperneite, J.; Lohweg, V. (Hrsg.):* Kommunikation und Bildverarbeitung in der Automation. Springer Vieweg, Berlin, 2018

[72] *Hillar, G. C.:* MQTT Essentials – A Lightweight IoT Protocol. Packt Pubishing, Birmingham, 2017

[73] *Langmann, R.; Coppenrath, M.:* A cloud-based, blended learning lab for PLC education. In: *Auer, M.E.; Langmann, R. (Hrsg.):* Smart Industry & Smart Education. Lecture Notes in Networks and Systems Vol. 47, S. 3 – 13, Springer, 2018

[74] *Eclipse Foundation:* Sparkplug – MQTT Topic & Payload Definition Version 2.2. Eclipse Foundation Inc, Ottawa, 2019. *https://www.eclipse.org/tahu/spec/Sparkplug%20Topic%20Namespace%20and%20State%20ManagementV2.2-with%20appendix%20B%20format%20-%20Eclipse.pdf* (Zugriff am 21.03.2021)

[75] *Trapickin, R.:* Constraint Application Protocol (CoAP): Einführung und Überblick. Seminare FI/IITM/CAN SS 2013, TU München, München, 2013. *https://www.net.in.tum.de/fileadmin/TUM/NET/NET-2013-08-1/NET-2013-08-1_16.pdf* (Zugriff am 09.07.2020)

[76] *Paridhika, K.; Perros, H.:* A Comparison of IoT application layer protocols through a smart parking implementation. 20th Conference on Innovations in Clouds, Internet and Networks (ICIN), Paris, 2017. *https://www.researchgate.net/publication/316175587_A_comparison_of_IoT_application_layer_protocols_through_a_smart_parking_implementation/stats* (Zugriff am 08.07.2020)

[77] *Stansberry, J.:* Zwei Protokolle zur Auswahl. elektroniknet.de, WEKA Fachmedien, München, 17.12.2015. *https://www.elektroniknet.de/elektronik/kommunikation/zwei-protokolle-zur-auswahl-126289-Seite-3.html* (Zugriff am 09.07.2020)

[78] *Drolshagen, R.:* Evaluation von M2M-Kommunikationsansätzen für Industrie 4.0 und Herleitung von Entscheidungskriterien für deren Einsatz. Masterthesis, Hochschule Rhein-Main, Wiesbaden, 2015

[79] *Czaja, C.; Sultanow, E.:* Alles sauber sortiert. iX – Magazin für professionelle Informationstechnik, 08/2018, S. 118, Heise Medien, Hannover, 2018

[80] *Hummen, R.; u. a.:* TSN – Time Sensitive Networking, Whitepaper Hirschmann, Belden, St. Louis, 2016

[81] *Wikipedia:* Time-Sensitive Networking. *https://de.wikipedia.org/wiki/Time-Sensitive_Networking* (Zugriff am 13.07.2020)

[82] *Wikipedia:* Deterministic Networking. *https://en.wikipedia.org/wiki/Deterministic_Networking* (Zugriff am 20.07.2020)

[83] *TTTech:* Über TSN echtzeitfähig kommunizieren. wirautomatisieren.de, Konradin-Verlag, Leinfelden-Echterdingen, 16.07.2018. *https://wirautomatisierer.industrie.de/tsn-time-sensitive-networking/ueber-tsn-echtzeitfaehig/#slider-intro-2* (Zugriff am 13.07.2020)

[84] *Duwe, R.; Torenbeek, R.:* TSN – Die Kombi mit DDS. Computer & Automation, WEKA Fachmedien, Haar, 06.09.2018. *https://www.computer-automation.de/feldebene/vernetzung/die-kombi-mit-dds.157104.html* (Zugriff am 19.07.2020)

[85] *Massoth, F.; Donner, A.:* Mit SD-WAN in die digitale Zukunft. IP-Insider, Vogel IT-Medien, Augsburg, 20.07.2018. *https://www.ip-insider.de/mit-sd-wan-in-die-digitale-zukunft-a-732733/* (Zugriff am 20.07.2020)

[86] *Telekom:* 5G Technologie in industriellen Campusnetzen. Deutsche Telekom, Bonn, 2020. *https://www.telekom.com/de/konzern/details/5 g-technologie-in-campus-netzen-556690* (Zugriff am 20.07.2020)

[87] *Christmann, D.:* Die Fabrik der Zukunft: Bosch macht aus einer Vision Realität. Bosch Media Service, Robert Bosch, Gerlingen-Schillerhöhe, 27.03.2019. *https://www.bosch-presse.de/pressportal/de/de/die-fabrik-der-zukunft-bosch-macht-aus-einer-vision-realitaet-185920.html* (Zugriff am 20.07.2020)

[88] *Leidinger, C. et al.:* 5G – Evolution oder Revolution? Whitepaper, Center Connected Industry – EICe, Aachen, 2019

[89] *Varga, B. et al.:* Integration of 5G and TSN. Ericsson Research, Genf, 2020. *https://www.itu.int/en/ITU-T/Workshops-and-Seminars/202001/Documents/* 3_JanosFarkas_BalazsVargas.pdf (Zugriff am 20.07.2020)

[90] *Reddy, K. V.:* Time Sensitive Networking for 5G. IETF 103, Bangkok, 2020. *https://www.ietf.org/proceedings/103/slides/slides-103-dmm-time-sensitive-networking-for-5 g-01* (Zugriff am 20.07.2020)

[91] *Munz, H.:* You need to see our dancing hexapod demo from MWC. Mobile World Congress 2019, Ericson Research, Barcelona, 2019. *https://www.ericsson.com/en/blog/2019/3/dancing-hexapod-demo-a-success-at-mwc* (Zugriff am 20.07.2020)

[92] *Fritsche, M.:* Schlank zu Industrie 4.0. elektro AUTOMATION, Konradin Business, Leinfelden-Echterdingen, 08.02.2019. *https://www.harting.com/sites/default/files/2019-02/Schlank%20zu%20I4.0%2001_2019.pdf* (Zugriff am 22.07.2020)

[93] *Schilperoort, O.:* Strahlende Kabel und die Zukunft. SPS-Magazin, TeDo Verlag, Marburg, 09.06.2020. *https://www.sps-magazin.de/?inc=artikel/article_show&nr=182954* (Zugriff am 22.07.2020)

TEIL D
Anhang

Lösungen zu den Übungsaufgaben

Übungsaufgabe 1.1

Das Prozessleitsystem PCS 7 ist ein typischer Vertreter für ein Automatisierungsgerät auf der Leitebene, insbesondere für verfahrenstechnische bzw. kontinuierliche technische Prozesse. WinCC wird meist auf der Führungsebene angewendet. Bei kleineren Automatisierungsanlagen, z. B. in der Fertigungsautomatisierung, kann es aber auch als Leitsystem der Leitebene zugeordnet werden.

Übungsaufgabe 1.2

Hier gibt es grundsätzlich verschiedene Lösungsmöglichkeiten. In der in Bild L.1 gewählten Auftragshierarchie (Automatisierungshierarchie) sind jeweils dem Montageroboter, der Teilezuführ- und Teileabführeinrichtung gemeinsam sowie der Messstation ein spezielles Prozessrechensystem zugeordnet. Alle drei Prozessrechensysteme werden durch einen zentralen Leitrechner koordiniert. Aufgrund relativ vieler und räumlich verteilter Sensoren und Aktoren für die Steuerung der Teiletransportvorrichtung arbeitet das zugehörige Prozessrechensystem (SPS) mit einem nachgeordneten lokalen Netz (Feldbus) zusammen.

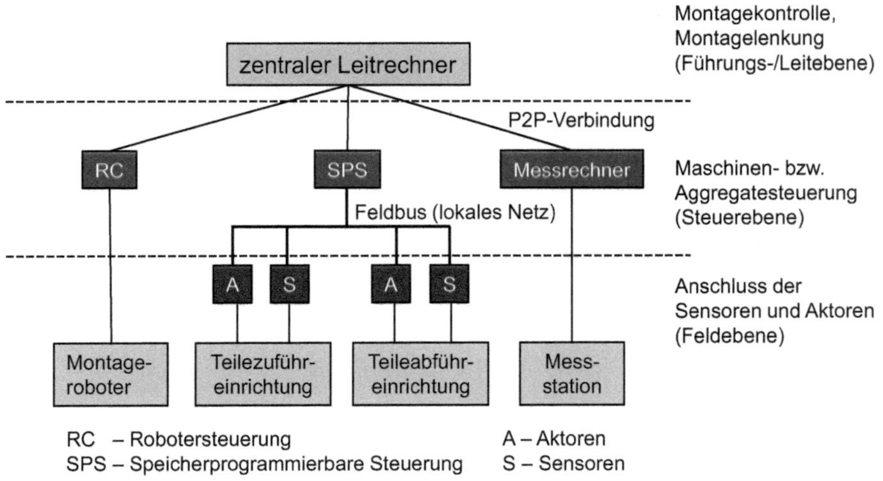

Bild L.1 Mehrstufige Auftragshierarchie für ein automatisiertes Montagesystem

Übungsaufgabe 1.3

In der Tabelle ist ein Vergleich von Punkt-zu-Punkt-Verbindungen mit lokalen Netzen dargestellt.

	Punkt-zu-Punkt-Verbindung	Lokales Netz
Vorteil	einfache und direkte Verkabelung ohne zusätzlichen Hardware- und Softwareaufwand	übersichtliche Kommunikationsstruktur auch bei vielen Teilnehmern, gute Wartung und Diagnose
Nachteil	sehr unübersichtliche Verkabelung bei vielen Teilnehmern und erforderlichem Querverkehr, aufwendige Wartung, schwierige Diagnose bei Fehlern	Zusätzliche Hard- und Software (z. B. Anschaltbaugruppen) erforderlich, technisches Personal benötigt zusätzliche Kenntnisse über Installation und Betrieb

Übungsaufgabe 1.4

Bild L.2 zeigt eine dazu geeignete Automatisierungsstruktur. Der örtlich dezentralisierte Aufbau der Automatisierungsgeräte für Beispiel 1.1 erfolgt durch die Werkzeugmaschine (WZM) sowie einen separierten Steuerschrank.

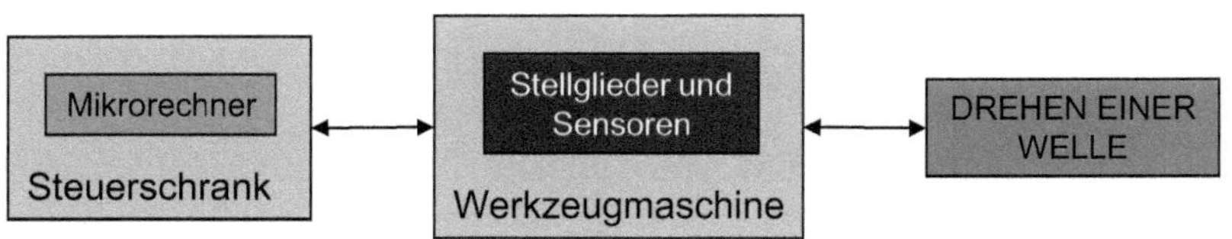

Bild L.2 ZDZ-Struktur für die Automatisierung des technischen Prozesses „Drehen“ nach Beispiel 1.1

Im Steuerschrank befindet sich ein Mikrorechner, der als Prozessrechner alle erforderlichen Automatisierungsfunktionen (Steuerung der WZM, Bedienung, Messfunktionen) zentral übernimmt.

Übungsaufgabe 1.5

Beim Leitungsbruch in einem Netz mit Linienstruktur fällt nur der entsprechende Netzabschnitt hinter dem Leitungsbruch aus. In einem Netz mit Ringstruktur bewirkt ein Leitungsbruch grundsätzlich den Ausfall des gesamten Netzes. Bild L.3 verdeutlicht diesen Sachverhalt.

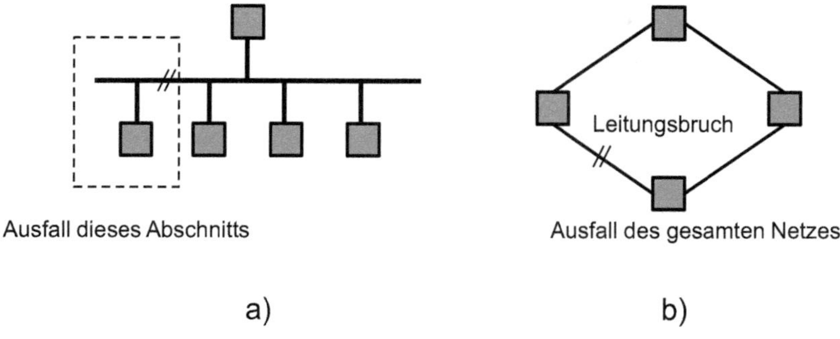

Bild L.3 Unterschiedliche Auswirkungen bei Leitungsbruch: a) Netz mit Linientopologie, b) Netz mit Ringtopologie

Übungsaufgabe 1.6

Bei einer Ausdehnung von 100 m kann mit einer verdrillten Zweidrahtleitung und einer RS 485-Schnittstelle entsprechend Bild 1.10 eine maximale Datenrate von ca. 2 Mbit/s erreicht werden.

Übungsaufgabe 1.7

Der PROFIBUS DP nutzt das NRZ-Modulationsverfahren im Basisband für die bitserielle Übertragung der Informationen.

Übungsaufgabe 1.8

Beim CSMA/CD-Verfahren kann ein sendewilliger Teilnehmer bei niedriger Netzlast sofort auf den Bus zugreifen. Im zyklischen Master-Slave-Verfahren müssen in einem Zyklus alle Teilnehmer abgefragt werden. Dies bewirkt gegenüber CSMA/CD einen Basisschwellenwert für die Zugriffszeit, der nicht unterschritten werden kann.

Übungsaufgabe 1.9

Der Auf- und Abbau der Verbindung und damit das Zugriffsverfahren (z. B. CSMA/CD, Token Passing) sowie die Verbindungssicherung ist der Schicht 2 des OSI-Referenzmodells zugeordnet.

Übungsaufgabe 1.10

Zu weiteren TCP/IP-Standardanwendungen gehören z. B. folgende:

- **ARP – Address Resolution Protocol:** Netzwerkprotokoll, das zu einer Netzwerkadresse der Internetschicht die physische Adresse (Hardwareadresse) der Netzzugangsschicht ermittelt

- **NFS – Network File System:** Protokoll, das den Zugriff auf Dateien über ein Netzwerk ermöglicht
- **SNMP – Simple Network Management Protocol:** Protokoll, um Netzwerkelemente (z.B. Router, Server) von einer zentralen Station aus überwachen und steuern zu können

Auch offene Protokolle der Automatisierungstechnik liegen in der Anwendungsschicht 7 des OSI-Referenzmodells, wie z.B. PROFINET (Ethernet-basiertes Feldbussystem), Protokoll nach IEC 61859 (Kommunikationsprotokoll für die Stationsautomatisierung in Energienetzen) und OPC (universelle Schnittstelle für Automatisierungsgeräte).

Übungsaufgabe 1.11

Beim *verbindungslosen Übertragungsverfahren* werden die Telegramme über das lokale Netz verschickt, ohne dass vorher eine Verbindung zwischen Sender und Empfänger aufgebaut wurde. Der sendende Teilnehmer muss dazu die Adresse des Empfängers kennen.

Beispiel: Verbindungslose Übertragungsverfahren werden insbesondere in LAN der Automatisierungstechnik für die zyklische Übertragung von E/A-Werten genutzt. Dazu gehört z.B. das Summenrahmenprotokoll im INTERBUS.

Verbindungsorientierte Übertragungsverfahren dienen der Übermittlung von Datenblöcken in einer logischen Punkt-zu-Punkt-Verbindung. Bei einer verbindungsorientierten Datenübertragung werden zwischen den kommunizierenden Teilnehmern logische Kommunikationskanäle aufgebaut. Die Teilnehmer müssen während der Nutzdatenübertragung nicht explizit adressiert werden.

Beispiel: Das Ethernet-basierte Feldbussystem Modbus TCP nutzt die verbindungsorientierte Datenübertagung mit einem Client-Server-Modell zum gesicherten Austausch von Prozessdaten.

Übungsaufgabe 1.12

Ein Virtual Device ist ein abstraktes Modell der Wirklichkeit, das ein Gerät (z.B. ein Automatisierungsgerät) in einem Kommunikationsnetz abbilden kann. Ein Virtual Device existiert nur innerhalb von Rechenprozessen und kann über Dienste (Services) genutzt werden. Abhängig vom jeweilig eingesetzten Kommunikationsprotokoll spricht man auf der Feldebene auch von einem Virtual Field Device.

Übungsaufgabe 1.13

Mit Tertiärkabeln lassen sich bis zu 90 m überbrücken.

Übungsaufgabe 1.14

- Anwendungen aus der Automatisierungstechnik: Robotik, Prozessregelung, Sensor-/Aktor-Interface
- Anwendungen aus der Automobiltechnik: Antiblockiersystem, adaptives Kurvenlicht, Tempomat
- Anwendungen aus der Medizintechnik: Infusionspumpe, Glukosetester, Inkubator

Übungsaufgabe 1.15

Eingebettete Systeme sind Bestandteil eines cyber-physikalischen Systems. Man kann ein CPS deshalb auch als ein Evolutionsergebnis eingebetteter Systeme bezeichnen, mit den Eigenschaften echtzeitfähig, intelligent, vernetzt und mit dem Internet of Things verbunden.

Übungsaufgabe 1.16

Ein SPP ist ein digitales Hardwaresystem, das nur ein Programm ausführt. Dazu gehört z. B. das eingebettete System einer Digitalkamera. Ein GPP ist ein programmierbarer Mikroprozessor für universelle Anwendungen. Eingebettete Systeme mit GPP werden häufig auch als Single Board Computer bezeichnet.

Übungsaufgabe 1.17

Ein FPGA (Field Programmable Gate Array) ist ein programmierbarer Logikbaustein, der komplexe Funktionen ausführen kann. Es können > 100 000 Gatterfunktionen pro Baustein mit geringen Kosten realisiert werden.

Übungsaufgabe 1.18

Eingebettete Systeme besitzen je nach Ausführung verschiedene Schnittstellen zur Vernetzung. Dazu gehören unter anderem folgende Schnittstellen:

- Kabelgebundene Schnittstellen: Ethernet, Inter Integrated Circuit (I2C), Universal Asynchronous Receiver Transmitter (UART), Serial Peripheral Interface (SPI)
- Funkschnittstellen: WLAN, Bluetooth, ZigBee

Übungsaufgabe 2.1

Bei einer parallelen Schnittstelle erfolgt eine gleichzeitige Übertragung mehrerer Bits, meist ganze Wörter oder Bytes (Bild 2.2), während bei einer seriellen Schnittstelle die einzelnen Bits nacheinander (bitweise) übertragen werden (Bild 2.4):

- Parallele Industrieschnittstellen: Centronics, VME-Bus, IEC-Bus
- Serielle Industrieschnittstellen: RS-422, RS-485, DIN-Messbus

Übungsaufgabe 2.2

Als Bus wird eine Sammelleitung bezeichnet, an der mehrere Teilnehmer eingangs- oder ausgangsseitig gleichzeitig angeschlossen sind. Die Teilnehmer können nach genau definierten Regeln über den Bus Informationen austauschen. Die Busleitungen lassen sich häufig in Daten-, Adress- und Steuerleitungen einteilen. Die Datenleitungen müssen für einen bidirektionalen Informationsaustausch entsprechend ausgelegt sein.

Übungsaufgabe 2.3

Open Collector: Ein Schalter (z.B. Transistor mit offenem Kollektor) zieht die durch die Busterminatorwiderstände angehobenen Busleitungen auf Masse (Bild 2.10a).

Vorteil: Mehrere Teilnehmer dürfen gleichzeitig aktiv werden. Es gibt automatisch eine ODER-Verknüpfung aller Teilnehmer über die Busleitung.

Nachteil: Die Schaltzeiten sind in beiden Signalrichtungen wegen unterschiedlicher Impedanzen verschieden.

Tristate: Diese Methode arbeitet mit zwei Schaltern. Sind beide Schalter ausgeschaltet, befindet sich der Ausgang im hochohmigen Zustand (tristate) und ist vom Bus abgeschaltet (Bild 2.10b).

Vorteil: Bei Tristate-Ausgängen sorgen kleine Impedanzen in beiden Schaltrichtungen für kurze Schaltzeiten.

Nachteil: Am Baustein wird ein zusätzlicher Tristate-Steuereingang benötigt, damit nicht zwei Teilnehmer gleichzeitig auf den Bus zugreifen.

Übungsaufgabe 2.4

USB ist kein typisches Bussystem, sondern nach einer mehrstufigen Sterntopologie aufgebaut. Das System ist nicht für eine bidirektionale Busschnittstelle ausgelegt und besitzt auch kein standardisiertes Anwendungsprotokoll. Die Standard-USB-Stecker sind außerdem nicht industrietauglich. Darüber hinaus ist die Länge der Busleitung auf 5 m pro Gerät (USB 2.0) begrenzt. Als Prozess- bzw. Feldbus für die Industrie ist USB deshalb nicht geeignet.

Übungsaufgabe 2.5

Der I2C-Bus wurde für den Anschluss von Peripheriebausteinen an eingebettete Systeme als Gerätebus entwickelt. Für seine Anwendung als Bussystem für verteilte Automatisierungsgeräte gibt es folgende Nachteile:

- Das Protokoll des I2C-Busses ist zwar einfach, aber auch störanfällig. Dies beschränkt die Verwendung auf störarme Umgebungen, wo weder mit Übersprechen, Rauschen, EMV-Problemen noch mit Kontaktproblemen (Stecker, Buchsen) zu rechnen ist.

- Der Bus ist für die Überbrückung größerer Entfernungen ungeeignet. Der Störabstand auf den Leitungen ist dazu zu gering. Es müsste erst eine Umsetzung auf erdsymmetrische (differenzielle) Busleitungen erfolgen.
- Die I2C-Spezifikation beinhaltet kein Time-out. Dadurch kann es unter bestimmten Umständen dazu kommen, dass Busteilnehmer den Bus blockieren.

Übungsaufgabe 2.6

Für die Abfrage eines Geräts wird Folgendes benötigt:

$$\frac{(64 \cdot 8)\,\mathrm{Bit} \cdot \mathrm{s}}{1 \cdot 10^6\,\mathrm{Bit}} = 0{,}512 \cdot \mathrm{ms} \tag{L.1}$$

Alle zehn Geräte können damit in 5,12 ms abgefragt werden. Bei Abfrage aller zehn Geräte lässt sich mit dem Feldbus damit eine Zykluszeit von ca. 5 ms erreichen.

Übungsaufgabe 2.7

In der Anwendungsschicht unterscheidet PROFIBUS drei Protokollvarianten:

- **DP-V0:** Dies ist das DP-Protokoll für den zyklischen Austausch von Daten und stellt die Grundfunktionen des Kommunikationsprotokolls sowie Diagnosefunktionen zur Verfügung. Es kommt insbesondere für den Anschluss von einfachen digitalen und analogen Sensoren und Aktoren in einem breiten Anwendungsbereich zum Einsatz.
- **DP-V1:** In der Version DP-V1 wird DP-V0 um Funktionalitäten zur azyklischen Kommunikation, d. h. für Funktionen wie Parametrierung, Bedienung, Beobachtung und zur Behandlung von Alarmen, ergänzt. Damit können intelligente Feldgeräte am PROFIBUS parametriert und betrieben werden.
- **DP-V2:** Diese Variante behandelt den isochronen Datenaustausch, den Slave-Querverkehr und die Zeitsynchronisation. Damit werden Anforderungen aus der Antriebstechnik und von Robotersteuerungen berücksichtigt.

Übungsaufgabe 2.8

Der Begriff „Anwendungsprofil“ geht auf die *Manufacturing Message Specification* (MMS) zurück. Die MMS-Norm unterstützt neben der automatisierungstechnischen Basiskommunikation darauf aufbauende sogenannte Begleitstandards (Companion Standards). Diese Begleitstandards definieren für ein bestimmtes Anwendungsgebiet, z. B. Robotersteuerungen, einen vereinheitlichten Sprachgebrauch für die Kommunikation (Syntax, Semantik, Objekte usw.). Die Anwendungsprofile der Feldbussysteme entsprechen vom Prinzip her diesen MMS-Begleitstandards.

Beispiele für Anwendungsprofile sind z. B.:

- PROFIBUS: PROFIdrive und PROFsafe (siehe Tabelle 2.8)
- CAN: CiA 417 - Aufzugssteuerungen, CiA 421 - Schienenfahrzeuge

Übungsaufgabe 2.9

Die Daten innerhalb des Summenrahmenprotokolls sind durch ihre Lage im Protokoll eindeutig einem Teilnehmer zugeordnet. Die Bussysteme benötigen deshalb keine explizite Adressierung der Teilnehmer.

Übungsaufgabe 2.10

Zur Ermittlung eines geeigneten Feldbusses werden zuerst die Prozesszeiten ermittelt. Damit dann anhand der erforderlichen Zykluszeit ein geeignetes Feldbussystem ausgewählt werden kann. Bei einer Drehzahl von 120 U/min werden vom Drehgeber 2.000 Messimpulse/s abgegeben, d. h., die Prozesszeit beträgt 0,5 ms. Es werden also alle 500 µs durch die Antriebe Messimpulse erzeugt, die für eine Steuerung genutzt werden müssen. Geht man davon aus, dass eine zentrale Antriebssteuerung die Geschwindigkeitsdaten aller fünf Antriebe innerhalb der Prozesszeit benötigt, so steht für jeden Antrieb eine Abtastzeit von 500/5 = 100 µs zur Verfügung. Mit SERCOS I/II (Zykluszeit ca. 60 µs) als Feldbussystem sollte dies realisiert werden können.

Übungsaufgabe 2.11

Aus Anwendersicht versteht man unter einem offenen System eine Interoperabilität mit systemfremder Hardware und/oder Software unterschiedlicher Hersteller, die entweder an das System angeschlossen oder in das System integriert sein kann. Als Kommunikationsschnittstelle für offene Systeme hat sich die einheitliche und plattformunabhängige Kommunikationsschnittstelle Open Platform Communication (OPC) durchgesetzt.

Übungsaufgabe 2.12

Das klassische OPC basiert auf der COM/DCOM-Technologie von Microsoft. OPC-Server/-Clients benötigen deshalb immer eine Microsoft-Windows-Umgebung. Für eine Vernetzung von OPC-Servern ist ein DCOM-Netzwerk zu konfigurieren. Eine globale Vernetzung über das Internet ist nicht bzw. nur mit zusätzlichem Aufwand möglich. Außerdem hat Microsoft ab 2001 die Weiterentwicklung von DCOM eingestellt.

Übungsaufgabe 2.13

Im Folgenden sind einige bekannte Implementierungen, die lizenzfrei bzw. als Open Source verfügbar sind, aufgeführt:

- Programmiersprache C: Das *open62541-Projekt* bietet eine nahezu komplette Implementierung der OPC-UA-Spezifikation. Es unterstützt neben Linux und Windows auch die Betriebssysteme OS X, QNX und diverse eingebettete Systeme.
- Programmiersprache Java: Seit 2016 gibt es von der Eclipse Foundation eine OPC-UA-Implementierung in Java unter den Namen *Milo*. Die Implementierung beinhaltet einen hochperformanten OPC-UA-Stack sowie Client- und Server-SDKs (Software Development Kits).
- Programmiersprache JavaScript: Die Implementierung *NodeOPCUA* ist ein vollständiger OPC-UA-Stack, entwickelt in JavaScript, mit dem sehr einfach OPC-UA-Server unter node.js (Plattform zum Betrieb von Netzwerkanwendungen) erzeugt werden können.

Übungsaufgabe 2.14

Der schnellste Kommunikationsweg bei OPC UA ist das UA-Binary-Transportprotokoll. Durch kurze Byte-codierte Telegramme kann ein schneller Informationsaustausch erfolgen. Eventuell kann für einen lokalen Betrieb auch noch die UA Secure Conversation entfallen, sodass auch noch der Overhead für die Übertragung von Sicherheitszertifikaten entfällt.

Übungsaufgabe 3.1

Ein CAT5-UTP-Kabel besteht aus acht Leitern, die zu vier Paaren geordnet sind. Von den vier Paaren werden bei Fast Ethernet (100Base-T) lediglich zwei verwendet.

Auch für Gigabit Ethernet (1000Base-T) kann das Kabel verwendet werden, aber da dieses Kabel nur eine Taktfrequenz von 125 MHz unterstützt, werden bei Gigabit Ethernet zwei Bits pro Taktimpuls mit vier Spannungspegeln codiert. Es werden alle vier Datenleitungspaare des Ethernet-Kabels verwendet. Die vier Paare werden dabei bidirektional verwendet, d. h., auf allen vier Paaren werden Daten gesendet und empfangen.

Übungsaufgabe 3.2

Für ein Ethernet-Paket nach IEEE 802.3 liegt die MAC-Adresse des Absenders zwischen Byte 15 und 21 (6 Byte). Die MAC-Adresse ist demnach: **00 A0 24 F0 1B 2E.** Der Absenderrechner besitzt damit eine Netzwerkkarte von 3COM (00 A0 24 = Herstellerteil der MAC-Adresse).

Übungsaufgabe 3.3

Ein Hub sendet ankommende Ethernet-Pakete immer an alle angeschlossenen Geräte (= Multiport-Repeater). Ein Switch sendet ankommende Ethernet-Pakete immer nur an den/die jeweiligen Adressaten weiter (= Multiport-Bridge).

Übungsaufgabe 3.4

Bei einem *Store-and-Forward Switch* wird das Ethernet-Paket erst weitergeleitet, wenn das gesamte Paket eingelesen wurde, d.h., es muss für die Latenzzeit das gesamte Paket berücksichtigt werden. Die Gesamtlänge des Ethernet-Pakets beträgt:

L = Präambel + Startzeichen + Empfängeradresse + Sendeadresse + Länge + Nutzdaten + Ergänzungszeichen + Prüfzeichen = 7 + 1 + 6 + 6 + 2 + 248 + 0 + 4 = 274 Byte (L.2)

Die Latenzzeit beträgt t_{SF} (SF – Store-and-Forward):

$$t_{SF} = \frac{274 \cdot 8}{100 \cdot 10^6} \cdot \frac{\text{Bit} \cdot s}{\text{Bit}} = \frac{2192}{10^8} \cdot s = 2{,}192 \cdot 10^{-5} \cdot s = 21{,}92\ \mu s \qquad \text{(L.3)}$$

Für einen *Cut-Through Switch* muss für die Latenzzeitberechnung nur die Zeit bis zum Einlesen der Zieladresse berücksichtigt werden. Dann wird das Paket schon weitergeleitet.

Länge des Ethernet-Pakets bis einschließlich Zieladresse:

L = Präambel + Startzeichen + Empfängeradresse = 7 + 1 + 6 = 14 Byte (L.4)

Die Latenzzeit beträgt t_{CT} (CT – Cut-Through):

$$t_{CT} = \frac{14 \cdot 8}{100 \cdot 10^6} \cdot \frac{\text{Bit} \cdot s}{\text{Bit}} = \frac{112}{10^8} \cdot s = 0{,}112 \cdot 10^{-5} \cdot s = 0{,}112\ \mu s \qquad \text{(L.5)}$$

Der SF-Switch besitzt zwar eine relativ hohe Latenzzeit, dafür werden aber nur fehlerfreie Pakete weitergegeben. Beim CT-Switch können auch fehlerhafte Pakete weitergeleitet werden, da die Pakete nicht vollständig überprüft werden können. Viele Switches beherrschen beide Switching-Arten und können diese je nach Bedarf nutzen.

Übungsaufgabe 3.5

Betrachtet man Ethernet unter dem Blickwinkel des OSI-Referenzmodells, so nutzt die eigentliche Ethernet-Übertragung die untersten zwei Schichten, die Bitübertragungsschicht (Schicht 1 – Physical Layer) und die Sicherungsschicht (Schicht 2 – Data Link Layer). Während in Schicht 1 nur die physikalischen Parameter von Ethernet definiert sind, erfolgt in Schicht 2 die Bildung der Datentelegramme für die Bitübertragung und die Realisierung des Zugriffsverfahrens (Buszugriff und Verbindungssicherung).

Übungsaufgabe 3.6

Ethernet verwendet in Schicht 2 als Zugriffsverfahren CSMA/CD. Durch ständiges Mithören erkennen die sendenden Teilnehmer eine mögliche Kollision. In diesem Fall unterbrechen sie dann ihre Datenübertragung und starten diese nach unterschiedlichen Wartezeiten jeweils neu (siehe Bild 3.6).

Übungsaufgabe 3.7

Neben Viren spielen insbesondere *Würmer* und *Trojanische Pferde* eine wesentliche Rolle bei den Schadprogrammen:

Wurm: Würmer sind im Gegensatz zu Viren eigenständige Programme, die keinen Wirt benötigen, um Schäden anzurichten. Sie verbreiten sich aktiv, d. h., sie warten im Gegensatz zu Viren nicht passiv darauf, von einem Anwender auf einem neuen System ausgelöst zu werden, sondern versuchen selbst in neue Systeme einzudringen.

Trojanisches Pferd (Trojaner): Diese Schadsoftware versteckt sich in vermeintlich harmloser Software (z.B. in Werkzeugen für die PC-Diagnose). Ein Trojaner richtet nicht unbedingt Schaden an, sondern zielt auf das Ausspionieren von Passwörtern, Kopieren und Übermitteln von Dateien usw. Die Verbreitung erfolgt häufig durch Downloads und E-Mails.

Übungsaufgabe 3.8

Die drei Kontrollmechanismen einer Firewall arbeiten auf folgenden Schichten des OSI-Referenzmodells:

- *Paketfilter* auf der Schicht 2 und 3: Über die Firewall werden Ethernet-Pakete hinsichtlich ihrer Quell- und Zieladressen gefiltert, z.B. wird nur der Zugriff von vorher festgelegten, sicheren IP-Adressen gestattet.
- *Circuit-Relays* auf Schicht 4: Für externe Nutzer sind ohne Zugriffsberechtigung keine Rückschlüsse auf die interne Netzstruktur möglich.
- *Application Gateways* auf Schicht 7: Über die Firewall können die übertragenen Protokollinhalte kontrolliert werden. Ein externer Nutzer kommuniziert nicht direkt mit dem internen Rechner, sondern nur über einen Stellvertreter (Proxy).

Übungsaufgabe 3.9

Das Public-Key-Verfahren arbeitet asymmetrisch. Die Schlüssel für Encryption und Decryption sind verschieden, aber mathematisch miteinander verknüpft. Dieses Verfahren wird am häufigsten eingesetzt.

Übungsaufgabe 3.10

Bezogen auf das OSI-Referenzmodell befindet sich das Internet Protocol als verbindungsloser, ungesicherter Transportdienst in der Schicht 3 (Vermittlungsschicht).

Übungsaufgabe 3.11

Protokollbeispiele für die vier Schichten der Internetprotokoll-Suite:

- Sicherungsschicht (Schicht 2 des OSI-Referenzmodells): Ethernet-Protokoll nach IEEE 803.2
- Vermittlungsschicht (Schicht 3 des OSI-Referenzmodells): IP-Protokoll
- Transportschicht (Schicht 4 des OSI-Referenzmodells): TCP-Protokoll, UDP-Protokoll
- Anwendungsschicht (Schicht 7 des OSI-Referenzmodells): HTTP, FTP, SMTP

Übungsaufgabe 3.12

Die aufgeführten IP-Adressen gehören zu folgenden Klassen:

- **10.0.23.15:** Es handelt sich um eine IP-Adresse der Klasse A mit einer Netzlänge (Netz-ID) von 8 Bit und einer Hostlänge (Hoste-ID) von 24 Bit. Es gibt davon weltweit nur 126 Netze.
- **192.168.1.100:** Es handelt sich um eine IP-Adresse der Klasse C mit einer Netzlänge von 24 Bit und einer Hostlänge von 8 Bit.
- **225.10.136.12:** Die binäre Auflösung dieser IP-Adresse ergibt ein Präfix von 1110. Es handelt sich deshalb um eine Klasse-D-Adresse, die für Multicast-Anwendungen vorgesehen ist.

Übungsaufgabe 3.13

Die folgende Tabelle listet die wesentlichen Unterschiede zwischen dem TCP- und dem UDP-Protokoll auf.

	Übertragungsverfahren	Zuverlässigkeit der Übertragung	Datenübertragungsgeschwindigkeit	Adressierung
TCP	verbindungsorientiert	hoch	eher niedrig	benötigt die IP-Adressen von Quelle und Ziel
UDP	verbindungslos	niedrig	hoch	nur Quell- und Ziel-Port

Übungsaufgabe 3.14

Mit der Kommandofolge `ipconfig/all` können alle netzspezifischen Daten des lokalen Netzwerkes, auch die MAC-Adressen, ausgegeben werden. Bild L.4 zeigt die Eigenschaften des WLAN-Adapters eines DELL-Notebooks.

```
Eingabeaufforderung

Drahtlos-LAN-Adapter WiFi:

   Verbindungsspezifisches DNS-Suffix: fritz.box
   Beschreibung. . . . . . . . . . . : Intel(R) Dual Band Wireless-AC 7260
   Physische Adresse . . . . . . . . : D8-FC-93-56-3F-A1
   DHCP aktiviert. . . . . . . . . . : Ja
   Autokonfiguration aktiviert . . . : Ja
   Verbindungslokale IPv6-Adresse  . : fe80::9996:6a8:d149:74af%5(Bevorzugt)
   IPv4-Adresse  . . . . . . . . . . : 192.168.178.24(Bevorzugt)
   Subnetzmaske  . . . . . . . . . . : 255.255.255.0
   Lease erhalten. . . . . . . . . . : Donnerstag, 12. September 2019 12:22:54
   Lease läuft ab. . . . . . . . . . : Sonntag, 22. September 2019 19:59:25
   Standardgateway . . . . . . . . . : 192.168.178.1
   DHCP-Server . . . . . . . . . . . : 192.168.178.1
   DHCPv6-IAID . . . . . . . . . . . : 98106515
   DHCPv6-Client-DUID. . . . . . . . : 00-01-00-01-1C-7C-A3-84-34-E6-D7-31-C9-CB

   DNS-Server  . . . . . . . . . . . : 192.168.178.1
   NetBIOS über TCP/IP . . . . . . . : Aktiviert
```

Bild L.4 Screenshot nach Ausführung von `ipconfig/all`

Übungsaufgabe 3.15

Verfahren zur HTTP-Analyse bei Chrome (Version 89.0):

1. Mit rechtem Mausklick auf die Webseite rufen Sie im Pop-up-Menü UNTERSUCHEN auf. Damit wird die Entwicklerkonsole angezeigt.
2. Aktivieren Sie NETWORK, und wählen Sie DOC.
3. Aufruf bzw. Refresh der Webseite im Browser
4. Schließlich klicken Sie auf das in der Konsole unter *Name* angezeigte Dokument.

Verfahren zur HTTP-Analyse bei Firefox (Version 86.0):

1. Mit rechtem Mausklick auf die Webseite rufen Sie im Pop-up-Menü ELEMENT UNTERSUCHEN auf. Damit wird die Entwicklerkonsole angezeigt.
2. Aktivieren Sie NETZWERKANALYSE, und wählen Sie HTML aus.
3. Aufruf bzw. Refresh der Webseite im Browser
4. Schließlich klicken Sie auf das in der Konsole unter *Name* angezeigte Dokument.

Die folgende Tabelle zeigt die Ergebnisse der HTTP-Analyse für die URLs *https://www.hs-duesseldorf.de* und *http://www.flexiot.de.*

URL	IP-Adresse	Servertyp	Programmier-umgebung
http://www.flexiot.de	85.214.218.90:80	Apache/2.4.25	PHP/7.1.1
https://www.hs-duesseldorf.de	193.23.170.220:443	MS-IIS/8.5	ASP.NET

Übungsaufgabe 3.16

Die Echtzeitklasse 3 stellt hohe Anforderungen an die Latenzzeit (< 1 ms). Diese Zeitdeterministik kann mit den beschriebenen Systemen PROFINET IRT, EtherCAT und SERCOS III realisiert werden. Weitere Bussysteme, die gleichfalls diese Anforderungen erfüllen, sind z. B. VARAN (Sigmatek – AT) und CC-Link IE (Mitsubishi – JP).

Übungsaufgabe 3.17

Für beide Lösungen wäre der Einsatz eines Gateways, und zwar Ethernet-Echtzeitbus-zu-Ethernet-Echtzeitbus, z. B. netTAP NT 151-RE-RE (Hilscher), prinzipiell möglich. Dabei ist aber zu berücksichtigen, dass sich eine Durchlaufzeit durch das Gateway von bis zu 10 ms ergeben kann und damit die Funktionalität des primären Echtzeitnetzwerkes infrage gestellt ist.

Übungsaufgabe 3.18

Die folgende Tabelle zeigt eine Übersicht zu den angegebenen Ethernet-basierten Echtzeit-Bussystemen hinsichtlich der geforderten Merkmale.

Bezeichnung	Zugriffs-verfahren	Verbindungsmodell	Netztopologie
EtherNet/IP	Master-Slave	Producer-Consumer	Linie, Ring, Stern, Bus, Baum
PROFINET IO (RT)	Master-Slave	Producer-Consumer	Linie, Ring, Stern, Bus, Baum
EtherCAT	Master-Slave	Summenrahmenverfahren	Linie, Ring
SERCOS III	Master-Slave	Summenrahmenverfahren	Linie, Ring

Übungsaufgabe 3.19

Bei kurzen Zykluszeiten < 1 ms verwendet man die PROFINET-Leistungsklasse IRT (Isochronous Realtime).

Übungsaufgabe 3.20

PROFINET IO kennt folgende Geräteklassen:

- **IO-Controller:** Dies ist typischerweise die speicherprogrammierbare Steuerung (SPS), in der das Automatisierungsprogramm abläuft.
- **IO-Supervisor (z.B. Engineering Station):** Dies ist typischerweise ein Programmiergerät (PG), ein PC oder ein HMI-Gerät für die Inbetriebnahme oder Diagnose.
- **IO-Device:** Ein IO-Device ist ein dezentral angeordnetes E/A-Gerät, das über PROFINET IO angekoppelt wird.

Übungsaufgabe 3.21

Die Standards von TSN betreffen nur die Schicht 2 des OSI-Referenzmodells. Höhere Schichten sind von den Funktionserweiterungen nicht betroffen. Damit ist TSN für alle weiteren auf dem Ethernet aufsetzenden Kommunikationsprotokolle transparent. Ein Anwendungsprotokoll der Schicht 7 - wie OPC UA - profitiert von den Echtzeitgarantien des TSN, ohne selbst angepasst oder verändert werden zu müssen. Ein Einsatz von OPC UA mit TSN wäre also möglich.

Übungsaufgabe 4.1

Nach Umstellung von Formel 4.1 gilt die Faustregel $f = 300/\lambda$ bei f in MHz und λ in m. Man erhält damit:

$f_1 = 300/0{,}01 = 30$ GHz

$f_2 = 300/1 = 300$ MHz

Es wird also ein Frequenzbereich von 300 MHz bis 30 GHz abgedeckt.

Übungsaufgabe 4.2

Auf der Webseite *https://www.satfon.de/netzabdeckungen.html* werden nach Eingabe des jeweiligen Landes die verfügbaren Satelliten angezeigt, die dieses Land abdecken. Für Südafrika können Iridium und Inmarsat genutzt werden.

Übungsaufgabe 4.3

Aufgrund von Reflexion, Streuung und Beugung kann ein vom Sender ausgestrahltes Funksignal einen Empfänger auf unterschiedlichen Wegen erreichen. Man bezeichnet dies als Mehrwegeausbreitung. Durch die Mehrwegeausbreitung können Signale am Empfänger mehrfach zeitlich versetzt auftreten. Außerdem kann durch unterschiedliche Dämpfungen in den verschiedenen Signalwegen die Amplitude des Empfängersignals zusätzlich schwanken.

Übungsaufgabe 4.4

Man versucht das Problem durch das Bandspreizverfahren zu verhindern. Bei diesem Verfahren wird die Bandbreite eines schmalbandigen Signals über einen größeren Frequenzbereich gespreizt. Damit kann erreicht werden, dass die schmalbandigen Störungen nur einen kleinen Bereich des jeweiligen Signals betreffen und so die gesendeten Daten trotz Störung empfangen bzw. rekonstruiert werden können.

Übungsaufgabe 4.5

Wesentliche Komponenten eines Infrastrukurnetzes nach IEEE 802.11 (WLAN) sind folgende:

- **Endgerät:** Gerät, das eine WLAN-Schnittstelle besitzt
- **Access Point:** Zugangspunkt für die Endgeräte
- **Distribution System:** festes Netz zur Verbindung mehrerer WLAN-Teilnetze
- **Portal:** Zugang zu übergeordneten Netzen (z. B. Internet)
- **Basic Service Set:** alle Endgeräte einer Gruppe einschließlich des Access Points
- **Extended Service Set:** alle Basic Service Sets einschließlich des Distribution Systems

Übungsaufgabe 4.6

Die WLAN-fähigen Geräte der Anlagen/Maschinen könnten für den Aufbau eines Wireless Mesh Networks (WMN) genutzt werden. Dieses WMN agiert dann als Multi-Point-Netzwerk, in dem die WLAN-fähigen Geräte im Ad-hoc-Modus als Relaisstationen bis zum nächstgelegenen Access Point dienen. Dabei verbessern die Endgeräte die Reichweite des Access Points. Voraussetzung ist allerdings, dass die WLAN-Geräte an den Anlagen/Maschinen Mesh-fähig sind.

Übungsaufgabe 4.7

Piconet: Das Piconet ist die Grundeinheit eines Bluetooth-Systems. Es besteht aus einem Master sowie bis zu weiteren sieben aktiven Teilnehmern als Slave, die über eine 3-Bit-Adresse angesprochen werden können. Alle Bluetooth-Geräte haben prinzipiell die gleichen Fähigkeiten hinsichtlich der Vernetzung, jedes Gerät kann Master oder Slave werden. Dabei wird das Gerät, das das Piconet einrichtet, automatisch zum Master. Alle weiteren nachfolgenden Stationen sind damit Slave.

Scatternet: Ein Bluetooth-Gerät kann in mehreren Pico-Netzen angemeldet sein, allerdings nur in einem Netz als Master fungieren. Bis zu zehn Pico-Netze bilden ein Scatternet, wobei die Teilnehmer untereinander in Kontakt treten können. Jedes Piconet wird dabei durch eine unterschiedliche Frequenzsprungfolge identifiziert.

Übungsaufgabe 4.8

Berechnung der fehlerhaften Frames für den Standardmodus:

In diesem Modus beträgt für Bluetooth 3.0 gemäß Tabelle 4.8 die Bit-Datenrate DR_{Bit} = 3 Mbit/s.

Anzahl der pro Sekunde übertragenen Frames DR_F (Frame-Datenrate):

$$DR_F = DR_{Bit}/L_F \text{ [Frame/s]} \tag{L.6}$$

L_F Länge des Frames in Bit

$$DR_F = \frac{3 \cdot 10^6}{36 \cdot 8} = \frac{300 \cdot 10^4}{288} \cong 10\,417 \text{ Frames/s} \tag{L.7}$$

Es werden 10417 Frames pro Sekunde übertragen. Bei einer Bitfehlerrate von 0,1 % sind davon **elf Frames** fehlerhaft.

Übungsaufgabe 4.9

EnOcean unterscheidet sich von anderen WPAN-Systemen vor allem durch das Prinzip des Energy Harvestings (Gewinnung elektrischer Energie aus Umgebungsquellen), bei dem Sensoren und Aktoren überwiegend energieautark arbeiten und ihre Energie aus der unmittelbaren Umgebung beziehen (Bewegung, Licht, Temperaturdifferenzen). Damit ergibt sich ein extrem niedriger Energieverbrauch der EnOcean-Funkteilnehmer.

Übungsaufgabe 4.10

Die Systeme RFID und NFC unterscheiden sich durch folgende Merkmale:

- **Funkfrequenz:** RFID nutzt verschiedene Funkfrequenzen je nach Ausführung von Langwelle bis in den Mikrowellenbereich. NFC sendet nur auf 13,56 MHz.
- **Reichweite:** Die Reichweite bei RFID beträgt bis zu 1 m und teilweise auch darüber. NFC ist nur für kurze Distanzen bis zu 10 cm vorgesehen.
- **Technologie:** RFID arbeitet mit RFID-Tags (Transponder) und einem Lese-/Schreibgerät. Transponder sind bezüglich der Datenübertragung immer passiv. NFC-Geräte können nicht nur als Lesegeräte, sondern auch als Tag fungieren (Card Emulation Mode). Im Peer-to-Peer-Modus ist zudem die Übertragung zwischen zwei NFC-Geräten möglich.

Zwischen WPAN, WLAN und WWAN gibt es folgende generelle Unterschiede:

Eigenschaft	WPAN	WLAN	WWAN
Betreiber	lokal bzw. privat	lokal bzw. privat	öffentlich oder großer privater Betreiber
Frequenzbereich	lizenzfrei	meist lizenzfreie Funkfrequenzen	meist lizenzierte Funkfrequenzen
Energieverbrauch	klein	mittel	groß (klein für LPWAN)
Mobilität	mobile und stationäre Teilnehmer	häufig stationäre Teilnehmer	meist mobile Teilnehmer
Reichweite [m]	0,1...50	10...300	$10^3 \ldots 10^4$
Beispiele	Bluetooth, ZigBee, NFC	WLAN nach IEEE 802.11, WiMAX	Mobilfunk, Sigfox

Übungsaufgabe 4.12

Die Datenrate für ein Full-HD-Video liegt zwischen 10 ... 20 Mbit/s. Geht man vom Maximalwert 20 Mbit/s aus, so wird für die zehn Videostreams eine Datenrate von mindestens 200 Mbit/s benötigt. Rechnet man mit einer in der Praxis erreichbaren WLAN-Datenrate von 50 % gegenüber der maximal möglichen, so wäre der Aufbau eines WLAN-Netzes nach IEEE 802.11n oder IEEE802.11ac (Gigabit-WLAN) erforderlich, um die Übertragung der Videostreams zu sichern.

Für die Nutzung des Mobilfunknetzes müssen bei einer Datenrate von 200 Mbit/s (plus einer zusätzlichen Reserve) Mobilfunkgeräte genutzt werden, die zumindest LTE Cat-5 unterstützen (siehe Tabelle 4.12).

Übungsaufgabe 4.13

Unter einem Wireless Mesh Network (WMN) versteht man ein Netzwerk, bei dem Funknetzteilnehmer für andere Funknetzteilnehmer als Relaisstationen bis zum nächstgelegenen Access Point dienen. In einem üblichen Funknetz kommunizieren die Endgeräte immer nur mit dem Access Point. In Wireless Mesh Networks sind die Funknetzstationen untereinander vermascht. Mesh-Netze agieren als Multi-Point-Netzwerke, in denen die Geräte im Ad-hoc-Modus als Relaisstationen bis zum nächstgelegenen Access Point dienen.

Ein Mesh-Netzwerk kann mit WLAN nach IEEE 802.11 oder auch mit Wireless-HART aufgebaut werden.

Mit Mobilfunkgeräten können bisher keine Mesh-Netzwerke aufgebaut werden, da eine Kommunikation direkt zwischen zwei Endgeräten nicht möglich ist. Zukünftig soll dies aber bei 5G realisiert werden können.

Übungsaufgabe 4.14

Zur Übertragung einer Datei mit einem Umfang von 1 MB innerhalb einer Sekunde wird mindestens eine Datenrate von 8 Mbit/s benötigt. Dies kann mit einem LTE-Mobilteil der Category 1 erreicht werden (maximal 10 Mbit/s pro Downlink, siehe Tabelle 4.12). Damit diese Datenrate praktisch aber auch erreicht wird, müssen zusätzlich noch folgende Bedingungen erfüllt sein:

- Der gebuchte Mobilfunktarif muss diese Datenrate ermöglichen.
- Das LTE-Mobilteil muss die Frequenzbereiche des Netzbetreibers unterstützen.
- Die Auslastung der Funkzelle mit anderen Teilnehmern muss die erforderliche Datenrate zulassen.

Übungsaufgabe 4.15

Das Verschlüsselungsverfahren nach WPA2 deckt alle zwingenden Anforderungen nach dem IEEE-Sicherheitsstandard IEEE 802.11i ab und wird durch das BSI als sicheres Verfahren eingeschätzt.

Übungsaufgabe 4.16

Für große WLAN-Netzwerke sollte ein Authentication Server, z.B. ein RADIUS-Server, verwendet werden. Der Server überprüft anhand einer Datenbank die Gültigkeit des Benutzernamens und des Passwortes sowie eventueller weiterer Einschränkungen.

Für kleine Netze wird zur Reduzierung des Aufwands die Verwendung von Pre-Shared Keys (PSK) empfohlen. Die PSKs müssen dann aber allen Teilnehmern des WLANs bekannt sein.

Übungsaufgabe 4.17

Zur Sicherung des erforderlichen Schutzbedarfs sollen nach der Richtlinie des BSI folgende Maßnahmen in der Planung der Konfiguration und Administration der Komponenten eines WLANs durchgeführt werden:

- Festlegung eines Frequenzstandards und der Übertragungstechnik
- Untersuchung der Einsatzumgebung auf mögliche Störungen des WLANs auf Funkebene
- Festlegungen zum Aufbau des Distribution Systems
- Spezifikation der Nutzergruppen des WLANs und Planung der zugehörigen Kommunikationsparameter
- Planung der zu verwendenden WLAN-Authentisierungsverfahren
- Erstellung eines Anforderungskatalogs für die WLAN-Beschaffung

- Planung und Prüfung des Zusammenwirkens aller WLAN-Komponenten und der zugehörigen Infrastruktur
- sichere Migration für Altgeräte zu IEEE 802.11i bzw. WPA2 (falls erforderlich)

Übungsaufgabe 5.1

CPS können selbst Bestandteile eines CPS sein. Man erhält damit für komplexe CPS einen zwiebelschalenartigen Aufbau und spricht deshalb auch von einem CPS als System of Systems.

Übungsaufgabe 5.2

Cyber-Physical Systems sind permanent vernetzt. Damit wird ermöglicht, die Information für unterschiedlichste Anwendungen und in unterschiedlichsten Organisations- und Bereichsgrenzen verfügbar zu machen. Durch CPS werden einfach aufgebaute eingebettete Systeme um moderne Kommunikationsschnittstellen wie Ethernet erweitert. Damit eng verbunden ist die Nutzung globaler Netze (Internet), Softwaredienste und die Verwendung von offenen Standards. Die Vernetzung ist deshalb für CPS eine Kerntechnologie.

Übungsaufgabe 5.3

Man erwartet von einer voll ausgebauten Smart Factory folgende Eigenschaften:

- Die Ressourceneffizienz wird signifikant gesteigert; Bestände und Durchlaufzeiten kundenindividueller Produkte werden massiv verkürzt.
- Die Smart Factory beherrscht Störeinflüsse und löst bestehende Grenzen auf.
- Smart Products tragen eigenes Wissen, und Global Facilities ermöglichen neuartige Wertschöpfungsnetzwerke.
- Die Virtual Production ermöglicht durch Echtzeitabbilder der Produktion die Reduzierung des Ressourcenverbrauchs weit über bestehende Ansätze hinaus.
- Im Mittelpunkt der Interaktionen in der Smart Factory stehen die Beschäftigten, die ihre Aufgaben durch eine (virtuell) erweiterte Sicht auf die reale Fabrik als Augmented Operators besser wahrnehmen können.

Übungsaufgabe 5.4

Das IoT bezeichnet ein über das Internet vernetztes System von eindeutig identifizierbaren realen Gegenständen (Maschinen, Anlagen und Geräten) und virtuellen Objekten, die über Informations- und Kommunikationstechniken zusammenarbeiten. Das IoT basiert auf den beiden Kerntechnologien Vernetzung und eingebettete Systeme.

Das IIoT stellt die industrielle Ausprägung des IoT dar. Es repräsentiert im Gegensatz zum IoT nicht die verbraucherorientierten Konzepte, sondern konzentriert sich auf die Anwendung des IoT im produzierenden und industriellen Umfeld.

Übungsaufgabe 5.5

Die drei Dienstmodelle sind wie folgt charakterisiert:

- **IaaS (Infrastructure as a Service):** Bei IaaS werden IT-Ressourcen, wie z.B. Rechenleistung, Datenspeicher oder Netze, als Dienst angeboten.
- **PaaS (Platform as a Service):** Ein PaaS-Anbieter stellt eine komplette Plattform bereit und bietet dem Kunden auf der Plattform standardisierte Schnittstellen an, die von Diensten des Kunden genutzt werden.
- **SaaS (Software as a Service):** Ein SaaS-Anbieter stellt dem Kunden Anwendungen zur Verfügung. Dem Angebotsspektrum sind hierbei keine Grenzen gesetzt.

Ein Cloud-Computing-Anbieter stellt ein Betriebssystem in den beiden Dienstmodellen PaaS und SaaS zur Verfügung.

Übungsaufgabe 5.6

Im neuen CPS-basierten Automatisierungsmodell gibt es nur noch drei prinzipielle Bestandteile:

- **CPS-Komponenten:** Alle Automatisierungsgeräte (Hardware) sind als CPS-Komponenten ausgeführt.
- **Automatisierungsdienste:** Alle Automatisierungsfunktionen (Steuern, Leiten, Führen, Planen usw.) sind als Dienste realisiert.
- **Automatisierungs-Cloud:** Die CPS-Komponenten und die Automatisierungsdienste werden für eine kundenspezifische Automatisierungslösung über eine oder mehrere öffentliche und/oder private Automatisierungs-Clouds vernetzt.

Übungsaufgabe 5.7

Die I40-Komponente präzisiert RAMI 4.0 und repräsentiert praktisch die Vertical Layers des Modells und damit die IT-Repräsentanz bzw. das digitale Abbild einer Entität (wenn es sich um ein Objekt der realen Welt handelt). Eine I40-Komponente besteht aus folgenden Teilen:

- **Entität:** Die Entität ist ein Objekt (Gegenstand) der realen oder virtuellen Welt, z.B. Sensor, Aktor, Maschine, Objekt der Informationswelt.
- **Verwaltungsschale:** Sie verwaltet die in einem Systemumfeld vorhandenen, zu einem Objekt gehörenden Informationen.

- **Ressourcenmanager:** Der Ressourcenmanager organisiert von extern den Zugriff auf die Informationen in der Verwaltungsschale und organisiert die interne Informationsverwaltung. Im Onlinemodus ist er für den Datenaustausch mit der kommunikationsfähigen Entität verantwortlich.
- **Datensätze:** Alle Informationen, die eine I40-Komponente benötigt, sind in verschiedenen Datensätzen (Datenspeicher) abgelegt.

Übungsaufgabe 5.8

In der folgenden Tabelle sind die drei Fragen für die aufgeführten IoT-Plattformen beantwortet (soweit nach der Recherche im Web erkennbar).

Fragen	Bolt IoT	EvryThng IoT	Q-Cloud
Geräte-anbindung	Die Bolt Card ist das Board, mit dem alle Geräte angeschlossen werden können.	Die Geräteanbindung erfolgt über einen Raspberry Pi oder ähnliche Boards.	Es gibt eine Liste von anschließbaren Geräten.
Integration eigenen Funktionen	Eigene Funktionen werden über HTML/ JavaScript eingebunden.	Über SDKs können neue Services selbst geschrieben werden.	Über REST API können eigene Anpassungen vorgenommen werden.
Freier Testzugang	ja, sehr einfach mit Google Account	prinzipiell ja, aber aufwendig	nein

Übungsaufgabe 5.9

Folgende Merkmale kennzeichnen einen Dienst in der Automatisierungstechnik:

- Es gibt eine technische, autarke Einheit (Entität),
- die abgegrenzte Funktionalitäten zu einem technischen Aspekt bündelt und
- diese über eine Schnittstelle zur Verfügung stellt.

Übungsaufgabe 5.10

Im IICF sind die in der folgenden Tabelle aufgeführten Kommunikationssysteme bzw. -protokolle als zukünftige wichtige Anwendungsprotokolle für Industrie 4.0/ IIoT aufgeführt.

Obere Anwendungsschicht	DDS, OPC UA, Webservices, oneM2M
Untere Anwendungsschicht	HTTP, CoAP, MQTT, DDS-RTPS, OPC UA binary

Übungsaufgabe 5.11

DDS nutzt als Kommunikationsmodell das Publisher-Subscriber-Modell.

Vorteil: Publisher und Subscriber agieren unabhängig voneinander. Es lassen sich 1:n-, n:1- oder n:n-Verbindungen zwischen den Teilnehmern in einem Kommunikationssystem aufbauen. Das Modell basiert auf einem ereignisorientierten Nachrichtenaustausch.

Nachteil: Das Modell nutzt eine verbindungslose Kommunikation, die prinzipiell unzuverlässig ist. Es wird zusätzlich ein Message-Broker als weitere Instanz benötigt. Bei sehr vielen Teilnehmern kann der Broker ein Sicherheitsproblem darstellen, z. B. durch Versenden von Nachrichten an nicht autorisierte Teilnehmer.

OPC UA nutzt als Kommunikationsmodell das Client-Server-Modell.

Vorteil: Das Modell arbeitet mit einer bestätigten 1:1-Verbindung und verspricht eine hohe Verbindungssicherheit. Der Datenaustausch erfolgt über Dienste.

Nachteil: Für die Datenübertragung mit dem Client-Server-Modell benötigt man relativ viel Zeit. Es sind nur 1:1-Verbindungen zwischen den Teilnehmern möglich. Bei vielen Clients an einem Server kann schnell eine Überlast entstehen.

Übungsaufgabe 5.12

REST ist durch folgende Grundprinzipien gekennzeichnet:

- **Eindeutige Identifikation von Ressourcen:** Jede Ressource benötigt zur Identifikation einen eindeutigen Schlüssel. Für das Web eignet sich der Uniform Resource Identifier (URI) als Identifikator.
- **Verwendung von Hypermedia:** Die für den Client möglichen Aktionen und Navigationspfade werden vom Server über Hypermedia angeboten. Mit Links können auch Ressourcen in anderen Systemen referenziert werden.
- **Verwendung von HTTP-Standardmethoden:** RESTful HHTP nutzt im Wesentlichen die HTTP-Methoden `GET`, `HEAD`, `POST`, `PUT` und `DELETE`.
- **Unterschiedliche Repräsentationen von Ressourcen:** Die Clients geben die Formate (Repräsentationen) an, wie z. B. XML oder JSON, die sie bei der Kommunikation verwenden wollen.
- **Statuslose Kommunikation:** REST-konforme Anwendungen besitzen keinen Sitzungsstatus, der serverseitig über mehrere Client-Anfragen hinweg vorgehalten wird.

Übungsaufgabe 5.13

Die folgende Tabelle verdeutlicht die Unterschiede zwischen MQTT und CoAP.

Eigenschaften	MQTT	CoAP
Kommunikationsmodell	Publisher-Subscriber-Modell	Client-Server-Modell
Transportprotokoll	TCP	UDP
Verschlüsselungsprotokoll	TSL	DTSL

Übungsaufgabe 5.14

Für die gegebene Aufgabenstellung könnten prinzipiell die Webprotokolle WebSocket, WebRTC und HTTP genutzt werden. Mit allen drei Protokollen kann eine direkte Verbindung aus dem Webbrowser zu einem entsprechenden Server hergestellt werden:

- HTTP ist wegen des relativ hohen Zeitaufwands für eine Datenübertragung in Echtzeit kaum geeignet.
- WebRTC wäre möglich, benötigt aber einen speziellen Signaling Server für den Verbindungsaufbau zwischen zwei Teilnehmern, der einen zusätzlichen Aufwand bedeuten würde.
- Es wird deshalb WebSocket als Kommunikationsprotokoll ausgewählt, da damit relativ einfach direkt aus einer Webseite heraus die Verbindung zur SPS hergestellt werden kann.

Übungsaufgabe 5.15

Mit TSN ist ein zukünftiges zeitdeterministisches Ethernet mit folgenden Eigenschaften möglich:

- berechenbare und garantierte Ende-zu-Ende Latenz
- stark begrenzte Latenzschwankungen (Jitter)
- extrem geringer Paketverlust

Der wesentliche Vorteil von TSN liegt darin, dass, bezogen auf das OSI-Referenzmodell, nur die Schicht 2 (Data Link Layer) betroffen ist. Höhere Schichten sind von den Funktionserweiterungen nicht betroffen.

Übungsaufgabe 5.16

Für OPC UA over TSN wird das Publisher-Subscriber-Kommunikationsmodell von OPC UA genutzt. Damit kann ein Datenaustausch von zwei OPC UA-Knoten über TSN erfolgen.

Übungsaufgabe 5.17

Für die Einhaltung der Echtzeitbedingung muss Folgendes gelten:

$$\Delta t_R \leq \Delta t_P = 100\ \mu s \text{ (siehe Bild 5.55)} \tag{L.8}$$

Die Reaktionszeit Δt_R lässt sich ermitteln mit

$$\Delta t_R = 2 \cdot \Delta t_{TSN} + \Delta t_{CLOUD} + 2 \cdot \Delta t_{WAN} \tag{L.9}$$

Nach Umstellen von Formel L.9 nach Δt_{WAN} und Einsetzen der Werte in Formel L.10 ergibt sich die maximal zulässige Verzögerungszeit im WAN mit

$$\Delta t_{WAN} = (\Delta t_R - 2 \cdot \Delta t_{TSN} - \Delta t_{CLOUD})/2$$
$$\Delta t_{WAN} = (100\ \mu s - 2 \cdot 10\ \mu s - 50\ \mu s)/2 = \mathbf{15\ \mu s} \tag{L.10}$$

Die Verzögerungszeit Δt_{WAN} im WAN sollte also unter 15 µs liegen. Dies entspricht bei der angegebenen Signallaufzeit einer Entfernung von maximal 3 km. Berücksichtigt man eine Reserve von 50 % sollte das Cloud-System nicht weiter als **1,5 km** von der Antriebssteuerung entfernt sein.

Übungsaufgabe 5.18

Wie ein Koaxialkabel haben strahlende Kabel einen Innenleiter, der durch eine Isolierung vom Außenleiter getrennt ist. Dieser Außenleiter ist versehen mit Schlitzen, die an einer Seite des Kabels entlang seiner Länge die Funksignale abstrahlen. Die Energie des Funksignals, die in das Kabel gegeben wird, verteilt sich über die Länge des Kabels und wird über die Schlitze wieder abgegeben.

Ein Einsatz erfolgt für eine stabile und berechenbare Funkübertragung unter komplizierten Verhältnissen in geschlossenen Räumen, z. B. für Fahrzeuge im Tunnel oder auch in Produktionsanlagen.

Normen und Standards

ANSI/IEEE 1014: A versatile backplane bus; VMEbus. Beuth Verlag, Berlin, 1987

DIN 66020-1: Funktionelle Anforderungen an die Schnittstellen zwischen Datenendeinrichtungen und Datenübertragungseinrichtungen. Beuth Verlag, Berlin, 1999

DIN 66258-1: Schnittstellen und Steuerungsverfahren für die Datenübermittlung. Beuth Verlag, Berlin, 1983

DIN 66259-1: Elektrische Eigenschaften der Schnittstellenleitungen; Doppelstrom, unsymmetrisch bis zu 20 kbit/s. Beuth Verlag, Berlin, 1981

DIN 66348: Schnittstellen und Steuerungsverfahren für die serielle Meßdatenübermittlung. Beuth Verlag, Berlin, 1986

DIN EN 14908-Reihe: Firmenneutrale Datenkommunikation für die Gebäudeautomation und Gebäudemanagement – Gebäudedatennetzprotokoll. VDE Verlag, Berlin, 2006–2007

DIN EN 50173-1: Verkabelungsnorm für Informationssysteme und anwendungsneutrale Verkabelungssysteme. Beuth Verlag, Berlin, 2018

DIN EN 61158-2: Industrielle Kommunikationsnetze – Feldbusse – Teil 2: Spezifikation und Dienstfestlegungen des Physical Layer (Bitübertragungsschicht). Beuth Verlag, Berlin, 2015

DIN EN 61784-1: Industrielle Kommunikationsnetze – Profile – Teil 1: Feldbusprofile. Beuth Verlag, Berlin, 2015

DIN EN 62026-2: Niederspannungsschaltgeräte – Steuerung-Geräte-Netzwerke (CDIs) Teil 2: Aktuator Sensor Interface. Beuth Verlag, Berlin, 2015

DIN EN IEC 62541 (Normenreihe): OPC Unified Architecture, Beuth Verlag, 2001–2019

DIN EN IEC 62890: Life-Cycle-Management von Systemen und Produkten der Mess-, Steuer- und Regelungstechnik der Industrie. VDE Verlag, Berlin, 2017

DIN IEC 63171-1: Steckverbinder für elektrische und elektronische Einrichtungen – Teil 1: Bauartspezifikation für geschirmte oder ungeschirmte freie und feste Steckverbinder, 2-polig: Informationen zur mechanischen Passung, Kontaktstiftbelegung und zusätzliche Anforderungen für VARIANTE 1/Bauart LC, Kupfer. Beuth Verlag, Berlin, 2019

DIN IEC 63171-2: Steckverbinder für elektrische und elektronische Einrichtungen – Teil 2: Bauartspezifikation für geschirmte oder ungeschirmte freie und feste Steckverbinder, 2-polig: Informationen zur mechanischen Passung, Kontaktstiftbelegung und zusätzliche Anforderungen für Typ 2. Beuth Verlag, Berlin, 2019

DIN IEC 63171-5: Steckverbinder für elektrische und elektronische Einrichtungen – Teil 5: Bauartspezifikation für geschirmte oder ungeschirmte freie und feste Steckverbinder mit bis zu 8 Polen: Informationen zur mechanischen Passung, Kontaktstiftbelegung und zusätzliche Anforderungen für Typ 5. Beuth Verlag, Berlin, 2020

DIN IEC 63171-6: Steckverbinder für elektrische und elektronische Einrichtungen – Teil 6: Bauartspezifikation für 2-polige und 4-polige (Daten/Energie) geschirmte freie und feste Steckverbinder für Datenübertragung und Energieversorgung mit Frequenzen bis zu 600 MHz. Beuth Verlag, Berlin, 2020

ETSI TS 122 261: 5G; Service requirements for next generation new services and markets. ETSI, Sophia Antipolis Cedex, 2018

IEC 61131-3: Programmable controllers – Part 3: Programming languages. VDE Verlag, Berlin, 2013

IEC 61158: Industrial communication networks – Fieldbus specifications. Normenreihe, VDE Verlag, Berlin, 2019

IEC 61491: Electrical equipment of industrial machines – Serial data link for real-time communication between controls and drives. International Electrotechnical Commission, Genf, 2010

IEC 61512 (Normenreihe): Batch control, VDE Verlag, Berlin, 1997–2009

IEC 61784 (Normenreihe): Industrial Communication networks. VDE Verlag, Berlin, 2003–2019

IEC 61784-2: Industrial communication networks – Part 2: Additional fieldbus profiles for real-time networks based on ISO/IEC/IEEE 8802-3. VDE Verlag, Berlin, 2019

IEC 62264 (Normenreihe): Enterprise-control system integration. VDE Verlag, Berlin, 2013–2016

IEC 62443-4: Security for industrial automation and control systems. VDE Verlag, Berlin, 2018

IEC 62541-x: OPC Unified Architecture. Beuth Verlag, Berlin, 2015–2016

IEC 62591: Industrial networks – Wireless communication network and communication profiles – WirelessHART. VDE Verlag, Berlin, 2016

IEC 62890: Industrial-process measurement, control and automation – Life-cycle-management for systems and components. VDE Verlag, Berlin, 2020

IEEE 488: IEEE Standard Digital Interface for Programmable Instrumentation. The Institute of Electrical and Electronics Engineers, New York, 1988

IEEE 802.1 (Normenreihe): IEEE Standard for Local and Metropolitan area networks. Beuth Verlag, Berlin, 2011–2018

IEEE 802.1x: IEEE Standard for Local and Metropolitan area networks – Bridging and Management. Beuth Verlag, Berlin, 2011–2018

IEEE 802.1X: Local and metropolitan area networks – Port-Based Network Access Control. Beuth Verlag, Berlin, 2010

IEEE 802.2: Information technology – Telecommunication and information exchange between systems – Local and metropolitan area networks – Specific requirements – Part 2: Logical Link Control. Beuth Verlag, Berlin, 1998

IEEE 802.3: IEEE Standard for Ethernet. Beuth Verlag, Berlin, 2018

IEEE 802.11: Information technology – Telecommunication and information exchange between systems – Local and metropolitan area networks – Specific requirements – Part 11: Wireless LAN Medium Access Control (MAC) and Physical Layer (PHY) specifications. Beuth Verlag, Berlin, 2016

IEEE 802.11a: Information technology – Telecommunication and information exchange between systems – Local and metropolitan area networks – Specific requirements – Part 11: Wireless LAN Medium Access Control (MAC) and Physical Layer (PHY) specifications: High Speed Physical Layer in the 5 GHz band. IEEE Standards Association, Piscataway, 1999

IEEE 802.11ac: Information technology – Telecommunication and information exchange between systems – Local and metropolitan area networks – Specific requirements – Part 11: Wireless LAN Medium Access Control (MAC) and Physical Layer (PHY) specifications – Amendment 4: Enhancements for Very High Throughput for Operation in Bands below 6 GHz. IEEE Standards Association, Piscataway, 2013

IEEE 802.11ad: Information technology – Telecommunication and information exchange between systems – Local and metropolitan area networks – Specific requirements – Part 11: Wireless LAN Medium Access Control (MAC) and Physical Layer (PHY) specifications – Amendment 3: Enhancements for Very High Throughput for Operation in the 60 GHz band. IEEE Standards Association, Piscataway, 2012

IEEE 802.11ay: Enhanced Throughput for Operation in License Exempt Bands above 45 GHz (Standard in Vorbereitung). IEEE Standards Association, Piscataway, 2019

IEEE 802.11b: Information technology – Telecommunication and information exchange between systems – Local and metropolitan area networks – Specific requirements – Part 11: Wireless LAN Medium Access Control (MAC) and Physical Layer (PHY) specifications: Higher Speed Physical Layer (PHY) Extension in the 2.4 GHz band. IEEE Standards Association, Piscataway, 1999

IEEE 802.11 g: Information technology – Telecommunication and information exchange between systems – Local and metropolitan area networks – Specific requirements – Part 11: Wireless LAN Medium Access Control (MAC) and Physical Layer (PHY) specifications: Further Higher Data Rate Extension in the 2.4 GHz band. IEEE Standards Association, Piscataway, 2003

IEEE 802.11i: Information technology – Telecommunication and information exchange between systems – Local and metropolitan area networks – Specific requirements. Part 11: Wireless LAN Medium Access Control (MAC) and Physical Layer (PHY) specifications: Amendment 6: Medium Access Control (MAC) Security Anhancements. IEEE Standards Association, Piscataway, 2004

IEEE 802.11n: Information technology – Telecommunication and information exchange between systems – Local and metropolitan area networks – Specific requirements – Part 11: Wireless LAN Medium Access Control (MAC) and Physical Layer (PHY) specifications – Amendment 5: Enhancements for Higher Throughput. IEEE Standards Association, Piscataway, 2009

IEEE 802.11p: Information technology – Telecommunication and information exchange between systems – Local and metropolitan area networks – Specific requirements – Part 11: Wireless LAN Medium Access Control (MAC) and Physical Layer (PHY) specifications – Amendment 6: Wireless Access in Vehicular Environments. IEEE Standards Association, Piscataway, 2010

IEEE 802.15.1: Local and Metropolitan area networks – Specific Requirements – Part 15.1a: Wireless Medium Access Control (MAC) and Physical Layer (PHY) specification for Wireless Personal Area Networks (WPAN). IEEE Standards Association, Piscataway, 2005

IEEE 802.15.4: Low-Rate Wireless Networks. Beuth Verlag, Berlin, 2015

IEEE 802.16: Air Interface for Broadband Wireless Access Systems. Beuth Verlag, Berlin, 2017

IEEE 1394: IEEE Standard for a High-Performance Serial Bus. IEEE Xplore Digital Library, New York, 2008

ISO 1800-1: Information Technology – Radio frequency identification for item management – Part 1: Reference architecture and definition of parameters to be standardized. Beuth Verlag, Berlin, 2008

ISO 7498: Informationsverarbeitungssysteme; Kommunikation offener Systeme; Basis Referenzmodell. Beuth Verlag, Berlin, 1989

ISO 11898-1: Straßenfahrzeuge – CAN-Bus – Teil 1: Sicherungsschicht und physikalische Datenübertragung. Beuth Verlag, Berlin, 2015

ISO 18092: Information technology – Telecommunication and information exchange between systems – Near Field Communication – Interface and Protocol (NFCIP-1). Beuth Verlag, Berlin, 2015

ISO/IEC 8482: Information processing systems – Data communication – Twisted pair multipoint interconnections. Beuth Verlag, Berlin, 1993

ISO/IEC 9506-1: Industrial Automation Systems – Manufacturing message specification – Part 1: Service definition. Beuth Verlag, Berlin, 1990

ISO/IEC 9506-3: Industrial Automation Systems – Manufacturing message specification – Part 3: Companion standard for robotics. Beuth Verlag, Berlin, 1991

ISO/IEC 14443-Reihe: Identifikationskarten - Kontaktlose Chipkarten - Proximity-Karten. Beuth Verlag, Berlin, 2016–2018

ISO/IEC 14543-3-10: Information technology - Home electronic systems (HES) architecture - Part 3 - 10: Wireless short-packet (WSP) protocol optimized for energy harvesting - Architecture and lower layer protocols. Beuth Verlag, Berlin, 2012

ISO/IEC 18000-Reihe: Informationstechnik - Identifizierung von Waren mittels Hochfrequenz (RFID) für das Management des Warenflusses. Beuth Verlag, Berlin, 2009–2018

ISO/IEC 20922: Information technology - Message Queuing Telemetry Transport (MQTT) v3.1.1. VDE Verlag, Berlin, 2016

ISO/IEC/IEEE 42010: System- and Software-Engineering - Architecture description. Beuth Verlag, Berlin, 2011

OEVE/OENORM EN 61491: Elektrische Ausrüstung von Industriemaschinen - Serielle Datenverbindung für Echtzeit-Kommunikation zwischen Steuerungen und Antrieben. Beuth Verlag, Berlin, 2000

RFC 3986: Uniform Resource Identifier (URI): Generic Syntax. IETF, Fremont, 2005

RFC 6455: The Websocket Protocol. IETF, Fremont, 2011

RFC 7252: The Constrained Application Protocol. IETF, Fremont, 2014

TIA/EIA-485-A: Electrical Characteristics of Generators and Receivers for Use in Balanced Digital Multipoint Systems. Telecommunications Industry Association, Arlington, 1998

Abkürzungen

Symbole

3GPP	3rd Generation Partnership Project

A

AAL	Ambient System Living
ACSE	Association Control Service Element
AES	Advanced Encryption Standard
AGP	Accelerated Graphics Port
ALU	Arithmetical Logical Unit
AMQP	Advanced Message Queuing Protocol
ANSI	American National Standards Institute
AP	Access Point
API	Application Programming Interface
App	Application
ARC	ARC Advisory Group
ASCII	American Standard Code for Information Interchange
ASi	Aktor-Sensor-Interface
ASIC	Application-Specific Integrated Circuit
ASIP	Application Specific Processor
ATA	Advanced Technology Attachment
ATM	Asynchronous Transfer Mode
AUI	Attachment Unit Interface
AV	AntiVirus
AVB	Audio Video Bridging
AWS	Amazon Web Services

B

BD	Big Data
BNC	Bayonet Neill Concelman
BSI	Bundesamt für Sicherheit in der Informationstechnik
BSS	Basis Service Set
BYOD	Bring Your Own Device

C

CA	Collision Detection
CAEX	Computer Aided Engineering Exchange
CAL	Can Application Layer
CAN	Controller Area Network
CAT	CATegory
CBA	Component-Based Automation
CBLL	Cloud-Based Blended Learning Lab
CCITT	Comité Consultatif International Téléphonique et Télégraphique
CDMA	Code Devision Multiple Access
CERN	European Organization for Nuclear Research
CiA	CAN in Automation
CICS	Cloud-Based Industrial Control Services
CNC	Central Network Configuration
CoAP	Constrained Application Protocol
CODESYS	Controller Development System
CoE	CAN over EtherCAT
COM	Component Object Model
COM-Port	Communication Port
CORBA	Common Object Request Broker Architecture
CPLD	Complex Programmable Logic Device
CPPS	Cyber-Physical Production System
CPS	Cyber-physikalisches System (Cyber-Physical System)
CPU	Central Processing Unit
CRC	Cyclic Redundancy Check
CSA	Cloud Security Alliance
CSM	Cyber Manufacturing System

CSMA/CA	Carrier Sense Multiple Access with Collision Avoidance
CSMA/CD	Carrier Sense Multiple Access with Collision Detection
CSV	Comma-Separated Values
CU	Control Unit

D

DA	Digital-Analog
DB	Datenbank
DCOM	Distributed Component Object Model
DDS	Data Distribution Service for Real-Time Systems
DetNet	Deterministic Networking
DFG	Deutsche Forschungsgemeinschaft
DHCP	Dynamic Host Configuration Protocol
DIN	Deutsches Institut für Normung
DLR	Deutsches Zentrum für Luft- und Raumfahrt
DNS	Domain Name System
DP	Dezentrale Peripherie
DPWS	Device Profiles for Web Services
DS	Distribution System
DSP	Digital Signal Processor
DSSS	Direct Sequence Spread Spectrum
DTLS	Datagram Transport Layer Security
DV	Datenverarbeitung

E

E/A	Eingang/Ausgang
EAP	Extensible Authentication Protocol
ECMA	European Computer Manufacturers Association
EDGE	Enhanced Data Rates for GSM Evolution
EEPROM	Electrically Erasable Programmable Read-Only
EIA	Electronic Industries Alliance
EISA	Extended Industry Standard Architecture
eMBB	Enhanced Mobile Broadband

EMV	Elektromagnetische Verträglichkeit
EN	Europäische Norm
ESB	Enterprise Service Bus
ESS	Extended Service Set
EtherCAT	Ethernet for Control Automation Technology
EtherNet/IP	Ethernet Industrial Protocol
ETSI	European Telecommunications Standards Institute

F

FCS	Frame Check Sequence
FD	Flexible Data Rate
FDDI	Fiber Distributed Data Interface
FDL	Field Data Link
FDM	Frequency Devision Multiplexing
FFD	Fully Function Device
FHSS	Frequency Hopping Spread Spectrum
FIFO	First In First Out
FIP	Factory Implementation Protocol
FMS	Fieldbus Message Specification
FPGA	Field-Programmable Gate Array
FSK	Frequency Shift Keying
FTP	File Transfer Protocol

G

GAP	Generic Access Profil
GE	General Electric
GDS	Global Data Space
GMA	Gesellschaft für Mess- und Automatisierungstechnik
GPP	General Purpose Processor
GPRS	General Packet Radio Service
GPS	Global Positioning System
GSD	Generic Station Description
GSM	Global System for Mobile Communication
GUI	Graphical User Interface

H

HART	Highway Addressable Remote Transducer
HMI	Human-Machine Interface
HSPA	High Speed Packet Access
HTML	Hypertext Markup Language
HTTP	Hypertext Transport Protocol
HTTPS	Hypertext Transport Protocol Secure

I

I2C	Inter Integrated Circuit
I40	Industrie 4.0
IaaS	Infrastructure as a Service
IANA	Internet Assigned Number Authority
ID	Identifier
IDL	Interface Description Language
IDS	Intrusion Detection System
IEC	International Electrotechnical Commission
IEEE	Institute of Electrical and Electronics Engineers
IETF	Internet Engineering Task Force
IIC	Industrial Internet Consortium
IICF	Industrial Internet Connectivity Framework
IIoT	Industrial Internet of Things
IIRA	Industrial Internet Reference Architecture
IIS	Internet Information Server
IISF	Industrial Internet Security Framework
IKT	Informations- und Kommunikationstechnik
IMSI	International Mobile Subscriber Identity
I/O oder IO	Input/Output
IoT	Internet of Things
IP	Internet Protocol
IPC	Industrial Personal Computer
IPSO	IP for Smart Objects
IPv4	Internet Protocol Version 4
IPv6	Internet Protocol Version 6

IrDA	Infrared Data Association
IRT	Isochronous Realtime
ISA	Industry Standard Architecture
ISDN	Integrated Services Digital Network
ISM	Industrial, Scientific and Medical Band
ISO	International Organization for Standardization
IT	Informationstechnik
ITU-R	International Telecommunication Union, Radiocommunication Sector
IWLAN	Industrial Wireless Local Area Network

J

JSON	JavaScript Object Notation

L

LAN	Local Area Network
LBW	Loop Back Word
LLC	Logical Link Control
LON	Local Operating Network
LoRaWAN	Long Range Wide Area Network
LoWPAN	Low Power Wireless Personal Area Networks
LPWAN	Low Power Wide Area Network
LTE	Long Term Evolution
LWL	Lichtwellenleiter

M

M2M	Machine-to-Machine
MAC	Medium Access Control
MAN	Metropolitan Area Network
MAP	Manufacturing Automation Protocol
MAU	Medium Attachment Unit
MES	Manufacturing Execution System
MIME	Multipurpose Internet Mail Extensions
MIMO	Multiple Input Multiple Output

MMS	Manufacturing Message Specification
mMTC	Massive Machine-type Communication
MQTT	Message Queuing Telemetry Transport
MQTTWS	MQTT over WebSocket
MS	Microsoft
MSISDN	Mobile Station Integrated Services Digital Network Number

N

NaaS	Network as a Service
NAT	Network Address Translation
NB	Narrow Band
NC	Numeric Control
NFC	Near Field Communication
NOA	NAMUR Open Architecture
NR	New Radio
NRT	Non-Realtime
NRZ	Non-Return-to-Zero

O

OASIS	Organization for the Advancement of Structured Information Standards
OFDM	Orthogonal Frequenzy Division Multiplexing
OLE	Object Linking and Embedding
OMA-DM	Open Mobile Alliance Device Protocol
OMG	Object Management Group
OPC DA	Open Platform Communications Data Access
OPC UA	Open Platform Communications Unified Architecture
OS	Operation System
OSI	Open Systems Interconnection
OUI	Organization Unique Identifier
OV	Objektverzeichnis

P

P2P	Point-to-Point

PA	Process Automation
PaaS	Platform as a Service
PAN	Private Area Network
PC	Personal Computer
PCI	Peripheral Component Interconnect
PCMS	Progammable Controller Message Specification
PCP	Peripheral Communication Protocol
PD	Powered Device
PG	Programmiergerät
PI	Profibus & Profinet International
PIMS	Process Industry Message Specification
PLC	Programmable Logic Controller
PLD	Programmable Logic Device
PMS	Peripheral Message Specification
PNO	Profibus Nutzerorganisation e. V.
PoDL	Power over Data Line
PoE	Power over Ethernet
PROFIBUS	Process Field Bus
PROFINET	Process Field Network
PSE	Power Source Equipment
PSK	Pre-Shared Key

Q

QoS	Quality of Service

R

RADIUS	Remote Authentication Dial-In User Service
RAM	Random-Access Memory
RAMI	Referenzarchitekturmodell
RC	Remote Control
REST	Representional State Transfer
RF	Radio Frequency
RFC	Request for Comments
RFD	Reduced Function Device

RFID	Radio Frequency Identification
ROM	Read-Only Memory
RS	Recommended Standard
RT	Real Time
RTPS	Real-time Publish-Subscribe Wire Protocol

S

SaaS	Software as a Service
SAP	Service Access Point
SATA	Serial Advanced Technology Attachment
SCADA	Supervisory Control And Data Acquisition
SCSI	Small Computer System Interface
SDMA	Space Devision Multiple Access
SDN	Software-Defined Networking
SDS	Smart Distributed System
SD-WAN	Software-Defined WAN
SERCOS	Serial Real-time Communication System
SF	Smart Factory
SIM	Subscriber Identity Module
SMS	Short Message Service
SMTP	Simple Mail Transfer Protocol
SNMP	Simple Network Management Protocol
SOA	Service Oriented Architecture
SOAP	Simple Object Access Protocol
SPE	Single Pair Ethernet
SPI	Serial Peripheral Interface
SPLD	Simple Programmable Logic Device
SPP	Single Purpose Processor
SPS	Speicherprogrammierbare Steuerung
SQL	Structured Query Language
SSID	Service Set Identifier
SSL	Secure Sockets Layer

T

TA	Teilnehmeranschluss
TCP	Transmission Control Protocol
TDMA	Time Division Multiple Access
Telnet	Telnet Protocol
TIA	Telecommunications Industry Associations
TLS	Transport Layer Security
TP	Twisted Pair
TS	Technical Specification
TSN	Time-Sensitive Networking
TTY	Teletypewriter

U

UART	Universal Asynchronous Receiver Transmitter
UDP	User Datagram Protocol
UID	Unique Identifier
UML	Unified Modelling Language
UMTS	Universal Mobile Telecommunications System
UNB	Ultra Narrow Band
URI	Uniform Resource Identifier
URL	Uniform Resource Locator
uRLLC	Ultra Reliable and Low Latency Communication
USB	Universal Serial Bus
UTP	Unshielded Twisted Pair

V

VBScript	Visual Basic Script
VDI/VDE	Verein Deutscher Ingenieure/Verein Deutscher Elektroingenieure
VESA	Video Electronics Standards Association
VFD	Virtual Field Device
VM	Virtuelle Maschine
VME	Versa Module Europe
VPN	Virtual Private Network

VR	Virtual Reality
VSAT	Very Small Aperture Terminal

W

W3C	World Wide Web Consortium
WAN	Wide Area Network
WAP	Wireless Access Point
WCF	Windows Communication Foundation
WDS	Wireless Distribution System
WebRTC	Web Real-Time Communication
WEP	Wired Equivalent Privacy
WiFi	Wireless Fidelity
WLAN	Wireless LAN
WMN	Wireless Mesh Network
WOA	Web-Oriented Architecture
Woopsa	Web Object Oriented Protocol for Software and Automation
WPA	WiFi Protected Access
WPAN	Wireless Personal Area Network
WS	Webservice, WebSocket
WSE	Web Services Enhancements
WSP	Wireless Short Packets
WWW	Word Wide Web

X

XML	Extensible Markup Language
XMPP	Extensible Messaging and Presence Protocol

Z

ZVEI	Zentralverband der Deutschen Elektroindustrie

Glossar

Ad-hoc-Fähigkeit: improvisierte Handlungen und Dinge, die speziell für einen Zweck (z. B. Vernetzung) entworfen wurden oder spontan aus einer Situation heraus entstanden sind

Ad-hoc-Netz: Die Teilnehmer in einem Funknetz kommunizieren direkt untereinander und steuern den Ablauf der Kommunikation selbst.

Anwendungsprotokoll: Ein Anwendungsprotokoll verrichtet eine für den Anwender sofort erkennbare Aufgabe bzw. kann direkt durch den Anwender benutzt werden. Bezogen auf das OSI-Referenzmodell liegen Anwendungsprotokolle auf Schicht 7.

Asset: Im Sinne von Industrie 4.0 ist ein Asset eine Entität, die einen wahrgenommenen oder tatsächlichen Wert für eine Organisation hat und der Organisation gehört oder von ihr individuell verwaltet wird, z. B. Anlagen, Maschinen, Geräte.

Augmented Operator: Bediener bzw. Operator, der Augmented Reality (erweiterte Realität) für die Bedienung und Beobachtung von Maschinen und Anlagen nutzt. Bilder oder Videos in der Benutzerschnittstelle für die Geräte werden um rechnergenerierte Zusatzinformationen durch Einblendungen/Überlagerungen ergänzt.

Authentifizierung: Prüfung der behaupteten Authentisierung; auch Nachweis der behaupteten Eigenschaft einer Entität (z. B. Mensch). Das IT-System authentifiziert den Nutzer.

Authentisierung: Nachweis einer Person, dass sie tatsächlich diejenige ist, die sie vorgibt zu sein. Ein Nutzer authentisiert sich am IT-System z. B. mit Passwort und Nutzername.

Auto-ID: Prozess zur maschinellen Erfassung von Informationen, die sowohl der eindeutigen Identifikation von Objekten als auch der Datenübertragung sowie Bereitstellung der Daten in einem Rechner dienen

Automatisierungshierarchie: Komplexe Automatisierungssysteme sind aufgrund hierarchisch strukturierter technischer Prozesse und Entscheidungsstrukturen meist gleichfalls hierarchisch organisiert.

Backbone: Unter einem Backbone (Rückgrat) versteht man eine Hauptleitung eines Datennetzwerkes. Für Backbones werden meist Glasfaserleitungen oder Richtfunkstrecken eingesetzt.

Backhaul: Mit Backhaul (Rücktransport) bezeichnet man die Funktion der Anbindung untergeordneter Netzknoten an einen Backbone.

Bandbreite: Kenngröße in der Signalverarbeitung, die die Breite des Intervalls in einem Frequenzspektrum festlegt, in dem die dominanten Frequenzanteile eines zu übertragenden Signals liegen

Bandspreizung: Bei diesem Verfahren wird die Bandbreite eines schmalbandigen Funksignals über einen größeren Frequenzbereich gespreizt. Damit können schmalbandige Störungen des Signals reduziert werden.

Basisbandübertragung: Die digitalen Signale werden als eine Folge von Bits unmoduliert übertragen.

Beacon: kleine Datenpakete, die in einem Funknetz ständig versandt werden

Big Data-Analyse: Sammelbegriff für digitale Technologien, die sich mit der Verarbeitung großer, komplexer und sich schnell ändernder Datenmengen (Massendaten) beschäftigen

Breitbandübertragung: Die Breitbandübertragung ist die Übertragung digitaler Informationen über separate Sende- und Empfangskanäle. Mit dem Aufkommen schneller Internetverbindungen wird der Begriff inzwischen für alle schnellen Datenverbindungen genutzt.

Bus: Als Bus wird eine Sammelleitung bezeichnet, an der mehrere Teilnehmer eingangs- oder ausgangsseitig gleichzeitig angeschlossen sind. Die Teilnehmer können nach genau definierten Regeln über den Bus Informationen austauschen.

Client-Server-Modell: Es handelt sich um ein verbindungsorientiertes Übertragungsverfahren, bei dem ein Client (Dienstanforderer) einen Server (Diensterbringer) auffordert, eine bestimmte Funktion auszuführen. Teilnehmer können häufig wahlweise oder auch gleichzeitig als Client oder/und Server fungieren.

Cloud-Computing: Bereitstellung gemeinsam nutzbarer und flexibel skalierbarer IT-Leistungen durch IT-Ressourcen über Netze

CPS-basierte Automation: Automatisierungsmodell, bei dem die Hardwarekomponenten als CPS-Komponenten und die Automatisierungsfunktionen als Dienste ausgeführt sind

CSMA/CA-Verfahren: Es handelt sich um ein Buszugriffsverfahren, das unter anderem einen Betrieb mehrerer Master am Bus gestattet. Dieses Verfahren löst Zugriffskonflikte dadurch, dass sich Nachrichtenobjekte mit hoher Priorität aufgrund eines Dominant-Rezessiv-Verhaltens des Übertragungssystems durchsetzen.

Cyber-physikalisches System: Es handelt sich um Systeme mit eingebetteter Software, die mittels Sensoren Daten über den Zustand ihrer Umgebung erfassen und mittels Aktoren auf physikalische Vorgänge einwirken. Für die Interaktion werden über das Internet erreichbare Daten und Dienste sowie die im System vorhandenen Schnittstellen zur Umgebung genutzt.

Datenarchitekturmodell: informationstechnisches Modell, das sich mit grundlegenden Strukturen und Prinzipien zu Daten und Informationen, ihrer Konstruktion und Nutzung befasst

Domäne: bezeichnet in der IT eine logische Gruppierung vernetzter Rechner sowie auch eine logische Strukturierung eines Datenraums

Dienst: beschreibt in der Informatik eine technisch autarke Einheit (Entität), die abgegrenzte Funktionalitäten zu einem technischen Aspekt bündelt und diese über eine Schnittstelle zur Verfügung stellt

Dienstgüte: Es handelt sich um die Güte eines Kommunikationsdienstes aus Sicht eines Anwenders. Die Dienstgüte ist eine Menge von Qualitätsanforderungen an das gemeinsame Kommunikationsverhalten.

Digitaler Zwilling: Es handelt sich um die digitale Repräsentation eines materiellen oder immateriellen Objekts oder Prozesses aus der realen Welt in der digitalen Welt. Es ist unerheblich, ob das Gegenstück in der realen Welt bereits existiert oder erst zukünftig existieren wird.

Digitalisierung der Produktion: Oberbegriff für den zunehmenden Einsatz vernetzter, digitaler Technologien für Produktionsprozesse in allen Branchen

Echtzeit: Unter einem Echtzeitsystem in der Industrieautomation versteht man ein System, das auf Ereignisse in einem technischen Prozess schritthaltend reagieren kann.

Edge-Computing: Beim Edge-Computing werden Daten dezentral in der Netzwerkperipherie verarbeitet, an dem Ort, wo sie generiert werden.

Eingebettetes System: informationsverarbeitendes System, bestehend aus Hardware- und Softwarekomponenten, die als integraler Bestandteil komplexer mikroelektronischer bzw. mechatronischer Systeme diese steuern bzw. regeln

Entität: Gegenstand, dem aufgrund seiner Bedeutung eigene Objekte in der Informationswelt zu seiner Verwaltung und Nutzung zugeordnet sind

Ethernet: Ethernet ist eine paketvermittelnde Netzwerktechnik, deren Standards auf den Schichten 1 und 2 des OSI-Referenzmodells (OSI-7-Schichtenmodell) die Adressierung und die Zugriffskontrolle auf unterschiedlichen Übertragungsmedien (Kabel, LWL, Funk) definieren.

Feldbus: Kommunikationssystem auf den unteren Automatisierungsebenen, das insbesondere einfache Geräte und Steuerungen (z. B. Steller, Positioniersteuerungen, Antriebsmodule) sowie im technischen Prozess verteilte Sensoren und Aktoren mit übergeordneten Prozessrechnern verbindet

Firewall: Firewall-Systeme bilden die Schnittstelle zwischen sicheren und unsicheren Netzen. Sie schützen das gesicherte Netzwerk vor Zugriffen von außen und ermöglichen den möglichst ungestörten Zugriff auf das ungesicherte Netz.

Fog-Computing: Fog-Computing fügt zwischen den Edge-Devices und der Cloud eine weitere Schicht mit Fog-Nodes ein. Dabei handelt es sich um kleine, lokale Rechner (z. B. Router, Proxy, Steuerungsrechner) in den Zugangsbereichen der Cloud.

Framework: Rahmenstruktur für ein Programmiergerüst, das in der Softwaretechnik, insbesondere für die objektorientierte Softwareentwicklung sowie für komponentenbasierte Entwicklungsansätze, verwendet wird

Frequenzbereiche: Es gibt nationale und internationale Vereinbarungen über die Nutzung der Frequenzen für mobile und drahtlose Kommunikationsnetze. In Deutschland übernimmt die Bundesnetzagentur die Vergabe der Frequenzbereiche für unterschiedliche Anwendungen. Dabei gibt es lizenzpflichtige und lizenzfreie Frequenzbereiche.

Funkwellen: Funkwellen sind elektromagnetische Wellen, die sich im Raum mit Lichtgeschwindigkeit ausbreiten. Die Signalausbreitung von Funkwellen im freien Raum erfolgt stets geradlinig, vergleichbar mit der Ausbreitung von Lichtwellen. Objekte können jedoch die Ausbreitung der Wellen durch Abschattung, Reflexion, Streuung und Beugung behindern.

Gateway: eine Komponente, die eine Verbindung zwischen zwei Teilnehmern in einem Netz herstellt

Global Facilities: Vernetzung von Produktionssystemen über Unternehmensgrenzen hinweg, z. B. mit Kunden und Zulieferern

Grenzfrequenz: Wert der Frequenz, bei dessen Überschreitung die Signalamplitude oder die Modulationsamplitude am Ausgang eines Bauteils unter einen bestimmten Wert sinkt

I40-Komponente: Die I40-Komponente ist eine Präzisierung des RAMI 4.0 für Industrie 4.0 und besteht aus einer Entität (auch als Asset bezeichnet) mit einer zugehörigen Verwaltungsschale. Die Verwaltungsschale besitzt einen Ressourcenmanager sowie verschiedene Datensätze.

Industrial Internet: Das Industrial Internet ist ein Internet aus Dingen, Maschinen, Rechnern und Menschen, das intelligente industrielle Abläufe mithilfe fortschrittlicher Datenanalysen für transformative Geschäftsergebnisse ermöglicht.

Industrial Internet of Things: Das Industrial Internet of Things stellt die industrielle Ausprägung des IoT dar. Es repräsentiert im Gegensatz zum IoT nicht die verbraucherorientierten Konzepte, sondern konzentriert sich auf die Anwendung des IoT im produzierenden und industriellen Umfeld.

Industrie 4.0: Industrie 4.0 ist die Verschmelzung moderner Informationstechnologie mit konventionellen Industrieprozessen.

Informationsmodell: in der Informationstechnik eine abstrakte Abbildung von Objekten mit ihren Eigenschaften und Beziehungen

Infrastrukturnetz: Die Teilnehmer in einem drahtlosen Netz kommunizieren über feste Zugangspunkte. Industrielle drahtlose Netze sind vorrangig als Infrastrukturnetze aufgebaut.

Internet: Gesamtheit aller Netzwerke und Rechner weltweit, die über TCP/IP-Verbindungen erreichbar sind

Internet of Things: ein über das Internet vernetztes System eindeutig identifizierbarer realer Gegenstände (Sensoren, Aktoren, Geräte) und virtueller Objekte, die über Informations- und Kommunikationstechniken zusammenarbeiten

IoT-Plattform: technische Umsetzung des mit dem Internet of Things verfolgten Ziels zur Vernetzung realer und virtueller Gegenstände und deren Zusammenarbeit durch Informations- und Kommunikationstechnik (IKT)

IP-Adresse: In einem TCP/IP-Netzwerk wird jeder Teilnehmer durch seine IP-Adresse identifiziert. Eine IP-Adresse in der Version 4 (IPv4-Adresse) besteht aus 4 Bytes, die durch vier durch einen Punkt getrennte Dezimalzahlen dargestellt werden.

Jitter: Varianz der Laufzeit von Datenpaketen im Netz

Kanal: Ein Kanal ist in der Funktechnik eine Frequenz bzw. ein Frequenzbereich, auf dem ein Funksignal übertragen wird, z.B. analoge Sprache oder digitale Daten. Die Bandbreite des Kanals ist ausschlaggebend für die Menge der Information, die pro Zeiteinheit darüber gesendet werden kann. Je größer die Bandbreite gewählt wird, desto mehr Daten können übertragen werden, aber desto weniger Kanäle passen (ohne Überlappungen) in ein bestimmtes Frequenzband. Darüber hinaus ist die Bandbreite ausschlaggebend für räumliche Signalschwankungen. Bei digitaler Übertragung spricht man von der Datenrate eines Kanals.

Kommunikationsprotokoll: In der Informatik und in der Telekommunikation ist ein Kommunikationsprotokoll eine Vereinbarung, nach der die Datenübertragung zwischen zwei oder mehreren Teilnehmern abläuft.

Latenzzeit: Zeitraum zwischen einem Ereignis und dem Eintreten einer Reaktion, auch als Latenz, Reaktionszeit oder Verzögerungszeit bezeichnet

Lokales Netz: Kommunikationsverbindung, bei der mehrere Teilnehmer an einem Bussystem angeschlossen sind

M2M-Kommunikation: Es handelt sich um den automatisierten Datenaustausch zwischen Maschinen. Dabei geht es darum, dass Anlagen, Maschinen und Geräte ohne menschlichen Auslöser Daten austauschen.

MAC-Adresse: Auf dem gemeinsamen Übertragungsmedium eines LANs benötigt jede Station eine eindeutige Adresse. Diese Adresse wird je nach Sprachgebrauch als Ethernet-Adresse oder MAC-Adresse (MAC – Medium Access Control) bezeichnet.

Master-Slave-Verfahren: In einem lokalen Netz existiert genau ein Master. Alle übrigen Teilnehmer fungieren als Slave. Für die Kommunikation werden in der Regel alle Slaves zyklisch vom Master abgefragt.

Mesh-Netzwerk: Netzwerk, bei dem Drahtlosgeräte für andere Geräte als Relaisstationen bis zum nächstgelegenen Access-Point dienen

Middleware: Die Middleware bezeichnet in der IT anwendungsneutrale Programme, die so zwischen Anwendungen vermitteln, dass die Komplexität dieser Anwendungen und ihre Infrastruktur verborgen werden. Die Middleware ist eine zusätzliche Schicht bzw. Verteilungsplattform zwischen Betriebssystem und Anwendungssystem.

Mobilfunk: Es handelt sich um den Betrieb beweglicher Funkteilnehmer. Die zugehörigen drahtlosen Netze werden als Mobilfunknetze bezeichnet.

Mobilfunkgeneration: Die Mobilfunkgenerationen werden durch die International Telecommunication Union (ITU) definiert. Die bisher letzte festgelegte Generation ist 5G.

Multimaster-Prinzip: In einem Multimastersystem sind alle Teilnehmer gleichberechtigt und handeln die Sendeberechtigung untereinander aus.

Multiplexing: Es handelt sich um Methoden zur Signal- und Nachrichtenübertragung, bei denen mehrere Signale zusammengefasst und simultan über ein Medium übertragen werden. Multiplexing wird bei der Funkübertragung dazu verwendet, um das Funksignal in Raum, Zeit, Frequenz oder Code zu unterteilen.

Netzkommunikation: alle Technologien, Netze und Protokolle, die benötigt werden, um eine Kommunikationsbeziehung zwischen zwei oder mehreren I40-Komponenten zu ermöglichen

Netzmanagement: umfassende Aktivitäten zur Überwachung, Steuerung und Kontrolle aller Netzkomponenten, sodass die Anforderungen sowohl der Netzbetreiber als auch der Benutzer der Dienste, die durch das Netz erbracht werden, erfüllt werden können

Netztopologie: physikalische Struktur eines lokalen Netzes

Offenes System: Offenheit eines Systems aus Anwendersicht verlangt eine Interoperabilität mit systemfremder Hardware und/oder Software unterschiedlicher Hersteller, die entweder an das System angeschlossen oder in das System integriert wird

Ökosystem: Ein Ökosystem bezeichnet in der IT eine Soft- und Hardwarearchitektur, die auf jeweils ganz eigenen Geräten, Systemen und sonstigen Voraussetzungen basiert und damit entsprechendes Zubehör voraussetzt und hervorbringt.

OSI-Referenzmodell: Das OSI-Referenzmodell beschreibt die Kommunikation von Teilnehmern auf einer abstrakten Ebene und teilt die Kommunikation abstrakt in sieben Ebenen (Schichten) mit festgelegter Funktionalität.

Paradigma: fundamentales Konzept in der IT, das die Sprachstruktur einer Programmiersprache oder eine Vorgehensweise zur Problemlösung entscheidend prägt

Peripheriebus: Bei einem Peripheriebus handelt es sich um ein Bussystem, das den Anschluss von Datenendgeräten an Rechner unterstützt.

Piconetz: Kleinstfunkzellen, die mindestens aus einem Master und einem Slave bestehen

Plattform: Eine Plattform bezeichnet in der Informatik eine einheitliche Grundlage, auf der Anwendungsprogramme ausgeführt und/oder entwickelt werden. Es gibt eine Vielzahl von Plattformen und Plattformkonzepten in der IT.

Plug-and-play: Plug-and-play bezeichnet in der IT die Eigenschaft eines Rechners zum Anschluss neuer Geräte, ohne dass anschließend Gerätetreiber installiert oder Einstellungen vorgenommen werden müssen.

Producer-Consumer-Methode: Die Producer-Consumer-Methode wird mit dem Publisher-Subscriber-Modell als Architektur realisiert.

Profil: Die Vielfalt der in den zugehörigen Normen für Feldbussysteme definierten Funktionen und Dienste werden häufig entsprechend den einsatz- oder gerätespezifischen Anforderungen in Profilen eingeschränkt. In den Profilen werden in Bezug auf herstellerübergreifende Austauschbarkeit von Geräten (Interchangeability und Interoperability) vor allem gerätespezifische Abgrenzungen mit einer einheitlichen Syntax und Semantik getroffen.

Programmierbarer Logikbaustein: integrierter Schaltkreis, bei dem die Struktur der Hardware erst durch eine Programmierung (Konfiguration) festgelegt wird

Propagationszeit: Zeitspanne zwischen dem Auftreten eines Ereignisses bzw. der Veröffentlichung einer Nachricht und dem Darstellen dieser Information auf einer Visualisierungskomponente

Protokollstapel: konzeptionelle Architektur eines Kommunikationsprotokolls

Prozessbus: Ein Prozessbus ist vor allem auf den Anschluss automatisierungstechnischer Prozessperipheriekomponenten ausgelegt. Als Schnittstellen werden teilweise für kurze Entfernungen (Gerätebusse) auch die Peripheriebusse genutzt, daneben gibt es aber auch spezialisierte Prozessbusse.

Prozesszeit: Die Prozesszeit bezeichnet in der Automatisierungstechnik die Ankunftsabstände von Ereignissen (z. B. Aktualisierung von Messwerten) in einem technischen Prozess.

Publisher-Subscriber-Modell: Bei diesem verbindungslosen Kommunikationsmodell agieren Publisher und Subscriber unabhängig voneinander. Der Publisher versendet eigenständig Nachrichten, die von einem oder mehreren Subscribern empfangen werden können.

Punkt-zu-Punkt-Verbindung: direkte Verbindung zwischen zwei Kommunikationsteilnehmern

Reaktionszeit: Die Reaktionszeit bezeichnet in der Automatisierungstechnik die Zeitdauer zwischen dem Eintreten eines Prozessereignisses (z. B. Sensor = EIN) und einer davon ausgelösten Reaktion (z. B. Motor = STOP).

Reaktives System: Das System befindet sich in ständiger Interaktion mit seiner Umgebung und reagiert unmittelbar auf seine Umgebungsreize. Die Verarbeitung der Eingaben muss innerhalb definierter Zeitgrenzen erfolgen.

Referenzarchitektur: Eine Referenzarchitektur ist in der Informatik ein Referenzmodell für eine Klasse von Architekturen. Die Referenzarchitektur kann als Modellmuster (idealtypisches Modell) für die Klasse der zu modellierenden Architekturen betrachtet werden. Eine Referenzarchitektur basiert auf den gängigen Erfolgsmethoden (Best Practices) einer Branche und enthält in der Regel Vorschläge für die optimale Bereitstellungsmethode für bestimmte Technologien.

Rendering: Erstellung einer Grafik aus Rohdaten

Roaming: Wenn sich Funkbereiche in einem drahtlosen Netz etwas überlappen, kann sich der Teilnehmer zwischen Access Points bewegen, ohne dass die Netzwerkverbindung unterbrochen wird. Diese Betriebsweise wird als Roaming bezeichnet.

Router: Ein Router ist eine Netzwerkkomponente, die zwei oder mehr verschiedene LANs miteinander verbindet. Router werten Pakete der Netzwerkschicht (Schicht 3 im OSI-Referenzmodell) und somit Netzwerkadressen aus. Sie sind in der Lage, Vermittlungswege zu erlernen und diese in Routing-Tabellen abzulegen.

Satellitenkommunikation: Über einen Satelliten hergestellte bidirektionale Telekommunikation zwischen zwei Bodenstationen. Für Steuerungsaufgaben kommuniziert jeder Satellit auch mit einer Kontrollstation am Boden.

Sensor-Aktor-Bus: eine spezielle Variante eines Feldbusses mit besonders einfachem Aufbau und geringen Anschaltkosten zum Anschluss einfacher Sensoren/Aktoren (Temperaturfühler, Schütze, Ventile und Ähnliches)

Sensornetz: Ein Sensornetz ist ein Netz von Sensorknoten, ausgeführt als per Funk kommunizierende eingebettete Systeme, die in einem Netz zusammenarbeiten, um ihre Umgebung mittels Sensoren abzufragen und die Information weiterzuleiten.

Serviceorientierte Architektur: Architekturmuster der IT aus dem Bereich der verteilten Systeme, um Dienste von IT-Systemen zu strukturieren und zu nutzen

Sicherheit: Für die Sicherheit von Unternehmensnetzen gelten die drei Hauptziele: Zuverlässigkeit, Korrektheit der Daten und Verfügbarkeit. Sicherheit wird hier im Sinne einer IT-Sicherheit (englisch *Security*) im Unterschied zur Maschinensicherheit (englisch *Safety*) betrachtet.

SIM-Karte: Es handelt sich um eine Chip-Karte, die einen Prozessor einschließlich Speicher beinhaltet. Mit der SIM-Karte wird die Mobilität eines Mobilgeräts von der Mobilität des Nutzers entkoppelt.

Smart Factory: In Zusammenhang mit Industrie 4.0 spricht man beim Einsatz von CPS in Produktionssystemen auch von Cyber-Physical Production System oder bezogen auf die Fertigungsindustrie auch von Smart Factory.

Smart Grid: intelligentes Stromnetz, bei dem innerhalb des Netzes ein Informationsaustausch erfolgt, mit dessen Hilfe die Stromerzeugung, der Verbrauch und die Speicherung dynamisch gesteuert werden können

Smart Logistics: Kernelement der Digitalisierung der Produktion entsprechend Industrie 4.0, das auf agilen Kooperationsnetzwerken sowie einer organisatorischen und informatorischen Vernetzung basiert und intelligente und schlanke Lieferketten ermöglicht

Smart Product: Ein Produkt wird als smart bezeichnet, wenn dieses über Informationen bezüglich des eigenen Herstellungsprozesses verfügt sowie über die Fähigkeit, Daten während der Fertigungs- und Nutzungsphase zu sammeln und zu kommunizieren.

Smart Services: Es handelt sich um technische Systeme, die bewusst in Produkten oder Dienstleistungen zum Zwecke der Erfüllung spezifischer Aufgabe implementiert werden. Sie besitzen eine Verbindungsmöglichkeit zu einer technisch geeigneten Serviceinfrastruktur. Sie werden direkt oder indirekt mithilfe eines Dienstleistungsanbieters wirksam. Sie erfüllen die Kriterien ethischer Nutzungsprinzipien, soziotechnischer Vertrauenswirksamkeit und technischer Sicherheit. Innerhalb von Smart Service-Nutzergruppen erfolgt ein ständiger Diskurs zur Verbesserung.

Social Machine: Es handelt sich um eine Umgebung, in der Menschen und Technologien bzw. Maschinen/Geräte über globale Netze interagieren und Ergebnisse oder Aktionen produzieren, die ohne die Anwesenheit beider Parteien nicht möglich wären. Social Machines verwischen die Grenzen zwischen Rechenprozessen und den Eingaben von Menschen.

Spezifikation: Eine Spezifikation in der Softwaretechnik beschreibt, was von einem System geleistet werden soll. Sie beschreibt die funktionalen und nicht funktionalen Anforderungen an ein System.

Steckgesicht: Form der zusammenzuführenden Flächen eines Gehäuses für Steckverbindungen

Summenrahmenprotokoll: Bei diesem Protokoll handelt es sich um ein E/A-orientiertes Übertragungsverfahren, bei dem alle angeschlossenen Teilnehmer zyklisch mit einem Telegrammrahmen (Summenrahmen) angesprochen werden. Man erreicht damit eine sehr hohe Effizienz des Nutzdatentransfers.

Switch: Der Switch ist die Basiskomponente für den Aufbau eines lokalen, Ethernet-basierten Netzwerks. Mithilfe von Switches werden die verschiedenen Teilnehmer eines LANs auf intelligente Weise miteinander verbunden. Ein Switch hat mehrere Ports. An jedem dieser Ports kann ein Netzwerkteilnehmer oder ein anderer Switch angeschlossen werden.

Switched Ethernet: Stetige Verbesserungen haben bei Ethernet zu einem Anstieg der Netzwerkleistung geführt. Der entscheidende Durchbruch von Ethernet im LAN kam durch den Umstieg von Shared auf Switched Ethernet und damit von einer Bus- zu einer Sterntopologie in Verbindung mit einer strukturierten Verkabelung.

Systembus: Systembusse koppeln in einem Rechnersystem Systemkomponenten wie Prozessoren, Speicher und Peripheriesteuerungen. Es werden praktisch ausnahmslos parallele Bussysteme mit einer großen Anzahl von Busleitungen verwendet (> 50). Die Teilnehmer am Bus kommunizieren über festgelegte Busprotokolle.

TDMA-Übertragungsverfahren: Das Verfahren ist eine Abwandlung des Master-Slave-Verfahrens, bei dem die Gesamtbandbreite gleichmäßig auf alle Teilnehmer aufgeteilt wird. Jeder Teilnehmer erhält eine definierte Zeitscheibe, und der Master kommuniziert in einem Zyklus mit allen Teilnehmern.

Telekommunikation: Es handelt sich um einen technischen Vorgang des Aussendens, Übermittelns und Empfangens von Signalen mittels Telekommunikationsanlagen.

Telekommunikationsanlage: Es handelt sich um eine technische Einrichtung oder ein System, das als Nachrichten identifizierbare elektromagnetische oder optische Signale senden, übertragen, vermitteln, empfangen, steuern oder kontrollieren kann.

Token-Passing-Verfahren: Beim Token-Passing-Verfahren werden alle Master im lokalen Netz in einem logischen Ring angeordnet, unabhängig davon, ob es sich physikalisch um z. B. eine Ringstruktur (Token Ring) oder eine Linienstruktur (Token Bus) handelt. Die Zugriffsberechtigung wird durch ein festes Bitmuster, den Token (= Kennzeichen), gesteuert.

Trägerbandübertragung: Die digitalen Informationen werden mittels Modulation einer Trägerfrequenz übertragen.

Übertragungsmedium: Das Übertragungsmedium ist ein wichtiger Bestandteil in der Kommunikationstechnik. Es ist der Weg, auf dem die zu übertragenden Signale und Nachrichten vom Sender zum Empfänger gelangen. Bekannte Übertragungsmedien sind Drahtleitungen, Lichtwellenleiter und Funkwellen.

Verifikation: Es handelt sich um einen Nachweis, dass ein vermuteter oder behaupteter Sachverhalt wahr ist. Mittels Verifikation wird festgestellt, ob ein Produkt seiner Spezifikation entspricht.

Virtual Device: Ein Virtual Device im Sinne von Industrie 4.0/IIoT ist die informationstechnische Repräsentation der Vernetzungsschnittstelle eines realen automatisierungstechnischen Geräts. Für ein reales Gerät kann es mehrere Virtual Devices geben.

Virtual Production: In der Virtual Production treffen sich die reale und die virtuelle Welt. Die Automatisierung eines Produktionsprozesses ermöglicht durch die Nutzung von virtuellen Echtzeitabbildern der Produktion (digitaler Zwilling) die Reduzierung des Ressourcenverbrauchs weit über bestehende Ansätze hinaus.

Von-Neumann-Prozessor: Bei dieser Prozessorarchitektur gibt es einen gemeinsamen Speicher, der sowohl Programmbefehle als auch Daten beinhaltet. Die meisten bekannten Rechner arbeiten mit Von-Neumann-Prozessoren.

Webbrowser: Zugangsprogramm zum Web, das die Darstellung von Webseiten auf dem Bildschirm ermöglicht. Webbrowser sind kostenlos sowie frei verfügbar und werden mit vielen Betriebssystemen bereits mitgeliefert. Im Prinzip fungiert der Webbrowser als Betriebssystem im Betriebssystem.

Weborientierte Architektur: Architekturmuster der IT aus dem Bereich der verteilten Systeme, um Dienste von IT-Systemen unter Nutzung von Webtechnologien zu strukturieren und zu nutzen

Webserver: Die Aufgabe eines Webservers besteht darin, Anfragen eines Clients zu beantworten und ihnen die gewünschten Dokumente zur Verfügung zu stellen. Dazu muss der Webserver die vollständige Abarbeitung des jeweils aktuellen HTTP-Protokolls beherrschen.

Webservices: allgemeines und sehr umfangreiches Kommunikationssystem, basierend auf W3C-standardisierten Webprotokollen

Weitverkehrsnetz: Es handelt sich um ein Rechnernetz, das sich im Unterschied zu einem LAN über einen großen bis sehr großen geografischen Bereich erstreckt. Die Netze werden meist von Telekommunikationsanbietern unterhalten und betrieben.

Well-known Port: durch die IANA standardisierte und öffentlich bekannte TCP/IP-Portnummer für ein festgelegtes Internetanwendungsprotokoll

World Wide Web: Das World Wide Web (WWW) ist ein hypertextbasiertes Informationssystem auf der Grundlage des Internets. Es integriert bestehende Internetdienste und zeichnet sich durch ein standardisiertes Dokumentenformat, eine einheitliche Adressierung und ein weitgehend einheitliches Nutzer-Interface aus.

Index